农产品安全生产技术丛书

苹果
安全生产技术指南

杨洪强　主编

U0313299

中国农业出版社

内容提要

　　苹果是我国及世界果树产业中的优势水果。苹果安全生产技术是保障苹果质量安全、果园环境安全和果农人身安全的系统技术，是促进果农增收和苹果产业可持续发展的重要支撑。本书为适应当前苹果产业需求，系统介绍了我国苹果生产现状、苹果质量安全标准（无公害农产品、绿色食品、有机农产品标准）、果园环境污染及其防控对策、苹果良种和果园建设、果园生草覆盖与合理间套、培肥沃土和养根壮树、蓄水保土与科学灌排、促花控果与合理修剪、适期采收与贮藏保鲜、果园减灾防灾和病虫草害安全防控、果园常用农药及其安全使用、农业职业危害与果园劳动保护等安全生产方面的知识和技术。

　　本书内容系统，技术先进，科学实用，通俗易懂，适合广大果农、苹果生产企业、从事农产品质量安全和农业标准化的农技推广和管理人员等阅读参考。

编写人员

主　编	杨洪强
编　者	范伟国　隋　静
	郝文强　张鑫荣
	杨洪强

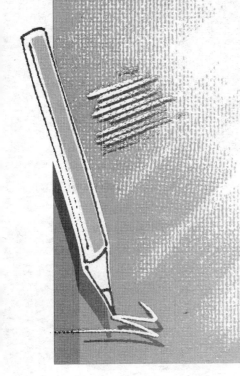

前　言

　　农产品质量安全是近年备受人们关注的问题之一。苹果是重要食用农产品，是水果产业中的优势果品，其安全性同样受人关注。

　　近十年来，国家通过开展"无公害食品行动计划"，使苹果等农产品安全性有了明显改善，但由于无公害农产品对产品质量安全要求比较低，目前仍然主要依赖化肥、农药等石油产品的大量投入来促进生产，威胁苹果质量安全的因素依然存在，苹果果实有害物超标现象仍然时常发生。同时，目前我国真正安全高效的化肥、农药品种有限，有机肥的质量和来源缺乏保障，城市生活垃圾和污水时常流入果园；此外，由于苹果质量控制标准和安全生产技术推广应用不到位，生态环境不断恶化的势头并没有被完全遏制，苹果生产的可持续发展和苹果质量安全仍面临严重威胁。

　　随着科技进步和人类文明的发展，人们赋予了农业产业更多的责任。农业生产不仅要提供数量充足的优质农产品，还要保证农产品的质量安全、保障农业环境安全以及劳动者的人身安全等。苹果安全生产就是这样一套兼顾果实质量安全、果园环境安全和苹果从业者人身安全的优质高效生产技术，它是提高苹果品质、增强苹果市场竞争力和促果农增收的重要支撑，是促进苹果产业可持续发展的系统技术。

本书作者结合科研和生产经验并参阅大量文献，通过综合归类，系统介绍了苹果安全生产的基本知识和具体技术，希望通过对先进苹果生产技术和生产经验的整理汇集，为广大果农、基层农技人员和苹果生产爱好者提供参考。

在编写过程中，作者力求内容系统、丰富、实用，通俗易懂，但由于水平所限，不妥之处难免，敬请广大读者和智者批评指正。同时，本书在编写过程中借鉴参考了大量现有文献资料以及专家同行的研究成果，在此一并表示感谢。

编著者

2011 年 8 月于泰山

目 录

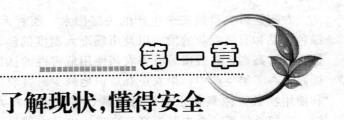

第一章

了解现状,懂得安全

随着经济和社会的发展以及人民生活水平和环保意识的不断提高,人们对农产品的质量,特别是象苹果这样的鲜食农产品的质量安全,要求越来越高,对生产方式的环境安全性要求也越来越严格,同时生产者对自身的安全保障也逐渐重视。安全生产已经成为消费者、生产者和社会公众的共识、愿望和要求,开展苹果安全生产势在必行。

第一节 我国苹果安全生产现状

苹果是果树产业的优势树种,在我国及世界果品生产中处于主导地位。目前,我国苹果面积和产量分别占世界的 41.1% 和 42.9%,均居世界首位。苹果也是我国第一大水果,2008 年,我国苹果栽培面积达 199.2 万公顷,产量达 2 984.7 万吨,分别占全国水果总面积和总产量的 18.6% 和 26.3%,均居全国果树产业首位。我国苹果栽培范围广,生产规模大,从业人员多,目前,全国有 1 130 多个县栽培苹果,分布于 22 个省(直辖市、自治区),从业人员 2 470 余万人,苹果产业在农民增收、新农村建设中具有不可替代的作用,并已成为一些地区经济发展的优势或主导产业。苹果及其加工品是我国出口创汇的优势产品,近年来,我国鲜食苹果出口已攀升至世界第一,苹果浓缩汁市场份额也占居世界首位,我国苹果产业已成为世界农产品市场上最具竞争力的产业之一。

　　农药是影响苹果安全生产的关键因素，随着无公害农业、绿色食品和有机农业的发展以及市场准入制度的建设，苹果从业人员对高毒、高残留等有害农药使用危害性的认识有了普遍提高，在苹果生产中，果农正有意识地减少有害农药的使用量和使用次数，像氧化乐果、对硫磷、甲胺磷、六六六、滴滴涕、三氯杀螨醇、杀虫脒等高毒高残留农药在苹果上的使用已大幅度减少或停用；尤其是普遍采用果实套袋栽培后，果实有害物质残留量大幅度降低，苹果质量安全状况有了极大提高。肥料投入和土壤管理是影响苹果安全生产的另一因素，果农已逐渐认识到化肥过量投入对安全生产的危害，向果园增加有机肥投入已经受到重视；生物多样性在果园环境中的作用也逐渐被认识，在土壤管理中，不少果园正开始尝试生草栽培和免耕栽培等。

　　但是，由于目前我国苹果生产仍然普遍采取高投入高产出的策略，化肥和农药等投入量逐年增高，苹果质量安全、果园环境安全和生产者自身安全仍然面临严重威胁；同时，由于生产观念、生产体制及生产技术等方面的影响，在目前的苹果生产中，安全问题仍然普遍存在。比如，生产者对安全生产的认识还不到位，果农主动开展安全生产的动力还不足；苹果安全生产技术并不普及，果农对新的生产技术应用还不规范，农药、化肥等有害物质的滥用现象仍然比较普遍，大剂量、高浓度、多种农药混用现象屡见不鲜，大肥大水的生产方式仍普遍采用；合作化的苹果生产组织不健全，对安全生产的指导、监管还不到位，真正有影响的苹果品牌还极少，苹果安全质量还没有真正赢得消费者的信任；在绝大部分的苹果生产区，苹果从业人员依然过分注重产品本身的经济效益，对生产方式给果实、果园环境和生产者自身带来的危害还没有足够认识，很少有人自觉地采取相应的保护和防护措施。

　　根据质量安全水平，农产品可分为无公害农产品、绿色农产品和有机农产品。无公害农产品解决的是最基本的食品安全问题，满足的是人们最基本的安全要求，"十五"期间国家开展的"无公害食品行动计划"，使苹果等农产品安全性有了明显改善，但由于无公害农产品对产品健康质量要求比较低，目前的苹果生产仍然主要依赖化肥、农药等；同时，目前我国真正安全高效的化肥、农药数量有限，有机肥的质量和来源缺乏保障，城市生活垃圾和污水时常流入果园；此外，由于苹果质量控制标准和安全生产技术推广应用不到位，许多地区仍时常出现苹果果实污染物含量超标的问题，生态环境不断恶化的势头并没有被完全遏制，苹果生产的可持续发展仍面临严重威胁。

随着贸易自由化协定的签署，国际贸易中"关税壁垒"逐渐降低，以"保护人类和动植物的生命与健康、保护环境"为借口的"绿色壁垒"不断涌现。不仅常规农产品，即使经过认证的无公害农产品，在国际市场上同样经常遭遇"绿色壁垒"。随着人民生活水平的进一步提高，随着"无公害食品"逐渐丰富，在国内市场上，人们正逐渐把需求的目光转向"绿色食品"和"有机食品"，农产品质量及其安全性越来越成为消费者关注的焦点，开展安全生产已成为时代的要求。

此外，随着物质供应的日益丰富，我国水果市场已由过去的"卖方市场"转变为"买方市场"，消费者对质优价廉的物品购买力增强，对农产品的安全和残留问题也更加关注，营养丰富、有益健康、风味与外观俱佳的水果正成为消费者追求的目标，尤其在北京、上海等经济发达的大型城市，正逐渐由"认价购买"转变为"认质购买"。在农产品市场发展过程中，我国逐步建立和实行了市场准入制度，城市高端市场和国际市场对农产品的质量和生产方式也提出了更高的要求。市场决定产业发展的方向，因此，苹果等水果从业者，若要使自己的产品达到市场准入要求，若要进入高端市场和出口创汇，并保证环境安全，必须掌握和采用规范化的苹果安全生产技术。

第二节　苹果质量安全及其影响因素

一、苹果质量安全的含义与特点

苹果为食用农产品，按照《中华人民共和国农产品质量安全法》的定义，农产品质量安全是指农产品的质量符合保障人的健康、安全的要求，即食用农产品中不应包含有可能损害或威胁人体健康的有毒、有害物质或不安全因素，不可导致消费者急性、慢性中毒或感染疾病，不能产生危及消费者及其后代健康的隐患。

对农产品质量安全有狭义和广义的理解和认识，狭义的安全仅仅指农产品对消费者本人的健康而言，而广义的安全还应包括对后代、环境等方面的影响。目前人们对农产品质量安全是广义的要求，所以，苹果质量安全就意味着在苹果的产地、生产过程、贮藏、运输、加工和销售等各个环节中，各种有毒有害物质都要得到控制，苹果果实和生产方式不能给消费者本人、其后代和环境带来危害和损失。

苹果等农产品的质量安全具有隐蔽性、后果的严重性、相对性和对标志的依赖性等特点。隐蔽性指不安全因素对人的危害在多数情况下表现为慢性，在不觉察中影响人体的健康，不容易被人注意；同时，在大多数情况下人们难以通过感觉（如视觉、味觉、嗅觉等）发现农产品是否安全，必须借助仪器设备并由专业人员才能对其安全性做出评价。对一般消费者而言，农产品是否安全只能借助标志来做出判断；标志是农产品安全性的一种表现形式，也是生产者或销售者做出的具有法律意义的承诺。

质量安全的相对性表现为农产品中的有害物质种类和含量、农产品安全评价标准以及安全对象的相对性。目前还找不到绝对不含有任何有害物质的农产品，只是含量极少，目前技术水平检验不出来的;或者有害物质含量水平对大部分人构不成可觉察或可检测出的危害。在日常生活中,农产品中的不安全因素不容易被人们直接觉察,一旦发生农产品安全问题,往往会导致严重后果;同时,随着现代交通工具的飞速发展和经济贸易的全球化,农产品的流通速度越来越快、物流量越来越大、物流范围越来越广,农产品一旦出现安全性问题,其影响面可能是全国性的,甚至是全世界的,而且越是大宗农产品,危害的严重性也越高。

二、影响苹果质量安全的因素

影响农产品质量安全的因素包括内生性因素与外生性因素。前者是由生物的遗传因素所决定的,不受栽培环境、管理措施变化的影响,不用农药、不施化肥同样在农产品中存在有毒有害物质;后者是由于对环境污染、生产过程等控制不当而使有毒有害物质最终附着或残留在农产品中。

外生性因素是影响苹果质量安全的主要因素,它贯穿于苹果生产的全过程。苹果生产过程分为产前、产中和产后3个环节,产前环节包括品种和砧木选择、园址选择与管理;产中环节包括土壤管理、肥料施用、灌溉、植物保护和苹果采收;产后环节就是采后贮藏保鲜和商品化处理。各种废物和污染物的管理、环境污染问题贯穿整个苹果生产过程,产前、产中和产后各环节均有涉及。

在整个苹果生产过程中,影响苹果质量安全的因素主要是产地环境质量和农用生产资料投入品的质量。由产地环境和生产方式而引起的农产品有毒有害物质含量超标事件一般占总超标事件的85%左右,而因收获、储运引起的二次污染超标的事件一般只有15%左右。苹果生产过程中,产地环境质量安全是苹果质量安全的基础,农用生产资料投入品的质量安全是保证苹果质量安全的关键,在产地环境已确定的果园,要重点控制农业投入品的质量。目前农业生产中的投入品主要是农药、化肥等。

喷洒化学农药是目前苹果生产中防治病虫害的主要方法，但长期使用会使水体、土壤和大气环境资源受到污染，影响生态平衡，导致病菌和害虫抗药性增强，天敌数量剧减；而为防治抗药性增强的病虫害，果农不得不进一步加大农药使用量。特别是一些剧毒农药，如有机磷杀虫剂的使用，因它们的化学性质稳定，不易分解，在环境中或果品中残留期长，很易在果品中残留并超过安全标准。化学肥料的使用极大地促进了农业生产的发展，但是，在我国目前苹果生产中，所使用化肥种类的比率极不协调，往往过分依赖化学氮肥，使得土壤中其他元素和有机质含量减少，土壤保肥性能变差，而化学氮肥中未被利用的部分又通过径流、淋溶、反消化、吸附和浸蚀等方式进入环境，污染水体、土壤和大气，严重影响苹果质量安全和果园环境安全。

此外，贮藏、保鲜、运输和包装方法不当，会通过果实腐烂、霉变，或者将有害有毒物质带入等而引起二次污染，这些也是影响苹果质量安全的重要因素。

三、保障苹果质量安全的基本对策

苹果安全生产与管理涉及产前、产中、产后各个环节，为提高苹果果实质量，确保苹果果实的安全性，必须加强各个生产环节的管理。

1. 提高生态安全意识，确保环境安全 生产质量安全的苹果是目前果品生产的发展方向，各级管理和技术部门要积极宣传产品质量安全的重要性，加强果品安全生产知识方面的教育，提高全社会的安全意识。果品的产地环境安全直接或间接地影响着果品的质量安全，加强产地环境安全管理，从源头上确保果品安全。要加强生态环境污染的控制和保护生态环境，严格按照国家制定的空气、水质和土壤环境质量标准要求，加强科学监测，进行综合治理，确保果品产地环境质量安全。

2. 加强对果园投入品的监控,防止外来污染 农药、化肥、果袋等果园投入品的安全使用是影响苹果安全生产的重要因素,需要建立农资质量监督管理体系,实行农业生产资料集中管理,并建立专门的农资市场,对农药、化肥、果袋等生产资料进行严格监管,防止带有安全隐患的农业投入品进入苹果生产系统。

3. 加强生产过程中的质量安全管理 为保证苹果生产的安全,需要对产地环境和生产过程进行监测和监控,明确关键控制因子,提出成套的质量安全管理要求,并严格按照安全管理要求进行监控。在监控过程中,必须首先对苹果的产地环境进行监测,确保产地环境质量符合相关标准要求;其次,根据市场需求,因地制宜稳定调整品种结构,积极选用品质优良的抗性品种,优先应用无病毒良种苗木;再就是在生产过程中,肥料的使用要以优质有机肥为主,优质化肥为辅,建立科学的施肥制度,同时合理选择农药品种,科学使用农药,规范病虫害防治,使之达到既能防治病虫害,又能避免农药污染环境及在果品中残留超标。

4. 编制果园管理手册,建立可追溯体系 为了对果园生产过程进行全程监控,应当设计并印发"苹果园安全管理手册",建立"果园生产经营档案",要求果农规范、详实、完整地填写管理内容。管理手册要对果园的农药、化肥、果袋等投入品的使用和苹果的种植、采摘、销售、贮藏等生产流程起到指导和全程监控的作用。果园档案由专人保管,保存期限最少2年,以备查阅并对农残超标情况进行有效溯源。

第三节 苹果安全生产的基本特征

一、苹果安全生产的内涵

苹果安全生产是一种既可满足苹果产业需要,又可合理利用资源并保护环境的实用性生产方式;它在生产足量果实获取理想经济效益的同时，能够最大限度地保护人类健康和保护生态环境。其实质是在苹果生产全过程中，通过生产和使用对环境友好的"绿色"农用化学品（化肥、农药、地膜等），改善苹果生产技术，减少污染物的产生，减少生产方式及其产品对环境和人类造成的风险。

在苹果安全生产中并不完全排斥农用化学品，但要求在使用时必须充分考虑这些农用化学品的生态安全性和果品安全性的影响，要能够确保果园生产的社会效益、经济效益和生态效益三者的统一和协同提高。

苹果安全生产目的是促进苹果产业的可持续发展，保障苹果质量安全、果园环境安全以及生产者的安全。"民以食为天，食以安为先"，虽然保障质量安全是苹果安全生产的主要目的和首要任务，但也不能忽视环境安全和从业者的人身安全。

二、苹果安全生产的特点

生产质量安全的苹果果实是苹果安全生产的首要任务，相对于普通苹果生产，苹果安全生产有以下几个特点：

1. 清洁的产地生态环境 质量安全的苹果强调"出自最佳生态环境"，并在生产中将环境和资源保护意识自觉融入生产者的经济行为中。苹果安全生产对区域生态环境的清洁化具有一定要求，它要求产地的生态环境质量（包括灌溉水质、空气质量、土壤环境质量三个方面）必须达到一定的标准，从事苹果安全生产必须按规定的程序进行申报，接受产地环境质量检测，满足这一要求是进行苹果安全生产的基本前提。

2. 生产过程及生产技术的标准化 为保证苹果安全生产，在生产方式上，通过制定标准，推广生产操作规程，配合技术措施，辅之以科学管理，将生产过程的诸环节紧密融为一体，实现产加销、农工商的有机结合，提高苹果生产过程的技术含量和果

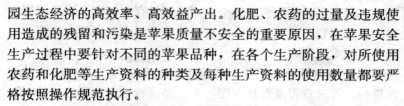

园生态经济的高效率、高效益产出。化肥、农药的过量及违规使用造成的残留和污染是苹果质量不安全的重要原因,在苹果安全生产过程中要针对不同的苹果品种,在各个生产阶段,对所使用农药和化肥等生产资料的种类及每种生产资料的使用数量都要严格按照操作规范执行。

3. 产品质量要求高 食用后不会对人体造成现实及潜在危害,是对质量安全的苹果最基本的要求。在苹果生产中,为保证产品的整体质量,在产前要由指定的环境检测机构对产地环境质量进行监测和评价,以保证生产地域没有遭受污染;在产中要由委托管理机构派检查员检查生产者是否按照生产技术标准进行生产,检查生产企业的生产资料购买、使用情况,以证明生产行为对产品质量和产地环境质量是有益的;在产后要由检测机构对最终产品进行检测,确保最终产品质量。

4. 严格的标志管理 为了与一般的普通苹果相区别,质量安全的苹果使用统一的标识,并通过技术手段和法律手段进行管理。技术手段是指按照安全农产品标准体系对苹果产地环境、生产过程及产品质量进行认证,只有符合安全农产品标准的企业和产品才能使用安全农产品标志商标;法律手段是指对使用标志的企业和产品实行商标管理。实行统一、规范的标志管理,能够使安全农产品具有可识别性,能够实现质量认证和商标管理的结合,这不但明确了生产主体的组织行为和生产行为的规范,而且有利于保护广大消费者的权益。

5. 多重风险性 相对于普通农产品,生产经营质量安全的苹果存在多种特殊风险。一是技术风险,由于技术的不成熟或技术供给不足,在遇到病虫害时,使用规定的农药不能有效防治而造成减产,或者使用的农药和化肥等价格高昂,使生产成本大幅升高。二是价格风险,生产的高成本及技术风险只有通过高价格才能有效弥补,而实际中,由于消费者的逆向选择心理等原因,安全农产品的高价格,往往不能得到实现。三是信誉风险及道德风险，消费者对所销售的安全农产品质量存在怀疑，以及假冒伪劣产品等问题，这是目前许多有经济能力的消费者不去购买安全农产品的重要原因。

6. 行业管理严格 苹果安全生产的各个环节都有统一的管理机构、管理章程及管理程序，生产经营行为受到严格"管制"。采取严格的制度化、甚至法制化的管理方法，是有效保护生产经营者和消费者的利益以及促进苹果产业健康发展的重要保障。

第四节 安全农产品的类型和特征

安全农产品是指出自洁净生态环境、生产方式有利于环境保护和农业可持续发展、有害物含量控制在一定范围之内、经过专门机构认证的、质量符合保障人体健康和安全要求的一类无污染的农产品。安全农产品突出食品的质量和安全，重视环境保护和农业可持续发展，要求按照一定的标准组织生产和认证，最终产品必须符合相关的质量标准。安全农产品也称为绿色无公害农产品，包括无公害农产品、绿色食品和有机食品（农产品）等，它们在我国目前都已开展各种层面的认证活动。

一、无公害农产品

无公害农产品特指我国农业部和国家质监总局发布的《无公害农产品管理办法》所提的无公害农产品，即产地环境、生产过程和产品质量符合我国农产品安全质量标准，经认证合格获得认证证书并允许使用无公害农产品标志的未经加工或者初加工的食用农产品。在生产过程中，无公害农产品允许限量、限品种、限时间地使用人工合成的安全的化学农药、兽药、渔药、肥料、饲料添加剂等，但要求农产品中的有毒有害物质含量必须在国家标准规定的范围之内。

无公害农产品认证和管理由国家负责,并由国家采取一系列措施对无公害农产品的安全性予以监管和保障,比如,严格按照国家和行业标准对生产全过程进行监控,在产前、产中、产后三个生产环节严格把关,发现问题及时处理、纠正,直至取消无公害农产品标志;实行综合检测,保证各项指标符合标准;实行归口专项管理,省农业行政主管部门的农业环境监测机构,对无公害农产品基地环境质量进行监测和评价;实行抽查复查和标志有效期制度等。

无公害农产品特别注重产品的质量安全性,在田间生产阶段严格控制化肥和农药使用种类与数量,禁用高毒、高残留农药,建议施用生物性肥料(包括有机肥)和农药及具有环保认证标志的肥料和农药,严格控制农用水质(要求水质达到Ⅲ类以上);在加工过程中禁止添加有毒、有害成份。不过,无公害农产品标准要求不是很高,涉及的内容也不是很多,适合我国当前农业生产的发展水平和国内消费者的需求;对于多数生产者来说,达到无公害农产品的要求不是很难。无公害农产品的安全要求是国家对农产品质量的基本要求,只有质量达到和优于安全要求的农产品才准予上市销售。

无公害农产品标志图案由麦穗、对勾和无公害农产品字样组成,麦穗代表农产品,对勾表示合格,金色寓意成熟和丰收,绿色象征环保和安全(图1.1)。

图1.1 无公害农产品标志

二、绿色食品

1. 绿色食品的含义 绿色食品的概念是我们国家提出的,"绿色"在这里不是指绿颜色,而是特指与环境保护有关的事物,是为了更加突出这类食品出自良好生态环境而称"绿色食品"。

绿色食品具体指遵循可持续发展原则，按照特定生产方式生产，经专门机构认定，许可使用绿色食品商标标志的无污染的安全、优质、营养类食品。"按照特定的生产方式"是指在生产、加工过程中按照绿色食品的标准，禁用或限制使用化学合成的农药、肥料、添加剂等生产资料及其他有害于人体健康和生态环境的物质，并实施从土地到餐桌的全程质量控制。

绿色食品由特定的图形来标识（图1.2），其标志图形由上方的太阳、下方的叶片和中心的蓓蕾三部分构成，象征自然生态；标志颜色为绿色，象征着生命、农业和环保；标志设计为正圆形，意为保护、安全。整个图形描绘了一幅明媚阳光照耀下的和谐生机，告诉人们绿色食品是出自纯净良好生态环境

图1.2 绿色食品标志

的安全无污染食品，能给人们带来蓬勃的生命力。绿色食品标志还提醒人们要保护环境和防止污染，通过改善人与环境的关系，促进人与自然的和谐共生。

为适应国内消费者的需求和当前我国农业生产发展水平以及国际市场竞争形式，从1996年开始，绿色食品被区分A级和AA级。A级绿色食品在生产过程中允许限量使用限定的化学合成物质，AA级绿色食品在生产过程中不使用任何有害化学合成物质，AA级绿色食品标准已经达到甚至超过国际有机农业运动联盟的有机食品的基本要求。A级和AA级绿色食品主要区别见表1.1。

表1.1 A级和AA级绿色食品标准的区别

	AA级绿色食品	A级绿色食品
环境评价	采用单项指数评价环境质量，要求各项数据均不得超过有关标准。	采用综合指数评价环境质量，要求各项环境监测的综合污染指数不得超过1。

(续)

	AA级绿色食品	A级绿色食品
生产过程	生产过程中禁止使用任何化学合成的肥料、化学合成农药及化学合成食品添加剂等。	生产过程中允许限量、限时间、按照限定方法使用限定品种的化学合成物质。
产 品	在农产品中各种化学合成农药及合成食品添加剂均不得检出。	允许使用的化学合成物质可有少量残留，但残留量一般不能超过国家或国际食品卫生标准的1/2，禁止使用的化学物质不得检出。
包装标识标志编号	标志和标准字体为绿色，底色为白色，防伪标签的底色为蓝色，标志编号以双数结尾。	标志和标准字体为白色，底色为绿色，防伪标签底色为绿色，标志编号以单数结尾。

2. 绿色食品的特征和应具备条件 无污染、安全、优质、营养是绿色食品的特征。无污染指绿色食品非常洁净，要求在生产、加工的各个环节，严密监测、控制和防范农药残留、放射性物质、重金属、有害细菌等可能造成的污染。绿色食品的优质特性主要指产品内在品质优良，营养价值和卫生安全指标高。作为绿色食品，必须具备以下四个条件：

（1）产品或产品原料产地必须符合绿色食品生态环境质量标准。农业初级产品或食品主要原料的生长区域内没有工矿企业的直接污染，水域上游、上风口没有对该区域构成污染威胁的污染源。生长区域内的大气、土壤、水质均符合绿色食品生态环境标准，并有一套保证措施，确保该区域在今后的生产过程中环境质量不下降。

（2）农作物种植、畜禽饲料、水产养殖及食品加工必须符合绿色食品生产操作规程。农药、肥料、兽药、食品添加剂等生产资料的使用必须符合《生产绿色食品的农药使用准则》、《生产绿色食品的肥料使用准则》、《生产绿色食品的食品添加剂使用准则》、《生产绿色食品的兽药使用准则》。

（3）产品必须符合绿色食品产品标准（包括对产品的质量要求和卫生要求）。

（4）产品的包装、贮运必须符合绿色食品包装贮运标准。产品及产品产地的环境质量要由中国绿色食品发展中心指定的部门检测。

3. 绿色食品实行全程质量控制　绿色食品重视全程质量控制，对"从土地到餐桌"的各个生产环节均有要求。绿色食品在产前环节严格环境监测和原料检测；在产中环节将各项安全要求分解落实到具体的生产和加工操作中，比如，对苹果生产中涉及的土壤、水源、化肥、农药的质量和使用都进行具体规定；在产后对产品质量、卫生指标、包装、保鲜、运输、储藏、销售等都进行严格控制等。

三、有机农产品

1. 有机农产品的含义　有机农产品是指来自于有机农业生产体系，根据有机农业基本原则和有机农产品生产方式及标准生产或加工出来的，并通过专门认证机构认证的农副产品。有机农业是一种遵循自然规律和生态学原理，按照国际有机农业技术规范的要求，采取一系列可持续发展的农业技术，协调种植业和养殖业的关系，促进生态平衡、物种的多样性和资源的可持续利用的生产体系。在有机农业生产中不使用人工合成的肥料、农药、生长调节剂和畜禽饲料添加剂等物质，不采用基因工程获得的生物及其产物。

有机食品即可食用的有机农产品，它是一类源于自然、富营养、高品质的环保型安全食品，名称是从英文 Organic Food 直译过来的，在其他语言中也有叫生态食品、自然食品或生物食品的。国际有机农业运动联合会给有机产品下的定义是：根据有机食品种植标准和生产加工技术规范而生产的、经过有机食品颁证组织认证并颁发证书的一切食品和农产品，包括粮食、蔬菜、水果、奶制品、禽畜产品、蜂蜜、水产品、调料等，还包括有机化妆品、纺织品、林产品、生物农药、有机肥料等。

2. 有机农产品生产和认证条件　有机农产品生产需要符合

以下四个条件:①原料必须来自于已建立的或正在建立的有机农业生产体系,或采用有机方式采集的野生天然产品。②产品在整个生产过程中严格遵循有机农产品的加工、包装、贮藏、运输标准。③生产者在有机农产品生产和流通过程中,有完善的质量控制和跟踪审查体系,有完整的生产和销售记录档案。④必须通过独立的有机农产品认证机构的认证。

认证有机农产品有以下7点基本要求:①生产基地在最近三年内未使用过农药、化肥等违禁物质;②种子或种苗来自于自然界,未经基因工程技术改造过;③生产基地应建立长期的土地培肥、植物保护、作物轮作和畜禽养殖计划;④生产基地无水土流失、风蚀及其他环境问题;⑤作物在收获、清洁、干燥、贮存和运输过程中应避免污染;⑥从常规生产系统向有机生产转换通常需要两年以上的时间,新开荒地、撂荒地需至少经12个月的转换期才有可能获得颁证;⑦在生产和流通过程中,必须有完善的质量控制和跟踪审查体系,并有完整的生产和销售记录档案。

3. 有机农产品标志 按照《有机产品认证管理办法》规定,我国有机农产品实行统一的标志,分为"中国有机产品"认证标志和"中国有机转换产品"认证标志,相应英文"ORGANIC"和"CONVERSION TO ORGANIC"。两个标志的图案基本一致,只是在颜色上有所区别,分别为绿色和土黄色(图1.3)。

图1.3 中国有机产品认证标志 中国有机转换产品认证标志

认证标志图案由三部分组成，即外围的圆形、中间的种子图形及其周围的环形线条。外围的圆形形似地球，象征和谐、安全，圆形中的"中国有机产品"和"中国有机转换产品"字样为中英文结合方式，即表示中国有机产品与世界同行，也有利于国内外消费者识别。中间类似种子的图形代表生命萌发之际的勃勃生机，象征了有机产品是从种子开始的全过程认证，同时昭示出有机产品就如同刚刚萌生的种子，正在中国大地上茁壮成长。种子图形周围圆润自如的线条象征环形的道路，与种子图形合并构成汉字"中"，体现出有机产品植根中国，有机之路越走越宽广。同时，处于平面的环形又是英文字母"C"的变体，种子形状也是"O"的变形，意为"China Organic"。

绿色代表环保、健康，表示有机产品给人类的生态环境带来完美与协调。橘红色代表旺盛的生命力，表示有机产品对可持续发展的作用。"中国有机转换产品认证标志"中的褐黄色代表肥沃的土地，表示有机产品在肥沃的土壤上不断发展。认证标志根据使用需要，分为10毫米、15毫米、20毫米、30毫米和60毫米等五种规格，可以按比例放大或者缩小，但不得变形、变色。

按有机产品国家标准生产并获得有机产品认证的产品，以及有机配料含量等于或者高于95％并获得有机产品认证的加工产品，方可在产品或者包装上加施中国有机产品认证标志。有机配料含量等于或者高于95％并获得有机转换产品认证的加工产品，方可在产品或者包装上加施中国有机转换产品认证标志。

四、无公害农产品、绿色食品、有机农产品之间的区别

无公害食品（农产品）、绿色食品和有机食品（农产品）都是以环保、安全、健康为目标的食品（农产品），都重视农业的可持续发展，代表着未来食品（农产品）发展的方向。三者从基

地到生产,从加工到上市都有着严格的标准要求,都依法实行标志管理,都是安全农产品的重要组成部分。绿色食品具有有机食品和无公害食品的特征,AA 级绿色食品相当于有机食品,而 A 级绿色食品则为 AA 级绿色食品的过渡产品。不论是 AA 级还是 A 级绿色食品生产,均禁止使用基因工程技术。无公害农产品的质量水平和生产要求相当于 A 级绿色食品,可以看作是绿色食品的过渡产品。三者的区别主要表现在发展目标、质量水平、标准内容、生产资料使用要求、生产环境要求、病虫草害防治手段、标识与运作方式等方面。

1. 发展动机和目标不同 无公害农产品的发展动机是立足于全面解决"餐桌污染"问题,建立放心基地,扶持放心企业,为消费者提供放心产品,解决农产品质量中的最基本安全问题,满足的是大众消费。绿色食品最初的发展动机是出口与内销兼顾,目标是提高生产水平,满足更高需求,增强市场竞争力;绿色食品的市场份额主要在大中城市部分高收入人群,同时也有一部分出口的市场份额。我国有机农产品最初是应国外贸易商的要求而生产的,其开发都严格与国外有机食品接轨,有的是与国外相关机构合作的,产品主要面向国际市场;有机是一个理性概念,注重保持良好生态环境,强调人与自然的和谐共生。

2. 标准内容和要求水平不同 有机农产品标准具有国际性,要求比较高。无公害农产品标准要求比较低,更适合我国当前的农业生产发展水平,对于多数生产者来说,比较容易达到,也是农产品安全质量的基本要求。绿色食品比无公害农产品标准涉及的内容更丰富,标准要求更高些,例如,无公害农产品环境标准只对大气、土壤、灌溉水的污染指标作了规定,而绿色食品标准还对土壤肥力作了要求,对灌溉水中的大肠杆菌菌群数量也作了规定。

3. 对生产资料和产品的要求内容不同 有机农产品更加注重生产过程,在其生产和加工中绝对禁止使用农药、化肥、激素、转基因等人工合成物质；无公害农产品和绿色食品（A 级）允许有限制地使用限定的农药、化肥等人工合成的物质。

绿色食品和无公害农产品对终产品都有明确的质量与安全要求，有机农产品没有明确给出，只要求在检测时参照相关的卫生标准执行。绿色食品还特别强调产品的优质和营养的问题，有机农产品和无公害农产品未涉及这些。

4. 对地块和土壤肥力来源的要求不同 有机农产品要求种植地块要明确、产量要确定，并严格规定了土地生产转型期，土地从生产常规农产品到生产有机农产品需要 2～3 年的转换期，有机生产系统与非有机生产系统之间要有界限明显的过渡地带（主要是考虑到某些物质在环境中会残留相当一段时间），绿色食品和无公害农产品生产没有这些要求。

有机农产品要求土壤肥力主要来源于有机生产系统内的有机物质和有机肥料，包括没有污染的绿肥和作物残体、泥炭、秸秆、海草和其他类似物质，以及经过堆积处理的食物和林业副产品等，还包括经过高温发酵的人粪尿和畜禽粪便等，系统外的有机肥料必须经过检验和认可。AA 级绿色食品生产中的土壤肥力来源与有机食品相似，在尚不能满足需要的情况下，允许使用符合国家规定的商品肥料；A 级绿色食品生产还允许使用有机氮与无机氮之比不超过 1∶1 的掺合肥。在无公害农产品生产中，土壤肥力主要来源于包括上述有机农产品、绿色食品生产允许使用的肥料种类，以及允许使用的其他肥料（包括化学肥料），但禁止使用未经国家或省级农业部门登记的化学或生物肥料。

5. 对病虫草害的防治手段要求不同 有机农产品生产中病虫草害的主要防治手段包括作物轮作以及各种物理、生物和生态措施，如人工诱杀害虫、自然天敌平衡、田园清理、生物防治、促进生物多样性等。绿色食品生产中病虫草害的主要防治手段是在生产过程中不使用或限量使用限定的化学合成农药（强调安全间隔期），积极采用物理方法、生物防治技术及产品与栽培技术措施等。无公害农产品生产中病虫草害的主要防治手段是除有机农产品、绿色食品生产中病虫草害的防治措施外,提倡生物防治和使用生物生化农药防治,允许使用高效、低毒、低残留农药,但每种有机合成农药在一种作物的生长期内要避免重复使用。

6. 产品标识与认证方式不同　有机农产品标识因国家和认证机构的不同而不同,每一个国家和认证机构都有一个自己的有机农产品标识。但为便于消费者对获证有机产品身份的识别,国家质量监督检验检疫总局在 2010 年修订的《有机产品认证管理办法》中规定,按照国家《有机产品》标准认证的获证产品上,禁止使用除国家统一有机认证标志外的任何有机产品认证标志。绿色食品标识在我国是统一的,也是惟一的,它是由中国绿色食品发展中心制定并在国家工商局注册的质量认证商标。无公害农产品采用由农业部和国家认证认可监督管理委员会联合制定的全国统一的标志,全国统一监督管理,县级以上地方主管部门分工负责。

无公害农产品由政府运作,实行公益性认证;认证标志、程序和产品目录等由政府统一发布;产地认定与产品认证相结合。绿色食品采取政府推动、市场运作,质量认证与商标转让相结合。无公害农产品和绿色食品均是检查检测并重,注重产品质量。有机认证主要是按照国际通行的做法,实行检查员制度,国外通常只进行检查;国内一般以检查为主,检测为辅,注重生产方式和过程;有机认证是社会化的经营性认证行为,因地制宜,按照市场规则运作。绿色食品对每个(类)产品都要进行认证,有机农产品只要农场或生产基地通过有机认证,该地块生产出来的所有产品都可被认作有机农产品。

熟悉标准,规范生产

标准是人们对科学、技术和经济领域中重复出现的事物和概念,结合生产实践,经过论证和优化,由各有关方充分协调后,为各方共同遵守的一种特殊的技术性文件。标准是对科学技术和生产经验的总结,来自于生产实践又服务于生产实践,并随科技进步和生产经验的积累而发展。标准是生产者的行动规范,它告诉人们如何开发资源,如何正确使用生产资料,什么样的产品符合要求,如何使产品符合要求,它还告诉人们哪些生产活动是正确的,哪些是不安全的,哪些是允许或被禁止的,目的是帮助和促进人们掌握科学技术,避免由于不科学的行为造成不良的后果,防止由于违反自然法则而受到惩罚及引发的灾难。

农业标准是农产品质量安全的保证和认证的依据,也是管理者审批、监督的依据和指南,还是维护生产者和消费者利益的技术和法律依据。开展苹果安全生产,需要熟悉和应用与苹果有关的各种农业标准。

第一节 农产品质量安全标准概况

农产品质量安全标准包括无公害农产品标准、绿色食品标准和有机农产品标准等,它是根据科学技术原理,结合生产实践,借鉴国内外相关标准而制定的,是进行农产品安全生产必须遵循以及安全农产品质量认证必须依据的一揽子技术文件。这一揽子

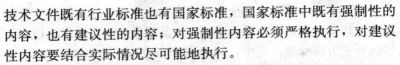

技术文件既有行业标准也有国家标准，国家标准中既有强制性的内容，也有建议性的内容；对强制性内容必须严格执行，对建议性内容要结合实际情况尽可能地执行。

农产品质量安全标准从发展经济、保证质量和保护环境的角度，规范生产者的经济行为，要求最大限度地通过促进生物循环、合理配置和节约资源等方式发展生产，最大限度地减少经济行为给农产品质量和生态环境造成的不良影响。同时，也为了促进农产品国际贸易，通过规范标准内容，使其尽可能符合各国的技术要求，以减少或消除在国际贸易中可能受到的限制。

一、无公害农产品标准概况

无公害农产品标准是一个标准体系，主要由"产地环境要求"、"产品质量安全标准"和"生产技术规范"等组成。

2001 年 8 月国家质量监督检验检疫总局发布了 8 项无公害农产品安全质量国家标准，并于 2001 年 10 月 1 日在全国范围内开始实施。这 8 项标准中关于农产品安全要求的 4 项标准是强制性的，它们分别是《GB 18406.1—2001 农产品安全质量 无公害蔬菜安全要求》、《GB 18406.2—2001 农产品安全质量 无公害水果安全要求》、《GB 18406.3—2001 农产品安全质量 无公害畜禽肉安全要求》和《GB 18406.4—2001 农产品安全质量 无公害水产品安全要求》，关于农产品产地环境要求的 4 项标准是推荐性的，它们分别是《GB 18407.1—2001 农产品安全质量 无公害蔬菜产地环境要求》、《GB 18407.2—2001 农产品安全质量 无公害水果产地环境要求》、《GB 18407.3—2001 农产品安全质量 无公害畜禽肉产地环境要求》和《GB 18407.4—2001 农产品安全质量 无公害水产品产地环境要求》。

在国家质量监督检验检疫总局发布 8 项"农产品安全质量"标准的同时，农业部也公布了首批 73 项无公害农产品行业标准，并于 2001 年 10 月 1 日在全国范围内开始实施。这些标准涉及产品产地环境条件、生产技术规范、产品质量安全标准以及相应的检测检验方法标准，其中，25 项是产品质量安全标准，38 项是配套的生产技术规程标准，10 项为产地环境标准，例如，《NY 5011—2001 无公害食品　苹果》（现被《NY 5011—2006 无公害食品　仁果类水果》替代）、《NY/T 5012—2001 无公害食品　苹果生产技术规程》（2002 年重新修订）、《NY 5013—2001 无公害食品　苹果产地环境条件》（现被《NY 5013—2006 无公害食品　林果类产品产地环境条件》替代）。

二、绿色食品标准概况

1994 年中国绿色食品发展中心颁布"绿色食品产地环境质量现状评价纲要"，提出了绿色食品产地水质、土壤、大气评价的试行标准；1995 年出台第一批 25 个绿色食品产品标准（NY/T 268—1995 至 NY/T 292—1995），2000 年发布《绿色食品产地环境技术条件》（NY/T 391—2000）、《绿色食品　食品添加剂使用准则》（NY/T 392—2000）、《绿色食品　农药使用准则》（NY/T 393—2000）、《绿色食品　肥料使用准则》（NY/T 394—2000）和《绿色食品　饲料和饲料添加剂使用准则》（NY/T 471—2000），以及 20 项产品标准。2001 年以后，中国绿色食品发展中心又相继颁布和修订了《绿色食品　温带水果》（NY/T 844—2010）等多项绿色食品标准。绿色食品标准内容系统、指标严格、控制项目多样。

绿色食品标准以全程质量控制为核心，对绿色食品产前、产中和产后全过程质量控制技术和指标作了全面的规定，构成了一个科学、完整的标准体系，该体系由绿色食品产地环境质量标准、绿色食品生产资料使用准则和生产技术操作规程、绿色食品产品标准、绿色食品包装标签标准、绿色食品贮藏和运

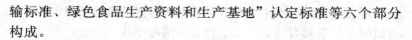

输标准、绿色食品生产资料和生产基地"认定标准等六个部分构成。

三、有机产品标准概况

有机产品标准包括国际、地区、国家和认证机构四个层次的标准体系。国际水平的有机法规与标准包括联合国和国际性非政府组织制定和发布的有机标准,主要指国际有机农业运动联盟(IFOAM)1980 年发布的《有机食品生产和加工基本标准》(简称 IFOAM 基本标准)和国际食品法典委员会(CAC)1999 年通过的《有机食品生产、加工、标识及销售指南》(简称 CAC 有机标准)。IFOAM 基本标准确定了有机生产和加工的主要目标,内容涉及植物生产、动物生产以及加工的各类环节。IF-OAM 基本标准为制定认证标准提供了框架,它虽然不是官方标准,但是许多国家和地区都参照该标准制定自己的标准。2002 年以前,IFOAM 标准每 2 年修订一次,2002 年以后改为每 3 年修订一次。1999 年通过 CAC 有机标准只有植物产品的内容,在 2001 年补充了动物生产的内容;CAC 标准不直接用于有机产品认证,而是用于解决国际贸易争端及作为各国或有关机构制定相关法规或标准的指南,CAC 每 4 年对有关指南评估一次。

地区水平的有机标准主要指欧盟的 EU 2092/91 法案,该法案(即《有机农业和有机农产品与有机食品标志法案》,简称《欧洲有机法案》)对有机农业和有机农产品的生产、加工、贸易、检查、认证以及物品使用等全过程进行了具体规定,有很多内容是对消费者和生产者的保护,要求进入欧盟市场的所有有机农产品和发生在欧盟市场的有机贸易,都必须遵循这个条例的规定。该法案最初于 1991 年通过,当时的标准只包括植物生产的内容,1998 年完成了动物标准的制定,2000 年 8 月 24 日新的 EU 2092/91 法案正式生效。2010 年 3 月 24 日,欧盟发布有机标志法规，要求从 2010 年 7 月 1 日开始起用新的有机标志（图 2.1），原有机标志在 2012 年 7 月 1 日后停止在销售产品上使用。

图 2.1　欧洲有机产品标志　　　　图 2.2　美国有机产品标志

国家水平有机标准指各个国家自己制定的标准。美国农业部 2000 年 12 月发布"国家有机食品计划"，即 NOP 有机标准，2001 年 4 月正式生效，其有机认证产品标志如图 2.2；日本农林水产省 2000 年月发布基于日本农业标准的"有机农产品和加工食品标准"，简称 JAS 法，2001 年 4 月开始实施，其有机认证产品标志如图 2.3；德国国会 2002 年通过和颁布了《有机标志法》和《有机标志条例》，其有机认证产品标志如图 2.4。

图 2.3　日本有机产品标志　　　　图 2.4　德国有机产品标志

美国 NOP 标准内容与欧盟有机标准基本类似，区别在于美国的标准把检查和认证内容等完整的列入；JAS 法也与欧盟有机标准类似，但认证内容不包括动物性产品和生活用品等，此外 JAS 法还建立一个正式的"分级程序"，要求"分级管理者"在贴有机

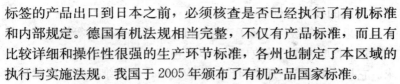

标签的产品出口到日本之前，必须核查是否已经执行了有机标准和内部规定。德国有机法规相当完整，不仅有产品标准，而且有比较详细和操作性很强的生产环节标准，各州也制定了本区域的执行与实施法规。我国于 2005 年颁布了有机产品国家标准。

　　一个国家通常有多个有机认证机构，这些认证机构多数是民间的，也有官方的。基本上每一个认证机构都建立了自己的专门认证标准（执行标准），这些执行标准都是依据 IFOAM 基本标准和本国的有机标准制定的，但侧重点有所不同，比如，欧洲一些认证机构的有机标准，其标准的内容主要涉及畜禽饲养，中国以及一些其他亚洲国家的认证机构的标准多集中在作物（包括蔬菜、水果、茶叶）生产、野生产品开发以及水产等方面。多数认证机构的标准比较原则化，基本采用了 IFOAM 基本标准的内容，也有一部分认证机构已根据本地区或本国实际，进一步发展了 IFOAM 标准，使之更具体化和便于操作。

第二节　苹果果实质量安全标准

　　苹果生产是一种商品化生产，生产的苹果能否顺利卖出去以及能否卖出好价钱是果农最关心的问题，而能否卖出及能否卖出好价钱主要取决于苹果的质量。谁的质量能令消费者满意，谁就能赢得市场的竞争优势。生产中所采用的标准是决定苹果质量优劣重要因素之一，只有按照高标准的要求才能生产出高质量的产品。苹果果实质量安全标准主要包括苹果质量等级标准、苹果卫生安全标准和苹果果实质量检验与包装标准等。

一、苹果质量等级标准

　　苹果质量等级标准是关于苹果质量和等级应达到的技术要求，是检验和评定苹果果实质量状况是否合格以及是否达到某个质量等级的技术依据。

苹果质量等级标准属于产品标准，主要内容包括等级规格、品质要求、检验方法、验收规则，以及包装、储存和运输等方面的要求。它是苹果生产、质量检验、选购验收、使用维护和洽谈贸易的技术依据，是在一定时期和一定范围内具有约束力的技术准则。

目前我国已发布实施了《鲜苹果》（GB/T 10651）、《无公害食品　仁果类水果》（NY 5011）、《绿色食品　温带水果》（NY/T 844）、《出口鲜苹果》（ZB 31006）、《苹果销售质量》（SB/T 10064）、《苹果外观等级标准》（NY/T 439）和《苹果等级规格》（NY/T 1793）等涉及到质量等级的苹果产品标准。

（一）鲜苹果等级质量标准

《鲜苹果》（GB10651—2008）是国家标准，它规定了富士系、元帅系（包括红星、红冠、新红星等）、金冠系、嘎拉系、藤牧1号、华夏、粉红女士、澳洲青苹、乔纳金、秦冠、国光、华冠、红将军、珊夏、王林等等新鲜苹果收购的等级、品质、包装、检验、运输和储存等。

1. 等级规格　《鲜苹果》标准根据外观特征将苹果分为优等品、一等品和二等品三个等级，具体指标见表2.1。

表 2.1　苹果质量等级规格指标（GB10651—2008）

项　　目	等　　级		
	优等品	一等品	二等品
品质基本要求（适用于全部等级）	各品种、各等级的苹果，都应果实完整良好，新鲜洁净，无异常气味或滋味，不带不正常的外来水分，细心采摘，充分发育，具有适于市场或贮存要求的成熟度		
果　　形	具有本品种应有的特性	允许果形有轻微缺点	果形有缺点，但仍保持本品种果实的基本特征，不得有畸形果

（续）

项　　目	等　级		
	优等品	一等品	二等品
色　　泽	红色的品种果面着色比例应符合表 2.2 的规定；其他品种应具有本品种成熟时应有的色泽		
果　　梗	果梗完整（不包括商品化处理造成的果梗缺省）	果梗完整（不包括商品化处理造成的果梗缺省）	允许果梗轻微损伤
果　径（最大横切面直径）/毫米　　大型果　中小型果	≥70 ≥60		≥65 ≥55
果　　锈	各品种果锈应符合下列限制规定		
（1）褐色片锈	无	不超出梗洼的轻微锈斑	轻微超出梗洼或萼洼之外锈斑
（2）网状浅层锈斑	允许轻微而分离的平滑网状不明显锈痕，总面积不超过果面的 1/20	允许平滑网状薄层，总面积不超过果面的 1/10	允许轻度粗糙的网状锈，总面积不超过果面的 1/5
果面缺陷	无缺陷	无缺陷	允许下列对果肉无重大伤害的果皮损伤不超过 4 项：
（1）刺伤（包括破皮划伤）	无	无	无
（2）碰压伤	无	无	允许轻微碰压伤，总面积不超过 1.0 厘米^2，其中最大处面积不得超过 0.3 厘米^2，伤处不得变褐，对果肉无明显伤害
（3）磨伤（枝磨、叶磨）	允许十分轻微的磨伤 1 处，面积不超过 0.5 厘米^2	允许轻微不变黑的磨伤，面积不超过 1.0 厘米^2	允许不严重影响果实外观的磨伤，面积不超过 2.0 厘米^2

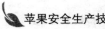

（续）

项　目	等　级		
	优等品	一等品	二等品
（4）水锈和垢斑病	无。允许十分轻微的薄层痕迹，面积不超过 0.5 厘米²	允许轻微薄层面积不超过 1.0 厘米²	允许水锈薄层和不明显的垢斑病，总面积不超过 1.5 厘米²
（5）日灼	无	无	允许浅褐色或褐色，面积不超过 1.0 厘米²
（6）药害	无	无	允许果皮浅层伤害，总面积不超过 1.0 厘米²
（7）雹伤	无	无	允许果皮愈合良好的轻微雹伤，总面积不超过 1.0 厘米²
（8）裂果	无	无	无
（9）裂纹	无	允许梗洼或萼洼内有微小裂纹	允许不超出梗洼或萼洼的微小裂纹
（10）病虫果	无	无	无
（11）虫伤	无	允许不超过 2 处 0.1 厘米² 虫伤	允许干枯虫伤，总面积不超过 1.0 厘米²
（12）其他小疵点	无	允许不超过 5 个	允许不超过 5 个

　　2. 果实色泽要求　　主要品种不同等级的苹果色泽要求见表 2.2。其他未列入的品种，可根据品种特性比照表中同类品种参照掌握。

　　表 2.2　苹果各主要品种不同等级的色泽要求（GB10651—2008）

品　种	等　级		
	优等品着色面积	一等品着色面积	二等品着色面积
元帅系	红 95% 以上	红 85% 以上	红 60% 以上
富士系	红或条红 90% 以上	红或条红 80% 以上	红或条红 55% 以上
嘎拉系	红 80% 以上	红 70% 以上	红 50% 以上

（续）

品　种	等　级		
	优等品着色面积	一等品着色面积	二等品着色面积
藤牧1号	红70%以上	红60%以上	红50%以上
华夏	红80%以上	红70%以上	红55%以上
国光	红或条红80%以上	红或条红60%以上	红或条红50%以上
粉红女士	红90%以上	红80%以上	红60%以上
乔纳金	红80%以上	红70%以上	红50%以上
华冠	红或条红85%以上	红或条红70%以上	红或条红50%以上
红将军	红85%以上	红75%以上	红50%以上
珊夏	红75%以上	红60%以上	红50%以上
秦冠	红90%以上	红80%以上	红55%以上
金冠系	金黄色	黄、绿黄色	黄、绿黄、黄绿色
王林	黄绿或绿黄	黄绿或绿黄	黄绿或绿黄

3. 内在质量要求　苹果达到可采成熟度时果实硬度、可溶性固形物应满足表2.3，未列入的其他品种，可根据品种特性参照表内近似品种的规定掌握。

表 2.3　苹果质量理化指标（GB10651—2008）

品　种	果实硬度/(牛/厘米²)≥	可溶性固形物/%≥	品　种	果实硬度/(牛/厘米²)≥	可溶性固形物/%≥
富士系	7.0	13	元帅系	6.8	11.5
嘎拉系	6.5	12	金冠系	6.5	13
藤木1号	5.5	12	乔纳金	6.5	13
华夏	6.0	11.5	王林	6.5	13
粉红女士	7.6	13	珊夏	6.0	12
澳洲青苹	7.0	12	秦冠	7.0	13
华冠	6.5	13	国光	7.0	13
红将军	6.5	13			

（二）无公害和绿色食品苹果质量要求

《NY 5011—2006 无公害食品　仁果类水果》标准要求包括苹果在内的水果要具有本品种的果形基本特征以及本品种果实成熟时应有的色泽和风味，无异味，果面光洁，无日灼、病虫为害、果面干疤、明显缺素症和机械伤。

《NY/T 844—2010 绿色食品　温带水果》标准要求包括苹果在内的水果果实硬度≥5.5 千克/厘米^2，可溶性固形物≥11.0％，可滴定酸量≤0.35％，感官指标要符合表 2.4。

表 2.4　绿色食品水果果实感官指标（NY/T 844—2010）

项　目	要　　　求
果实外形	果实完整，新鲜清洁，整齐度好；具有本品种固有的形状和特征，果形良好；无不正常外来水分，无机械损伤、无霉烂、无裂果、无冻伤、无病虫果、无刺伤、无果肉褐变；具有本品种成熟时应有的特征色泽。
病虫害	无病虫害
气味和滋味	具有本品种正常气味，无异味
成熟度	发育充分、正常，具有适于市场或贮存要求的成熟度

二、苹果安全卫生标准

安全卫生标准是对苹果食用安全性要素的规定，主要内容包括苹果果实中农药、重金属等有害物质等的允许限量。目前我国参照国际食品法典委员会关于《农药最大残留限量》有关要求，已制定和发布了与苹果有关的农药残留最大限量标准 18 个，规定了苹果中 38 种农药的最大残留限量，还发布了砷、铅、铜、锌、镉、汞、氟、硒、稀土、铬等 10 种（类）元素在水果中的限量卫生国家标准及相应的测定方法国家标准。

(一)《鲜苹果》卫生要求

《鲜苹果》的卫生指标按 GB 2762～2763 水果类指标执行(表2.5)。

表2.5 苹果中污染物和农药最大残留限量(GB 2762、2763—2005)

单位:毫克/千克

污染物或农药	最大残留限量	污染物或农药	最大残留限量
铅	0.1	蚜灭磷	1
镉	0.05	唑螨酯	0.5
总汞(以 Hg 计)	0.01	氟氯氰菊酯	0.5
无机砷	0.05	氯氟氰菊酯	0.2
铬	0.5	氯氰菊酯	2
硒	0.05	溴氰菊酯	0.1
氟	0.5	顺式氰戊菊酯	1
稀土	0.7	甲氰菊酯	5.0
乙酸甲胺磷	0.5	氟氰戊菊酯	0.5
灭多威	2	氯菊酯	2
联苯菊酯	0.5	氰戊菊酯	0.2
乙酰甲胺磷	0.5	克螨特	5
双甲脒	0.5	多菌灵	3
溴螨酯	2	硫丹	1
乐果	1	除虫脲	1
马拉硫磷	2	三氯杀螨醇	1
杀螟硫磷	0.5	毒死蜱	1
倍硫磷	0.05	四螨嗪	0.5
倍硫磷	0.01	滴滴涕	0.05
辛硫磷	0.05	六六六	0.05
甲基对硫磷	0.01	敌敌畏	0.2

（续）

污染物或农药	最大残留限量	污染物或农药	最大残留限量
三唑酮	0.5	敌百虫	0.1
多效唑	0.5	代森锰锌	5
二苯胺	5	克菌丹	15
烯唑醇	0.1	百菌清	1
苯丁锡	5	氟硅唑	0.2
三唑锡	2		

（二）无公害水果安全要求

1. 国家标准 无公害水果系水果中有毒有害物质含量控制在标准规定限量范围内的商品水果。国家标准《农产品安全质量无公害水果安全要求》（GB 18406.2—2001）规定了无公害水果中重金属及有害物质限量、农药残留限量、试验方法、检验规则及标志、标签、包装、贮存。适用于在我国境内生产、销售的无公害水果。

有毒有害物质最高限量具体内容见表 2.6。

表 2.6　无公害水果农药残留、重金属及其他有害物质最高限量
（GB 18406.2—2001）

项　目	指标（毫克/千克）	项　目	指标（毫克/千克）
马拉硫磷	不得检出	氯氰菊酯	≤2.0
对硫磷	不得检出	溴氰菊酯	≤0.1
甲拌磷	不得检出	氰戊菊酯	≤0.2
久效磷	不得检出	三氟氯氰菊酯	≤0.2
氧化乐果	不得检出	抗蚜威	≤0.5
甲基对硫磷	不得检出	除虫脲	≤1.0
克百威	不得检出	双甲脒	≤0.5

（续）

项 目	指标（毫克/千克）	项 目	指标（毫克/千克）
水胺硫磷	≤0.02	砷（以 As 计）	≤0.5
六六六	≤0.1	汞（以 Hg 计）	≤0.01
DDT	≤0.1	铅（以 Pb 计）	≤0.2
敌敌畏	≤0.2	铬（以 Cr 计）	≤0.5
乐果	≤1.0	镉（以 Cd 计）	≤0.03
杀螟硫磷	≤0.4	锌（以 Zn 计）	≤5.0
倍硫磷	≤0.05	铜（以 Cu 计）	≤10.0
辛硫磷	≤0.05	氟（以 F 计）	≤0.5
百菌清	≤1.0	亚硝酸盐（以 $NaNO_2$ 计）	≤4.0
多菌灵	≤0.5	硝酸盐（以 $NaNO_3$ 计）	≤400

注：对于未列项目的有害物质的限量标准，各地根据本地实际情况按有关规定执行

2. 无公害水果农业行业标准 《NY 5011—2006 无公害食品 仁果类水果》对苹果中的农药残留和重金属做了严格规定（表 2.7）。

表 2.7 无公害食品苹果安全指标（NY 5011—2006）

单位：毫克/千克

序号	项 目	指 标	序号	项 目	指标
1	多菌灵	≤3	7	毒死蜱	≤1
2	三唑酮	≤0.5	8	无机砷（以 As 计）	≤0.05
3	甲氰菊酯	≤5.0	9	铅（以 Pb 计）	≤0.1
4	氯氟氰菊酯	≤0.2	10	镉（以 Cd 计）	≤0.05
5	氰戊菊酯	≤0.2	11	氟（以 F 计）	≤0.5
6	马拉硫磷	≤2			

其他有毒有害物质的指标应符合国家有关法律、法规、行政规章和强制性标准的规定

（三）绿色食品水果卫生要求

《NY/T 844—2010 绿色食品　温带水果》要求包括苹果在内水果中农药残留和重金属含量符合表 2.8。

表 2.8　绿色食品苹果卫生要求（NY/T 844—2010）

单位：毫克/千克

项　目	指　标	项　目	指　标
总汞（以 Hg 计）	≤0.01	六六六（BHC）	≤0.05
镉（以 Cd 计）	≤0.05	滴滴涕（DDT）	≤0.05
铅（以 Pb 计）	≤0.1	敌敌畏	≤0.2
无机砷（以 As 计）	≤0.05	乐果	≤0.5
氟（以 F 计）	≤0.5	氧化乐果	不得检出（<0.02）
铬（以 Cr 计）	≤0.5	对硫磷	不得检出（<0.02）
敌百虫	≤0.1	马拉硫磷	不得检出（<0.03）
百菌清	≤1	甲拌磷	不得检出（<0.02）
多菌灵	≤0.5	杀螟硫磷	≤0.2
三唑酮	≤0.2	倍硫磷	≤0.02
氰戊菊酯	≤0.2	溴氰菊酯	≤0.1

三、苹果质量检验与果实包装标准

（一）鲜苹果检验与包装标准

1. 容许度要求　按照《鲜苹果》（GB10651—2008）国家标准，各级苹果容许不合格果只能是邻级果，不允许隔级果。各等级对果径有规定的苹果，允许有 5% 高于或低于规定果径差别的范围，但在全批货物中果实大小差别不允许过于显著。容许度的测定以检验全部抽检包装件的平均数计算；容许度规定的百分率一般以重量或果数计算。

（1）**产地验收的质量容许度** 优等、一等和二等苹果分别允许有 3％、5％和 8％的果实不符合等级要求,其中磨伤、碰压伤、刺伤不合格果之和分别不得超过 1％、1％和 5％,二等苹果中食心虫果、为害果肉的苦痘病等生理病害果、未愈合的轻微损伤的果合计不得超过 1％。

（2）**自起运点至港站验收的质量容许度** 优等、一等和二等苹果分别允许有 5％、8％和 10％的果实不符合等级要求,其中磨伤、碰压伤、刺伤不合格果之和分别不得超过 2％、5％和 7％,二等苹果中食心虫果、为害果肉的苦痘病等生理病害果、未愈合的轻微损伤的果合计不得超过 2％。

2. 检验方法 《鲜苹果》还规定了主要质量指标的检验方法。

（1）等级规格检验程序：将抽取样品称重后,逐件铺放在检验台上,按标准规定项目检出不合格果和腐烂果,以件为单位分项记录,每批样果检验完毕后,计算检验结果,判定该批苹果的等级品质。

（2）等级规格检验操作和评定：果实外观和成熟程度指标由感官鉴定,果实横径和果实单果重分别用标准分级量果板测试和电子秤称量确定,果面的机械和自然损伤通过目测或用量具测量确定。果实色泽由目测或量具测量确定,全红品种以全红色泽覆盖的果皮面积计算,条红品种以条纹果皮面积计算。对果实外部有病虫害症状,或外观尚未发现变异而对果实内部有怀疑者,应检取样果用小刀进行切剖检验,如发现有内部病变时,可增加切剖果的数量。在同一个果实上兼有二项或二项以上不同缺陷与损伤者,可只记录其中对品质影响较重的一项。检出的不合格果,按记录单分项以果重为基准计算其百分率,如包装上标有果数时,则百分比应以果数为基准计算,精确到小数点后一位。计算公式如式：

$$单项不合格果（\%）=\left[\frac{单项不合格果重（或果数）}{检验批总果重（或总果数）}\right]\times100$$

各单项不合格果百分率的总和，即该批苹果不合格果总数的百分率。

（3）果实硬度和可溶性固形物的测定　测定前从每批大样中取成熟度适中的 3～5 千克，洗净晾干，从中取大小适中的代表性苹果 20 个，用硬度压力计测定果实硬度，硬度测完后将苹果逐个纵向分切 8 瓣，每个果实取 2 瓣用手持糖量计（折光仪）测定果实可溶性固形物含量。

3. 检验规则　《鲜苹果》检验规则如下：

（1）产地收购新鲜苹果时，按本标准规定进行检验，凡同品种、同等级、一次收购的苹果作为一个检验批次。

（2）生产单位或生产户交售产品时，必须分清品种、等级，自行定量包装，写明交售件数和重量。凡货单不符、品种等级混淆不清、件数错乱、包装不符合规定者，应由生产单位或生产户重新整理后再予验收。

（3）对于产地分散或小个体生产的苹果，允许零担收购，但也须分清品种、等级，按规定的品质指标分等验收。验收后由收购单位按规定要求重新包装。

（4）抽样：以一个检验批次作为相应的抽样批次。抽取样品必须具有代表性，应在全批货物的不同部位抽取，50 件以内的抽取 2 件，51～100 件的抽取 3 件，100 件以上者以 100 件抽取 3 件为基数，每增 100 件增抽 1 件，不足 100 件者以 100 件计。分散零担收购的苹果，可在装果容器的上、中、下各部位随机抽取，样果数量不得少于 100 个。样品的检验结果适用于整个抽验批。在检验中如发现苹果质量问题，需要扩大检验范围时，可以增加抽样数量。抽样人员在抽样同时进行重量检验，并按包装技术要求进行包装检查。

（5）苹果收购检验以感官鉴定为主，按标准等级规格规定的各项技术要求，对样果进行精密检查，根据检验结果评定质量和等级。在感官鉴定中，如对果实质量和成熟度及卫生条件不能作出明确判定时,可对照理化、卫生检验结果作为判定果实内在质量的依据。

(6) 经检验如不符合品质条件,并超出容许度规定范围的苹果,应按其实际品质定级验收。如交售一方不同意变更等级时,可经加工整理后再申请收购单位抽样重验,以重验结果为准,重验以一次为限。

4. 包装及标志 《鲜苹果》标准要求用纸箱、木箱、塑料箱分层包装,包装容器应坚实、牢固、干燥、清洁卫生,无不良气味,对产品应具充分的保护性能;包装材料及制备标记所用的印色与胶水应无毒、无害;同一批货物的包装件应装入同一产地、同批采收、同一品种和等级的苹果;分层包装的同级苹果果径大小相差不超过 5 毫米;勿将树叶、枝条、石砾、尘土等杂物带入包装容器。

《鲜苹果》还要求同一批货物的包装标志,在形式和内容上必须完全统一。每一外包装应在同一部位印刷清晰、完整、不易抹掉的鲜苹果标志文字和图案,还要标明产品名称、品种、等级、商标、产地、生产单位、净重、检验人、包装日期等。

(二) 无公害水果检验与包装标准

1. 有毒有害物质试验方法与检验规则 国家标准《农产品安全质量 无公害水果安全要求》(GB 18406.2—2001)规定农药残留、重金属及其他有害物质含量按 GB/T 5009、GB/T 15401、GB/T 14875～14878、GB/T 14929、GB/T 17332 规定进行。

根据《农产品安全质量 无公害水果安全要求》 (GB 18406.2—2001),无公害水果检验时,田间以同一品种、同一田块、同一生产技术方式、同期采收的水果每 5 公顷为一组批,每一批随机抽取三个检样,检样重量按 GB/T 8855 有关规定执行;其中一半样品作为制备实验室样品,另一半样品作为备样。市场以同一产区、同一产品 1 个运输单位为一组批,不足 1 个运输单位或不足 5 公顷视为一个组批；市场抽样按 GB/T 8855 执行。按 GB 18406.2—2001 测定方法进行指标测定，测得的结果符合 GB 18406.2—2001 要求的，则判该批产品为合格品；测得的结果不符合要求的，允许对不合格项目进行加倍重新取样复测，复测仍有不合格项的，则判该批产品为不合格品。

2. 无公害水果的包装、标志与贮运　也按照《农产品安全质量　无公害水果安全要求》执行。无公害水果包装场地应通风、防潮、防晒、防雨，干净整洁，无污染物，不能存放有毒、有异味物品。包装容器应清洁卫生，无毒、无害、无异味，结构牢固适用，规格一致，且干燥，无霉变、虫蛀等现象；包装容器内不得有枝、叶、砂、石、尘土及其他异物；内包装材料必须新而洁净，无毒、无害、无异味，能够防潮、透气，不对果实造成伤害和污染。同一包装件中的果实大小、色泽等质量情况要均匀一致，果实横径差异不得超过 5 毫米。

包装标签上注明产品名称、数量、产地、规格、采收日期、包装日期、生产单位、执行标准代号、保存期、生产单位或经销单位等内容。对已经取得证书的无公害水果应在其产品或包装上加贴无公害农产品标志。

果实采收后，应逐步降温预冷至 15℃左右再装车运输或入库贮存。运输工具应清洁卫生，无异味，不与有毒有害物品混运，长途运输宜用冷藏运输工具。装卸时轻拿轻放；待运时，必须批次分明，堆码整齐、环境清洁、通风良好；严禁烈日曝晒、雨淋，注意防冻、防热、缩短待运时间。应采用无污染的交通运输工具，不得与其他有毒有害物品混装混运。贮存场所应清洁卫生，不得与有毒有害物品混存混放。

（三）绿色食品水果检验与包装贮运要求

1. 检验要求　《绿色食品　温带水果》（NY/T 844—2010）要求测定感官指标时，从供试样品中随机抽取 2～3 千克，用目

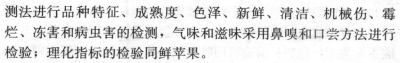

测法进行品种特征、成熟度、色泽、新鲜、清洁、机械伤、霉烂、冻害和病虫害的检测,气味和滋味采用鼻嗅和口尝方法进行检验;理化指标的检验同鲜苹果。

按照《绿色食品 产品检验规则》(NY/T 1055—2006)每批产品交收前,都应进行交收检验,交收检验内容包括包装、标志、标签、净含量和感官等;在每个生产周期内,对每个苹果品种的全部指标要进行一次全面考核,当苹果栽培因人为或自然因素发生较大变化以及两次抽样检验结果差异较大时也须全面考核。在产地抽样检验时,同品种、相同栽培条件、同时收购的产品为一个检验批次;从市场抽样时,同品种、同规格的产品为一个检验批次。

检测结果全部合格时则判该批产品合格。包装、标志、标签、净含量、理化指标等项目有 2 项(含 2 项)以上不合格时则判该批产品不合格,如有一项不符合要求,可重新加倍取样复验,以复验结果为准。任何 1 项卫生(安全)指标不合格时则判该批产品不合格。感官缺陷按有缺陷的个体质量计算。每批受检样品的平均不合格率不应超过 5%,且样本数中任何一个样本不合格率不应超过 10%。

2. 绿色食品的包装要求 绿色食品包装要符合食品包装的基本要求,即:①较长的保质期(货架寿命);②不带来二次污染;③少损失原有营养及风味;④包装成本要低;⑤储藏运输方便、安全;⑥增加美感,引起食欲。此外,绿色食品包装还应利于环保,包装产品从原料、产品制造、使用、回收和废弃的整个过程都应符合环境保护的要求,这包括节省资源、能量,减少、避免废弃物产生,易回收利用,再循环利用,可降解等具体要求和内容。

按照《绿色食品 包装通用准则》(NY/T 658—2002)要求,绿色食品包装应当根据不同的绿色食品选择适当的包装材料、容器、形式和方法,以满足食品包装的基本要求。包装的体积和质量应限制在最低水平，包装实行减量化。在技术条件许可与商品有关规定一致的情况下，应选择可重复使用的包装；若不能重复使用，包装材料应可回收利用；若不能回收利用，则包装废弃物应可降解。

纸类和塑料制品包装材料要求可重复使用、回收利用或可降解。纸类包装表面不允许涂蜡、上油，不允许涂塑料等防潮材料，纸箱连接应采取粘合方式，不允许用扁丝钉钉合，纸箱上所作标记必须用水溶性油墨，不允许用油溶性油墨。塑料制品包装在保护内装物完好无损的前提下，尽量采用单一材质的材料，使用的聚氯乙烯制品、聚苯乙烯树脂或成型品应符合相应国家标准要求，不允许使用含氟氯烃（CFS）的发泡聚苯乙烯（EPS）、聚氨酯（PUR）等产品。金属类和玻璃制品包装应可重复使用或回收利用，不应使用对人体和环境造成危害的密封材料和内涂料。

外包装上印刷标志的油墨或贴标签的粘着剂应无毒，且不应直接接触食品。可重复使用或回收利用的包装，其废弃物的处理和利用按 GB/T 16716 的规定执行。

3. 标志与标签要求 绿色食品外包装上应印有绿色食品标志，做到"四位一体"，即标志图形、"绿色食品"文字、编号及防伪标签。包装上应有明示使用说明及重复使用、回收利用说明。包装标签应符合国家《食品标签通用标准》GB 7718—94，标签上必须标注食品名称、配料表、净含量及固形物含量、制造者、经销者的名称和地址、日期标志（生产日期、保质期或/和保存期）和贮藏指南、质量（品质）等级、产品标准号、特殊标注内容。防伪标签应贴于食品标签或其包装正面的显著位置，不得掩盖原有绿标、编号等绿色食品的整体形象。企业同一种产品贴用防伪标签的位置及外包装箱封箱用的大型标签的位置应固定，不得随意变化。

4. 贮存与运输要求 绿色食品包装贮存环境必须洁净卫生，应根据产品特点、贮存原则及要求，选用合适的贮存技术和方法；贮存方法不能使绿色食品发生变化，不能引入污染。如化学贮藏方法中选用化学制剂需符合《绿色食品添加剂使用准则》；在贮藏中，绿色食品不能与非绿色食品混堆贮存。可降解食品包装与非降解食品包装应分开贮存与运输。绿色食品不应与农药、化肥及其他化学制品等一起运输。

第三节 安全苹果产地环境标准

产地环境质量是影响农产品质量安全的最基础因素，产地环境质量主要指大气、水、土壤等要素的质量。环境中的有害物质会直接或通过大气、土壤和水体等转移到动植物体内，造成食品污染，最终危害人类健康。苹果安全生产应选择空气清新、水质纯净、土壤未受污染、各项环境指标符合有关标准的地区，最好远离工矿区和公路铁路干线，而选择在边远地区、农村等建基地，从而避开工业和城市污染源的影响。

一、无公害苹果产地环境国家标准

按照国家标准《GB/T 18407.2—2001 农产品安全质量 无公害水果产地环境要求》，生产无公害苹果应选择在生态环境良好的区域，无污染或污染物限量在允许范围内，灌溉水质量指标应符合表 2.9 要求，土壤质量指标应符合表 2.10 要求，空气质量指标应符合表 2.11 要求。

表 2.9 农田灌溉水质量指标（GB/T 18407.2—2001）

项 目	指标（毫克/千克）	项 目	指标（毫克/千克）
氯化物，毫克/升≤	250	总铅，毫克/升 ≤	0.1
氰化物，毫克/升≤	0.5	总镉，毫克/升 ≤	0.005

（续）

项　目	指标 （毫克/千克）	项　目	指标 （毫克/千克）
氟化物，毫克/升≤	3.0	铬（六价），毫克/升≤	0.1
总汞，毫克/升　≤	0.001	石油类，毫克/升　≤	10
总砷，毫克/升　≤	0.1	pH 值　　　　　≤	5.5～8.5

表 2.10　土壤质量指标（GB/T 18407.2—2001）

项　目		指　标（毫克/千克）	
	pH<6.5	pH6.5～7.5	pH>7.5
总汞 ≤	0.30	0.50	1.0
总砷 ≤	40	30	25
总铅 ≤	250	300	350
总镉 ≤	0.30	0.30	0.60
总铬 ≤	150	200	250
六六六 ≤	0.5	0.5	0.5
滴滴涕 ≤	0.5	0.5	0.5

表 2.11　空气质量指标（GB/T 18407.2—2001）

项　目	指　标	
	日平均	1h平均
总悬浮颗粒物（TSP）（标准状态），毫克/米³	0.3	
二氧化硫（SO_2）（标准状态），毫克/米³	0.15	0.5
氮氧化物（NO_2）（标准状态），毫克/米³	0.12	0.24
氟化物（F），微克/（分米²·天）	月平均10	
铅（标准状态），毫克/米³	季平均1.5	季平均1.5

二、无公害苹果产地环境农业标准

按照农业标准《NY 5013—2006 无公害食品　林果类产品

产地环境条件》要求,无公害苹果产地应环境条件良好,远离污染源,并具有可持续生产能力的农业生产区域,产地环境空气质量应符合表 2.12 的规定,农田灌溉水质应符合表 2.13 的规定,土壤应符合表 2.14 的规定。

表 2.12 无公害苹果产地空气中各项污染物的浓度限值
（NY 5013—2006）

项 目		浓度限值	
		日平均	1h 平均
总悬浮颗粒物（TSP）（标准状态），毫克/米^3	≤	0.30	—
二氧化硫（SO_2）（标准状态），毫克/米^3	≤	0.15	0.50
二氧化氮（NO_2）（标准状态），毫克/米^3	≤	0.12	0.24
氟化物（标准状态），微克/米^3	≤	7	20

注：日平均指任何一日的平均浓度；1h 平均指任何 1h 的平均浓度。

表 2.13 无公害苹果产地农田灌溉水中各项污染物的浓度限值
（NY 5013—2006）

项 目		浓度限值
pH 值		5.5～8.5
总汞，毫克/升	≤	0.001
总镉，毫克/升	≤	0.005
总砷，毫克/升	≤	0.10
总铅，毫克/升	≤	0.10
铬（六价），毫克/升	≤	0.10
氟化物，毫克/升	≤	3.0
氰化物，毫克/升	≤	0.50
石油类，毫克/升	≤	10

表 2.14 无公害苹果产地土壤中各项污染的含量限值

（NY 5013—2006）

项　目	含量限值		
	pH<6.5	pH6.5～7.5	pH>7.5
镉，毫克/千克 ≤	0.30	0.30	0.60
总汞，毫克/千克≤	0.30	0.50	1.0
总砷，毫克/千克≤	40	30	25
铅，毫克/千克≤	250	300	350
铬，毫克/千克≤	150	200	250

　　以上项目按元素量计，适用于阳离子交换量>5厘摩尔（＋）/千克的土样，若≤5厘摩尔（＋）/千克，其标准值为表内数值的半数。

三、绿色食品苹果产地环境质量标准

　　《绿色食品　产地环境技术条件》（NY/T 391—2000）规定了产地的空气质量标准、农田灌溉水质标准和土壤环境质量标准的各项指标以及浓度限值、监测和评价方法，还提出了绿色食品产地土壤肥力分级和土壤质量综合评价方法。

　　1. 产地空气质量要求　绿色食品要求产地周围不得有大气污染源，特别是上风口没有污染源；不得有有害气体排放，生产生活用的燃煤锅炉需要除尘除硫装置。大气质量要求稳定，符合绿色食品大气环境质量标准。大气质量评价采用国家大气环境质量标准 GB3095—1996 所列的一级标准。主要评价因子包括总悬浮微粒（TSP）、二氧化硫（SO_2）、氮氧化物（NO_x）、氟化物。具体指标见表 2.15。

表 2.15 空气中各项污染物含量（NY/T391—2000）

项　目	浓度限值（毫克/米³，标准状态）	
	日平均	1小时平均
总悬浮颗粒物（TSP）	0.30	——
二氧化硫（SO_2）	0.15	0.50

（续）

项 目	浓度限值（毫克/米³，标准状态）	
	日平均	1 小时平均
氮氧化物（NO_x）	0.10	0.15
氟化物	7（微克/米³）1.8［微克/（分米²·天）］（挂片法）	20（微克/米³）

注：①日平均指任何一日的平均浓度；②1 小时平均指任何一小时的平均浓度；③连续采样三天，一日三次，晨、中和夕各一次；④氟化物采样可用动力采样滤膜法或用石灰滤纸挂片法，分别按各自规定的浓度限值执行，石灰滤纸挂片法挂置七天。

2. 生产用水质量要求 绿色食品要求生产用水质量要有保证，产地应选择在地表水、地下水水质清洁无污染的地区；水域、水域上游没有对该产地构成威胁的污染源；生产用水质量符合绿色食品水质环境质量标准。其中农田灌溉用水评价采用国家农田灌溉水质标准 GB5084—92（具体指标见表 2.16）。

表 2.16 灌溉水中污染物的浓度限值（NY/T391—2000）

项目	浓度限值（毫克/升）
pH 值	5.5~8.5
总汞	0.001
总镉	0.005
总砷	0.05
总铅	0.1
六价铬	0.1
氟化物	2.0
粪大肠菌群	10 000（个/升）

3. 产地土壤质量要求 绿色食品标准将土壤按耕作方式分为旱田和水田两大类，每类又根据土壤 pH 值高低分为三

种情况。要求产地土壤元素位于背景值正常区域，周围没有金属或非金属矿山，并且没有农药残留污染，土壤重金属含量不应超过表 2.17 所列的限值，六六六、DDT 含量不能超过 0.1 毫克/千克。

表 2.17　果园土壤中重金属的含量限值（NY/T391—2000）

单位：毫克/千克

重金属	镉	汞	砷	铅	铬	铜
土壤 pH 值＜6.5 时	0.30	0.25	25	50	120	100
土壤 pH 值 6.5～7.5 时	0.30	0.30	20	50	120	120
土壤 pH 值＞7.5 时	0.40	0.35	20	50	120	120

为提高土壤肥力，A 级绿色食品生产者应增施有机肥，使土壤肥力逐年提高。在评价土壤肥力和进行绿色食品苹果生产时可参考表 2.18 执行，其中土壤肥力级别 I 级为优良，II 级为尚可，III 级为较差。如果生产 AA 级绿色食品，转化后的土壤肥力要达到土壤肥力分级 1～2 级指标。生产者应定期向果园增施有机肥，使果园土壤肥力逐年提高。

表 2.18　土壤肥力分级参考指标（来自 NY/T391—2000）

项　目	土壤级别	肥力指标	项　目	土壤级别	肥力指标
有机质 （克/千克）	I II III	＞20 15～20 ＜15	有效钾 （克/千克）	I II III	＞100 50～100 ＜50
全氮 （克/千克）	I II III	＞1.0 0.8～1.0 ＜0.8	阳离子交换量 （厘摩尔/千克）	I II III	＞15 15～20 ＜15
有效磷 （克/千克）	I II III	＞10 5～10 ＜5	质地	I II III	轻壤 砂壤、中壤 砂土、黏土

第四节 安全苹果生产过程标准

生产过程标准包括苹果安全生产技术规程和生产资料使用准则等,是苹果质量安全全程控制的主要部分。

一、无公害苹果生产技术规程

无公害苹果生产技术规程是按照国家标准、根据各类苹果生产特点制定的,主要规定了无公害苹果基地选择与规划、土肥水管理、病虫害防治和采收等内容。下面根据 NY/T 5012—2002 "无公害食品 苹果生产技术规程"的主要内容,做相关介绍。

1. 园地选择与规划 果园环境条件应符合 GB/T18407.2— 2001《农产品安全质量 无公害水果产地环境要求》。园地应选择在城市远郊区,远离公路主干线 50 米以上,果园内及其周围没有受到有毒有害物质的污染,果园上风口没有污染源,果园河流或地下水的上游无排放有毒有害物质的工厂,没有长期施用含有毒有害物质的工业废渣改良土壤。

果园土壤主要为黄绵土或沙壤土,土质疏松肥沃,有机质含量在 1% 以上,土层厚度最好 2 米以上,地下水位 2 米以下,坡度低于 15 度。坡度 6～15 度的山区、丘陵,选择背风向阳的南坡,并修筑梯田。气候条件和土壤 pH 值、含盐量等理化性状(具体指标因树种而异)最适宜果树生长发育。配备必要的排灌设施和建筑物。有风害地区,应营造防护林。园地要相对集中,并有一定规模。

2. 品种、砧木选择与栽植 应按照果树区划,结合当地自然条件,选择优良树种、品种和砧木,优先采用矮化砧或矮化中间砧苗木;因地制宜,适地适栽,发展区域化生产。采用乔化砧的苹果苗木,按照 3～4 米×5～6 米的株行距栽植;采用矮化自根砧的苗木，按照 1.5～2 米×3～4 米的株行距栽植；采用矮化中间砧的苗木，按照 1.5～2.5 米×4～4.5 米的株行距栽植；短枝型品种按照 2～3 米×4～4.5 米的株行距栽植。栽植前要进行整地，挖深宽 30 厘米的栽植穴，施足有机肥。在平地、滩地和倾斜度 6 度以下的缓坡地，沿南北行向栽植；在倾斜度 6～15 度的坡地，沿等高线栽植。注意适当稀植，并配植适宜和适量的授粉品种。栽后做直径 1 米的树盘，并立即灌水，浇透后覆盖地膜保墒。

3. 土壤管理　幼树栽植后，从定植穴外缘开始，每年秋季结合秋季施基肥向外深翻扩展 0.6～1.0 米，即在树冠下挖放射状沟，沟宽 80 厘米左右，沟深 60 厘米左右。沟中施入充分腐熟的有机肥或沤制过的秸秆等土杂肥，2～3 年内完成全园扩穴深翻。深翻时挖出的土要分层堆放，回填时先将表土填至根系分布层，底土压在表层，然后充分灌水，使根系与土壤密接。

在有灌溉条件的果园，提倡采用行间种草、株间清耕的方式管理地面；清耕带宽 1.5 米左右，果树栽植在清耕带中间。间作草种选择三叶草、毛叶苕子、黑麦草、扁叶黄芪等；当这些草类生长到 30 厘米左右时，通过翻压、覆盖和沤制等将它们转变为果园有机肥。不适合种草的果园，应当进行覆草和埋草。覆草是将麦秸、麦糠、玉米秸等覆盖于树冠下，覆草厚度为 15～20 厘米，上面压少量土，麦收后再加压 1 次，并补充草量；覆草在春季施肥、灌水后（或雨季）进行，连续覆盖 3～4 年后要浅翻 1 次，追肥时可扒开草层施入。埋草通过开大沟埋入，这样可提高土壤的蓄水能力。未实行覆盖的果园，生长季节降雨或灌水后要及时进行中耕松土，调温保墒，消灭杂草。

4. 肥水管理　施肥以有机肥为基础，有机肥和无机肥相结合，进行配方施肥。9～10 月份果实采收前后及时施足基肥，基肥要以经高温发酵或沤制过的有机肥为主，如厩肥（鸡粪、猪粪等）、堆肥、沤肥和人粪尿等。施肥量按每生产 1 千克苹果施

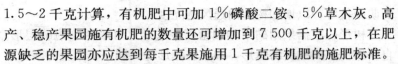

1.5～2千克计算,有机肥中可加1‰磷酸二铵、5‰草木灰。高产、稳产果园施有机肥的数量还可增加到7 500千克以上,在肥源缺乏的果园亦应达到每千克果施用1千克有机肥的施肥标准。

追肥应以速效肥为主,要根据树势强弱、产量高低以及是否缺少微量元素等,确定施肥种类、数量和次数。一般每年追肥三次,第一次在萌芽前后,以氮肥为主;第二次在花芽分化及果实膨大期,以磷钾肥为主,氮磷钾混合使用;第三次在果实生长后期,以钾肥为主,这一次追肥要在果实采收前30天内进行。施肥量以土壤供肥能力和目标产量确定,在树冠下开沟施肥,追肥后及时灌水。

为了迅速补充养分,促使正常结果和预防缺素症,全年可进行4～5次根外追肥。一般生长前期追肥2次,以氮肥为主;后期追肥2～3次,以磷、钾肥为主。根外追肥尿素常用0.3%～0.5%、磷酸二氢钾0.2%～0.3%、硼砂0.1%～0.3%,在早晨或傍晚进行,喷洒部位应以叶背为主。最后一次根外追肥应在果实采收前20天内进行。提倡采用叶片、土壤营养分析的先进方法进行测土配方施肥,有条件的果园应每隔3～5年做一次土壤和叶片营养分析,并根据分析结果调整果园的施肥方案。

灌水应根据土壤底墒确定,一般情况下应在发芽前后至新梢生长期、幼果膨大期和果实采收后至土壤封冻前这3个时期分别灌水一次。提倡采用微灌、渗灌、穴贮肥水等节水灌溉方式,也可采用地面沟灌,不要大水漫灌。灌溉水应是深井水或水库等清洁水源,尽量不用池塘水等地表水,避免使用污水。灌水量要以浸透根系分布层(40～60厘米)为准,灌溉后土壤相对含水量应达到田间最大持水量的60%～70%。地势低洼或地下水位较高的果园,在夏季下大雨时要及时排水防涝。

5. 整形修剪 实行全年修剪,简化树形,注重通风透光。冬季修剪时剪除病虫枝,清除病僵果。加强苹果生长季修剪,拉开枝条开张角度,及时疏除树冠内直立旺枝、密生枝和剪锯口处的萌蘖枝等，以增加树冠内通风透光度。

树形应根据果园砧木和栽植密度选定，可采用小冠疏层形、自由纺锤形、改良纺锤形、细长纺锤形等；同一小区应力求树形一致。果园覆盖率维持在 75% 左右；适宜枝量为 10 万～12 万条，冬剪后为 7 万～9 万条，中、短枝比例占 90% 左右，其中一类短枝占总短枝数量的 40% 以上，优质花枝率占 25%～30%；花芽分化率占总枝量的 30% 左右，冬剪后花芽、叶芽比以 1：3～4 为宜，每 667 米^2 花芽留量 1.2 万～1.5 万个，数量过多时可通过花前复剪和疏果来调整；一般稀植大冠果园每亩树冠体积控制在 1 200～1 500 米^3，密植园以 1 000 米^3 为宜；成龄树要求新梢生长量达到 35 厘米左右，幼龄树以 50 厘米左右为宜。

6. 果实管理　为提高坐果率和果实整齐度，应在花期进行辅助授粉，如果园释放壁蜂、蜜蜂帮助传粉或进行人工授粉。注意合理负载，疏花疏果。疏果时以留单果为主，个别小型果品种可适当留部分双果；疏果在幼果期和生理落果后分两次进行，生长季节及时疏除病虫、畸形果和过大过小的果实。提倡进行果实套袋、摘叶、转果、铺反光膜、挂反光带等，提倡通过改善生态环境、稳定土壤水分等措施防止裂果与果锈，并注意适期采收。

7. 病虫害综合防治　积极贯彻"预防为主，综合防治"的植保方针。以农业和物理防治为基础，提倡生物防治和使用生物源与矿物源农药进行药剂防治，允许按照病虫害的发生规律和经济阈值科学使用化学防治技术。病毒病防治通过栽植脱毒苗木解决。

农业防治主要采取剪除病虫枝、清除枯枝落叶、刮除树干翘皮裂皮和枝干病斑，集中烧毁或深埋；减少伤口，冬季树干涂白；合理间作、套种和品种搭配；加强土肥水管理、合理修剪、适量留果、果实套袋等措施防治病虫害。物理防治主要采用隔绝、驱避的措施，如病区隔离、工具消毒、设置屏障等，以及根据害虫生物学特性，采取糖醋液、树干缠草绳和诱虫灯等方法诱

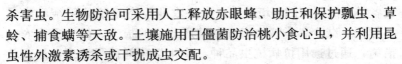

杀害虫。生物防治可采用人工释放赤眼蜂、助迁和保护瓢虫、草蛉、捕食螨等天敌。土壤施用白僵菌防治桃小食心虫，并利用昆虫性外激素诱杀或干扰成虫交配。

加强病虫害的预测预报，有针对性地适时用药，未达到防治指标或益害虫比合理的情况下不用药。根据天敌发生特点，合理选择农药种类、施用时间和施用方法，保护天敌，充分发挥天敌对害虫的自然控制作用。注意不同作用机理农药的交替使用和合理混用，以延缓病菌和害虫产生抗药性，提高防治效果。严格按照规定的浓度、每年使用次数和安全间隔期要求施用，喷药均匀周到。

8. 生长调节剂的使用 苹果安全生产中允许使用天然的植物生长调节剂，如赤霉素类、细胞分裂素类，也可使用能够延缓生长、促进成花、明显改善树冠结构、提高果实品质及产量的调节物质，禁止使用对环境造成污染或对人体有危害的植物生长调节剂。允许使用的植物生长调节剂有苄基腺嘌呤（BA）、玉米素、赤霉素类、乙烯利、矮壮素等，要求每年最多使用一次，安全间隔期在 20 天以上。禁止使用比九（B_9）、萘乙酸、2，4 - 二氯苯氧乙酸（2，4 - D）等。

9. 果实采收 根据果实成熟度、用途和市场需求综合确定采收适期。成熟不一致的品种，应分期采收。

二、绿色食品生产资料使用准则

绿色食品生产资料使用准则是对生产绿色食品过程中物质投入的一个原则性规定，苹果生产主要包括农药和肥料的使用准则，准则明确规定了允许、限制和禁止使用的生产资料及其使用方法、使用剂量、使用次数和休药期等。

1. 农药使用准则 《绿色食品 农药使用准则》（NY/T 393—2000）要求绿色食品生产应从作物-病虫草等整个生态系统出发，综合运用各种防治措施，创造不利于病虫草害孳生和有利于各类天敌繁衍的环境条件，保持农业生态系统的平衡和生物多样化，减少各类病虫害和杂草所造成的损失。优先采用农业措施，通过选用抗病抗虫品种，非化学药剂种子处理，培育壮苗，加强栽培管理，中耕除草，秋季深翻晒土，清洁田园，轮作倒茬、间作套种等一系列措施起到防治病虫草害的作用。还应尽量利用灯光、色彩诱杀害虫，机械捕捉害虫，机械和人工除草等措施，防治病虫草害。特殊情况下，必须使用农药时，可以根据 AA 级和 A 级绿色食品要求，限量使用部分低毒高效低残农药。

（1）生产 AA 级绿色食品应遵守的准则　首选经专门机构认定，符合绿色食品生产要求，并被正式推荐用于 AA 级绿色食品生产的农药类产品。禁止使用有机合成的化学杀虫剂、杀螨剂、杀菌剂、杀线虫剂、除草剂和植物生长调节剂。禁止使用生物源、矿物源农药中混配有机合成农药的各种制剂。严禁使用基因工程品种及制剂。在 AA 级绿色食品生产资料农药类不能满足植保工作需要的情况下，允许使用以下农药及方法：

①中等毒性以下植物源杀虫剂、杀菌剂、拒避剂和增效剂。如除虫菊素、鱼藤根、烟草水、大蒜素、苦楝、川楝、印楝、芝麻素等。

②释放寄生性捕食性天敌动物，昆虫、捕食螨、蜘蛛及昆虫病原线虫等。

③在害虫捕捉器中使用昆虫信息素及植物源引诱剂。

④使用矿物油和植物油制剂。

⑤使用矿物源农药中的硫制剂、铜制剂。

⑥经专门机构核准，允许有限度地使用活体微生物农药，如真菌制剂、细菌制剂、病毒制剂、放线菌、拮抗菌剂、昆虫病原线虫、原虫等。

⑦经专门机构核准，允许有限度地使用农用抗生素，如春雷霉素、多抗霉素（多氧霉素）、井冈霉素、农抗 120、中生菌素、

浏阳霉素等。

(2) **生产 A 级绿色食品应遵守的准则** 首选经专门机构认定,符合绿色食品要求,并被正式推荐用于 A 级和 AA 级绿色食品生产的农药类产品。在 A 级和 AA 级绿色食品生产资料农药类不能满足植保工作需要的情况下,允许使用中等毒性以下植物源农药、动物源农药和微生物源农药;允许使用硫制剂、铜制剂。允许按有关要求有限度地使用部分有机合成农药。

生物源农药指可用于防治病虫害和杂草的生物活体,或生物代谢产生的活性物质,或生物体提取物等。包括微生物源农药,如防治真菌病害的灭瘟素、春雷霉素、多抗霉素(多氧霉素)、井冈霉素、农抗 120、中生菌素等,防治螨类的浏阳霉素、华光霉素等农用抗生素,以及活体微生物农药,如蜡蚧轮枝菌等真菌剂、苏云金杆菌,蜡质芽孢杆菌等细菌剂,以及拮抗菌剂、昆虫病原线虫、微孢子、核多角体病毒等。还包括动物源农药,如昆虫信息素(如性信息素)、寄生性和捕食性天敌动物的活体制剂。植物源农药也属此类,主要有除虫菊素、鱼藤酮、烟碱、植物油等杀虫剂,大蒜素等杀菌剂,印楝素、苦楝、川楝素等拒避剂,芝麻素等增效剂。

矿物源农药指有效成分起源于矿物的无机化合物和石油类农药。包括无机杀螨杀菌剂、硫悬浮剂、可湿性硫、石硫合剂等硫制剂;硫酸铜、王铜、氢氧化铜、波尔多液等铜制剂。还包括矿物油乳剂,如柴油乳剂等。

有机合成农药指由人工研制合成,并由有机化学工业生产的商品化的一类农药,包括中等毒和低毒类杀虫杀螨剂、杀菌剂、除草剂,可在 A 级绿色食品生产上限量使用,但为避免同种农药在作物体内的累积和害虫的抗药性,在 A 级绿色食品生产过程中,每种允许使用的有机合成农药在一种作物的生产期内只允许使用一次,并要求严格按照有关标准控制农药剂型、最高用药量、施药方法、次数、距采收间隙期、最高残留等(具体内容见

第十三章）。此外，生产绿色食品严格禁止基因工程品种（产品）及制剂的使用。严禁使用剧毒、高毒、高残留或有三致毒性（致畸、致癌、致突变）的农药（见表2.19）。

准则确定禁止使用的农药，主要根据如下原因：

①高毒、剧毒，使用不安全，如有机砷、有机汞；

②高残留，高生物富集性，如六六六，DDT；

③各种慢性毒性作用，如迟发性神经毒性，这类农药有杀虫脒、除草醚、草枯醚等；

④二次中毒或二次药害，如氟乙酰胺的二次中毒现象；

⑤三致作用，致畸、致癌、致突变，如二溴乙烷、溴甲烷等；

⑥含特殊杂质，如三氯杀螨醇中含有DDT，2，4，5-T中含二恶英；

⑦代谢产物有特殊作用，如代森类代谢产物为致癌物ETU（乙撑硫脲）；

⑧对植物不安全、药害；

⑨对环境、非靶标生物有害，如拟除虫菊酯类杀虫剂对鱼毒性大；

⑩禁用有机合成的植物生长调节剂，严格控制各种遗传工程微生物制剂。

表2.19　生产A级绿色食品苹果禁止使用的农药（NY/T 393—2000）

种　　类	农药名称	禁用原因
有机氯杀虫剂	滴滴涕、六六六、林丹、甲氧DDT、硫丹	高残毒
有机氯杀螨剂	三氯杀螨醇	工业品中含有一定数量的滴滴涕
有机磷杀虫剂	甲拌磷、乙拌磷、久效磷、对硫磷、甲基对硫磷、甲胺磷、甲基异柳磷、治螟磷、氧化乐果、磷胺、地虫硫磷、灭克磷（益收宝）、水胺硫磷、氯唑磷、硫线磷、杀扑磷、特丁硫磷、克线丹、苯线磷、甲基硫环磷	剧毒、高毒

（续）

种 类	农药名称	禁用原因
氨基甲酸酯杀虫剂	涕灭威、克百威、灭多威、丁硫克百威、丙硫克百威	高毒、剧毒或代谢物高毒
二甲基甲脒类杀虫杀螨剂	杀虫脒	慢性毒性、致癌
卤代烷类熏蒸杀虫剂	二溴乙烷、环氧乙烷、二溴氯丙烷、溴甲烷	致癌、致畸、高毒
阿维菌素		高毒
克螨特		慢性毒性
有机砷杀菌剂	甲基胂酸锌（稻脚青）、甲基胂酸钙胂（稻宁）、甲基胂酸铁铵（田安）、福美甲胂、福美胂	高残毒
有机锡杀菌剂	三苯基醋酸锡（薯瘟锡）、三苯基氯化锡、三苯基羟基锡（毒菌锡）	高残留、慢性毒性
有机汞杀菌剂	氯化乙基汞（西力生）、醋酸苯汞（赛力散）	剧毒、高残毒
取代苯类杀菌剂	五氯硝基苯、稻瘟醇（五氯苯甲醇）	致癌、高残留
2,4-D类化合物	除草剂或植物生长调节剂	杂质致癌
二苯醚类除草剂	除草醚、草枯醚	慢性毒性
植物生长调节剂	有机合成的植物生长调节剂	

2. 肥料使用准则 《绿色食品 肥料使用准则》（NY/T 394—2000）规定绿色食品生产肥料使用：①必须使足够数量的有机物返回土壤，以保持或增加土壤肥力及土壤生物活性；②保护和促进使用对象的生长及品质的提高；③不造成使用对象产生和积累有害物质，不影响人体健康；④对生态环境无不良影响。

（1）生产 AA 级绿色食品的肥料使用 在 AA 级绿色食品生

产中应首选经专门机构认定，符合绿色食品要求，并被正式推荐用于 AA 级绿色食品生产的肥料类产品。允许使用农家肥料，禁止使用化学合成肥料，禁止使用城市垃圾和污泥、医院的粪便垃圾和含有害物质（如毒气、病原微生物，重金属等）的工业垃圾。

允许使用的农家肥料系指就地取材、就地使用的各种有机肥料。它由含有大量生物物质、动植物残体、排泄物、生物废物等积制而成的。包括堆肥、沤肥、厩肥、沼气肥、绿肥、作物秸秆肥、泥肥、饼肥等。在 AA 级绿色食品生产资料肥料产品及农家肥不能满足生产需要的情况下，允许使用商品肥料。商品肥料指按国家法规规定，受国家肥料部门管理，以商品形式出售的肥料，包括商品有机肥、腐殖酸类肥、微生物肥、有机复合肥、无机（矿质）肥、叶面肥等。

各地可因地制宜采用秸秆还田、过腹还田、直接翻压还田、覆盖还田等形式，扩大有机肥源。积极利用覆盖、翻压、堆沤等方式利用绿肥；绿肥应在盛花期翻压，翻理深度为 15 厘米左右，盖土要严，翻后耙匀，压育后 15～20 天才能进行播种或移苗。堆沤绿肥和还田秸秆只能用人畜粪尿调碳氮比。腐熟的沼气液、残渣及人畜粪尿可用作追肥；严禁施用未腐熟的人粪尿。饼肥优先用于水果、蔬菜等，禁止施用未腐熟的饼肥。叶面肥料质量应符合国家标准或技术要求（见表 2.20），按使用说明稀释，在作物生长期内，喷施二次或三次。微生物肥料可用于拌种，也可作基肥和追肥使用。使用时应严格按照使用说明书的要求操作。微生物肥料中有效活菌的数量应符合有关技术指标。选用无机（矿质）肥料中的煅烧磷酸盐、硫酸钾，质量应分别符合有关技术要求（见表 2.20），可使用合成的 Cu、Fe、Mn、Zn、B、Mo 等微量元素。

（2）A 级绿色食品生产允许使用的肥料种类　A 级绿色食品生产中则允许限量地使用部分化学合成肥料（但仍禁止使用硝态氮肥），以对环境和作物（营养、味道、品质和植物抗性）不产生不良后果的方法使用，不应使用城市垃圾和污泥做肥料，应以农家肥为绿色食品的主要养分来源，建议使用经过腐熟的有机肥（50℃以上 5～7 天发酵）。

可以使用上述用于生产 AA 级绿色食品允许使用的肥料种类，此外，允许在有机肥、微生物肥、无机（矿质）肥、腐殖酸肥中按一定比例掺入化肥（硝态氮肥除外）使用，但化肥必须与有机肥配合施用，有机氮与无机氮之比不超过 1∶1，例如，施优质厩肥 1 000 千克加尿素 10 千克（厩肥作基肥、尿素可作基肥和追肥用），对叶菜类最后一次追肥必须在收获前 30 天进行。化肥也可与有机肥、复合微生物肥配合施用。厩肥 1 000 千克，加尿素 5～10 千克或磷酸二铵 20 千克，复合微生物肥料 60 千克（厩肥作基肥，尿素、磷酸二铵和微生物肥料作基肥和追肥用）。最后一次追肥必须在收获前 30 天进行。城市生活垃圾一定要经过无害化处理，质量达到 GB 8172 中 1.1 的技术要求才能使用。每年每 667 米^2 农田限制用量，黏性土壤不超过 3 000 千克，砂性土壤不超过 2 000 千克。还允许用少量氮素化肥调节碳氮比。也可使用不含有毒物质的食品、纺织工业的有机副产品，以及骨粉、骨胶废渣、氨基酸残渣、家禽家畜加工废料、糖厂废料等有机物料制成的肥料。

（3）肥料使用应注意的问题 生产绿色食品的农家肥料无论采用何种原料（包括人畜禽粪尿、秸秆、杂草、泥炭等制作堆肥，必须高温发酵，以杀灭各种寄生虫卵和病原菌、杂草种子，使之达到无害化的卫生标准（详见表 2.21、表 2.22）。农家肥料，原则上就地生产就地使用。外来农家肥料应确认符合要求后才能使用。商品肥料及新型肥料必须通过国家有关部门的登记认证及生产许可、质量指标应达到国家有关标准的要求。因施肥造成土壤污染。水源污染，或影响农作物生长、农产品达不到卫生标准时，要停止施用该肥料，并向专门管理机构报告。用其生产的食品也不能继续使用绿色食品标志。

表 2.20 煅烧磷酸盐、硫酸钾、腐殖酸叶面肥料质量指标

(NY/T 394—2000)

肥 料	煅烧磷酸盐	硫酸钾	腐殖酸叶面肥料
营养成分	有效无氧化二磷 (P_2O_5) $\geqslant 12\%$(碱性柠檬酸铵提取)	氧化钾(K_2O)50%	腐殖酸$\geqslant 8.0\%$ 微量元素(Fe、Mn、Cu、Zn、Mo、B)$\geqslant 6.0\%$
杂质控制指标	每含 1% P_2O_5 As$\leqslant 0.004\%$ Cd$\leqslant 0.01\%$ Pb$\leqslant 0.002\%$	每含 1%K_2O As$\leqslant 0.004\%$ Cl$\leqslant 3\%$ $H_2SO_4\leqslant 0.5\%$	Cd$\leqslant 0.01\%$ As$\leqslant 0.002\%$ Pb$\leqslant 0.002\%$

表 2.21 高温堆肥卫生标准 (NY/T 394—2000)

编号	项 目	卫生标准及要求
1	堆肥温度	最高堆温达 50~55℃,持续 5~7 天
2	蛔虫卵死亡率	95%~100%
3	粪大肠菌值	10^{-1}~10^{-2}
4	苍蝇	有效地控制苍蝇孳生,肥堆周围没有活的蛆、蛹或新羽化的成蝇

表 2.22 沼气发酵肥卫生标准 (NY/T 394—2000)

编号	项 目	卫生标准及要求
1	密封贮存期	30 天以上
2	高温沼气发酵温度	(53 ± 2)℃持续 2 天
3	寄生虫卵沉降率	95%以上
4	血吸虫卵和钩虫卵	在使用粪液中不得检出活的血吸虫卵和钩虫卵
5	粪大肠菌值	普通沼气发酵 10^{-4},高温沼气发酵 10^{-1}~10^{-2}
6	蚊子、苍蝇	有效地控制蚊蝇孳生,粪液中无子孓,池的周围无活的蛆、蛹或新羽化的成蝇。
7	沼气池残渣	经无害化处理后方可用作农肥

第五节　有机产品标准与良好农业规范

一、IFOAM 有机农业基本标准

IFOAM 基本标准是各国、各地区和各认证机构制定有机标准的依据,它不能直接用于各个国家和认证,但为世界范围内的认证计划提供了一个制定标准的框架。IFOAM 基本标准分引言、有机农业和加工的原则性目标、基因工程、作物生产和畜牧养殖的基本要求、作物生产、畜牧养殖、水产品养殖、食品加工和操作、纺织品加工、森林管理、标签、社会公平等十余项内容,并有 5 个附件,有关国家或地区要在 IFOAM 基本标准框架下结合当地条件制定自己的、能够具体操作的认证标准,该认证标准的要求可以比基本标准更为严格。

1. 有机农业的目标　有机农业兼顾社会效益、经济效益和生态效益,注重环境保护和生态平衡,其原则性目标有如下 17 项:

(1) 生产足够数量的优质食品;

(2) 以建设性的、有助于改善生命质量的方式运作,与自然系统及其循环协调共生;

(3) 考虑到有机生产和加工体系广泛的社会和生态影响;

(4) 鼓励和促进耕作系统中的生物(包括土壤动植物和微生物)循环;

(5) 发展可持续生产水产品的水生生态系统;

(6) 保持和提高土壤的长效肥力;

(7) 保持生产体系和其周围环境的生物多样性,包括保护植物和野生动物的栖息地;

(8) 促进水资源和生物资源的可持续利用和合理保护;

(9) 尽可能利用当地生产系统中的可再生资源;

（10）协调种植业和养殖业平衡，在封闭系统中尽可能进行有机物质和营养元素方面的循环利用；

（11）尊重畜禽在自然环境中的生理需要和生活习性，使它们按自然的生活习性生活；

（12）使各种形式的污染最小，避免由于农业技术带来的所有形式的污染；

（13）利用可再生资源加工有机产品；

（14）生产可完全生物降解的有机产品；

（15）生产耐用和优质的纺织品；

（16）使从事有机生产和加工的每一个人都能享受优质的生活，满足他们的基本要求，使他们获得足够的收入、对所从事的工作满意（包括有一个安全的工作环境）；

（17）努力使整个生产、加工和销售链都能向社会上公正、生态上合理的方面发展。

2. 基本要求

（1）**转化要求** 有机农业是一个发展过程，从开始按照有机农业标准管理到被认证为有机农业的时间称为转化期。转化期从向认证机构提出申请时算起，或从最后一次使用不允许使用的材料算起，其长度以能够达到改善土壤肥力、重建生态系统平衡和生物多样性为目标，这由土地使用情况和生态条件决定，不一定非得足够长。

转化应在一定时间内逐步完成，但整个农场应按照转化计划进行全部转化，转化计划要涉及有机标准的所有方面，如轮作、畜粪管理、病虫害控制等；必要时，转化计划应予更新。从转化期开始，有机标准的所有内容就适用，在转化期内有机标准的要求都应该达到，并在农场被认证前完成检查。已转化的土地和动物不能在有机农业和常规农业之间来回改变。

（2）**平行生产** 在同一农场中，同时生产相同或难以区分的有机、有机转换或常规产品的情况，称之为平行生产。如果整个农场没有完全转化,认证机构应确保有机和常规生产严格分开,并对整个生产系统进行检查。在一个农场存在有机农业区、正在转化区或非有机区种植相同作物时,两种区域必须明确划分,不同地区的产品也要能明显地区别开(外观、颜色、品种等)。喷洒药剂的设备,不同农业区应分别使用。认证机构要对整个生产系统进行检查,确保有机和常规生产完全隔离。如果存在平行生产,在常规生产部分也不允许使用转基因生物。

(3)生态景观 有机生产应对生态系统做出有益的贡献。在粗放管理、未进行轮作、施肥量较少、生态多样化、水源丰富等的区域,进行合理管理并相互联系,以增进生物多样性。认证机构应该制定农场面积在整个生产区域的最低百分比标准,以维持生物多样性,并制定景观和生物多样性标准。

3. 农场生产

(1)环境条件 当生产基地位于重要污染源附近时,认证机构必须对土壤、灌溉水质量和果实中的残留物进行检查分析,并应给出减少污染的可能方法的建议。同时,要采取一切可能的措施防止外来的偶然污染(例如风吹等)。

(2)品种和苗木 选用的作物种类和品种应该适应当地土壤和气候条件,对病虫害有抵抗力。在选择品种时应考虑保持遗传的多样性。所用苗木的砧木和接穗都应来自有机生产体系,可以得到有机苗木的,生产上就必须采用。如果没有认证的有机苗木,应使用未经化学合成物质处理的常规种苗;在得不到未处理的苗木时,允许使用经过非化学合成物质处理的苗木,但认证机构应该制定使用非有机种苗的时间限制。不准使用遗传工程生产的种子、花粉、转基因植物或其材料。

(3)转化期长度 要获得有机认证,生产农场在收获多年生作物(如苹果)之前至少有 18 个月的时间都按照标准要求进行管理。当认证机构能够得到证明 3 年或 3 年以上没有使用禁用材料的相关文件时,则在申请后 12 个月就可以予以认证。认证机构根据过去对土地的使用情况和环境条件，有权延长转化期。在生产周期开始前至少有 12 个月的时间满足了标准要求时，认证机构可以允许这样的植物以"转化期有机农产品"或一种类似的描述在市场上销售。

（4）生产中的多样性　在生产中，应考虑生产系统内及其周围土壤肥力，要在尽量减少养分损失的情况下提高生产的多样性。在果树行间一般通过作物轮作但不局限于轮作实现生产的多样性。轮作必须尽可能多地变化，尽可能利用多种植物种类覆盖土壤，轮作物要包括豆科植物，或与由豆科植物、绿肥和深根植物构成的轮作组合。在合适的情况下，认证机构应该要求在合适的时间和地点内完成农场的多样性。

（5）施肥制度　施肥必须以保持或增加土壤肥力及土壤生物学活性为目的。应该将足量的微生物、可生物降解材料归还到土壤中，增加或至少维持土壤的肥力和生物活性。可生物降解材料应该以有机农场内的为主；粪肥也必须以有机农场内的有机物质为基础。应维持土壤适宜的 pH 值，尽量减少养分流失，避免重金属和其他污染物的积累。不能完全依赖购买的天然矿物肥料、生物肥料和无机肥料，它们只能用作农场物质循环的补充物。认证机构应根据当地条件和作物的特性，对投入的微生物、植物和动物可生物降解材料的总量进行控制。在有污染危险的情况下，应制定标准以限制动物肥料的过度使用。

认证机构应制定明确的卫生要求和措施以防止病虫卵和其他传染性物质的传染。不符合卫生要求的人粪尿肥料，不能使用到蔬菜上。矿物肥料只能作为肥料的补充，只有在其他肥力管理措施最优化以后才允许使用，并应按照其本来的自然组成使用，不允许用化学方法对其处理。认证机构可对例外情况做出详细规定，但例外情况不包括含氮的矿物肥料。对矿物钾肥、镁肥、微量元素肥料的使用也应做出规定，以防止重金属或其他不需要物质的积累，比如矿渣、矿物磷酸盐以及生活污泥。

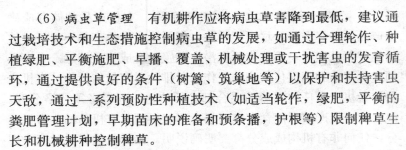

（6）病虫草管理 有机耕作应将病虫草害降到最低，建议通过栽培技术和生态措施控制病虫草的发展，如通过合理轮作、种植绿肥、平衡施肥、早播、覆盖、机械处理或干扰害虫的发育循环，通过提供良好的条件（树篱、筑巢地等）以保护和扶持害虫天敌，通过一系列预防性种植技术（如适当轮作，绿肥，平衡的粪肥管理计划，早期苗床的准备和预条播，护根等）限制稗草生长和机械耕种控制稗草。

控制病虫草害所用物质最好从当地植物、动物和微生物中获得，可以使用增温加热等物理措施控制病虫草害，但只能限于不适合轮作或难更新的土壤。为避免物质残留的污染，在用于有机生产前，常规生产中所使用的器具应合理清洗。不允许使用人工合成的除草剂、杀菌剂、杀虫剂和其他农药；确实需要，要选用IFOAM推荐的产品。不允许使用人工合成的生长调节剂和染色剂。不允许使用基因工程生物或其产物。

（7）污染控制 应采用各种措施减少各种来源的污染。如果存在污染危险或怀疑有污染危险，认证机构应制订标准规定重金属和其他污染物质的最大限量。在有理由怀疑污染时，认证机构应确保对相关产品和可能的污染源（土壤和水、大气和投入物质）进行检测。对于保护性设施、薄膜覆盖、剪毛、捕虫、饲料青贮等，只允许使用聚乙烯、聚丙烯和其他多聚碳化物，不准使用聚氯乙烯塑料产品。塑料产品使用后要将其从土壤中清除，不得在农田中焚烧。

（8）水土保持 土壤和水资源应按照可持续方式管理。应采取各种措施避免水土流失、土壤盐碱化、过度和不合理利用水资源以及对地下水和地表水的污染。应尽可能减少利用有机质燃烧、秸秆焚烧的方法对土壤进行清洁。禁止对原始森林进行清伐以及对水资源的过度开发和利用。应制订合适的载畜量，以防止土地退化和对地下水及地表水的污染，还应采取措施防止土壤和水的盐碱化。

4. 贮藏、保鲜、加工、包装与标识 有机产品的储存应确保产品的最好质量，尽可能排除一切污染。有机产品不得经过放射性或紫外照射，不能与具有潜在危害的合成物质接触。仓库必须进行清洁和消灭传染病的工作，以排除对产品的污染。有机产品与无机产品任何偶然的混合都必须防止，两者必须严格分开。混合的有机产品只能含有在市场上不能买到其有机品的非有机成分，任何非有机构成成分都要明确说明。选择包装材料时应考虑到生态学因素。

经销中的每一步都必须是可查的。当来自不只一个农场的产品在储存或加工过程中被混合，记账时必须区分每个供货农场，每个农场供应货物的样品必须保存一个适当时期。卷标必须包括确认机构；如果是从一个含有非有机产品的混合产品中得到的有机产品，那么应说明该有机产品；建议包括对生产方法的进行简单描述。

5. 社会公平 社会公平和社会权力是有机农业和加工的组成部分。认证机构应该保证操作者有社会公平的政策，不能够对破坏人权的生产进行认证。

6. 附件 包括附件1肥料和土壤调节中的产品使用、附件2植物病虫害控制使用和生产调节的产品、附件3有机生产中外部材料投入的评价程序、附件4批准使用的非农业源成分和加工辅料名单、附件5有机农业中添加剂和加工助剂的评价程序。

二、国际食品法典中的有机食品规定

国际食品法典委员会（CAC）是联合国粮农组织（FAO）和世界卫生组织（WHO）于1961年建立的政府间协调食品标准的国际组织，其宗旨是通过建立国际协调一致的食品标准体系，保护消费者的健康，促进公平的食品贸易。有机农产品标准是CAC《食品法典》的一部分，CAC《食品法典》在国际食品

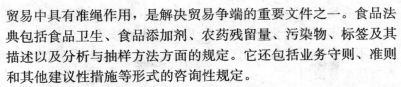

贸易中具有准绳作用,是解决贸易争端的重要文件之一。食品法典包括食品卫生、食品添加剂、农药残留量、污染物、标签及其描述以及分析与抽样方法方面的规定。它还包括业务守则、准则和其他建议性措施等形式的咨询性规定。

1. 有机生产的原则和目标 CAC《食品法典》认为有机农业是促进和加强农业生态系统健康的整体性生产管理系统,生产中要考虑各区域的具体条件,因地制宜,强调优先使用农家投料,要尽量采用农业、生物及机械的方法维持生产系统的运行。有机生产系统的设计要做到:

(1) 加强整个系统内的生物多样性;

(2) 增加土壤生物活性;

(3) 维持土壤长期肥力;

(4) 循环使用植物性和动物性废料,以便向土地归还养分,并因此尽量减少不可更新资源的使用;

(5) 在局部组织的农业系统中依靠可更新资源;

(6) 促进土壤、水及空气的健康使用并最大限度地降低农业生产可能对其造成的各种污染;

(7) 谨慎处理农产品,在各个环节保持产品的有机完整性和主要品质;

(8) 在一定的转化时期内(具体时间长短取决于土地历史及所生产的作物和家畜类型等具体因素),要为现有农田确立有机的生产系统。

2. 从常规生产到有机生产的转化期 从常规生产到有机生产的转化期原则上至少两年,对于非草场的多年生作物(果树等)至少三年。主管部门或其指定单位、官方或官方认可认证机构或部门在某些情况下(如两年或两年以上闲置未用),可根据农田以前的用途决定延长或缩短该期限,但不得少于 12 个月。

无论转化期长短,只能在将某生产单位置于有机生产要求的检验系统之内,且开始实施有机生产规范后方开始计算转化期。

在一个农场不能一次性完全转化的情况下，可逐步进行转化；在一个农场不同时转化的情况下，应将其土地按要求分为不同单位。不得在处于转化中的区域和已转化的区域内将有机和常规生产方法交替使用。

3. 种子及繁殖材料 CAC《食品法典》"植物及植物产品"部分要求繁殖材料必须来自于按有机生产方式至少种植一代的材料，若为多年生作物，至少是有机方式生产了两个生长季节的材料；经营人若能向官方或官方认可认证机构或部门表明没有符合上述要求的材料时，可以优先使用未经处理过的繁殖材料，如果没有未经处理的繁殖材料，则处理物质必须满足表 2.23、表2.24 要求。

4. 土壤培肥与改良 为维持或提高土壤肥力和生物活性，CAC《食品法典》要求在轮作计划中要种植豆科作物绿肥或深根作物；向土壤中加入的有机物质要来自有机生产体系，当轮作和施用有机物质不能充分满足作物养分需求或土壤改良需求时，才可使用表 2.23 所列物质，粪肥只能在无法从有机生产体系得到有机物料时使用；为活化堆肥，可酌情使用微生物或植物制剂；为培肥土壤，亦可使用以石粉厩肥或植物制成的生物动力制剂。

表 2.23 CAC《食品法典》对土壤培肥物质的使用要求

物　　质	使用条件
畜禽粪肥，干燥厩肥与脱水家禽粪肥	如果不是来自有机生产体系，需经认证机构认可；不得来自"工厂化"养殖场。
厩液、粪尿肥、混合厩肥	如果不是来自有机生产体系，需经认证机构认可；不得来自"工厂化"养殖场。最好经过发酵和/或适当稀释后使用。
人类粪便	需经认证机构认可。不可直接用于食用农产品，可用于处理堆肥。

（续）

物 质	使用条件
废弃的蘑菇,蛭石基质,用动物粪便和家庭有机垃圾制作的堆肥,屠宰场和渔业加工场的动物产品,海藻及其产品,秸秆,草木灰,木屑、树皮和废木料,海鸟粪,碱性炉渣,微量元素（硼、铜、铁、锰、钼和锌）,制糖工业的副产品,油棕榈、椰子和可可豆的副产品,加工有机食品产生的副产品,硫黄	需经认证机构认可。
植物残余物堆肥,木炭,蚯蚓与昆虫腐殖质,自然出现的生物体（如蠕虫）	—
食品与纺织工业的副产品	未经合成添加剂处理；需经认证机构认可。
天然磷酸盐	需经认证机构认可；每千克五氧化二磷的镉含量不超过90毫克。
碳酸钾盐、开采的钾盐（如钾盐、镁钒钾石盐）	氯含量低于60%。
苛性钾硫酸盐	经物理方法获得；需经认证机构认可。
天然碳酸钙（如白垩、石灰泥、藻砾、石灰石、白垩磷酸盐）,镁岩,石灰质镁岩,泄盐（硫酸镁）,石膏（硫酸钙）,石粉,黏土,蛭石,沸石,漂白粉	—
制酒残留物和制酒残留榨出物	铵残留物除外。
氯化钠	仅为矿盐。
磷酸钙铝	五氧化二磷最大含量不少于每千克90毫克。
泥碳	不包括合成添加剂,准许用于种子、盆栽堆肥。其他用途需经认证机构认可。

5. 病虫害及杂草防治 可以采用以下措施防治植物病虫害及杂草：①选择适当的物种或品种；②适当轮作；③栽培技术；

④提供有利的生境保护害虫天敌,如维持原始植物群落,为捕食害虫的天敌提供栖息处的树篱、筑巢点、生态缓冲区等;⑤多样化的生态系统;⑥火焰除草;⑦释放捕食性和寄生性天敌;⑧以石粉、厩肥或植物制成的生物动力制剂;⑨覆盖与割草;⑩放牧家畜;⑪机械防治,如诱捕、隔离、光捕以及声捕等;⑫当土壤再生轮换不能发生时,以蒸汽消毒;⑬只有在紧急或严重威胁作物且上述措施无效或可能无效时,才可借助表 2.24 所列产品。

表 2.24　CAC《食品法典》对病虫害防治物质的使用要求

物　　质	使用条件
Ⅰ.动物产品	
从除虫菊中提取的除虫菊酯制剂（可包含配合）、从鱼藤中提取的鱼藤酮制剂、苦木科植物提取液、印楝素制剂等天然植物制品（不包括烤烟),烟碱（纯尼古丁除外);天然酸（如醋);鱼尼丁制剂,蜂胶,卵磷脂	需经认证机构认可。
动植物油,白明胶,酪蛋白;曲霉菌发酵产品;蘑菇和绿藻提取物;未经化学处理的海藻、海藻粉、海藻提取物、海盐及盐水	
Ⅱ.矿物质	
波尔多液、氢氧化铜、氯氧化铜。矿物质混合剂,铜盐,硫磺,高锰酸钾,石蜡油,硅藻土	需经认证机构认可。
矿物粉末（石粉、硅酸盐),硅酸盐,黏土,碳酸氢钠,硅酸钠	——
Ⅲ.微生物	
微生物（细菌、病毒和真菌),如苏云金杆菌、颗粒体病毒等	需经认证机构认可。
Ⅳ.其他	
二氧化碳和氮气,普通酒精;不育处理后的雄性昆虫。以聚乙醛为基料的制剂,包括高等动物驱除剂,且仅用于诱捕	需经认证机构认可。
钾皂（软皂);顺势疗法与印度传统医疗制剂	——

6. 使用物质的变更 在不断发展的基础上,可以对表2.23和表2.24所列物质进行增添或删除,所有利益相关方都应有机会参与对增删物质的评价。法典食品标识委员会每两年(或根据要求)对表中所列物质进行审核,要求新增加的物质要符合有机生产原则,对于特定用途是需要或不可缺少的,新增物质的使用不会对环境有不良影响,对人或动物健康及生活质量造成的负面影响最小。无法获得数量充足与/或质量合格的物质时,许可使用替代物质。

7. 野生植物采集 采集在自然区域、林业和农业区中自然生长的可食用植物及其部分才被视为一种有机生产方法,但要满足:①产品来自明确划定的采集区域,且该区域受本准则所确定的检验/认证措施管辖;②采集前3年,这些区域未接受表2.27所列以外的产品的处理;③采集不破坏自然生境的稳定性或采集物种的维持;④产品来自于身份明确且对采集区域熟悉的管理收获或采集产品的经营者。

8. 有机产品标识 应用有机产品的标识应明确表明:该产品涉及一种农业生产方法;产品根据有机生产要求生产;产品是由检验与认证机构检验措施制约的经营者生产;标识注明从事生产活动的经营者或最近加工作业所依据的官方认可检验或认证机构的名称及/或代码。

向有机生产方法过渡的农产品,在采用有机方法生产12个月后,并完全符合有机产品要求,只能标识为"有机过渡产品";过渡/转型的产品说明不能误导购买者;仅含单一配料的食品在其主要展示面上可以标识为"有机过渡产品";标识要注明生产经营者、认证机构的名称及编码。

三、GB/T 19630《有机产品》基本内容

GB/T 19630—2005《有机产品》于2005年1月19日发布,2005年4月1日正式实施;2011年进行了修订,并于次年3月

1日实施修订版标准。该标准是在借鉴 IFORM 基本标准、国际食品法典、欧盟有机农业生产规定（EEC2092/91）和美国国家有机标准（NOP）基础上，结合我国实际情况制定的，是我国有机产品认证的依据和生产加工有机产品的指导原则。该标准分为生产（GB/T19630.1）、加工（GB/T19630.2）、标识与销售（GB/T19630.3）和管理体系（GB/T19630.4）四个部分。GB/T19630.1《有机产品 第1部分：生产》与苹果安全生产直接相关，它规定了有机农场的边界、生产区域的环境条件、种子或种苗的选择、种植、灌溉、施肥、水土保持、作物轮作、污染控制以及病虫害、草害防治和生物多样性保护等。

1. 有机种植区域及其环境条件 GB/T19630 要求从事有机生产的农场应边界清晰、所有权和经营权明确；如果是多个农户在同一地区从事农业生产，这些农户都应根据本标准开展生产，并且建立严密的组织管理体系。

有机生产需要在适宜的环境条件下进行，生产基地应远离城区、工矿区、交通主干线、工业污染源、生活垃圾场等。土壤环境质量要符合 GB15618 中的二级标准，农田灌溉用水水质要符合 GB5084 的规定，环境空气质量要符合 GB3095 中二级标准和 GB9137 的规定。如果农场的有机生产区域有可能受到邻近常规生产区域污染的影响，应当在两者之间设置缓冲带或物理障碍物，以防止常规地块的禁用物质向有机果园漂移。应在有机地块与常规地块的排灌系统间设置有效隔离，以保证常规农田的水不会渗透或漫入有机地块。

应积极采取切实可行的措施，防止水土流失、土壤沙化、土壤盐碱化和水资源的不合理使用等，应充分考虑水土资源的可持续利用；提倡运用秸秆覆盖或间作的方法避免土壤裸露。应重视生态环境和生物多样性的保护，要在有机生产区域周边设置天敌栖息地，为天敌活动、产卵和寄居提供场所，提高生物多样性和自然控制能力；要充分利用作物秸秆，不应焚烧。

2. 转换期与平行生产 由常规生产改为有机生产需要有转换期,转换期内必须完全按照有机农业的要求进行管理。转换期的开始时间从提交认证申请之日起,一年生作物的转换期一般不少于24个月转换期,多年生作物的转换期一般不少于36个月。新开荒的、长期撂荒的、长期按传统农业方式耕种的或有充分证据证明多年未使用禁用物质的农田,也应经过至少12个月的转换期。

如果在同一农场中,同时生产相同或难以区分的有机、有机转换或常规产品(存在平行生产)时,应明确平行生产的动植物品种,并制订和实施平行生产、收获、储藏和运输的计划,具有独立和完整的记录体系,能明确区分有机产品与常规产品(或有机转换产品)。农场可以在整个农场范围内逐步推行有机生产管理,或先对一部分农场实施有机生产标准,制订有机生产计划,最终实现全农场的有机生产。

3. 物质使用要求 在植物生产中不允许使用化学合成的农药、化肥、生长调节剂等物质;禁止在有机生产体系或有机产品中引入或使用转基因生物及其衍生物,包括植物、动物、种子、成分划分、繁殖材料及肥料、土壤改良物质、植物保护产品等农业投入物质。存在平行生产的农场,常规生产部分也不得引入或使用转基因生物。在作物种植中不准使用经过化学处理和基因改造的种子、种苗。

应保证施用足够数量的有机肥以维持和提高土壤肥力、营养平衡和土壤生物活性。有机肥应主要源于本农场或有机农场(或畜场);遇特殊情况(如采用集约耕作方式)或处于有机转换期或证实有特殊养分需求时,可以购入一部分有机农场外的有机肥料,但外购有机肥需经认证机构许可,或所购有机肥已获得有机认证。使用人粪尿的使用应当按照相关要求进行充分腐熟和无害化处理,并不得与食用部分接触;禁止在叶菜类、块茎类和块根类作物上直接施用人粪尿。天然矿物肥料和生物肥料不得作为系统中营养循环的替代物,矿物肥料只能作为长效肥料并保持其天然组分，禁止采用化学处理方法提高其溶解性。在使用保护性的建筑覆盖物、塑料薄膜、防虫网时，只允许选择聚乙烯、聚丙烯或聚碳酸酯类产品，并且使用后应从土壤中清除。禁止焚烧，禁止使用聚氯类产品（表2.25）。

表2.25　GB/T19630.1 附录A　有机作物种植允许使用的土壤培肥和改良物质

物质类别	物质名称、组分和要求	使用条件
I.植物和动物来源	作物秸秆和绿肥	
	畜禽粪便及其堆肥（包括圈肥）	充分腐熟
	畜禽粪便和植物材料的厌氧发酵产品（沼肥）	
	海草或物理方法生产的海草产品	未经过化学加工处理
	来自未经化学处理木材的木料、树皮、锯屑、刨花、木灰、木炭及腐殖酸物质	地面覆盖或堆制后作为有机肥源
	未掺杂防腐剂的肉、骨头和皮毛制品	经过堆制或发酵处理后
	蘑菇培养废料和蚯蚓培养基质的堆肥	满足堆肥的要求
	不含合成添加剂的食品工业副产品	应经过堆制或发酵处理后
	草木灰	
	不含合成添加剂的泥炭	禁止用于土壤改良；只允许作为盆栽基质使用
	饼粕	不能使用经化学方法加工的
	动物来源的副产品（如血粉、肉粉、骨粉、蹄粉、角粉、皮毛、羽毛和毛发粉、鱼粉、牛奶及奶制品）	未添加禁用物质，经堆制或发酵处理
II.矿物来源	磷矿石	天然来源，镉含量小于等于90mg/kg
	钾矿粉	天然来源，未通过化学方法浓缩。氯的含量少于60%。
	硼砂	天然来源，未经化学处理，未添加化学合成物质

（续）

物质类别	物质名称、组分和要求	使用条件
Ⅱ.矿物来源	微量元素	同上
	镁矿粉	同上
	硫磺	同上
	石灰石、石膏和白垩	同上
	黏土（如珍珠岩、蛭石等）	同上
	氯化钠	同上
	窑灰	未经化学处理、未添加化学合成物质
	碳酸钙镁	
	泻盐类	未经化学处理、未添加化学合成物质
Ⅲ.微生物来源	可生物降解的微生物加工副产品，如酿酒和蒸馏酒行业的加工副产品	未添加化学合成物质
	天然存在的微生物配制的制剂	未添加化学合成物质

4. 有害生物防治 病虫草害防治应从整个果园生态系统出发，综合运用各种防治措施，创造不利于病虫草害孳生和有利于各类天敌繁衍的环境条件，保持农业生态系统的平衡和生物多样化，减少各类病虫草害所造成的损失。优先通过选用抗病抗虫品种、非化学药剂种子处理、培育壮苗、加强栽培管理、中耕除草、秋季深翻晒土、清洁田园、轮作倒茬和间作套种等一系列农业措施防治病虫草害。应尽量利用灯光、色彩诱杀害虫及机械捕捉害虫；采用机械和人工措施除草。以上方法不能有效控制病虫害时，允许使用 GB/T 19630.1 附录 B（表 2.26）所列出的物质，使用附录 B 未列入的物质时，应由认证机构按照 GB/T 19630.1 的要求对该物质进行评估。

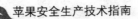

表 2.26　GB/T19630.1 附录 B　有机作物种植允许使用的植物
保护产品物质和措施

物质类别	物质名称、组分要求	使用条件
Ⅰ. 植物和动物来源	印楝树提取物及其制剂，苦楝碱（苦木科植物提取液），天然除虫菊（除虫菊科植物提取液），鱼藤酮类（毛鱼藤），苦参及其制剂，植物油及其乳剂	杀虫剂
	植物来源的驱避剂（如薄荷、熏衣草）	驱避剂
	天然诱集和杀线虫剂（如万寿菊、孔雀草）	杀线虫剂
	蘑菇的提取物	杀菌剂
	天然酸（如食醋、木醋和竹醋等）	杀菌剂
	牛奶	杀菌剂
	蜂蜡，蜂胶，明胶，卵磷脂	用于嫁接、修剪、杀虫、杀菌
Ⅱ. 矿物来源	铜盐（如硫酸铜、氢氧化铜、氯氧化铜、辛酸铜等）	不得对土壤造成污染，杀真菌
	波尔多液，石灰硫磺（多硫化钙），石灰，硫磺	每年每公顷铜最大用量不超过 6kg
	轻矿物油	仅用于果树
	高锰酸钾，碳酸氢钾，碳酸氢钠，氯化钙	高锰酸钾仅用于果树
	硅藻土，硅酸盐（硅酸钠，石英），黏土（如：斑脱土、珍珠岩、蛭石、沸石等）	杀虫、驱避
Ⅲ. 微生物来源	真菌及真菌制剂（如白僵菌、轮枝菌）	杀虫、杀菌、除草
	细菌及细菌制剂（如苏云金杆菌，即 BT）	杀虫、杀菌、除草
	释放寄生、捕食、绝育型的害虫天敌	
	病毒及病毒制剂（如：颗粒体病毒等）	杀虫

（续）

物质类别	物质名称、组分要求	使用条件
Ⅳ.其他	氢氧化钙，二氧化碳，乙醇，苏打	杀虫、杀菌
	海盐和盐水，软皂（钾肥皂）	杀虫、杀菌
Ⅴ.诱捕器、屏障	物理措施（如色彩诱器、机械诱捕器等）	
	覆盖物（网）	

四、有机苹果生产技术要点

有机苹果生产从选址建园和品种选择开始，按照有机农业的原则与要求，进行合理的土肥水管理与病虫草防治，加强花果管理，科学修剪，并适时采收，防止采后污染等。栽培管理要按照"培肥沃土—沃土养根—养根壮树—壮树促花—促花控果—控果保叶—保叶防衰"技术路线进行。

1. 有机苹果生产区域选择 从事有机生产的主体应是边界清晰、所有权和经营权明确的生产单位；生产基地在作物收获前三年内未使用过农药、化肥等违禁物质，土壤的背景状况要好；生产基地无明显水土流失、风蚀及其他环境问题；果园及其附近农业生态环境良好，土壤重金属及农药残留低，周围没有污染源。选择有机生产区域（基地）要注意：

（1）与常规生产果园、菜园等保持一定距离，或在两者之间设有天然屏障与隔离；

（2）应当尽量避开果园重茬地，避开有恶性杂草和线虫猖獗的地段；

（3）"因地制宜、适地适树"；

（4）土壤质地良好，有机质含量高；通气、保水、保肥能力强；

（5）气候较干燥，降雨较少，但有灌溉条件和清洁水源；

（6）没有难以控制的重要病虫害；

（7）有机肥源丰富；

（8）当地劳动力资源丰富，人工费用比较低。

2. 品种、苗木和砧木选择注意的问题

（1）用于有机栽培的种苗应当尽可能来自认证的有机农业生产系统，在得不到颁证的有机种苗的情况下（如在有机种植的初始阶段），也可使用未经禁用物质处理过的常规种苗。但要经过认证机构认可并尽早制定计划，通过建立有机种源培育基地或采取其他措施以满足有机认证标准的要求。

（2）用于有机栽培的品种、苗木、种子必须来自自然界，禁止使用任何转基因作物品种。

（3）严禁使用经化学合成物质和来自基因工程的微生物等禁用物质处理过的种苗。

（4）尽量不使用经过处理的种苗，在必需进行种苗处理的情况下，可使用有机生产允许的物质或材料，如各种植物或动物制剂、微生物活化剂、细菌接种和菌根等来处理种子和苗木。

（5）品种和砧木选择既要考虑与当地气候、土壤和轮作计划等相适应，又要考虑对病虫害有抗性；既要考虑市场的需求，又要充分考虑保护生物遗传多样性。

（6）根据当地的生态环境，选择抗性砧木（基砧和中间砧），栽植抗病优良品种；选用嫁接苗、2 或 3 年生大苗壮苗，禁选"三当苗"等弱苗，最好选无（脱）病毒苹果苗木。

（7）选择品质优良、营养丰富的种或品种。

（8）可尽量多选择生长期短、成熟期早的种类或品种。

（9）优先选择抗污染能力强、不富集或很少积累有害物的种类或品种。

（10）注意因地制宜，适地适树。适当考虑树种品种的多样化。

（11）要考虑品种地区适应性与栽培目的和栽植形式相适应。

（12）要考虑品种搭配和授粉品种的选择。

3. 园地准备与栽植　园地准备是提高土壤肥力、控制果园杂草和病害、保证果树正常生长和生产的重要基础性工作。主要包括：土壤状况分析；施足底肥、翻耕土壤、间作与覆盖作物的安排；果园土壤消毒与园地整理：热力消毒、水土保持工程、防护林；合理配置授粉树；采用合理的栽植密度与栽植方式要根据品种和砧木特点以及苗木嫁接方式确定，注意增大行距，适当稀植，南北成行，通风透光。

4. 土壤管理　有机果园土壤管理要充分发挥土壤自身的机能和活力，在不破坏土壤结构的前提下，疏松改良土壤，增加土壤有机质含量，创造正常的物质循环系统和生物生态系统，保证果树健康生长发育。培肥沃土是果园土壤有机化的核心，通过种植绿肥、秸秆还田、施用有机肥等方式培肥土壤。要充分利用来源于自然的微生物、发酵粪肥和生物材料等。在行间种草、树盘覆草、选留杂草，以改善果园环境，增加生物多样性，减少蒸发，保护天敌，培肥土壤，防治病虫、杂草等。行间种草可选白三叶草、苜蓿、草木樨等豆科植物，注意草类也要多样化。地面覆盖可覆草（包括秸秆）、可降解地膜或农用纺织品。

5. 合理施肥　肥料必须是天然的，氮素可通过固氮生物、饼肥、富氮有机肥等物质获得；磷素可从海鸟粪、磷矿粉、活化天然磷肥等物质获得；钾素可从钾矿粉、通过物理方法制的钾盐等物质中获得。禁用化学合成肥料，人工制造的微量元素，只有经过营养诊断证实在确实缺素时才准使用。可应用可溶性的有机肥料，如鱼乳液、可溶性的鱼粉等。充分利用沼液、沼渣。施肥要以有机肥为主，尤其是高温发酵肥料和腐熟农家肥。可利用有效微生物菌群，提倡向果园土壤引入蚯蚓。

6. 科学灌水　根据树体需水特点及时供水，水肥配施。提倡采用节水灌溉技术，如滴灌、微灌、"果园隔行交替灌溉方法"；在干旱缺水地区可采用"地膜覆盖穴贮肥水"、"陶罐渗灌"、"地下穴灌"等方式灌溉。要保证水源清洁，选用井水、清洁的河水等。夏季下大雨时要及时排水防涝。

7. 整形修剪 有机果品生产要求通风透光更好，采用结构简化及高而紧凑的树型，实行全年修剪。树型要具有树体高、树冠窄而稀疏、结果母枝粗长而下垂等特点，最好采用高纺锤形或垂柳型或开心形等高效高产树型。

8. 病虫草害防治 "预防为主，综合防治"，要以改善果园生态环境，加强栽培管理为基础，提高树体抗性，优先选用农业和生态调控措施，注意保护利用天敌，充分发挥天敌的自然控制作用。

病害控制：采用栽培措施控制病害，积极诱导苹果抗性，养根壮树；抓住关键防治时期，合理使用农药。

虫害控制：培养健康和强健的果树植株；生物控制；果园养鸡，利用鸡来捕捉害虫；用矿物或植物油和生物杀虫剂防治。

杂草管理：通过耕作、人工和机械锄草；应用有机接受的除草剂；养禽除草；火灼除草。

9. 常规生产园向有机生产园的转换 在进行常规生产的土地上新建果园必须经过一定的转换期；在转换期间就要严格按有机标准的要求进行有机种植；生产者必须有一个明确的、完善的、可操作的转化方案和计划；转化期长度应考虑到土地过去的使用情况和生态条件；在同一区域同时进行常规生产、转化期、有机生产，必须明显分开，不能在有机和常规之间来回改变；经一年有机转换后的田块中生长的作物，可以视为有机转换作物。

五、良好农业规范介绍

良好农业规范（GAP）是一种保障农产品质量安全的全程控制体系，它是在促进农业生产可持续发展的前提下，为获得安

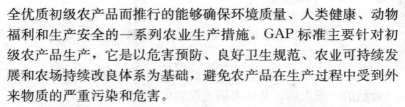

全优质初级农产品而推行的能够确保环境质量、人类健康、动物福利和生产安全的一系列农业生产措施。GAP 标准主要针对初级农产品生产，它是以危害预防、良好卫生规范、农业可持续发展和农场持续改良体系为基础，避免农产品在生产过程中受到外来物质的严重污染和危害。

1. 良好农业生产规范概况　良好农业规范最早由欧洲零售商集团（EUREP）提出，2001 年首次对外公开发布，简称 EUREP-GAP。提出 EUREP-GAP 的目的是确保欧洲市场上销售的食品安全性，提高消费者对于食品的信任。EUREP-GAP 主要针对种植业和养殖业，分别制定了各自的操作规范，鼓励生产者减少农用化学品和药品的使用，关注动物福利、环境保护、工人的健康、安全和福利，保证初级农产品生产安全的一套规范体系。该体系主要涉及大田作物种植、水果和蔬菜种植、牛羊养殖、奶牛养殖、生猪养殖、家禽养殖、畜禽公路运输等农业产业等。

为改善我国目前农产品生产现状，提升我国农产品安全水平和国际竞争力，推动我国农业生产可持续发展，受国家标准委委托，国家认监委于 2003 年起，组织质检、农业、认证认可行业专家，开展了制定良好农业规范国家系列标准的研究工作，2004 年启动了 ChinaGAP 标准的编写和制定工作。ChinaGAP 标准主要参考 EUREPGAP 标准的控制条款，按照 FAO 确定的基本原则并结合中国国情和法规编写的，2005 年 11 月通过审定，2005 年 12 月 31 日正式发布，2006 年 5 月 1 日起正式实施。ChinaGAP 标准为系列标准，包括术语、农场基础控制点与符合性规范、作物基础控制点与符合性规范、大田作物控制点与符合性规范、水果和蔬菜控制点与符合性规范、畜禽基础控制点与符合性规范、牛羊控制点与符合性规范、奶牛控制点与符合性规范、生猪控制点与符合性规范、家禽控制点与符合性规范。

2. 种植业良好农业规范要素　种植业 GAP 体系通常包括产

品的可追溯性、土壤和水分管理、品种选择和种子处理、作物种植管理、有害生物综合防治、作物采后处理、包装和储运、员工福利和农户培训等关键要素。

（1）可追溯性　建立文件化的追溯体系，确保产品可追溯到其种植的注册农场，并从农场追踪到生产者。

（2）品种选择与种子处理　种植的品种对当地的主要病虫害要具有抗性或耐性；应当检测品种的农艺适用性和市场认可度；还应进行种子鉴定，保持品种的纯度。只种植经过鉴定、登记或审批的可追踪种源、以及具有抗病性、适应市场需求的品种。转基因作物的种植应符合本国和（或）产品消费地的所有相关法律法规规定。种子和根茎处理后，应记录使用产品的名称和靶标（虫和病）。

（3）土壤和水分管理　作物种植过程中应采取适合当地实际情况的措施，结合土壤和水分的物理、化学和生物特性认真进行管理，使土壤管理措施和保护技术都适合每个特定的条件。为避免土壤板结，应采用适当方法保持或改良土壤结构；采用的耕作技术应有助于降低水土流失；不应使用未经处理的污水进行灌溉或施肥。还要采取措施保证水分供应，防止土壤侵蚀和水土流失，降低土壤和水分受污染的机率，保护土壤耕性和提高土壤肥力。

（4）作物种植管理　作物种植管理是构成农业生产的基本框架，从播种到采收这一段时间内严格执行合理的农业措施和环境上可行的措施。例如选用健壮苗，不使用有害物质处理种苗，中耕管理和整地不能对环境造成破坏。根据作物生长需求适时、定量施肥，并对施肥的有关信息详细记录。按照病虫害综合防治的要求，在确实有必要的情况下才使用农药。确保产品品质的同时，结合当地实际情况，采用适应品种和有效的耕作方式来提高单位面积产量。

（5）有害生物综合防治　有害生物防治以预防为主，综合防

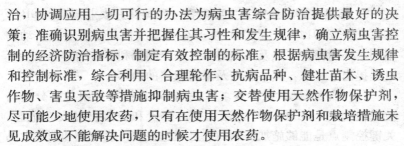

治，协调应用一切可行的办法为病虫害综合防治提供最好的决策；准确识别病虫害并把握住其习性和发生规律，确立病虫害控制的经济防治指标，制定有效控制的标准，根据病虫害发生规律和控制标准，综合利用、合理轮作、抗病品种、健壮苗木、诱虫作物、害虫天敌等措施抑制病虫害；交替使用天然作物保护剂，尽可能少地使用农药，只有在使用天然作物保护剂和栽培措施未见成效或不能解决问题的时候才使用农药。

若使用农药，则必须确保农药使用安全，防止病虫和杂草产生抗药性，并将农药残留控制在国家农药残留最高限定和行业指导农药残留范围，还要对使用理由、靶标和阈值做记录。不使用禁用的化学品，应通过书面程序，如植保产品的使用记录和施药地点的农作物收获日期，证明确保农药使用在耕地、果园或温室中完全遵守安全间隔期。

（6）采后处理、包装、运输和储存 采后处理应遵守化学品使用说明，用于收获物的生物灭杀剂、蜡和植保产品应是经国家登记或许可使用的产品。包装材料必须适合预先制冷和存储条件，用无毒材料制成，易清洁、回收、使用性能良好；使用前必须检查包装材料的清洁和质量情况；只用来包装采收的农产品，从田间返回时须将剩余尘、土、泥除去。应根据农作物类型和储存条件，采用最佳方式降低污染的风险。储存设施应保持干净、干燥，有适当的通风结构，没有经过化学处理或污染。定期对运输设备进行清洁、冲洗以防止污染。

（7）员工健康、安全、福利和农户培训 要确保员工的职业健康、安全和福利要求。农场应按说明书的要求正确使用防护服和防护设备，防护服及防护设备应与植保产品隔离存放。操作人员被污染时，应有相应的处理设施。

农户培训是任何 GAP 中最重要的组成部分之一。通过培训和教育确保从事农业生产的每一个人都认识到 GAP 的重要性，并清楚 GAP 文件体系、管理要求以及如何执行 GAP 要求。

3. 苹果良好农业规范主要内容 我国良好农业规范（GB/T 20014.1～20014.11—2005）从产品可追溯性、食品安全、动物福利、环境保护，以及工人健康、安全和福利等方面对农业生产过程提出了要求，其中也涉及果蔬栽培的内容。

（1）我国 GAP 基本要求 我国 GAP 标准采用危害分析与关键控制点（HACCP）方法识别、评价和控制食品安全危害。关键控制点是能够施加控制、并且通过控制可以防止和消除食品安全危害或将其降低到可接受水平所必需的某一步骤。生产者可以通过风险评估，评价新建农场、灌溉和清洗用水、收获和运输过程中的卫生、有机肥料，以及其他涉及食品安全的相关风险。

为有效控制污染和危害，我国 GAP 鼓励生产者采取预防为主和干预为辅的原则，同时要求生产者遵守环境保护的法规和标准，营造农产品生产过程的良性生态环境，协调农产品生产和环境保护的关系，要根据不同作物生产特点，对种植业生产过程中的作物管理、土壤肥力保持、田间操作、植物保护、组织管理等。GAP 标准还要求生产中要保障员工职业健康和安全的基本要求以及员工福利的要求。

（2）栽培基地的风险评估 按照果蔬 GAP 要求，在进行苹果栽培前，应就基地环境条件（土壤、灌溉水、大气等）、基地环境对苹果的适应性、苹果质量安全、操作人员健康和环境状况进行书面的风险评估并给出评估报告。风险评估要考虑土地以前的使用情况（包括以前种植的农作物、所使用农药、垃圾填埋、工矿业军事用途、可能潜藏在病虫害、杂草和重金属危害等）、土壤类型、侵蚀程度、地下水质和水位，水源的持续供给、与周边区域的关系（包括上游淤泥或化学品的流失、临近农场喷撒物的漂流）等内容。

风险评估报告中应对每项风险都应标明其严重性和发生的可能性，以及是否有预防或控制风险的措施，并提出防范措施以减小风险。当评估确定存在不可控制的健康和环境风险时，在此基地就不能进行苹果栽培。评估后确定没有风险,就可以选做栽培基地,并以此建立起标识、记录和追溯系统。

(3) 种苗选用规范 种苗选用是一个 GAP 个关键控制点。按照果蔬 GAP 要求,选择对病虫害有抗性的品种,以减少农药等农用化学品的使用;购买的种子和苗木应有种苗质量保证文件保证无病虫害和病毒等,文件应包含品种纯度、名称、批号和销售商等内容;所购买种苗应有国家认可的植物检疫证明,有质量保证书或生产合格保证书;转基因产品应标明身份,符合法律法规要求。

种苗来源地应有监控种苗可见病虫害的质量控制系统,且保持最新的记录;在种苗外观上具有已经感染病虫害迹象时,应提供控制病虫害处理措施(如农药使用时机等);尽量从农用化学品使用少的苗圃或母本园选用种苗。

(4) 果园用水良好规范 在苹果生产中,要合理利用地下水和土壤水分,尽量促进小流域地表水的渗透及减少地表水的无效外流;增加土壤有机质含量,改善土壤结构;避免生产投入物对水资源的污染;通过监测作物和土壤水分状况进行精确灌溉,通过采用节水或促进水再循环的措施来防止土壤盐渍化;通过建立永久性植被或需要时保持或恢复湿地来加强水文循环的功能;管理好果园水位,防止抽水或积水过多;果园散养畜禽时,要为其提供充足、安全、清洁的饮水点。

在缺乏灌溉条件的果园,苹果生长需水依靠自然降雨来满足,可通过修竹节沟、树盘覆盖等方式减少雨水的地表径流,以及增施有机肥料改良土壤来实现良好规范。在有灌溉条件的果园,如果果园所处地区生态环境好,水源清洁,只需注意生态环境保护,采用适当的灌溉方式就可满足用水良好规范;如果生态环境比较差,水源周围有污染源,就需要在注意生态环境保护的同时,经常对水源进行危险性分析以保证用水安全。

(5) 肥料使用良好规范 土壤的理化特性、土壤有机质及有益生物的综合作用形成了土壤肥力和生产能力。肥料使用良好规范包括适当的作物轮作、合理施肥和牧草管理、合理使用机械、进行保护性耕作、合理调整土壤碳氮比、保持或增加土壤有机质、保持适宜土层为土壤生物提供有利的生存环境、尽量减少因风或水造成的土壤侵蚀流失、农用化学品的使用要与果树、环境和人体健康相协调。

为满足 GAP 要求，在苹果生产过程中，可通过行间生草（人工种草或自然生草）、树盘清耕、地面覆盖、深翻压青等措施改善土壤的特性，保持或增加土壤有机质。在山地果园，通过修梯田、修树盘和生草覆盖等措施，防止水土流失。为满足果树生长对养分的需求，在使用充足有机肥料同时可结合使用少量化肥。所用有机肥料要充分腐熟后施用，可在果品采收后结合土壤深翻沟施；化肥种类及其用量要结合不同品种的需肥特性，挖沟施入。在行间间作矮秆豆科植物，利用其固氮特点增肥地力，减少氮素化肥的使用。

（6）果园植保良好规范　GAP 要求按照，进行果园植物保护，要遵循综合防治的原则，积极预防，充分利用品种抗性和轮作，优化栽培技术，加强生物防治，谨慎使用农用化学品，并制定长期的风险管理战略等措施来对病虫害加以控制。任何果园植保措施，必须考虑到其潜在的不利影响，并掌握、配备充分的技术支持和适当的设备。

进行果园植保，要定期对有害与受益作物之间的平衡状况进行定量评价，对病虫害科学预测预报。在采用化学防治措施时，必须选择国家正式注册的农药，不得使用禁用农药；尽可能地选用专一性强、对有益生物影响小、对环境没有破坏作用的农药；依据预测预报，在最佳期用药；重复使用某种农药时，必须考虑避免害虫和病原体产生抗药性。

在使用农药时，要综合考评其对生产率和环境的影响，尽量减少使用量，并按照法规储存农用化学物，严格遵守用量、时间

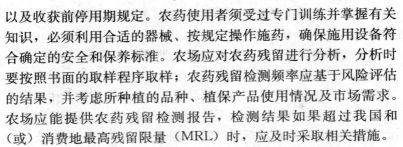

以及收获前停用期规定。农药使用者须受过专门训练并掌握有关知识,必须利用合适的器械、按规定操作施药,确保施用设备符合确定的安全和保养标准。农场应对农药残留进行分析,分析时要按照书面的取样程序取样;农药残留检测频率应基于风险评估的结果,并考虑所种植的品种、植保产品使用情况及市场需求。农场应能提供农药残留检测报告,检测结果如果超过我国和(或)消费地最高残留限量(MRL)时,应及时采取相关措施。

GAP 标准要求通过书面程序,如植保产品的使用记录和施药地点的农作物收获日期,证明使用的植保产品遵守了安全间隔期的要求。尤其是在连续收获的情况下,现场有适当的措施(如警示标识等)确保在果园完全遵守安全间隔期。此外,对果园植保产品的使用,要保持准确的记录,记录内容包括苹果品种、植保产品购货渠道、使用地点、使用日期、商品名和有效成份、使用人员、使用理由、技术授权记录、使用量、施用器械、遵守安全间隔期的情况。

对剩余药液或清洗废液,应根据国家或地方法规进行了处理,应如无相关法规,剩余药液或清洗废液可用在未施药的作物,不应超过推荐的使用剂量,并进行记录;也可用于法规允许的休耕地,并进行记录。GAP 标准不允许重复利用使用过的植保产品容器,而要求按照国家或地方有关处理和销毁植保产品容器;处理前要有妥善的存放地点,该存放地点应与农作物及包装材料隔离,有固定标识,并严禁动物和外人接近。处理时应避免与人直接接触,避免造成环境污染;对使用过的容器应经过压力设备清洗或至少用水清洗三次;冲洗后的液体应放回所用设备的存储容器内。

(7)良好农业规范其他内容 生产者应建立培训计划,使所有相关人员遵守良好卫生规范,了解良好卫生控制的重要性和技巧等,确保所有人员(包括非直接参与操作的人员,如设备操作工、潜在的买主和害虫控制作业人员)符合卫生规范。在生产区域内，应与适当位置配置厕所和洗手设施，并保持清洁和便于使用。

收获必须符合与农用化学物停用期有关的规定。包装设备、包装场所和包装容器清洁而适宜；选用安全的保鲜剂，采用清洁安全的方式处理产品；要在温度和湿度适宜和卫生的专用空间中储存产品。无论在什么情况下运输和处理农产品，都应进行卫生状态的评估。运输者应把农产品与病原菌源相隔离，以防止运输操作对农产品的污染。

要求生产者建立有效的溯源系统，根据所有相关人员（生产者、运输者和其他人员等）提供的资料，建立产品的采收时间、果园、从生产者到消费者的管理档案和标识等，追踪从果园到包装者、配送者和零售商等所有环节，以便识别和减少危害，防止食品安全事故的发生。该系统至少应包括能说明产品来源的文件记录、标识和鉴别产品的机制。

第三章

重视环境，防控污染

苹果生长在特定的环境中，不可避免地受到各种环境问题的影响。环境问题是指由于人类活动作用于周围环境所引起的环境质量变化，以及这种变化对人类的生产、生活和健康造成的影响。环境问题一类是由自然演变和自然灾害引起的原生环境问题，另一类是由人类活动引起的次生环境问题。原生环境问题包括地震、洪涝、干旱、台风、崩塌、滑坡、泥石流等；次生环境问题包括环境污染和环境破坏两大类，环境污染主要指环境质量恶化，环境破坏是指人类活动引起的水土流失和土地沙化等。

不论什么样的环境问题都会危害苹果安全生产，而环境污染还会通过直接途径或间接途径污染苹果果实。直接污染指农药化肥、有毒有害气体及粉尘等直接落在的苹果果实上而造成的；间接污染指有毒有害物质通过污染大气、水体、土壤等环境后再污染苹果果实。

保护和改善果园生态环境、防止环境污染是苹果安全生产的基本要求，是保障苹果果实质量安全的前提。《中华人民共和国农产品质量安全法》明确指出"禁止违反法律、法规的规定向农产品产地排放或者倾倒废水、废气、固体废物或者其他有毒有害物质"，并明确要求"农产品生产者应当合理使用化肥、农药、兽药、农用薄膜等化工产品，防止对农产品产地造成污染"。

第一节 果园环境问题

果园环境问题主要包括果园水土流失、土壤地力下降、果园环境污染和果园生物多样性减少等。水土流失主要是由果园植被损坏、不当土壤管理（如坡地裸露、顺坡开挖）等引起的；土壤地力下降和生物多样性减少主要是农药化肥等的施用不当造成的。果园环境污染除了工矿业"三废"和生活垃圾排放外，主要由农用化学品使用不当或生产措施不当而引起，它是目前果园环境问题的主要内容。

一、施肥引起的果园环境问题

化肥对促进农业生产的发展起着不可替代的作用，但大量和不当的施用化肥，会造成土壤养分比例失调、土壤板结、土壤酸化、土壤微生物活性下降，而且会引起土壤重金属污染，降低苹果质量和安全性，同时还会污染地下水，对人们的健康构成威胁。如果施用未经过堆置、高温发酵、微生物分解或灭菌处理的人畜粪尿、垃圾肥料，某些有害病菌可在土壤中继续繁殖而扩大疾病的传染，造成土壤的生物学污染，对苹果质量和果农自身安全也会产生不良影响。

1. 降低土壤质量，威胁果园生态安全

（1）引起土壤酸化 目前我国氮肥利用率仅为 30％左右，大部分被流失，其中一部分以 NH_3 的形式进入大气中，经过氧化与水解作用转变为硝酸，成为酸雨的主要成分之一，酸雨入土后会引起土壤与环境的酸化。硫酸铵、硝酸铵、氨水、尿素和磷酸氢铵等生理酸性肥料的施入对土壤也具有较高的酸化能力。有研究表明，在少耕和免耕条件下，氮肥能使表层 2 厘米左右土壤严重酸化，并破坏表土渗透性。最近几年的调查结果显示，山东、河北等果树种植大省果园土壤普遍存在氮素盈余现象，氮素化肥过度使用已导致了中国土壤大规模酸化。土壤酸化不仅影响果树生长，还加速有毒金属向周围水体滤出，严重威胁整个农业生产、农产品质量和生态环境的安全。

（2）破坏土壤结构　一些可溶性化肥施入土壤，会使土壤出现一价阳离子积聚的"微区"，如 NH_4^+、K^+ 浓度很高，导致其附近土壤中大量置换出二价阳离子（如 Ca^{2+}、Mg^{2+}），使土壤结构受到破坏。过量施用氮肥会改变土壤 N、Ca 比例，土壤中过量的 NH_4^+ 交换土壤中的钙、镁，破坏了团粒结构，造成土壤板结，耕层变浅。同时，过量施氮、磷肥，在湿润土壤上会有藻类生长，形成小规模的富营养化区域。有研究表明，用常规方法分次施用氮、磷肥和作基肥，土壤表面将出现蓝藻、绿藻的结壳，这种结壳的形成使土壤通气状况降低，水分渗透率下降。另外，无论人工或机械化施肥都可能使土壤变紧实。

（3）导致土壤营养失衡　如果土壤溶液 pH 发生剧烈变化，会提高低溶解度养分的溶解，比如，土壤施用生理酸性肥料会导致钾、钙、镁等盐基离子和铜、锌等微量元素的大量淋失。20世纪 70 年代末以来，随着土壤氮、磷矿质养分施用量的增加，部分地区出现普遍缺钾及锌、硼、锰等微量元素的现象。由于化肥纯度提高，通过施用氮磷钾肥带入土壤的微量元素在减少，而果树对微量元素的需求量却日益增多。过量施用磷肥，易形成难溶性磷酸铁、磷酸锌沉淀，引起土壤中有效态铁、锌的缺乏。这样就会打破了土壤养分间的平衡，使土壤生产力下降，果实品质降低。

（4）引起重金属污染　磷矿除了与它伴存的主要有害元素成分氟和砷外，还存有镉、汞有害元素；同时磷肥中还含有放射性元素，其主要是自然界分布磷矿伴生的铀、钍、镭等天然放射性元素。磷肥的原料为磷矿，在磷肥的生产过程中，一些重金属、放射性元素都将伴随于产品中而无法剔除，长期持续施用磷肥可引起重金属和放射性元素污染。

（5）降低土壤微生物活性　随化肥进入土壤中的重金属污染物会对固氮生物结瘤及固氮酶活性产生影响，土壤中游离的氨特别能抑制硝化作用，而硝化细菌对氨毒害作用的反应比亚硝化杆菌敏感。在中性和石灰性土壤中，大量施用尿素与各种铵态氮肥易导致土壤中亚硝酸盐的形成，尤其在寒冷条件下；湿度对硝化作用不利，湿度高，亚硝酸盐就易于积累。这样不仅使硝化细菌活性降低，还易污染环境。此外，氮素过量施用还使土壤 C/N下降，改变土壤微生物原有群落结构，降低土壤生物多样性以及土壤生态资本产量，严重威胁土壤的可持续利用。

2. 污染大气和水体　化肥的不合理施用会对大气造成污染。比如，过量施用的氮素会通过反硝化形成 N_2O，N_2O 是使气候变暖的重要温室气体，其增温效果是二氧化碳的近 300 倍。氮素化肥浅施、撒施或施后不镇压，往往造成氨的逸失，进入大气，造成污染。硝态氮在通气不良的情况下进行反硝化作用，生成气态氮，也会逸入大气而造成污染。

化肥的不合理施用还会对水体造成污染，使水体质量严重恶化，其主要后果是氮、磷、钾等营养物质大量进入湖泊、河口和海湾等水体，使水体富营养化，引起藻类及其他浮游生物迅速繁殖，水体溶解氧下降，水质恶化，鱼类及其他生物大量死亡，使水体资源严重受损。在富营养化的水体中，硝酸盐和亚硝酸盐的数量增多，其中还含有一些致癌物质，这对动物和人体都是一种威胁。藻类在生命活动中，可改变水体的 pH 值，为霍乱弧菌等某些病原菌的繁殖创造了有利条件，使水质卫生标准下降，直接威胁人体健康。

化肥大量集中施用后，不能为土壤胶体吸附或作物不能及时吸收的可溶性养分，除一部分随水径流，造成水体富营养化外，还有一部分随水下渗，在土壤或母质中遇有不透水层存在时，向下渗漏的含有可溶性氮、磷、钾等养分的水分，在不透水层上面聚集起来，形成一定厚度的水分饱和层。这样的地下水，也会对人、畜、饮用水造成污染。

3. 加剧温室效应　温室效应使全球变暖的问题已引起广泛重视。引发温室效应的气体主要是二氧化碳、一氧化碳、甲烷、氧化亚氮等。施肥不当会促进果园温室气体向大气排放，其中受施肥影响最大的温室气体主要是氧化亚氮和甲烷。氧化亚氮增温效果是二氧化碳的近 300 倍，主要来源于土壤中的硝化和反硝化作用。绿肥、秸秆、厩肥等有机肥的不当使用，会增加土壤甲烷排放，甲烷只有在土壤中强烈的还原状态下才能产生，施用有机肥，特别是秸秆还田后长期渍水可以促进土壤还原性的加强，增加甲烷排放。

4. 降低品质，危害人类健康　施用氮肥虽然能促进果树生长，提高产量，但是施用过量的氮肥则会使果实品质下降，并对人畜健康构成潜在的危害。流失的氮肥，一部分以 NO_3^- 形式随土壤淋洗而进入地下水，造成地下水污染。硝酸盐本身并没有毒性，但在人的肠胃中若硝酸盐含量过高，就会经硝酸还原菌的作用，而转化为亚硝酸盐，从而引起高铁血红蛋白症，导致人体血液缺氧中毒反应，同时亚硝酸盐会与人体次级胺结合形成强致癌物亚硝胺，诱发人体消化系统的癌变。

二、农药引起的果园环境问题

正确使用农药可防治病、虫和杂草，促进苹果高产优质高效，但不当的使用也会引起环境问题，这主要指农药给果园生产系统、生态环境、果品安全和人类健康带来的危害和副效应。包括农药在生产、运输、销售和使用过程中对生态环境的污染；直接毒害接触者和非靶标生物；通过在果实和环境中的残留对人类健康、生命和其他生物的生存产生深远的影响；引起的有害生物的再猖獗和抗药性，进一步加大了农药的使用剂量，并加速使用频率和新品种替换，造成恶性循环。

1. 农药对土壤的污染 土壤是农药在环境中的"贮藏库"与"集散地"。施入果园的农药一部分农药残留于大气、果树和果实表面，一部分农药直接进入土壤；残留于大气、果树和果实表面的农药经雨水冲刷也会落入土中，实际上施入果园的农药大部分都残留于土壤环境介质中。土壤中残留的农药虽可通过降解、移动、挥发以及被作物吸收等多种途径逐渐从土壤中消失，但其速度有的往往滞后于生产周期。土壤微生物和动物是调节土壤肥力、维持土壤健康的重要因素，落入或施入土壤中的农药会直接或间接毒害这些微生物和动物（如蚯蚓等），从而影响土壤的腐熟和通透性，破坏土壤结构和土壤肥力，造成土壤板结，影响果树生长发育，降低果实品质。

2. 农药对大气的污染 喷洒农药时，农药颗粒随风移动，也污染了大气。大气中的农药残留随着大气的运动而扩散，使大气的污染范围不断扩大，一些高稳定性的农药，如有机氯农药，进入到大气层后传播到很远的地方，使污染区域不断扩大。农药对大气的污染程度主要取决于施用农药的品种、数量及其所处的大气环境密闭状况和介质温度。在一个密闭的大气空间内农药残留可以达到很高的浓度水平。

3. 农药对水体的污染 果园农药对水体的污染主要来源于施用的农药随雨水或灌溉水向水体的迁移、农药使用过程中雾滴或粉尘微粒随风飘移沉降进入水体、施药工具和器械的清洗等。一般情况下，受农药污染最严重的是果园水，但其污染范围较小；而随着农药在水体中的迁移扩散，从田沟水至河流水，污染程度逐渐减弱，但污染范围逐渐扩大；自来水与深层地下水，因经过净化处理或土壤的吸附作用，污染程度减轻；海水因其巨大水域的稀释作用污染最轻。各水体遭受农药污染程度的次序依次为：果园水＞河流水＞自来水＞深层地下水＞海水。

4. 农药对天敌和生物多样性的影响 进入土壤中的农药能

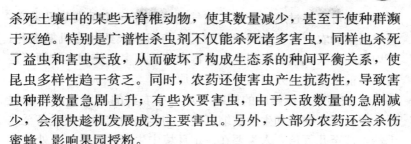

杀死土壤中的某些无脊椎动物,使其数量减少,甚至于使种群濒于灭绝。特别是广谱性杀虫剂不仅能杀死诸多害虫,同样也杀死了益虫和害虫天敌,从而破坏了构成生态系的种间平衡关系,使昆虫多样性趋于贫乏。同时,农药还使害虫产生抗药性,导致害虫种群数量急剧上升;有些次要害虫,由于天敌数量的急剧减少,会很快趁机发展成为主要害虫。另外,大部分农药还会杀伤蜜蜂,影响果园授粉。

昆虫和蚯蚓等小动物是许多鸟类的重要食物来源,这些小动物体内残留的农药可以通过食物链转而在鸟类体内蓄积,当农药达到一定量时,鸟类会中毒致死,即使不死,鸟类的繁殖及其后代也会受到严重影响,从而使鸟类的种群结构发生改变。由于昆虫和蚯蚓种类和数量的减少,鸟类的食物来源也会减少,从而威胁鸟类的生存和多样性。同时,蚯蚓、昆虫、鸟类数量种群结构的改变以及它们体内富积的农药也会伤害食物链上的高级动物。在自然界中,许多野生动物(主要是鸟类)的死亡,往往是浓缩杀虫剂后累积中毒致死的。

洒落在果园的农药还有一部分通过降水淋洗进入土中或经灌溉进入沟渠、池塘、河流而污染水域,严重影响了水生生物的生长发育。农药作为外来物质进入果园生态系统,可能改变生态系统的结构和功能,影响生物多样性,这些变化和影响有可逆的也有不可逆的。只要环境受到农药的普遍污染,尽管农药初始含量并不高,但由于食物链的富集作用,它们可以通过食物链传递,在生物体内逐渐积累,愈是上面的营养级,生物体内有毒物质的残留浓度愈高,也就越容易造成中毒死亡。

5. 农药对苹果质量安全的影响　农药过量和不当使用会对食品安全造成严重影响,同时农药的连年使用,势必造成环境污染,并在食物中出现农药残留。所谓农药残留即农药使用后残存在生物体、农副产品和环境中的农药原体、有毒代谢物、降解物和杂质的总称。农药对苹果的污染途径可以通过喷洒而直接污染苹果，也可以通过水、土壤、空气的污染而间接污染苹果果实。造成污染的农药主要是有机氯农药、有机磷农药和有机氮农药。平均施药量大、禁用时间晚、高毒农药使用多、使用次数频繁是造成目前水果农药残留超标的主要原因。

6. 农药对人体健康的影响　环境中农药的残留浓度一般很低，但通过食物链和生物浓缩可使生物体内的农药浓度提高至几千倍，甚至几万倍。人类要在一定环境中生存，同时，人处于营养食物链的终端，农药污染环境的后果必然将对人类健康产生危害。目前，我国常用的农药中，甲胺磷、久效磷、对硫磷、甲基对硫磷、甲拌磷、氧化乐果等高毒农药占总农药用量的一半以上。这些有机磷、氨基甲酸酯农药都是胆碱酯酶抑制剂，对人具有较高的毒性。

三、农膜和烂果病枝引起的环境问题

塑料农膜促进了农业生产，但使用过的塑料地膜如不及时捡拾清除，也会影响环境。比如，土壤中残留塑料地膜碎片切断或改变土壤空隙的连续性，增大空隙的弯曲性，使水移动时产生较大的阻力，向下移动速度减慢，从而减少水分渗透量，塑料地膜残留量越大，水分渗透量越少。土壤渗透性能降低，会导致土壤保水能力和抗旱能力下降。随着土壤中的塑料地膜碎片增加，苹果根系生长发育及其对水肥的吸收也会受到明显的不良影响。

我国是苹果生产大国，每年因鲜果销售不畅和储藏加工不力，造成采后损失达 28%，即每年有 1 746.64 万吨果实被烂掉，严重污染了环境。苹果每年都需修剪，还有一部分通过高接换优等手段进行品种更新，这样就会产生相当多的残枝。大部分残枝不可避免地被堆放在果园边、路旁和宅院附近。这些残枝由于带有许多病原菌，极易诱发虫害，威胁果树生长。露天堆放的树枝在腐烂后也易产生细菌，污染土质和水源。

第二节 果园污染防治对策

良好的生态环境是苹果安全生产的基本条件。为保障苹果质量安全,防止环境污染加剧,必须加大农业生态环境建设和保护力度,采取有效措施,加强环境教育,提高公众环境意识;加强监督管理,依法治理,保护农业生态环境;严格控制城市生活垃圾和工业废弃物的农业利用。大力推行清洁生产,提高资源利用率,减少污染物排放。与此同时,还要改进果园生产技术,合理使用化肥农药,加强病虫害综合防治,积极研究开发和利用低毒、低残留或无毒无害的农业投入品。

一、加强宣传,依法治理

保护和改善生产环境与生态环境,防治各类污染和其他公害,是我国的一项基本国策。环境保护法是治理与防治污染、执行基本国策的法律依据,在执行环境保护法的过程中必须做到严格执法,依法采取有效措施防治生活垃圾和工业废弃物对果园等农业生产环境的污染,在资源开发利用中重视生态环境的保护,加强资源管理和生态建设,作好环境保护工作。

我国农民占全国人口的 80% 左右,农民的环保意识非常脆弱,必须加强和重视对农民进行环境保护的宣传工作,调动广大农民群众参与各项环保工作的积极性。城市居民虽然在我国占人口比重不大,但城市生活垃圾的制造量却非常惊人,而且这些垃圾会通过各种方式直接或间接地影响果园环境,所以还需要通过宣传让人们认识到城市生活垃圾对环境造成的污染及其危害。对环境污染最严重的是工厂、企业废物的排放,对工厂企业环境保护和相关法律的宣传,需要特别重视和加强,对环境污染的行为要依法查处。

二、加强管理与污染监测

在环境监管过程中，应当建立和完善农业环境和农产品质量例行监测制度、农业投入品综合整治制度，严格执行环境保护法的有关规定。同时加强污染源监测，随时掌握污染物的排放来源、排放浓度、污染物种类等，严控工业"三废"排放。还要加强农产品农药等有害物残留的监测，掌握农药、化肥、饲料添加剂等使用情况，防止各种形式的农业公害。

对环境污染在进行化学分析检测的基础上，可根据植物对污染物的敏感性，利用植物对环境污染定点监测报警。例如，唐菖蒲对氟化物反应特别敏感，在被氟化物污染的环境中，其叶片先端和边缘会产生淡棕黄色片状伤斑，根据唐菖蒲的症状可推测周围大气的污染情况。此外，地衣也可用来反应大气污染，因为地衣是藻、菌共生体，对大气污染很敏感。

三、改善生产技术，发展果园清洁生产

清洁生产可在生产的全过程中对污染加以控制。果园清洁生产是指通过生产和使用绿色肥料、绿色农药等，最大限度地减少农业污染物的产生，保障果园的可持续利用和果品的安全性。

运用生态系统的物质循环原理，建设生态果园，研发和应用物质循环利用和多级利用技术，实施生态种植与综合整治策略，杜绝浪费与无谓损耗，减轻农业环境污染，实现资源和能源的综合利用。例如，在果园发展养殖业，通过发酵和沼气的纽带作用，将果园有机废弃物变为有机肥或饲料，不仅可有效解决残枝烂果、杂草秸秆和粪便等有机废弃物的污染，还可逐年提高土壤的有机质含量，提高资源利用效率。

长期不合理使用农用化学品是造成果园污染的重要原因之

一,在苹果生产过程中应千方百计降低化肥和农药的使用,严格控制肥料质量,杜绝有毒有害化肥的应用。我国近年氮肥用量大幅度增加而产量增加有限,磷、钾肥不足是主要原因之一。应改进施肥技术,限制过量施用氮肥,调整化肥中的磷、钾比例,提高氮肥利用率,以减少肥料向环境的流失,提高肥料的增产效果。果树在不同生长期对养分的需求不同,应根据果树需肥规律和现状水平,结合土壤肥力特点,推进配方施肥、测土施肥、诊断施肥等平衡配套的施肥技术,有计划地发展不同配比的专用复混肥,选用养分释放与供应可调控的新型控释肥料,将化肥表施技术改为深施技术,推广深施、条施、穴施方法,并根据化肥的剂型特征和品种类型来确定是采用一次性施肥还是采用分期多次施肥技术。有机肥对培肥土壤和提高磷、钾养分的作用不容忽视,应广拓有机肥源,大力提倡秸秆还田,增加绿肥面积,积制人、畜粪肥。

为了避免农药污染及其对人畜的危害,应通过增强树体抗性的措施防控病虫害,减少农药使用量,如在果园采取合理施肥、精细修剪、疏花疏果、果实套袋、翻耕果园等措施;同时,加强预测预报,抓关键期及时防治,不盲目施药;施药应选用高效、高纯度、低毒、低残留的农药;加强物理防治和生物防治,注意培育有害生物天敌,逐步用生物农药逐渐取代化学合成的农药,以生态防治替代化学防治。还应选用生物可降解地膜、光可降解地膜和光生物双降解地膜等,防止农用地膜造成的环境污染。

四、搞好生产区划,选用抗污染品种

不同区域的环境有很大差别,苹果品种类型对各类环境反应也不同,应根据环境特点搞好生产区划。不同品种对污染物的吸收和抗性不同,在生产中应该选择吸收污染物的能力低,而抗污染能力强的品种。

1. 搞好生产区划 苹果安全生产基地建设要注意高起点，严要求，提高基地的环境质量，制定切实可行的技术规范，严格按规程操作；品种选择要因地制宜；对所选择的生产基地不要整块地种植，应考虑防污效果，对其进行一定的区划设置。比如，首先在果园内设置几条小路，路面不必太宽，路面可种植一些草类，以减少起风时的尘土飞扬所造成的污染；第二，为尽量避免用地表水灌溉，在果园上游位置或中心要有一口井，用来灌溉；第三，在果园周围划出约5~10米宽的地方，以供种植植物防护带使用；第四，在果园一角建立畜养区，喂养猪、鸡等生产有机肥，以降低化学肥料的施用量及其污染程度。

2. 选育抗污染品种和苗木 不同品种的抗污染能力不同，应选择一些抗污染能力较强的品种，使其在受到轻微的污染时能够正常生长发育并最少地积累有害物质。选择抗污染品种也要根据园地的条件进行，可借助一定的仪器或其他手段调查一下园地的各种污染物的情况，根据污染物的含量来选择抗污染的品种。选择抗污染物品种时，还应考虑其抗病虫害的能力，因为抗病虫害能力强的品种可以减少农药的喷洒量，以减少农药污染果品的程度和可能性，保证果树正常生长发育，为安全生产提供最大的可能。

对于周围防护林带的树种的选择，也应当选择抗污染物伤害的能力较强、吸收污染物的能力较高的品种。防护林带以高大乔木与低矮灌木相结合的方式为最好。这样，高大乔木可以对外围空气污染物进行吸收、阻挡，对于从高大乔木树冠下通过的有害气体，低矮的灌木也可以对其进行一次吸收，给园地内部作物提供一个低浓度污染物的生存环境。

五、采用综合措施防治土壤污染

土壤污染和破坏后很难恢复，也不易采取大规模的治理措施，所以防止土壤污染比治理污染更具现实意义。土壤污染的防

治可综合采用以下措施:

1. 控制和消除土壤污染源 控制和消除土壤污染源是防止污染的根本措施,主要包括:①控制和消除工业"三废"排放,使之符合排放标准;②加强灌区的监测和管理,掌握污染物的成分、含量及动态,控制污水灌溉;③合理使用农药与化肥,严格控制农药的使用范围、使用量和使用次数,严格控制含有有毒物质的化肥品种使用范围和数量,合理施用硝酸盐和磷酸盐类化肥。

2. 向土壤投入改良剂 向土壤投入改良剂可通过对重金属等有毒物质的吸附、氧化还原、拮抗或沉淀,或通过提高环境容量、控制土壤水分,改变土壤理化性质以及改变污染物在土壤中的迁移转化方向,促进某些有毒物质的移动、淋洗或转化为难溶性物质,降低其生物有效性,进而减少根系吸收。例如,施用石灰可提高土壤 pH 值,使镉、铜、锌和汞等形成氢氧化物或碳酸盐沉淀。磷酸盐和硅酸盐能够固化土壤重金属,也可使土壤中重金属形成难溶性的沉淀,如向土壤中投放硅酸盐钢渣,对镉、镍、锌等离子具有吸附和共沉淀作用。向土壤投入的改良剂还包括有机肥和粘土矿物,它们不仅对重金属和农药有一定的吸附力,还能够改良砂性土壤,促进土壤对有毒物质的吸附作用,增加土壤环境容量,提高土壤自净能力。

投入改良剂是在土壤原位上进行土壤修复,简单易行,适用于轻度污染的土壤。但这并不是一种永久的修复措施,因为它只改变了重金属在土壤中存在的形态,金属元素仍保留在土壤中,容易再度活化危害植物。

3. 淹水和土壤淋洗 采用淹水和晾晒交替的办法可控制土壤氧化还原状况,进而控制土壤重金属的迁移转化,比如,淹水使土壤处于还原条件,这时镉离子会形成难溶解的硫化镉沉淀,而不易被吸收,铜、锌、铅等重金属元素在还原条件下也会产生硫化物沉淀。DDT 和六六六在干旱的土壤中降解速度慢、积累明显、残留量大，土壤淹水后降解加快，因此，淹水是减轻或消除土壤污染的有效措施。

土壤淋洗是利用淋洗液把土壤固相中的重金属及其他有害物质转移到土壤液相中去，再把富含有害物液相废水进一步回收处理。该方法的技术关键是寻找一种既能提取各种形态的重金属或其他有害物质，又不破坏土壤结构的淋洗液。目前，土壤淋洗液主要包括有机或无机酸、碱、盐和螯合剂等。

4. 客土、换土和深翻 被重金属及难分解的农药严重污染的土壤，在面积不大的情况下，可采用换土法，并对换出的污染土壤必须妥善处理；也可通过深翻，将污染土壤翻到下层；还可以通过客土和翻土，使净土与污土混合，降低土壤中重金属的浓度，减少重金属对土壤-植物系统产生的毒害。深耕翻土用于轻度污染的土壤，而客土和换土则用于重污染区。

5. 建设果园防护林 果园防护林不仅可以绿化环境，改善气候，而且选用适宜的防护林植物，还能利用防护林吸收二氧化硫、氟化氢等有害气体，吸收和滞留重金属颗粒、吸滞粉尘和飘尘等，减少污染物向土壤的沉降。例如，枸树、地锦对二氧化硫、氯气、氟化氰等气体有很强的吸收力；梧桐、核桃、女贞、紫薇等对二氧化硫、氟化氰的吸收能力也较强。此外，核桃吸附粉尘的效果非常明显，银杏、山楂、桑树、沙枣、柑橘也有很强吸附大气有害物的能力，杨树则能够吸收土壤中的有害物。

第四章

选用良种，规范建园

优良的种苗和规范化的果园是实现苹果高产优质的重要基础。苹果品种非常丰富，苗木类型也千差万别，进行安全生产要在选用优良品种和优质壮苗的基础上，根据苹果对自然环境的生物学需求，按照果品安全生产目标，选择无污染的环境，集中连片，适地适树，建设规范化的生态型果园。

第一节　苹果品种和苗木选择

良种是苹果高产优质的遗传基础，壮苗是培育健壮树体、实现早期丰产的管理基础，建园时要严格进行品种和苗木的选择，选择适合当地条件的优良品种和壮苗大苗。

一、种苗选择原则

苹果生产是一种商品化生产，品种选择要以市场为中心，选择品质优良、市场前景好、销路广的品种；还要考虑当地气候、土壤条件以及苹果对自然条件的生物学需求等具体实际，做到"因地制宜，适地适栽"，早、中、晚品种搭配好。如果果园位于远离城市、交通不便的地区，应以耐贮藏运输的品种为主；建立在城郊的果园，则以供应鲜果为目的，要适当考虑品种的多样化。

抗性品种适应能力强，病虫害少，对农药化肥需求量少。为了减少生产过程中农药化肥的污染，应当选择生长健壮、抗病虫、抗污染能力强、对有害物富集量较少的品种，比如，'乔纳金'比较抗褐斑病，'北斗'比较抗早期落叶病，'寒富'对腐烂病和蚜虫有一定抗性，'金富'比较抗腐烂病和褐斑病等，'鸡冠'有很强的抗轮纹病能力，对其他病害也有一定抵抗能力。

砧木对苹果的适应性、产量和品质都有影响，应优先选择抗性砧木。比如，'鸡冠'和'国光'做中间砧可提高苹果抗轮纹病的能力；平邑甜茶不仅耐涝，对根腐病、白绢病、白粉病有较强的抗性；山定子对苹果腐烂病和绵蚜有较强的抗性，陇东海棠基本不感白粉病。为方便管理及促进早期丰产，还应注意选用抗性强的矮化或半矮化砧木，比如，美国 Geneva 试验站选育的系列苹果砧木中的 G.41、G.16、G.30，不仅具有矮化效果，还对火疫病、根颈腐烂病和再植病害有很强的抗性。

为了避开病虫害的发生高峰（7～8 月），减少农药用量，可以尽量多选择一些早熟品种，比如，'萌'、'早捷'、'贝拉'、'藤牧 1 号'、'辽伏'、'安娜'等品种，这些品种在病虫害大量发生前基本采收完毕，果实受农药污染的机会少。

苗木是果树生产的重要基础，苗木质量会影响苹果一生的生长发育和整个生产水平。如果苗木质量不好，树势衰弱，易受病虫害的侵袭；如果苗木携带病毒，则使果树一生都长不好。质量差的苗木，不仅影响产量，还会因树体抗性差、病虫害严重而增大农药用量，增加果实农药残留，降低果品的安全性。苹果安全生产应当选择优质健壮大苗和无病毒（脱毒）苗，还要加强苗木的检疫和消毒，避免将病虫害带入果园。

进行有机苹果生产时还要注意：①所用种苗应当尽可能来自认证的有机生产系统，在得不到颁证的有机种苗的情况下（如在有机种植的初始阶段），也可使用未经禁用物质处理过的常规种苗，但欧盟规定 2004 年 1 月以后，有机农场不得继续使用非有机认证的种子。②种苗必须来自自然界，禁止使用任何转基因作物品种。③尽量不使用经过处理的种苗（如浸根的苗木），在必需进行种苗处理的情况下，可使用有机生产允许使用的物质或材料，如各种植物或动物制剂、微生物活化剂、细菌接种和菌根等来处理种子和苗木。④严禁使用经化学合成物质和来自基因工程的微生物等禁用物质处理过的种苗。⑤所选择的品种应适应当地的土壤和气候特点，对病虫害有抗性。在品种的选择中要充分考虑作物的遗传多样性。

二、品种选择

1. 根据栽培区选择适宜品种

（1）渤海湾苹果产区 渤海湾是我国苹果优势产区，以晚熟和中晚熟品种为主，适量栽种早、中熟品种。适宜发展富士着色系、元帅系短枝型、藤牧1号、乔纳金、红津轻、嘎拉、王林、秀水、华冠、华红、红将军、寒富、珊夏、澳洲青苹、美国8号等品种。实生砧木可选用八棱海棠、山定子、楸子、平邑甜茶等，营养系矮化砧木可选用 M 系、CG、SH 系列，寒冷地区不宜用 M_{26}。

（2）中部苹果产区 适宜发展富士着色系、元帅系短枝型、乔纳金、华冠、华帅等品种。砧木可选用楸子、西府海棠、湖北海棠等。

（3）西北苹果产区 西北黄土高原也是苹果优势产区，适宜栽培藤牧1号、美国8号、嘎拉优系、红津轻、华冠、乔纳金优系、富士系、元帅系短枝型、澳洲青苹、红玉、秦冠等。砧木可选用楸子、新疆野苹果、陇东海棠、西府海棠、武乡海棠、山定子等；矮化中间砧可选用 M_{26}、M_7、M_9、S 系和 SH 系等。

（4）西南高地苹果产区 适宜发展金冠、红星、国光、红玉、青香蕉等品种。砧木可选用丽江山定子、楸子、西府海棠、扁叶海棠、沧江海棠、锡金海棠、垂丝海棠、湖北海棠、沙果、尖嘴林檎等。

2. 优良品种介绍

(1) 藤牧1号　美国品种。果实长圆形或短圆锥形，平均单果重150克左右，最大300克。果梗短，萼洼有不明显的五棱突起，果实底色黄绿，着鲜红色，着色面积可达80%以上。果点小而稀，果面光洁有果粉。果皮厚，果肉黄白色，肉质细而疏脆、多汁，风味酸甜适度，有香味；可溶性固形物11.5%，硬度7.7千克/厘米^2，品质上等。果实生育期95天，一般7月中下旬至8月初成熟，常温下可贮藏5～7天。树势健壮，树姿半开张，萌芽率和成枝力中等。较抗早期落叶病和枝干轮纹病。结果能力强，早实性、丰产性很强，稳产，成熟早，果实商品性能好，经济效益高。适应性广，对土壤和气候条件要求不严，综合性状突出。果实不耐贮，货架期相对较短。因成熟期早，可填补市场空缺。该品种适宜在辽宁、河北、山东等苹果适生区发展，在黄土高原产区交通便利地方可适度集中发展。

(2) 嘎拉　果实中等大，果实近圆形或圆锥形，平均单果重150克左右。果实底色黄白，上覆红色条纹或桃红色晕，果面光洁。肉质较细，汁稍多，风味酸甜。品质较上等。8月上中旬成熟。常温下可贮存约30天。树势强健，树姿开张，萌芽率和成枝力中等。易成花，结果较早，较丰产。易管理，果实品质优异、适口性广、商品率高。该品种的芽变系皇家嘎拉、帝国嘎拉等，比嘎拉色泽略红，其他性状同嘎拉；另外，新西兰选育的丽嘎拉，抗旱性强，较抗早期落叶病、白粉病、腐烂病，是目前嘎拉替代的良种之一。

(3) 美国8号　果实近圆形或短圆锥形，果个中等，平均单果重180克左右，果实大小整齐，无偏斜果。果面光洁，果点稍大，无果锈，果皮底色黄白，着鲜红色霞纹或全面鲜红色，有蜡质光泽，外观美。果肉黄白色，肉质细脆，多汁，风味酸甜适口，可溶性固形物含量12.8%左右。8月初成熟，比嘎拉早熟1

周左右，室温条件下货架期 10～15 天，果实易沙化发绵。幼树生长健旺，挂果后树势中庸，树姿直立，萌芽率中等，成枝力较强。丰产性好，以短果枝结果为主，采前落果轻。抗斑点落叶病、果实轮纹病和蚜虫，不抗白粉病。丰产性好。成熟期不太一致，需分 2～3 次采摘。

（4）珊夏　也译成珊莎，日本品种。果实圆锥形或近圆形，单果重 180 克左右，最大 270 克；底色淡黄，全面着鲜红晕，色泽美观，果面光滑，果点稀而小；果皮厚韧，梗洼常有片锈，萼洼较窄，有少量皱褶及褐斑；果肉乳白色，肉质稍硬、致密，汁多、有香气，风味酸甜，含可溶性固形物 12％～14％，品质上等。室温下可贮藏一个月。易成花，早果性强，坐果率高，丰产，8 月上旬成熟，比美国 8 号晚熟 2～3 天。树势中庸，树姿较开张，下部枝稍有下垂性状。以短果枝结果为主，多腋花芽，成适应性强，对轮纹病、黑痘病、黑星病、斑点落叶病等抗性较强。

（5）松本锦　日本自然杂交种，果实偏圆形，单果重 300～350 克，果面浓红色，果点大而稀，果面洁净美观。果实硬度大，果肉黄白色，汁液多，肉质细脆，味香甜，可溶性固形物 13％～15％，品质中上。果实 7 月底 8 月初成熟，常温下可贮藏 20～30 天。以短果枝和腋花芽结果为主，易成花，自花授粉结实率高，丰产性强。抗逆性强，但易感褐斑病等叶部病害。

（6）红津轻　果实较大，近圆形，果型指数 0.875，平均单果重 170 克；果面光滑，底色黄绿，果面全部覆被条红，有光泽，色彩艳丽；皮薄，有韧性；果肉黄白色，肉质细，松脆多汁，有芳香；可溶性固形物含量 13％～18％，风味酸甜适口，品质上等。幼树生长强健，枝条直立，萌芽力中等，成枝力强，结果后树势中庸，树姿开张，初果期以中长果枝结果为主，盛果期以短果枝结果为主，有腋花芽结果习性，花序座果率高，果实发育期 100 天左右，在山东省 8 月下旬成熟，但果实成熟期不一致，有采前落果现象。果实在常温下可贮存 20 天左右。

（7）新（红）乔纳金　乔纳金为金冠×红玉的杂交后代，新乔纳金为乔纳金的浓红色芽变。果实圆锥形，果个整齐，个头较大，平均单果重 200 克左右；果皮较厚，果面光洁，底色绿黄或淡黄，全面着色，色彩鲜红或浓红，有宽短断续红条纹；果肉淡黄色，肉质松脆，中粗，汁液多，风味酸甜，稍有香气，含可溶性固形物 15% 左右，品质上等。果实较耐贮藏，半地下果窖内可贮至第二年 3 月。树势中庸，枝条开张，叶片大；开始结果早，苗木栽后 3～4 年可结果，7～8 年进入大量结果期；丰产性好，以短果枝结果为主，腋花芽结果也较多；花序坐果率高。在辽宁于 10 月中旬成熟。该品种为三倍体，花粉败育，不能作授粉树。适于栽培在气候凉爽的苹果产区，如河北北部秦皇岛地区、辽西及辽南地区发展。

（8）元帅系优良品种　是由元帅苹果变异而来的系列品种，有 120 多个，当前栽培较多的元帅系品种主要有新红星、首红、艳红、超红、银红、短枝瓦里等。元帅系苹果果实大，长圆锥形，果顶有五个明显的突起。平均单果重 200～250 克。果面底色黄绿，阳面有浓紫红色粗条纹，9 月中下旬成熟，充分成熟时可全红。果肉松脆多汁，味甜香，稍贮后香味更浓，品质上。采收后在高温下果肉迅速变软，必须迅速入库冷藏，才能保持优良品质。树势强健，树姿半开张，幼树生长旺。萌芽力、成枝力均较高，定植后 5～6 年开始结果，丰产。适应性强，对土壤要求不严，抗寒、抗旱、抗药力均强，但不抗风，易偏冠，树干易染粗皮病。

（9）金冠　又名金帅、黄香蕉、黄元帅，是一个传统的优良品种。果实金黄色，圆锥形，平均单果重 200 克左右，大小整齐。果肉细，味甜。有芳香味，品质上等。采收期 9 月中下旬，耐贮藏，但贮藏期间易发生皱皮。树势强健，树冠半开张，萌芽力及成枝力均较强。定植后 3～4 年开始结果，座果率高，早果、

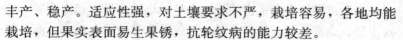

丰产、稳产。适应性强，对土壤要求不严，栽培容易，各地均能栽培，但果实表面易生果锈，抗轮纹病的能力较差。

（10）王林 果实圆锥形或长圆锥形，果个较大，整齐，平均单果重200克左右；果面光洁无锈，有果粉，果点多而大，明显，果面绿黄色，贮后有蜡质，果梗短粗；果肉乳白色，肉质细、松脆多汁；风味酸甜适口，可溶性固形物含量11％～14％，品质上等，9月下旬成熟，较耐贮藏。树势较旺，极性强，树姿直立、紧凑，分枝角度小，萌芽力、成枝力均强；早实性好，成花容易，具腋花芽结果能力，连续结果能力强，丰产性好。较抗苹果斑点落叶病。

（11）富士优系 富士为优良的晚熟苹果品种，果实近圆形，个大，平均单果重200克左右，果面光洁，底色黄绿，着鲜红色条纹或全红。果肉乳白色，肉质细脆多汁，风味酸甜具芳香，可溶性固形物含量14％～18％，品质上等；耐贮藏。树势强壮，生长旺盛，萌芽力、成枝力中等，具腋花芽结果能力；坐果率高，丰产性好；果实发育期长。抗寒能力较差，抗轮纹病、粗皮病能力差。易大小年结果。应配置授粉树，授粉品种可选择嘎拉、粉红女士、元帅系等。最适宜的栽培区域为海拔800～1 200米地区。目前从富士中选出了一系列的富士优系，如着色系富士、短枝红富士、早生富士、寒富等。

①着色系富士 富士的着色系又称红富士，为富士的红色芽变，目前已选出80多个。如秋富1、长富2、长富6、长富9、长富10、岩富10、长富11等，这些品种无论是片红还是条红，着色程度、红色度均优于原有富士。根据我国栽培实践与各地评估，在引进的富士芽（枝）变品种中，着色最好的有长富2、长富6、秋富1、2001富士等。但也发现，着色系富士苹果虽果实着色优于普通型，但果实风味稍有下降，片红系列下降尤重。再有，同是一个着色系，在不同的栽培区域表现出较大差异，甚至原为条红品种（如长富2）后来出现了片红，品种选择时应当注

意。烟台市果树专家选出的烟富 1 号、烟富 2 号、烟富 3 号、烟富 4 号、烟富 5 号、烟富 6 号，不仅着色早、着色稳定，而且果实色泽、果形等外观品质和内在品质均优于或近于长富 1 和长富 2。

②短枝红富士　是从普通富士中选出的紧凑型芽变的统称，果实性状与普通富士基本相同，但容易早产丰产。主要表现枝条粗壮，节间短，叶片大；树体中短枝多，长枝少，树冠紧凑，适宜密植。日本选出的宫崎短枝红富士、福岛短枝红富士等引入我国表现良好，个大、色艳，是矮化栽培的优选品种；我国辽宁、河北、山东等地均发现有短枝型芽变，其中惠民短枝富士推广面积最大，但从多年栽培实践中发现，短枝型芽变品种普遍存在果实品质较普通富士差的问题。

③早生富士　是一类比普通富士成熟期早的富士系芽变，如弘前富士（玉华早富）、红将军（红王将）、凉香等。它们的突出优点是成熟期提前，成熟期比普通富士提前 1 个月，但着色不良，贮藏性稍差。

弘前富士：系日本青森县选出的富士系易着色极早熟品种。单果重 200～300 克，果面光洁、无锈，果点较大，果肉黄到黄白色，呈条状浓红，色泽鲜艳。可溶性固形物含量最高可达 15%，多汁，肉质同富士。采前不落果，9 月上、中旬采收，常温下可贮藏至春节。树体生长旺盛健壮，大小年结果不明显，丰产稳产。

红将军：从早生富士树上发现的着色系芽变，果实近圆形，个大，平均单果重 300 余克，最大单果重 400 克。果实底色黄绿，被鲜红色彩霞或全面鲜红色。果肉黄白色，肉质细脆，汁液多，可溶性固形物 15% 左右，果实风味酸甜浓郁，稍有香气，品质上等。果实贮藏性强，自然贮藏可至春节前后，最佳可食期 9 月中旬至 10 月下旬。生长势中庸，比富士稍弱，以中短果枝结果为主，无采前落果；丰产性强，适应性广，对地势与土壤要求不严格,抗旱;抗病性较强。但该品系存在着色不稳定、地区表现差异较大等问题。

凉香:是从富士与红星混栽果园的实生种中选育成的一个中熟优良品种。果实近圆型,平均单果重325克,果个整齐,果实底色黄绿,全面着鲜红色,内膛果也全红,果点中大、圆形、无蜡质,果粉中多,果梗短粗。果肉蛋黄色、肉质脆、中粗、紧密,果汁中多,风味酸甜,芳香浓郁,硬度7.5千克/厘米^2。可溶性固形物含量15.4%,品质极上。树势健壮,树姿开张,幼树生长旺盛,新梢生长量大。萌芽率高,成枝力强,结果早、丰产。抗寒性、抗病性较强。9月下旬果实成熟,较普通富士成熟期提前15~20天,是中秋、国庆双节上市的极佳苹果品种。采前有轻微落果现象,果实在冷藏条件下可贮至翌年3月中旬。

④寒富 沈阳农业大学选育。果实呈短圆锥形,果形端正,果个较大,平均单果重250克,最大单果重510克;果实底色黄绿,可以全面着红色;果肉有香味、酥脆多汁,甜酸适口;果实含可溶性固形物可达15.2%,耐贮,品质优良。抗旱、抗病、抗寒性强,在1月份平均气温-12℃以南的地区,可作为主栽品种。

(12)粉红女士 又称粉红丽人,是澳大利亚由'金冠'和'威廉女士'杂交培育的极晚熟新品种。该品种是优良的鲜食、加工兼用品种。其果实近圆柱形,高桩,果个大中型(平均单果重200克)。果实底色绿黄,着全面粉红色或鲜红色,色泽艳丽,果面洁净,外观极美。果肉乳白色,脆硬、有香气,风味较酸,极耐贮藏,商品率高。可溶性固形物16%左右,硬度9千克/厘米^{2}左右,成熟期较富士晚1~2周。树势强健,树姿较直立,萌芽率高,成枝力强,幼树以长果枝和腋花芽结果为主,成龄树长、中、短枝和腋花芽均可结果。自花结实率较低,须选配授粉树,可选用嘎拉系、富士系品种授粉。粉红女士适合在夏季高温、生长季节长、光照充足的地方栽培,是我国黄土高原产区的区域特色品种，适宜在陕西渭北南部、晋南和豫西海拔600～800米的地区发展。

（13）**蜜脆** 果实特大，近圆形，平均单果重310～330克，最大450克；果点小、密，果皮薄，果实底色黄，成熟后果面全红，色泽艳丽；果实可溶性固形物含量15％左右，果肉乳白色，汁液特多，香气浓郁，有蜂蜜味，酸甜适口，质地极脆，口感特别好。在陕西8月中下旬到9月上旬成熟，有采前落果现象。果实极耐贮藏，常温下可放3个月，普通冷库可贮藏6～7个月，贮后风味更好。树势中庸，枝条较开张，壮枝易成花，以中短果枝结果为主，连续结果能力强，自花结实能力差。抗旱抗寒性强，但不耐瘠薄，适宜在肥力条件较好的土壤中栽培。抗病抗虫能力强，对早期落叶病抗性强，抗蚜虫、叶螨和潜叶蛾。果实易缺钙，贮藏期易发生苦痘病，应在果实发育期补钙肥2～3次。

（14）**新世界** 原产日本，果实长圆形，有的果稍显偏斜；个大，单重300～350克；果面光洁，全面浓红、有暗红条纹，底色黄绿；果汁多，有香气，风味甜酸，含可溶性固形物14％～15％，品质上等。在黄河故道地区于9月下旬成熟，华北地区于10月上旬成熟，常温可贮藏30天左右，冷藏可达150天。以短果枝结果为主，自花结实率高，采前落果少，丰产。适应性广，在暖地栽培果实着色也好；较抗白粉病、斑点落叶病和霉心病。

（15）**澳洲青苹** 是世界传统栽培的绿色代表品种，也是近年来我国积极发展的榨汁用高酸品种，可鲜食加工兼用。该品种果实圆锥形或短圆锥形，平均单果重约200克，果实大小整齐。果面翠绿色，光滑，有光泽，蜡质较多，果粉少，果点多。果皮厚韧，果心大，果肉绿白色，肉质中粗，紧密、脆，汁液较多。风味酸，少香气，贮藏后期风味转佳。含可溶性固形物12％左右，因风味太酸，初采时品质仅为中等。果实10月中下旬成熟，耐贮藏。树势强健，树姿直立，树干浅灰褐色。以短果枝结果为主,有腋花芽结果习性。该品种丰产性强,果实酸度大,加工品质好,适宜榨汁。该品种适应性较强,在山东及河北的中南部及黄土高原产区、靠近苹果加工企业的地区可有计划地发展。

（16）格罗斯 原产德国,是加工鲜食兼用的高酸苹果良种。平均重 230 克,果实呈圆形,高桩,五棱突起;果面底色黄绿,彩色浓红;果梗较短,果肉绿色,肉质松脆,汁液中多,酸味浓重。果实成熟期在 10 月中旬,在自然室温下可储至来年 2 月份。树冠紧凑,以短果枝结果为主并有大量腋花芽;抗寒、抗病虫害能力强,易于栽培管理。

（17）信浓黄金 日本长野县果树试验场用金冠和津轻杂交配育的黄色晚熟品种。果实整齐度好,果皮黄绿色,果肉黄色,清香爽脆,脆甜型口感。可溶性固形物可达 16%,多汁,没有密果病。10 月底至 11 月初成熟。果实耐贮性好,不易发面,货架期长。树体及果实抗病性强。

（18）乙女 观食两用苹果品种。原产日本长野县松本市,在富士和红玉苹果品种混植园中发现,系偶然实生苗。该品种果实圆形,平均单果重 50 克左右,大小整齐;果实全面着色,色泽浓红、艳丽,底色淡黄;果肉黄白色,肉质脆,微香,可溶性固形物含量可达 15%,品质上;室温下可贮存 1 个月。树势中庸,树冠小,树姿半开张,干性强,萌芽率高,成枝力较强;定植后 3 年开始结果,具有腋花芽结果习性,连年丰产。新梢封顶早,易形成短果枝群,花量大,串花枝多,花蕾粉红色,盛开后白色。在辽宁熊岳地区 4 月上旬花芽萌动,5 月初盛花,花期 7 天左右。9 月下旬至 10 月上旬果实成熟,11 月上旬落叶。适应性强,丰产性特好,抗寒性与'金冠'苹果相当。

三、苗木选择

1. 选用壮苗大苗 选用的苗木应当:①品种纯正,适合当地的自然环境条件；②芽大、枝粗、皮光亮，根系发达，有较多的侧根和须根，分布均匀，根系不失水或少失水；③在整形带范围内，有 6 个以上充实饱满的叶芽；④嫁接口处愈合牢固；⑤砧穗亲和性好，无"小脚"现象；⑥无病虫害，无机械损伤；⑦枝条表皮光滑、茸毛少、不带秋梢、成熟度好；⑧枝条充分成熟，树皮新鲜、失水少、无皱皮；⑨嫁接苗的砧木种类正确适宜，质量达到国家苗木标准的 1～2 级要求（表 4.1）。

表 4.1　苹果苗木质量等级标准（GB9847—2003）

项　　目		一　级	二　级	三　级
基本要求		品种和砧木类型纯正，无检疫对象和严重病虫害，无冻害和明显的机械损伤，侧根分布均匀舒展、须根多，结合部和砧桩剪口愈合良好，根和茎无干缩皱皮		
对于乔化砧和矮化中间砧苗，直径不小于 0.3 厘米、长度不小于 20 厘米的侧根		不少于 5 条	不少于 4 条	不少于 3 条
对于矮化自根砧苹果苗，直径不小于 0.2 厘米、长度不小于 20 厘米的侧根		不少于 10 条		
根砧长度	乔化砧苗	不大于 5 厘米		
	矮化中间砧苗	不大于 5 厘米		
	矮化自根砧苗	15～20 厘米，同一批苗木变幅不大于 5 厘米		
中间砧长度		20～30 厘米，同一批苗木变幅不大于 5 厘米		
苗木高度		120 厘米以上	大于 100～120 厘米	大于 80～100 厘米
苗木粗度	乔化砧苗	不小于 1.2 厘米	不小于 1.0 厘米	不小于 0.8 厘米
	矮化中间砧苗	不小于 1.2 厘米	不小于 1.0 厘米	不小于 0.8 厘米
	矮化自根砧苗	不小于 1.0 厘米	不小于 0.8 厘米	不小于 0.6 厘米
整形带内饱满芽数		不少于 10 个	不少于 8 个	不少于 8 个
倾斜度		不大于 15 度		

　　大苗是指在苗圃地连续培育 2～4 年，并按一定树形要求进

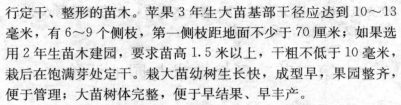

行定干、整形的苗木。苹果 3 年生大苗基部干径应达到 10～13
毫米,有 6～9 个侧枝,第一侧枝距地面不少于 70 厘米;如果选
用 2 年生苗木建园,要求苗高 1.5 米以上,干粗不低于 10 毫米,
栽后在饱满芽处定干。栽大苗幼树生长快,成型早,果园整齐,
便于管理;大苗树体完整,便于早结果、早丰产。

2. 选用无（脱）毒苗 病毒会破坏植物正常的生理机能,
使果树生长衰弱,产量减少,品质下降,严重时导致树体死亡,
而果树一旦被病毒感染,则终生带毒,持久为害,还会通过嫁
接、修剪及昆虫传播。目前,还没有特效药剂和方法杀死病毒,
选择无病毒（脱毒）苗木是当前控制果树病毒病的主要途径。

无病毒（脱毒）苗木生长发育快,生长整齐旺盛,苗木健
壮,根系发达,叶多、叶大、叶厚,苗粗、苗壮、枝条多,成活
率高;由无病毒（脱毒）苗长成的植株树势强健,叶片光合作用
强,枝量增加快,枝类转化迅速,结果早,产量高,果实大,果
面光洁度好,果实品质明显提高。无病毒果树需肥量少,抗逆性
强,病虫害少,农药使用量少,因而果实有毒有害物质残留少。
目前我国引进和培育的无（脱）病毒苹果品种已经比较多,如
'藤牧 1 号'、'美国 8 号'、'格劳斯特'、'2001 富士'、'皇家嘎
拉'。

3. 严格苗木检疫和消毒 通过苗木检疫和消毒,可以将病
虫害拒绝于果园之外。检疫主要针对那些有严重危害、可随植物
或其他应检物调运而传播的有害生物,被列入检疫对象的苹果病
虫害主要有:苹果绵蚜、苹果小吉丁虫、苹果蠹蛾、美国白蛾、
苹果蝇、苹果花叶病、苹果锈果病、苹果黑星病等。苗木检疫要
由经国家指定的机关或专业人员进行,用于苹果安全生产的苗木
必须具有合法的检疫证。

苗木消毒可以用 3～5 波美度石硫合剂或等量式 100 倍波尔
多液喷洒或浸苗 10～20 分钟进行杀菌,之后用清水清洗根部。
对于虫害可进行室内熏蒸,即:将苗木放置在密闭的容器中,按

30 克氯酸钾、45 克硫黄、90 毫升水配方，先将硫黄倒入水中，然后加入氯酸钾，熏蒸 1 天。

第二节　环境要求与园地评价

苹果正常生长发育需要良好的生态环境，苹果安全生产应选择在苹果生长的最适宜区和适宜区内，且所选地段清洁无污染、土壤深厚、土质疏松、土壤肥沃。选择的果园地址必须经过产地环境监测与评价，即按照无公害食品、绿色食品或有机食品对产地大气、土壤、水污染物限制要求和产地的具体特点进行监测，并按照有关方法对监测结果进行评价，只有符合要求的产地才能保障苹果安全生产。

一、安全生产对产地环境的要求

良好的环境条件是保障农产品质量安全的前提，苹果安全生产应选择在气候条件适宜、环境清洁、交通方便、土壤肥沃、排灌条件良好的主产区或独特的生态区建园。

1. 环境清洁　污染物能够借助大气、土壤和水分进入果实，环境安全无污染是苹果安全生产的首要条件，远离污染源、切断有毒有害物进入果品的途径是保障果品质量安全的首要的和关键性措施。果园应建立在空气清新、水质纯净、土壤未受污染、没有粉尘和酸雨少，具有良好农业生态环境的地区，避开繁华都市和工业区集中的地方；流经果园的河流或地下水的上游，没有排放有毒有害物质的工矿企业等污染源，灌溉水源应是深井水或水库等清洁水源，避免使用污水或塘水等地表水；果园地本身不含天然有害物质，土壤未长期施用过含有毒有害物质的工业废渣；果园距主干道路 50 米以上；附近没有污染源对果园环境构成威胁，尤其是上游或上风口不得有排放有毒有害物质的工矿企业。

此外,进行安全生产的果园要与常规生产的果园、菜园、棉田、粮田等保持百米以上的距离,或在两者之间设立物理屏障,防止常规生产园的病虫害以及农药化肥等污染物可能传播到进行安全生产的果园。

建园之前,必须对果园及附近的大气、土壤和灌溉水进行严格检测和评估。生产无公害苹果时,环境质量要符合《GB/T 18407.2—2001 农产品安全质量 无公害水果产地环境要求》或者《NY 5013—2006 无公害食品 林果类产品产地环境条件》要求,生产绿色食品苹果时,环境质量要符合《绿色食品 产地环境技术条件》(NY/T 391—2000)规定。

2. 气候条件适宜 不同品种对环境条件的要求不同,只有在最适宜的地方栽种最合适的树种或品种,果树生长才会最好(包括病虫害最轻),管理才最容易,才不至于因环境和栽培管理问题而造成果品污染。

气候因素是选址建园首先考虑的环境条件之一,包括温度、降水、光照等。气候条件能否适宜苹果生长取决于这些因素的综合情况,栽培苹果的最适宜区一般要求年平均气温8~12℃、年降水量560~750毫米、1月中旬平均气温−14℃以上、年极端最低温度−27℃、夏季(6~8月)平均气温19~23℃、大于35℃的日数少于6天,夏季(6~8月)平均最低气温15~18℃夏季(6~8月)平均气温、6~9月份月平均日照时数150小时以上。完全符合上述指标的地区主要集中在我国的黄土高原地区(如陕西渭北和陕北南部地区、山西晋南和晋中、河南三门峡地区和甘肃的陇东及陇南地区),这是栽培苹果的最适宜区。符合上述6项指标的地区主要集中在环渤海湾(如胶东半岛、泰沂山区、辽南及辽西部分地区、燕山、太行山浅山丘陵区)和川滇横断山(如四川凉山州、阿巴州,云南丽江和昭通等地),这是地区栽培苹果的生态适宜区。

每个品种都有其最适宜的生态需求,比如红富士苹果要求年平均气温 8～14℃，4～10 月平均气温 16～20℃，7～8 月份最高气温在 30℃以下，12～2 月间月平均气温在－10℃以上，年平均积温在 3 000℃左右，年日照时数在 2 200～2 800 小时。新红星苹果要求年均温 9～11℃，1 月份平均气温 0～－9℃，年最低气温－10～－25℃，夏季（6～8 月）平均气温 18～24℃，夏季平均最低气温 13～18℃，年降水量 200～800 毫米，6～9 月日照时数＞800 小时，一定范围的海拔高度。符合上述参数的地区是红富士和新红星苹果的最适生态区，有条件生产优质果。

在有些苹果适宜地区，存在冰雹带的规律性分布，建园前必须了解清楚，不要在冰雹带内建园。还要考虑风害问题，在花期风速超过 6 米/秒时，会导致坐果率降低；大风还易造成偏冠、落果损叶，甚至折枝等不良后果。苹果园适于建立在年平均风速为 3.5 米/秒以下的地带，有风害的地区，应营造防护林。在冬春气温偏低的地区或干旱地区，应当选择靠近大的水面的地方，这样可以调节气温和湿度，能在一定程度上减轻霜冻和旱害。山地缓坡、丘陵地带，光照充足，昼夜温差较大，不易遭受霜害，利于提高果实品质。

3. 土壤条件适宜 土壤是农业生产的第一条件，土壤条件的优劣会直接影响到农产品的质量。土壤条件包括土层厚度、土壤理化性状、土壤微生物、土壤水肥气热等多种因素。栽培苹果的土壤以土层深厚而肥沃的壤土和砂壤土最合适，有机质含量 1.0%以上，活土层 60 厘米以上，质地疏松，土壤孔隙中空气含氧量 15%以上。土壤微酸性到中性 pH 在 5.5～7.0，总盐量在 0.3%以下，地下水位低于 1.5 米，土地平坦，排灌方便。还要注意土壤类型，我国苹果优质区的土壤种类，主要为褐土、棕壤土、黄垆土、潮土、黄绵土和灰钙土等，其中，在褐土类区域更易生产出优质苹果。

4. 地势地形适宜 地势地形会通过影响气候因素和土壤条件而影响苹果生产。山地和丘陵地的气候和土壤变化有垂直分布的特点,在北方山地栽植苹果,海拔高度一般不宜超过700米。山地的东、南、西、北坡1年四季中所接受的光照时数及热量不同,湿度和风量也不同。一般南坡光照充足、气温偏高,果实成熟早,果实色泽、品质也好;东坡和西坡次之;北坡日照时间短,温度较低,果实成熟期会推迟,果实品质也不及南坡。但南坡温、湿度变化较大,水分蒸发量大,融雪、解冻比北坡早,必须加强水土保持工程建设。坡度对土壤条件有一定影响,一般土壤含水量和土层厚度随坡度增大而降低。栽培苹果宜选择平地或小于15度的向阳坡地;坡度超过7度的要平整土地,修筑梯田;超过25度的坡地不能建园,可种草还林。

在坡地槽谷或坡地中部凹地、平地地势低洼地方,冬春季由于冷空气下沉,往往形成冷气湖或霜眼,物候期早的树种品种极易遭受晚霜危害,相反,在坡地上部、平地地势较高的地方,由于形成逆温层,温度反而偏高,霜害很少发生。为了避开晚霜危害,栽培早熟品种应选择坡地上部、平地地势较高地方,不要选择洼处,切忌选择槽谷中。

5. 尽量避开果园重茬地 重茬地土壤有害物质(包括前茬果树的分泌物、病菌害虫残余、农药及其他农用化学物质残留等)比较多、营养物质匮乏且严重不均衡、微生物群落发生改变、有害生物如线虫、病原菌等泛滥,严重抑制后茬果树的生长发育。桃、苹果、核桃重茬现象比较突出,它们对后茬苹果植株生长量的抑制也可达到50%,不经轮作或改良不宜栽种苹果。

二、园地环境评价

1. 园地类型评价

(1)**平地** 平地是指地势平坦或是向一方稍微倾斜且高度起伏不大地带,一般地势平坦,地面平整,土层深厚,同一地区的气候条件差异不大，利于机械化管理，建园成本较低，生产资料和产品的运输以及果园管理方便。平地果园主要出现在西部黄土高原、黄河故道、山前平原、河流两岸等地方。黄土高原黄土土质疏松，透气性好，土体深厚，成柱状结构，蓄水力强，排水性好，地形开阔，面积比较大，易集中连片，适宜产业化、商品化生产，是开展苹果安全生产的理想地区。但是，西部黄土高原地区多数长期干旱少雨，年降雨量常不足500毫米，甚至更低，需要积极引水、集水，开展节水栽培。

黄河故道地区的土壤属黄河冲积而成的风沙土，透气性好，土层深厚，土壤质地比较适中，但有机质含量较低，土壤比较瘠薄，保水保肥能力差，常与淤泥黏板层相间，雨季易形成假水位，造成积涝，春季则因土壤透水强而易受旱害。有的地方还存在着"风起沙移"的现象，起沙处果树露根，萌蘖丛生，落沙处埋没树干，树体偏冠；春天开花季节，往往风沙大起，影响正常的开花坐果。此外，黄河故道地区潜水埋藏较浅，多为弱矿化水或矿化水，在大水漫灌、有灌无排、耕作粗放、有机肥少时，会出现返盐现象。在黄河故道地区建园需要合理灌排，土壤增施有机肥，掺黏改土，移淤压沙，打破黏板层，还必须设置防护林带防风固沙。

山前平原区光热资源丰富，土层厚度从几十米到百余米，地面比降一般小于1/2 000，土壤肥沃、土壤疏松多孔、质地适中，保水保肥性能好，地下水埋藏较浅，水质好，灌排方便，是优良的苹果栽培区。山前平原区土壤具有一定的坡度，存在着一定的水土流失现象，必须搞好水土保持，并加强培肥。河流两岸平地由大江大河长期冲击形成，一般地势平坦，地面平整，土层深厚，土壤有机质含量较高，灌溉水源充足。在冲积平原建立商品化果品基地，果树生长健壮、结果早、果实大、产量高、销售便利，因而经济效益较高。但是，有些地方的土壤保水保肥能力差，地下水位过高的地区，必须降低地下水位。

（2）山地 适宜栽培苹果的山地可分为砂石山区（花岗变质盐山区）和青石山区（石灰岩山区）等。砂石山区土壤比较贫瘠，保水保肥能力差，易受旱害，易发生缺素，但土壤透气性好，在土层较厚或能够改良加厚的地方可以建园栽苹果，并应加强雨季蓄水及其它防旱措施。青石山区土壤偏黏，透气性不良，有雨易积水，无雨易干旱，但保肥能力强。砂石山区和青石山区很少受到人类污染，一般自然环境比较优越，空气清新，水质洁净，土壤不含有毒有害物质，宜选择这样的地区发展绿色无公害果品生产。山地空气流通，日照充足，昼夜温差较大，有利于糖的积累和果实着色，山地果园果实的色泽、含糖量、耐贮性、光洁度等方面通常优于平地果园。但山地建园成本高、管理不便、水源缺乏、水土保持困难等。

另外，坡度在10°以上的山地，气候具有明显的垂直分布和小气候特点，一般随着海拔增加气温降低，而降雨增加。山间谷地一般土层深厚，水资源较丰富，土壤肥力较高。山前倾斜地坡度在3°～10°，一般土壤质地适中，排水良好，但水土流失严重，灌溉条件差。

（3）丘陵地 丘陵地相对海拔高度在200米以下，特点介于平地和山地之间。一般没有明显的垂直分布带，并难以形成小气候带，但丘陵地仍有起伏高低的地势，土层厚薄不一，气候也会受到坡向的影响。比如，向阳坡（南坡）光照强，日照时间也长，昼夜温差大，果实品质好，但容易发生晚霜冻害及日灼，地面蒸发量大，植物蒸腾作用旺盛，失水多，容易发生干旱；北坡（阴坡）则相反，日照时间短，空气比较湿润，土层厚于南坡，果树生长较旺，但果实品质不如南坡。东坡和西坡的情况介于南坡和北坡之间。山谷阴湿，日照时间短，但昼夜温差大，冷空气下沉，容易发生霜害和冻害。

2. 环境质量现状评价 环境质量是指环境素质的优劣，环境质量现状评价是根据环境调查与新近环境监测资料，对当地的环境质量做出定量描述。进行环境现状评价时需要考察园地附近有没有污染源，果园周边不得存在对果园构成污染威胁的农药厂、化肥厂、冶炼厂、造纸厂、煤矿、铁矿、屠宰场、垃圾堆放与处理场、大型医院、大型燃煤锅炉等污染源。

环境现状评价的重点工作是检测园地自身的大气、土壤和灌溉水中的所有污染物浓度，将检测结果与有关标准（见"第二章　熟悉标准，规范生产"）对照。生产 AA 级绿色食品和有机食品的果园，环境质量采用单项污染指数法进行评价，不得有任何一种污染物超标；生产 A 级绿色食品和无公害食品苹果的果园，可以允许少数污染物轻微超标，但综合污染指数不得超过1。

（1）单项污染指数计算方法

污染指数　$P_i = C_i / S_i$

式中 P_i 为环境中污染物 i 的污染指数；C_i 为环境中污染物 i 的实测数据；S_i 为环境中污染物 i 的评价标准。

$P_i < 1$——未污染，适宜苹果安全生产；

$P_i \geq 1$——污染，不适宜苹果安全生产。

（2）综合污染指数计算方法　土壤和水质质量采用内梅罗污染指数法，综合指数（P综）为：

$$P综 = \sqrt{((C_i/S_i)^2_{max} + (C_i/S_i)^2_{ave})/2}$$

式中 C_i 为实测值；S_i 为标准值，$(C_i/S_i)_{max}$ 为土壤（水）污染物中污染指数最大值，$(C_i/S_i)_{ave}$ 为土壤（水）各污染指数的平均值。

土壤分级标准，1级：$P \leq 0.7$，安全；2级：$0.7 < P \leq 1.0$，尚清洁，警戒级；3级：$1.0 < P < 2.0$，轻污染；4级：$2.0 < P \leq 3.0$，中污染；5级：$P > 3.0$，重污染。

水质分级标准，1级：$P \leq 0.5$，清洁；2级：$0.5 < P < 1.0$，尚清洁；3级：$P \geq 1.0$，受污染。

大气采用几何均数指数法，如下计算：

$$I = \sqrt{(Ci/Si)_{max}\left[-\frac{1}{k}\sum_{s-1}^{k}(Ci/Si)\right]}$$

式中 I 为大气质量指数，k 为污染物项数，Ci 为实测值，Si 为标准值，$(Ci/Si)_{max}$ 为最大污染物单项指数。

大气质量分级标准，1 级：I<0.6，清洁；2 级：0.6≤I<1.0，尚清洁；3 级：1.0≤I<1.9，中污染；4 级：1.9≤I<2.8，重污染；5 级：I≥2.8，极度污染。

土壤、灌溉水和大气质量达到 1 和 2 级时方适合苹果安全生产。

3. 土壤肥力评价 果园应当建立在土壤肥沃、土层深厚、有机质含量高、质地疏松、营养丰富、坡度不大、没有特殊障碍（如地下水位过高、土壤含盐量过高、pH 不适宜、1 米土层内存在石板或粘板层）的地方。园地的土壤肥力需要在检测各项指标的基础上，根据各因素的重要性进行综合评价，生产有机苹果和 AA 级绿色食品的果园的建议土壤肥力达到 1～2 级指标（见表 4.2），生产无公害果品或 A 级绿色食品可以考虑 3 或 4 级肥力的土壤，但要增施有机肥，积极培肥地力，保证生产的持续进行。

表 4.2 果园地土壤肥力分级

等级	pH	有机质 %	全氮 毫克/ 千克	速效磷 毫克/ 千克	速效钾 毫克/ 千克	阳离子交换量厘摩尔/ 千克	质地	含盐量 %
1	6.0～7.0	>2.0	>1.0	>15	>150	>20	轻壤	<0.2
2	5.5～6.0 7.0～7.5	1.0～2.0	0.8～1.0	10～15	100～150	15～20	砂壤、 中壤	0.2～0.3
3	4.5～5.5 7.5～8.5	0.5～1.0	0.6～0.8	5～10	50～100	8～15	砂土、 重壤	0.3～0.5
4	<4.5 >8.5	<0.5	<0.6	<5	<50	<8	黏土、 砂石土	>0.5

第三节　果园规划设计

果园规划是建园前的总体设计，包括经营规划、园址选择、用地计划、防护林设置、栽植设计、生态工程建设、灌排系统和水土保持规划、轮作、间作和套种计划、建设投资预算、经济效益预测等。

一、规划设计原则

苹果是多年生作物，一经定植，就在一地生长、多年结果，果园规划必须慎重，周密考虑树种、品种，长、中、短期权衡，当前利益与长远效益兼顾。做好规划工作需要详细调查园区的生产历史（包括最近 3 年的土地使用状况、栽种的作物、生产方法、使用物质、产量情况等）、气候条件、土地情况、周边环境、资源状况、社会经济条件、地区行政管理方式等。在掌握了这些状况的基础上，要以生态学原理为指导，按照因地制宜和产业化经营的原则，根据无公害农业和有机农业的标准要求进行总体设计。

具体设计时还必须考虑果园生态工程建设、果粮间作等问题，要充分利用资源，搞好立体化现代化经营。作为商品化、产业化生产的果园，必须具有一定规模，通常绿色食品苹果生产基地的面积应在 333 公顷以上。但各地的具体生产规模大小还要根据立地条件、投资强度、市场状况，交通条件，加工能力及产供销服务体系等因素来确定。应当由县、乡或大型农场统一规划建园，集中连片种植，分片管理。果园土地使用规划应优先保证生产用地，尽量压缩其他附属用地。一般大型果园的果树栽植面积占 80% 以上，防护林 5% 左右、道路 3%～4%，绿肥基地 2%～3%，排灌系统 1%。其他 2%～3%。

规划有机苹果园时还必须考虑人员培训、土壤培肥和轮作计划、平行生产、常规生产向有机方式的转换、质量控制与内部检查方案、产品认证及营销问题等。

二、规划设计内容

规划内容包括生产小区的规划、道路和排灌系统规划、防护林建设、附属设施、绿肥和养殖基地等。

1. 小区的规划　小区是管理的基本单位，同一小区内气候、土壤条件、光照条件基本一致。小区划分要与道路系统、防护林设置、水土保持及排灌系统的规划设计相适应，要有利于水土保持，便于预防自然灾害和运输和机械化管理。规划后的果园要详细绘出各个小区及位置，并标明地形和地势、各小区的序号和面积以及主栽品种。

小区大小因地形、地势和气候条件而不同，一般一个小区面积为5～10公顷；地形较复杂处（如山地），小区面积可以小些，如1～2公顷；梯田、低洼盐碱地可一个台面为一小区。小区的形状应结合地形、地势进行划分，并考虑耕作的方便性。平地果园以长方形较好，长边与短边之比2∶1～3∶1，这样可减少农机具转弯次数，提高效率；小区长边应与当地主要有害风向垂直，果树行向与长边平行。山地和丘陵果园小区一般为带状长方形，长边与等高线平行，随地势波动，同一小区不要跨越分水岭和沟谷。

2. 果园道路规划　果园道路分主路、干路、支路和作业道。主路是果园通往外界的最主要道路，应能保证较大的交通流量。主路两旁一般是防护林或排灌渠道，干路和支路一般是小区的边界，作业道设在小区内，为方便作业所设，不多占地。

主路宽5～8米，可并行两辆卡车或大型农用车。位置适中，贯穿全园，山地果园主路可环山而上，呈"之"字形，坡度小于

7°。主路要外连公路，内接支路。干路和支路宽 4~6 米，能通过两辆农用作业运输车，与主路和小区相通。作业道宽 2~4 米，能通过田间作业车、小型农用机具。

道路规划一般结合防护林、排灌系统进行。小型果园为减少非生产用地，可不设立主路。山区果园的道路设计，要考虑地形、坡降，应与水土保持工程相结合进行规划设计。

3. 排灌系统规划 排灌系统规划一般应遵循节约用地、水流通畅、覆盖全面、减少渗漏、降低成本的原则，要结合道路和防护林设计，综合考虑地形条件、水源位置等进行规划。

输水系统包括干渠、支渠和毛渠。主干渠道一般分布于主干道路的两侧，分支排灌系统分列在支路的两侧。如果采用喷灌、滴灌及其他相对先进的灌溉系统，应根据节省材料的原则，尽量减少水管线的消耗，采用最短的直线距离进行设计。果园的排水可采用明沟排水和暗沟排水。明沟由集水沟、小区边缘的支沟和干沟组成，比降 0.3%~0.5%。暗沟是通过埋设在地下的输水管道进行排水，不占用行间的土地，不影响机械作业，但修筑投资大。

大型果园必须规划设置合理、完善的排灌系统，包括水源、水的输送和排泄管道、供水设施等等。水源包括小型水库、堰塘蓄水、河流引水、钻井取水。输水应以地下管道为主，省地节水；地上渠道输水，也应特别注意渠道的渗水问题。灌溉方式提倡喷灌、滴灌，并按喷灌、滴灌的设计购入设施和合理施工。

4. 防风林系统规划 防护林不仅可防止风沙侵袭，保持水土，还可增加土壤和空气温度，减少冻害。防护林的作用范围，与其结构和地形等有关。林带可分为透风林带和不透风林带两种。不透风林带是由多行乔木和灌木相间配合组成，林带上下密闭，气流不易通过，防护距离较短，但在其防护范围内的效果较大。透风林带，气流可从林间通过，使风速大减，因而防护范围较远，但防护效果较小。

防护林配置的方向和距离应根据当地主要风向和风力来决定。一般要求主林带与主风向垂直,通常由5~7行树组成。为了增强主林带的防风效果,可与其垂直方向设副林带,由2~5行树组成,带距300~500米。山地营造防护林除防风外,还有防止水土流失的作用。不论主林带还是副林带可适当增加行数,最好乔木与灌木混交。为了避免坡地冷空气聚集,林带应留缺口,使冷空气能够排出。同时,林带应与道路结合,根据具体地形和风向,尽量利用分水岭和沟边营造。为了保证防风效果和利于通气,边缘主林带可采用不透风林型,其余均可采用透风林型。林带内株行距因林型和树种而不同,一般情况乔木株距1.5米左右,灌木0.5~0.75米,行距1.5~2米。

林带树种的选择,应本着就地取材、以园养园、增加收益的原则,在树种配置中除选择对当地风土条件适应力强、生长迅速、寿命长及与果树没有共同病虫害的树种外,可选适应当地风大条件的果树以及可做蜜源、绿肥、筐材、油料等的树种,例如,苦楝树、臭椿、枸橘、黑枣、山楂、枣、柿、紫穗槐、柽柳、棍柳、花椒、皂角等。此外,由于桧柏和圆柏是苹果锈病的转主寄主,桧柏和圆柏不能做防护林,并且苹果园要与桧柏和圆柏林至少相距5千米。刺槐、泡桐、松树等也是苹果病害的潜隐寄主或传播体,比如,刺槐易招引椿象(臭屁虫)及感染落叶性炭疽病菌等而为害苹果,所以,它们也不宜做苹果园防护林。

5. 品种配置规划　在大型果园,早、中、晚熟品种应各占一定比例,以方便销售和管理。大宗果品、早熟品种一般不耐贮运,晚熟品种耐贮运,所以一般果园宜多栽晚熟品种。主栽品种确定下来以后要选配适宜的授粉品种,通常每隔2~4行主栽品种栽1行授粉品种,也可以在同1树行中,主栽品种每隔4~6株栽1株授粉品种,行与行的授粉树错开。

6. 建筑和其他规划　果园管理、工具与农用物资库房、产品分级包装以及贮藏加工，均需一定的建筑面积，甚至还需要职工休息、住宿的房舍。现代果园，特别是城镇郊区的果园、风景旅游点附近或交通干线附近的果园，还应有观光园、寓教园、休闲园的功能，或生产与上述功能兼而有之。这样的果园在规划设计上应具备停车场，有餐饮、休息和娱乐的活动空间，有宣传农业、科技知识的陈列室、放映厅、产品采购中心等。果园在规划设计时，至少要考虑到这些项目的用地需要，不能马上施工建设的，要先留出一定土地面积，随生产的发展逐渐完善化。

三、建立技术档案

技术档案记述了果园规划设计、各项生产技术、果园基本建设和科学试验等活动，是具有保存价值、并按一定归档制度保管的技术文件资料，是技术资源贮备的重要形式，也是产品质量核查与追溯的依据。

技术档案可分为建园档案（含规划设计、建园苗木等）、基本建设（含水土保持、土壤改良等）档案、机械设备和仪器档案、生产技术档案（生产技术方案、计划、技术实施及结果、新经验及事故等）、科学实验档案（含新品种引进、新技术和创新技术的记载、结果等）、技术人员及职工技术进步和考核等档案。下面只就其重要者做简要介绍。

1. 建园档案 建园档案包括果园策划、规划设计、种苗准备、栽植等内容，可以按施工进程记载，也可一次性记载。内容主要包括：政府或职能部门有关建园的决定或批示文件，为建园所调查的有关资料，果园规划设计书、说明书以及全套应附有的图表材料，种苗和其他生产资料的来源、数量、质量状况，园区土壤改良和水土保持状况，栽植时的天气、气候、土壤墒情和肥力的数据，施肥、植保等措施执行情况及结果，建园初期的生产运作秩序及技术管理成果，各项技术措施的实施检查记录、评定

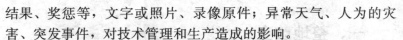

结果、奖惩等,文字或照片、录像原件;异常天气、人为的灾害、突发事件,对技术管理和生产造成的影响。

2. 技术管理档案 技术管理档案可按种植作业区、小区或生产队(班)记载,更详尽者应进一步按照品种、生产方式等的类别记载,还可以按同品种不同树龄记载。记载要量化、具体,主要内容应包括:年度、季度或月份的技术管理计划、指标要求;各项技术措施,如果园施肥、灌溉、土壤处理、喷洒农药和修剪或支架等的日期、方式方法和计量;技术措施的执行情况及施后反应,异常情况(比如,农药喷洒后出现药害、没有药效等);各项技术措施执行前后的有关天气、动力、劳力条件;记录新技术实施情况、结果,科学试验的情况及结果。

3. 苹果发育及物候档案 可以按主要品种记载,要明确观察记载的作业区;小区及观察植株对象,应有代表性、典型性。最好是专人、定期观察记载,并分原始记录和整理后资料入档。档案的主要内容是苹果树的物候期和生长势。

4. 产品产量、质量、售价档案 产量、质量均以田间记录为准,贮藏或初加工后的产量、质量另分记。产量、质量的记载以生产队或作业区为单位,最好分别记载地块、品种、作业茬次,更详尽者应当记载不同日期、分批采收的产量、质量。果园的植物保护、设备管理、物资管理、财务管理包括成本管理等多项,都有必要分别记载和入档。

第四节 园地整理与栽植

栽种果树之前,要对果园土壤进行严格整理与消毒,包括消除前茬作物的残枝败叶、树桩残根;对土地进行耕翻、晾晒、灌水,促进有机残体的腐烂分解;改土施肥,增施有机肥,使土壤活土层达到 60 厘米以上,有机质含量超过 1%,必要时在定植穴内换土。

一、整地改土

在平地建园，可进行全园改土，即于栽树前把有机肥和切碎绿肥或秸秆均匀撒在地表，然后用深耕机全园翻耕 50 厘米。全园改土用工量比较大，多数情况下是先测出定植行中心线，沿此线挖出宽、深均为 80～100 厘米的壕沟，暴露一段时间后，分层压绿回填，每米壕沟至少压埋 50 千克绿肥或植物秸秆，在表层土壤中混入一些堆肥或厩肥。如果果园土壤偏酸，应在回填时混合一些石灰或酸土改良剂；如果果园土壤偏碱，应在回填时混合一些酒糟或碱土改良剂；如果为钙质土壤，则需要土壤中混入适量的硫磺粉。回填完后要将定植行堆成高垄，使土壤沉实后仍可保证地面的平整。不论什么类型的土壤，都应当大力增施有机肥，而不能用工矿废渣等有毒有害物质改良土壤。

对沙质土壤需要在翻耕时施入大量有机肥，每年每公顷还要施用大量河泥和塘泥，改变沙土过度疏松状况，使土壤肥力逐年提高。对沙层不厚的土壤进行深翻，使底层黏土与沙掺和，也可种植豆类绿肥后翻入土壤中增加土壤中的腐殖质。对黏重土壤需要掺沙、客土，一般 1 份黏土加 2～3 份沙土，还要增施有机肥和广种绿肥植物，提高土壤肥力和调节酸碱度，并实施免耕、少耕、生草栽培的土壤管理措施。

山地水土流失严重，建园要做好水土保持工程。可通过撩壕、挖鱼鳞坑和修筑梯田等方式来改造山地。撩壕即按等高修筑、按等高开沟，将沟内土壤堆在沟外沿筑壕，果树种在壕的外坡。挖鱼鳞坑即在坡面较陡不易做梯田的地方，沿山开挖半圆形的土坑，坑的外沿修成土坡，在坑内填土，树种在坑内侧。梯田的种类有水平梯田、坡式梯田和隔坡梯田（图 4.1），一般坡度在 15°以下的山坡地建水平梯田。可以建成较宽的梯面，梯壁不太高，土石方需要量不大。修筑得比较完善的梯田应

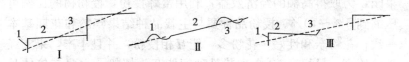

图 4.1 三种梯田形式

Ⅰ. 水平梯田 Ⅱ. 坡式梯田 Ⅲ. 隔坡梯田
1. 梯田埂 2. 梯田面 3. 原坡线

该是:梯面宽 3～4.5 米以上;梯壁高度不超过 3 米,牢固、内向倾斜 60°～70°;梯面外高内低,内倾 5°～7°,横向平整并保持 0.3%～0.5% 的比降,梯面外沿边埂高 10 厘米,宽 20 厘米,梯面内侧背沟宽 30 厘米,深 20 厘米,比降 0.3%～0.5%,有沉砂凼。

丘陵山地土层浅,树穴小,可通过"放闷炮"增大活土层,改善土壤结构,并逐步提高土壤肥力,增强土壤蓄水保水能力;一年爆破,多年受益。"放闷炮"在秋季采果后进行,操作时在离树干 2 米处,呈对角选 3 个不同方向,挖直径 6～8 厘米,深 100 厘米的炮眼。树冠较大时,可适量增加炮眼数;树冠较小时,可挖两个;水平沟栽植的可在株间挖一个炮眼。炮眼挖好后放入适量的炸药进行爆破,一般每个炮眼 0.3～0.5 千克炸药,以能松动土壤又不飞散为宜。排炮后挖出大块母岩,把熟土和有机肥混合后填入炮坑内,整平地面。

二、授粉树的配置

苹果自花结实能力低,绝大多数品种必须配置授粉树才能获得经济产量。即使是自花结实率较高的品种,配置适宜授粉品种可提高结实率,增加产量,改善果实品质。一般一个果园主栽品种应占 70%～80%,授粉品种占 20% 左右;授粉品种价值低,可少配;主栽品种互相授粉,授粉树可多些;高度集约化栽培的果园，为取得高额的经济效益，利用蜜蜂授粉，授粉树的比例可压缩到 5%～10%。授粉品种要与主栽品种结果年龄和花期基本一致；花粉亲和性好，花粉多，能互相授粉，并且丰产，果实经济价值高，最好 2～3 个主栽品种间能互为授粉；主要三倍体品种（乔纳金、陆奥及北海道 9 号等），要配两个授粉品种；为提高主栽品种的比例或者利用果实直感现象（是指父本花粉对母本所结果实发生影响，使所结果实表现父本某些性状的现象；例如，将白肉苹果花粉授给红肉苹果，所结果实呈现粉红色），也可以配置专门的授粉品种。苹果适宜授粉组合见表 4.3。

表 4.3　苹果品种的适宜授粉组合

主栽品种	授粉品种
富士系	元帅系、津轻系、王林、千秋、红玉、美国 8 号、金帅、华红、嘎拉
嘎拉系	元帅系、富士系、金帅、美国 8 号、秀水、印度
元帅系	富士系、华冠、烟青、金矮生、千秋、嘎拉
乔纳金系	元帅系、富士系、王林、千秋、嘎拉
王　林	富士系、华冠、千秋、嘎拉、夏绿
华　红	富士、津轻、嘎拉、美国 8 号、王林
金　帅	红星、青香蕉、印度、祝光
津　轻	元帅系、富士系、金帅、嘎拉、祝光、红玉、夏绿
陆　奥	元帅系、津轻系、千秋、祝光、国光、金帅
夏　绿	富士系、千秋、嘎拉、祝光、国光、印度、金帅
旱　捷	首红、新红星、金帅
华　冠	嘎拉系、美国 8 号
藤牧 1 号	首红、嘎拉、贝拉、美国 8 号、津轻
粉红女士	嘎拉系、富士系、新世界
澳洲青苹	嘎拉系、富士系、金冠、王林
美国 8 号	嘎拉系、富士系、华冠

授粉品种与主栽品种距离越近,传粉效果越好,一般不超过20~30米。经济价值较高的授粉品种可以成行排列,这样便于管理。经济价值较低的授粉品种可采用"梅花式"株间排列,这样需用的授粉树少。虫媒花的授粉树,可成单行排列,也可"梅花式"株间排列;风媒花的授粉树,可设在果园外沿来风一方。通常小型果园采用中心式配置授粉树,即一株授粉树在中心,周围栽8株主栽品种。一般采用行列式,相隔1~8行栽1行授粉树,也可等量式,如2~4行主栽品种,2~4行授粉品种。高度集约化栽培的果园,授粉树可分散栽于主栽品种行中。山地丘陵果园可在主栽品种行内混栽,每隔3株主栽品种栽一株授粉品种;在梯田或花期多风地区,授粉树应配置在梯田上部和上风地段。

三、栽植技术

1. 苗木准备　实行大苗建园,栽植3年生带分枝苗木,苗木高度1.5米以上,基部干径1.0~1.3厘米,在70~150厘米处有6~9个分枝长度在40~50厘米,主根健壮,侧根多,大多数长度超过了20厘米,毛细根密集。这样的苗木成活率高,成园快,建园整齐度好。

苗木要在定植的头年秋季运到果园。运输过程中要将根系部分放置于车箱内侧,用草袋包好、苫布封严,时间长还要定时给苗木洒水。苗木到达后,如不及时在田间栽植,必须立即假植。假植沟要选择平坦、避风的地方,取南北向,深1米、宽1米。假植时苗稍向南倾斜,苗木打开捆,沟底放少量沙,然后一排苗一培土。第一次培土为苗高的1/2,浇水沉实,再压一层土,最后盖上玉米秸防寒。如果苗木根系有失水现象,可选浸水12~15小时后再假植。

2. 栽植时期　"植树无期,勿使树知",栽植应在苗木地上部分生长发育相对停止时进行。生产上可在春秋两个时期栽植，以秋季（苗木落叶后至土壤封冻前）为好。冬季严寒、早春风大、干燥的地区，通常冬季假植后在土壤完全解冻至苗木萌芽之前进行春栽，以防发生越冬冻害和早春抽条等问题。冬季冷凉、无越冬冻害、早春抽条的地区，可以秋栽，也可以春栽，但从有利于栽植苗木的断根愈合、缩短缓苗期和促进春季生长等方面考虑，秋栽优于春栽。秋栽可以在苗木落叶后或土壤结冻前 20～30 天栽植；自育苗木、有劳力的建园者，甚至可在 8 月下旬至 9 月下旬，利用阴天采取带叶、根系带土团的苗木、随挖随栽，这样可以提高栽植成活率，而且基本上无缓苗现象。

3. 栽植密度 栽植密度是指单位面积内栽植的株数，栽植密度过稀，光能利用率低，单位面积果品产量低，但果实受光条件好，质量高，也便于机械化管理；栽植密度过密，早期产量上升快，但后期果园郁闭，管理不便，果实产量和品质会迅速下降。栽植密度要根据树种品种特性、地势、土壤、气候条件及管理水平和栽培方式等因素确定，长势弱的品种或在土壤瘠薄的山地、荒滩或使用矮化砧木的苗木可以适当密植；长势强的品种或在土质条件较好及平原、肥沃土壤上，采用较大的株行距适当稀植。

苹果园栽植密度一般为行距 4～5 米，株距 2～3 米。短枝型品种和矮化砧的藤牧 1 号、嘎拉、华冠、富士、粉红女士等果园，选用细长纺锤形树体结构时，株行距宜为 2～3 米×3～4 米，即每 667 米^{2}56～110 株；乔化砧的嘎拉、富士等果园，可选用改良纺锤形树体结构，株行距宜为 3～3.5 米×4～5 米，即每 667 米^{2}38～56 株（表 4.4 供参考）。绿色或有机果园宜采用宽行密植的方式，在合理密植的前提下，一般适当稀一些。在矮砧果园建议株行距为 1.3～2 米×3.5～4.5 米，每 667 米^2 74～170 株；株、行距的比例为 1：2～3 为宜。在实际应用中，应根据果园立地条件、树冠大小、品种和砧木长势、管理水平、砧穗组合特性、生产目标等,适当调整株行距。一般长势强的品种（富士、乔纳金等）或土质条件较好及平地,采用较大的株行距栽植;长势弱的品种（嘎拉、美国8号、蜜脆等）或土质条件差及坡地,采用较小的株行距栽植。

表 4.4　采用不同砧木的苹果适宜栽植密度

砧木类型	苗木类型	行距（米）	株距（米）	砧木类型	苗木类型	行距（米）	株距（米）
普通型乔化砧	普通苗	5.0～6.0	3.0～4.0	短枝型矮化中间砧	普通苗	3.0～3.5	1.0～1.5
	脱毒苗	5.5～6.0	4.0～5.0		脱毒苗	3.5～4.0	2.0～2.5
短枝型乔化砧	普通苗	3.0～4.0	2.0～3.0	普通型矮化砧	普通苗	3.0～4.0	1.0～2.0
	脱毒苗	4.0～4.5	2.5～3.5		脱毒苗	3.5～4.5	2.0～3.0
普通型矮化中间砧	普通苗	3.5～4.0	1.2～2.0	短枝型矮化砧	普通苗	2.5～3.0	1.0～1.5
	脱毒苗	3.5～4.5	2.0～3.0		脱毒苗	3.0～3.5	1.2～2.0

4. 栽植方式　平地果园一般实行长方形栽植,采用南北行向;山丘地果园实行等高栽植,株距沿等高线方向,行距随地形坡度变化。为了充分利用土地面积,可实行计划定植或称变化定植,即在树冠不大时（栽培早期）要保持较高的密度,当果园出现郁闭情况时,有计划地疏除一些植株（或行）。还可采用带状栽植,也叫双行栽植、篱栽、宽窄行栽植。一般双行成带,带距为行距的3～4倍。带内采用长方形或相邻两株错开的三角形栽植。带内较密,群体抗逆性较强,带间距大,通风透光好,便于管理,但带内管理不便。近年研究表明,在平地采用"W"型台畦栽植或起垄栽植会取得更好的栽培效果。

（1）"W"型台畦栽植　在行距4米的果园,于行中间挖宽200厘米、深30～40厘米的沟,沟中挖出的土培向树盘,起垄做成高30～40厘米、宽200厘米（距树行左右100厘米）的台畦,在畦面距树行左右各50厘米处分别挖一条深10～15厘米、宽15～20厘米的浅沟,挖出的土培向畦面中央形成畦背,使畦的横切面似"W"型。新建果园直接将苗木栽在台畦中央的畦背上（图4.2）。"W"型台畦做好后在行中间种草或自然生草，草刈割后覆盖在台畦上。

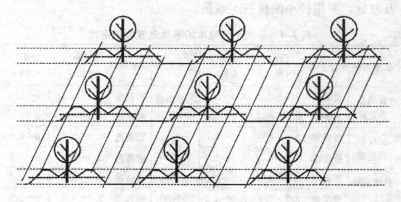

图4.2 "W"型台畦栽培形式

（2）**起垄栽植** 在平原地区，平地栽植易受涝害，建园时最好起垄栽植。方法是从行中间挖土培向栽植区，形成高30～40厘米、顶宽约40厘米，垄底宽约100厘米的垄，将苗木栽在垄上，这样可防止夏季积涝及病害传播。

5. 栽植方法

（1）**定点挖穴（沟）** 定植前做好果园的规划和设计，平整地面。株距小于2米的挖栽植沟或栽植穴，大于2米的挖栽植穴，穴（沟）直径（宽度）80～100厘米，深70～80厘米，在沙土瘠薄地直径可适当加大到100厘米×100厘米。挖坑穴时表土与心土要分开，坑要求直筒形，上下大小一致，不要锅底形。

（2）**填土施肥灌水** 填土时先将有机物料（绿肥、杂草、稻草、有机垃圾等）填入底层，约20厘米厚，并于心土混合。然后将剩余心土和有机肥混合填至50～60厘米，再把有机肥和表土拌匀填满沟、穴，踏实修上边埂，最后灌水沉实。栽植前3～5天可再淋上少量充分腐熟的粪水，使之与土壤拌匀、吸收。

（3）**栽植** 在浇水沉实后的穴（沟）中挖 40 厘米见方的小坑，然后将苗木放入小坑，使根系舒展；扶正苗干，使其纵横成行，然后填土，随填土随轻踏并提苗 2～3 次，使根系与土密接，踏实后使埋土至苗木出圃时留下的土印处。乔化苗栽植深度以嫁接口略高于地面为好，矮化中间砧苗应将矮砧埋入土内 1/2～2/3。栽后立即灌大水，然后用地膜覆盖。

（4）**浇水覆盖** 填完土后，在苗木周围做直径 1 米的树盘，每株灌水 15～20 千克，待水下渗后覆土封坑，树盘覆地膜或盖草保湿，覆盖面积每株 1 米^{2}以上。地膜覆盖可增温、保湿，有利于快速生根和提高成活率，还可防止杂草生长。盖草即用作物秸秆、树叶、杂草覆盖树盘，这样既能保墒，还能防寒，使苗木安全越冬，成活率提高。

6. 栽后管理

（1）**定干与防护** 采用细长纺锤形和高纺锤形树形的苹果树，栽植后壮苗不定干，弱苗在饱满芽处定干。如果仍采用传统的有中央领导干的树形，要在 80 厘米左右定干，保证剪口下 20 厘米整形带内留有饱满芽选留做主枝用。定干后在伤口处涂上生物油或油漆，或用猪皮擦捋苗干，以防抽干。也可套袋处理，即用地膜做成宽 10 厘米、长 50 厘米塑料套，将苗木自上而下套住，下部用绳系牢，芽长到 3～5 厘米时，把绳解开放风。套袋除可以防止抽干外，还可使苗木提早萌芽，提高萌芽整齐度，以及防止春季象鼻虫等啃食幼芽。

（2）**追肥与防病虫** 新叶初展后，每 10 天一次，连喷 2～3 次 0.3%～0.5% 的尿素；6 月每株追施 50～100 克氮素化肥；8 月末 9 月初新梢停止生长时，为防叶片早衰，可每 10 天一次，连喷 2～3 次 0.5% 的尿素。若新梢生长过旺，为促使枝条成熟可喷 0.4%～0.5% 的磷酸二氢钾。注意防治金龟子、蚜虫、红蜘蛛、刺蛾、舟形毛虫、天幕毛虫等。金龟子类可利用其假死性，在傍晚日落时振落捕杀。

（3）其他管理　冬新栽果树要加强冬季管理，首先要浇足水，防止土壤湿度剧烈变化，使果树免受冻害。其次对成苗刷涂白剂或绑草把来防寒，若树体较小可埋土防寒；对于一些树体较大无法埋土的，可在幼树迎风的一面，设高 50 厘米，弧长 150厘米的月牙形土埂，埂内侧修成陡坡形，外侧修成缓坡形。

第五章

生草覆盖，合理间套

　　果园是一个人工生态系统，通过采用生草栽培、种植绿肥、覆盖有机物、合理间作等措施，可改善果园生态环境，提高土壤肥力，促进果园持续稳产增收。果园生草栽培是在果园株行间选留或人为种植各种草类，并加以管理，使草类与果树协调共生的一种果树栽培方式。通过生草栽培可使得果树行间、株间常年有植物活体材料覆盖，土壤充分得到利用，同时草类翻压或刈割后用作培肥地力。

　　间作与套种是指在一块地上按照一定的行株距和占地的宽窄比例，种植两种或两种以上的作物。一般把几种作物同时期播种的叫间作，不同时期播种的叫套种；在同一块地，不规则地混合种植两种以上不同种作物，称为混作。合理间作、套种与混作可充分利用植物间的互利互补关系而组成合理的复合群体，并使该群体既有较大的总叶面积，又有良好的通风透光条件和多种抗逆性，达到趋利避害和充分利用土壤和光热资源的目的。果园间作、套种与混作主要在果树行间实行。

第一节　苹果园生草栽培技术

　　果园生草是苹果安全生产的重要配套技术措施，一举多得，效益显著，是苹果园耕作方式的重大变革，也是苹果园培肥土壤的有效途径。在年降水量 500 毫米以上或有灌溉条件的果园均可实行生草栽培。

一、苹果园生草的益处

1. 调节地温，改善果园环境 果园生草后地面覆盖层增加，土壤表层温度变幅下降，有利于稳定土壤环境。生草的果园，在春天，地温提高快，可促使根系提早生长；在夏季，可降低地表温度，有利于根系继续旺盛生长；进入晚秋后，可延缓地温下降，延长根系活动时间；在严冬，则可保温防冻。此外，果园生草还可增加空气湿度，使果园在夏季高温时变得较为凉爽，有利于苹果树的生长发育。

2. 改善土壤结构，增加土壤营养 适宜的草种生物量较高，腐化分解后可较快地转化为土壤有机质，增加土壤养分，改善土壤结构。据调查，果园连续生草后，土壤腐殖质可保持在 1% 以上，土壤结构良好，尤其在质地黏重的土壤，生草的改土作用更大。果园生草还可降低表层、亚表层土壤容重，增加总孔隙度和毛管孔隙度，改良土壤物理结构。此外，果园生草栽培后，草类根系可吸取土壤中多量的有效氮，从而减少氮素淋失，并将向下淋洗的养分重新运移到土壤表层，而当草类死亡腐烂后，其所含养分又可释出供给果树利用。豆科草类根系强大，易于积累有机养分，并能固定空气中的氮素，刈割翻压后能明显提高土壤养分含量。

3. 蓄水保墒，保持水土 生草栽培的果园，土壤保水力较强，可延长灌溉时间间隔，能够省水以及减少灌溉次数和灌溉用工。同时，所生草类可通过吸收同化，将无机营养转变为有机肥，增加土壤有机物质含量，减少肥、水流失。尤其在山地坡地果园，生草可起到保水保土保肥的作用，因为种草形成的致密地面植被可固沙固土，减少地表径流及径流对山地和坡地土壤的侵蚀，从而对土壤起到有效的保护作用。

4. 提高生物防治能力，减少果园投入 果园生草后，植被多样化提高,昆虫种类的多样性增加,果园对生物的富集性及自控作用得到提高。比如,在果园种植紫花苜蓿、夏至草、三叶草等植被,形成有利于天敌而不利于害虫生存和繁育的生态环境,可充分发挥自然界天敌对害虫的持续控制作用,使虫害发生率明显下降。果园生草改善了果树生长环境和营养条件,还可促进果树健壮生长,从而使果树抗病力增强。另外,苹果园生草多为牧草,生长量大,竞争力强,可自然抑制恶性杂草的孳生。苹果园内生草,不仅减少了农药、化肥的用量,而且会因多年免耕,使人工投入减少,降低苹果生产的成本。此外,果园生草后,改善了地表条件,为果园管理和机械化作业提供了便利。

5. 改善苹果果实品质 生草苹果园树体营养供给均衡,增加了果实中可溶性固形物含量和果实硬度,促进果实着色全面、均匀,生理性病害减少,果面洁净,从而提高了果品品质。同时,生草园由于空气湿度和昼夜温差增加,果实含糖量增大。另外,生草改善了果园生态环境,可降低久旱暴雨后的裂果率,还可有效避免和防止套袋苹果摘袋后发生的日灼和干裂纹,提高其外观品质。此外,有些草类,如白三叶,是良好的蜜源植物,开花早、花期长,有利于吸引蜜蜂等授粉昆虫,从而提高果树的授粉率。

二、适宜苹果园的草种

1. 适宜草种的特点 苹果根系分布较深,为避免所选草类与苹果树竞争水分和养分,应优先选择浅根性的草种,尤其是根系集中分布于地表 20 厘米以内的种类。还要注意所选草类不要与果树有共同病虫害,最好是能寄生或保护果树害虫天敌的草种,比如,可选用草木樨招引草蛉,选用苕子增加瓢虫数量等。此外,所选草类不能因分泌和释放化学物质而与果树产生有害的相互作用。

果园草类主要栽培在树冠层下，所以，所选草种要有很好的耐荫性。同时，草类生长速率是决定生草栽培是否成功的关键因素之一，因此，所选草类早期生长速率要非常快，要能够在杂草尚未萌出或成长前即能完成地面植被覆盖，不给杂草留出生长空间。水土保持效应对在坡地果园或有水土流失的地区非常重要，一般要求草种须根发达，固地性强，植株不太高，最好是匍匐茎植物。增加地面覆盖是果园生草的目的之一，一般所选草类在果园的生育期（覆盖期）越长越有利，多年生豆科作物具匍匐特性和固氮能力应优先选择。

适宜的草种原则上要对环境有较强的适应能力，容易栽培成活，易于管理，易于繁殖，最好能播种、分株、扦插繁殖均可；早发性好，生长快，覆盖期长，比共生杂草有较强的竞争优势；耐割、耐践踏，再生能力强；易于被控制，必要时可净除；产量高、富集养分能力强，易腐烂，有利于改善土壤提高肥力。

2. 适合果园的草类 适合果园的草类主要是禾本科和豆科植物，禾本科主要有黑麦草、羊茅草、早熟禾、百喜草、燕麦草等，豆科的有白三叶、红三叶、紫花苜蓿、草木樨、扁茎黄芪、田菁、绿豆、黑豆、多变小冠花、百脉根、乌豇豆、沙打旺、紫云英、苕子等，此外，还有夏至草、泥胡菜、荠菜等其他科属的有益杂草。实际应用时最好选用三叶草、紫花苜蓿、扁茎黄芪、田菁等豆科牧草，也可用豆科和禾本科牧草混播或与有益杂草（如夏至草）搭配。目前苹果园常用白三叶草、黑麦草、苜蓿、草木樨、毛叶苕子等，它们的特点如下：

白三叶草：属豆科多年生草本植物，根系浅，不与苹果树争肥水。白三叶草层致密、低矮，覆盖度高，保墒效果好，对杂草的抑制作用比较明显，既使在一生中不青割，也不会影响苹果树生长。白三叶耐荫，耐践踏，即使苹果园已被树冠完全遮盖，也可正常生长；践踏后的草层经过 1～2 天又能够恢复原状。白三叶在春、秋季均可播种，每 667 米^{2}播种量 1 千克，播种一次可利用 5～8 年。

黑麦草：为一年生或多年生禾本科植物。适宜年降雨量 450毫米以上，根系丛生分蘖，须根发达，根系集中在土层 20 厘米内，自然生长高度 30～50 厘米，耐践踏力强。播种时间春秋两季均可，667 米² 播种量 1～1.5 千克，此品种出苗快，苗期短，可生长 4～5 年。

苜蓿：属多年生豆科植物。适宜年降雨量 250～800 毫米，根蘖型，根系发达，主根较深，自然生长高度 30～50 厘米，耐践踏及恢复力极强。播种时间春夏秋均可，667 米² 播种量0.75～1 千克，抗旱性及冬季抗逆性优异。

草木樨：是二年生豆科草本植物，适应性很广，最适年降雨量 300～500 毫米，根系发达、固氮能力强，根系多集中在 0～30 厘米的耕层内，自然生长高度 80 厘米左右。对土壤要求不严，在黏土、砂土及砂砾土中都可生长，耐瘠薄，但不适宜酸性土壤，适宜 pH 7～9，耐盐碱、抗旱、耐寒能力都很强。草木樨通常是夏播，为利于安全越冬，播种时间一般不迟于 7 月中旬；可在土壤早晚微冻、中午化冻、地温不低于 2℃时的冬季播种。旱地撒播一般用种 667 米² 2～3 千克，旱地条播一般用种 667 米²1～2 千克。

毛叶苕子：豆科野豌豆属，一年生草本植物。抗旱性较强，年降水量大于 450 毫米的地区均可栽培。但不耐水淹，雨量过多时，生长发育缓慢，开花和种子成熟不一致。自然高度 40～60厘米，喜沙壤及排水良好的土壤，排水不良的土壤上生长不良。耐盐碱，土壤 pH 6.9～8.9 之间生长良好，土壤含盐量 0.2%～0.3%时能正常生长。华北、西北地区在 8 月份进行秋播，淮河一带适宜在 8～9 月播种，667 米² 播种量 3～5 千克。

3. 需要铲除的有害杂草　自然生草需要铲除有害杂草，比如，沙蓬生长量过大、不宜保留，一般要在果园生长初期予以根除（对坡度过大的果园可适当保留，但应控制其生长高度）；香根草根系庞大，是良好固土护坡植物，但其根深达 2～3 米，与果树根系争水、争肥，应及早根除；寄生性菟丝子在丘陵坡地果园较多见，常缠绕整个幼树，消耗树体营养，要及时清除。其他有害杂草还有茇茇草、野燕麦、白草、芦苇、毒麦、假高粱、大狗尾草、葎草、巴天酸模、杖藜、牛膝、播娘蒿、苘麻、野胡萝卜、益母草、紫苏、曼陀罗、艾蒿、菊苣、黄花蒿等。

三、草类播种与管理

果园生草有全园生草、行间生草和株间生草等模式，具体采用哪种模式应根据果园的立地条件、种植管理方式而定。土壤深厚、肥沃、根系分布深的果园，可以全园生草；土层浅而瘠薄的果园，可进行行间或株间生草。年降水量少于 500 毫米、无灌溉条件的果园，不宜生草。行距 5～6 米的果园，在幼树定值时就应开始种草；中等密植的矮化果园亦可生草。

1. 播种时期 苹果园生草多在春秋两季进行，春季 3 月 15 日～5 月 25 日，秋季 8 月 25 日～10 月 15 日。最适宜播种时间一般为 4 月中旬～5 月中旬，在地温稳定在 15～20℃时播种，出苗最整齐。在干旱少雨地区，借助雨季降水人工种草，也可保证出苗。

2. 生草地处理 果园种草前，要将园内杂草及杂物清除，对土壤进行全面耕翻与施肥。播种前可按照每 667 米^{2}施入 50～75 千克磷肥（普通过磷酸钙）和 7.5 千克尿素或 10 千克磷酸二铵的比例，将肥料撒在准备种草的行间，然后耕翻土壤，耕翻深度为 20～25 厘米；墒情不足时，翻地前要灌水补墒，整平耙细。

3. 播种方式方法 生草多在行间进行，一般情况下生草条带宽度为 1.2～2.0 米，生草种植的边缘距树干 50～80 厘米。可单播也可混播（如白三叶与多年生黑麦草按 1∶2 混播等）；秋季可撒播，春季宜条播，条播更便于管理。一般播种量 0.25～0.5

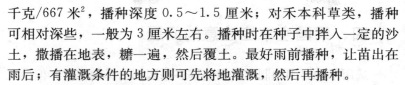

千克/667 米²，播种深度 0.5～1.5 厘米；对禾本科草类，播种可相对深些，一般为 3 厘米左右。播种时在种子中拌入一定的沙土，撒播在地表，糖一遍，然后覆土。最好雨前播种，让苗出在雨后；有灌溉条件的地方则可先将地灌溉，然后再播种。

4. 生草后的管理　播种后 1 周内每天早晚喷水各一次，保持土壤湿润。新播种草的果园应注意减少农事及机械操作践踏镇压，保证草有良好的生长条件，提早布满果园行间。春季播种 1 周后，如遇天气干旱，要适量补水或少量覆草，确保出苗整齐，防止伏旱造成死苗；秋季播种的，可在冬季覆盖农家肥或黄土，保证幼苗安全越冬。所生草类在幼苗期生长较细弱，要及时拔除夹杂的大型恶性杂草（如生长旺盛、植株高大的藜、苋菜、苘麻、葎草等），追施少量氮肥；成苗后，需要补充少量磷钾肥，促进草体健壮生长。在播种的草形成一定群落优势的群体时，不再仔细拔草，可采取刈割的方式调控各类草的长势。

在果园草类长至 30 厘米以上时开始刈割，在土壤条件较好、水分较充足的地块以及雨季，可通过较频繁的刈割，调控各类草的生长势力。一般 2～3 周刈割 1 次可有效控制阔叶类草的生长，促进单子叶草类如马唐、稗的生长，但每次刈割留茬高度不宜过低，一般刈割留茬 10～15 厘米，雨季草类生长旺期需稍高留茬（留茬高度 15～20 厘米）。留茬过低，对草类根颈伤害较大，割后发枝减少，甚至不能再生，难以形成完整草被。割下来的草可就地覆盖在树盘内和株间的清耕带，也可通过喂养畜禽或沼气发酵后，通过畜禽粪便和沼渣沼液返还土壤。白三叶草成坪后草层只有 30 厘米高，一般无需刈割。

长期生草易使表层土壤的草根密度增大，从而截取下渗水分，消耗表层氮素。为减少草与树体之间的肥水争夺，应注意及时刈割，并补充氮素和适时浇水；生草 5～7 年后，应翻耕一次；休闲 1～2 年后，再重新生草。可结合树体喷药防治草类的病虫害，但要避开天敌的繁殖期。

四、果园生草应注意的问题

选用草种要因地制宜。目前许多果园都选择白三叶，但白三叶耐旱性差，在我国西北地区的旱地果园种植白三叶并不适宜，在这样的地区应选择比较抗旱的百脉根和扁茎黄芪为主。

幼龄果园根系还比较浅，树盘上种的草和树根会发生争水、争肥和争气的矛盾，不利于果树正常生长，所以，一般在幼龄果园，只能于树行间种草，其草带应距离树盘外缘 40 厘米左右；而在成龄果园，可于行间和株间都种草，但在树盘下不提倡种草。

种草出苗后，应及时松土，逐行查苗补苗，达到全苗。对于稠密的草苗要及时间苗和定苗，可适当多留苗，并结合中耕，彻底清除杂草，以利种下的草苗壮生长。不能因"种草可以保水增肥"而放松了水肥管理，除了播种前施足底肥外，在苗期还应施富含氮素的速效有机肥以促进草苗早期生长；此外，每年应施用有机肥以进一步培肥地力。施肥方法可结合灌水施用，也可趁雨天撒施或叶面喷施。天旱缺墒时，就要及时灌水。

生草果园主要实行行间灌溉，因此，播种前在行间要挖一幅宽 0.5～1 米、深 20 厘米浅沟；有条件的果园可采用微喷或滴灌等节水灌溉方式。生草果园应撒施肥料，特别在春夏季节，草生长旺盛，需增加氮、磷、钾肥的用量。苗期以氮肥为主，成坪后以磷钾肥为主。生草果园如仍遗有野生杂草，要及时去除。果园种草虽为有益昆虫提供了场所，但也为病虫提供了庇护场所；果园生草后地下害虫会有所增加，应重视病虫防治。

第二节　苹果园土壤覆盖技术

覆盖栽培是一项传统栽培技术，对于干旱、丘陵地区的苹果园增产效果显著。适于果园土壤覆盖的材料很多，如秸秆、农膜、杂草、树叶、树皮、木屑、植物堆肥、草食牲畜粪便、砂砾等，常用材料为秸秆、杂草和地膜。

一、苹果园覆草技术

覆草适合于根系分布浅而集中的密植苹果园。通过果园覆草、草下施肥，既可避免养分挥发流失，又可优化土壤团粒结构，促进了根系对肥水的吸收。覆草还能防止水土流失，抑制杂草生长，减少蒸发，防止返碱，积雪保墒，缩小昼夜与季节地温的变化，还能增加有效态养分和有机质含量，防止磷、钾和镁等元素被土壤固定而成无效态。覆草显著改善表层土壤的水、肥、气、热状况，对山区丘陵果园以及平原河滩、旱地果园的苹果生产有极其重要的意义。但是覆草也易招致虫害与鼠害，各地应根据自己的具体情况采取相应的措施，以使覆草的负面影响降至最低。

1. 覆草时间 5月下旬至秋季落叶前皆可覆草，以5月下旬和6月份为好，此时所覆草类易腐烂。麦收后草源充足，最好结合清理麦场，将麦穰、麦糠覆盖于树盘。冬季和早春覆草会使土壤温度回升慢，不利于根系生长和发芽等，所以，不宜在冬季和早春进行覆草。

2. 覆草方法 覆草前先顺着树行整好树盘，于树盘内撒施适量尿素，一般大树0.5千克，小树减半，再用锄锄一遍，将尿素均匀翻入土中，浇透水，水下渗后进行覆草；覆草厚度一般在20厘米左右，不低于15厘米；这里的"草"指作物秸秆、杂草、落叶等植物材料。草源充足时最好全园覆盖，在树行间留出50厘米的作业道即可；草源不足可只覆盖树盘。土层薄的果园可采用挖沟埋与盖草相结合的方法。长草要铡短，以便于覆盖和腐烂。为防止风刮散草，可于草上零星压土。地面覆盖植物堆肥，效果也很好；覆盖植物堆肥时，覆盖厚度在 5 厘米左右即可。覆草或覆盖植物堆肥时，须注意植物材料不要紧贴树干根颈，要围绕树干留出半径 10～20 厘米清耕带，以免引起果树根颈霉烂或加重病虫害。

3. 覆草后管理 覆草的果园秋后要浅刨一下，施基肥时将草拨开进行，并将烂草一同施入地下；不腐烂的草再盖于树盘使其继续腐烂。追肥时可扒开覆草，多点穴施，施后适量灌水。草要每年或隔年加盖，保持草的厚度，连续加盖 3～4 年后，于秋季将覆盖部分深翻一次，把烂草翻入土中，然后再重新覆盖或进行生草栽培等。果园树盘覆草后，需向草上喷药以控制病虫害。

4. 注意问题 在沙土地和瘠薄山丘地的苹果园，覆草效果最好；但由于覆草后早春地温回升温缓慢，在冷凉高湿地区以及土壤粘重而排水不畅的果园，不适宜覆草。覆草多年后，易引起根系上浮；为减轻根系上浮，覆草要在深翻的基础上进行，覆草前先深翻改土，使根系能够向深层充分发展。为防止大风刮草而在草上零星压土时，不要将草全部压埋。覆草后不要盲目灌大水，以防止造成苹果园湿度过大，导致叶片病害的发生。黏土地苹果园覆草需要与起垄排水相结合，防止雨季降雨量太大时，导致黏土苹果园土壤积水成涝。覆草时要离开树干 10～20 厘米左右，以降低根颈部湿度，减少病虫危害，同时还能防止兔、鼠啃咬树皮。覆草最好连续多年持续进行，春天覆草秋季填埋的做法易破坏表层土壤的稳定性，不利于根系生长发育等。还要注意防风和防火等；为加厚活土层，可在草上适当压沙压土。

二、苹果园地膜覆盖技术

苹果园覆膜是利用透明或有色的地膜覆盖在树盘及树行间的一种覆盖方法。地膜覆盖能保水增温，促进地上部和根系生长，提高新栽幼树成活率等。一些多功能膜和特殊薄膜，还能抑制杂草，杀死某些地下病虫害，促进果实着色、补充微量元素等。

1. 常用地膜类型及其特性　目前果园覆盖用地膜种类较多，但大体可分为是无色透明膜和有色地膜。无色透明膜透光率高，增温效果最好，覆盖后一般可使土壤温度提高 2～4℃，保水性能好，在生产上应用最普遍。有色地膜是加入有色母料制成的不同颜色的地膜，覆盖后可形成不同的小气候环境，对杂草、病虫害、生长、地温变化等均可产生特殊影响。

无色透明膜有以下 3 种类型：①高压低密度聚乙烯地膜，厚度为 0.013～0.018 毫米、幅宽 40～200 厘米；②低压高密度聚乙烯超薄地膜，厚度为 0.006～0.008 毫米。这种膜的强度大，耐热性好，但透明度、耐老化性及横向抗拉力稍差；③线型低密度聚乙烯地膜，耐冲击、抗撕裂、抗穿刺性能均优，厚度比高压膜薄 1/3，一般为 0.01 毫米左右。工业上还采用线型膜，按一定比例与高压膜共混，制造共混地膜。共混地膜的机械性能远胜于高压膜，韧性好，不易破碎，透光性强，升温快，覆盖时易于地表紧贴。

有色地膜主要有：①黑色膜，在聚乙烯树脂中加入 2%～3% 的炭黑制成，厚度 0.01～0.03 毫米；可杀死地膜下的杂草，但对土壤的增温效果不如透明膜。②绿色膜，对膜下的杂草起到抑制作用和消灭作用，对土壤的增温作用不如透明膜，但优于黑色膜和银灰膜；绿色膜价值较贵，使用耐久性较差。③银灰膜，具有反射紫外线、驱避蚜虫、减轻病毒病的作用；有抑制杂草生长和保湿作用；其增温效果优于黑膜，适于夏秋季防病、抗热栽培。④银色反光膜，由铝粉薄层粘接在聚乙烯薄膜的两面制成，有的则是在薄膜上复合一层铝箔；果实着色前覆盖银色反光膜，可促进果实着色，增加糖分，提高果实品质。

2. 地膜覆盖的基本技术要求　地膜覆盖栽培并不是在原有栽培的基础上，简单地盖上一层塑料薄膜的方法，需要在果树栽植前进行深翻改土和栽后覆膜前耕翻、施肥、灌水、耙地、做畦、整地等一系列措施来改善土壤环境。

覆膜技术是地膜覆盖栽培的关键环节，要求地膜与地面紧密接触，松紧适中；地膜展平，无折皱，无斜纹；膜边缘入土深度不少于 5 厘米，且尽量垂直压入沟内；覆膜后顺膜行间隔一定距离横向压土块，以防风刮。人工覆膜最好 3 人 1 组，即由 1 人伸展并固定地膜，2 人分别对畦两侧培土，以固定薄膜并压实盖严；有条件的可采用机械覆膜。

3. 密植园幼树覆膜技术

（1）顺行覆膜 先顺树行做畦，然后灌水；待水渗后浅锄，再顺行覆盖地膜。具体做法是在早春定植后，顺行做 1 米宽的畦，然后逐畦灌水，水下渗后 2～3 天，重新平整畦面，随即顺行覆盖地膜，幅宽为 1.2 米左右；覆盖时先将地膜的一边压住，再将对应树干另一边的膜横向剪开到 1/2 处，从剪开的口处通过树干，将膜铺向树干的另一面；膜面压平后，用土盖住剪开的膜面，并重新做好地膜两边的畦埂。

（2）全园覆膜 可在土层较厚、有一定灌水条件的间作幼龄园实行。比如，在行距为 4 米的苹果园内间作花生，可以在行间起 3 条覆膜花生垄，垄的底宽为 90 厘米、垄面宽 60 厘米、垄高 10 厘米，果树覆膜宽度每边约 50 厘米。这样选用宽幅 1.1 米的地膜 4 幅，可把果树与间作物所在地面全部覆盖。为促进幼树生长，天旱时可顺果树栽植行的垄沟内灌水，每次灌水前施适量氮素化肥或复合肥。覆膜时，靠近主干的中心孔要稍大些，以免地膜与树干直接接触，因高温而灼伤树干。为接受雨水，可在膜上开些透水小孔。

4. 山地结果大树覆膜技术 山地丘陵苹果园覆膜须与穴贮肥水结合，即采用"地膜覆盖穴贮肥水技术"。该技术简单易行，投资少，见效大，一般可节肥 30%，节水 70%～90%，在土层较薄、无水浇条件的山丘地应用效果尤为显著。具体做法是在初冬或早春，结合果园深刨、施肥和整修树盘等作业，在树冠投影边缘向内 50～70 厘米处挖直径 25～30 厘米、深 40～50 厘米的营养穴;穴的数量可根据树龄大小而定,一般为 6～8 个。同时将作物秸秆或杂草捆成直径 15～25 厘米、长 30～35 厘米的草把,先在水中浸泡,使其充分吸水(最好放在 5%～10% 的人畜尿液中浸透),然后将草把立于穴中央,周围用混加有机肥的土填埋踩实(每穴 5 千克土杂肥、混加 200 克磷矿粉、300 克粉碎豆饼,并适量浇水,然后整理树盘,使营养穴低于地面 1～2 厘米,形成盘子状,每穴浇水 3～5 千克即可覆膜。覆膜时将农膜裁开拉平,盖在树盘上,并一定要把营养穴盖在膜下,四周及中间用土压实,每穴覆盖地膜 2～4 米^2,地膜边缘用土压严,在穴中心上方的地膜上穿一小孔,以便以后施肥浇水或承接雨水,并在小孔上压一小石块,以防水分蒸发。视天气干旱情况,可间隔 10 天左右由膜孔灌水浇水 1 次,每次每穴浇 4～5 千克。

追肥一般在花后(5 月上中旬),新梢停止生长期(6 月中旬)和采果后 3 个时期,每穴追肥 5%～10% 腐熟的人畜尿液 4 千克左右。进入雨季,即可将地膜撤除,使穴内贮存雨水;一般贮养穴可维持 2～3 年,草把应每年换一次,发现地膜损坏后应及时更换,再次设置贮养穴时改换位置,逐步实现全园改良。

三、果园地面覆沙技术

果园覆沙是西北旱区和沙漠边缘地带产生的与当地自然条件相适宜一项独特的果园覆盖保水技术。覆沙不仅防止土壤水分大量蒸发、地表水分径流,还可提高地温,促进根系发育,减少杂草,减轻病害。

果园覆沙要选择地势平坦、蓄水性好、土层深厚的地块,并修好排洪渠道,防止暴雨将泥土冲淤于沙中。铺沙前,先将土地深翻、熟化后,施足底肥,然后将地表整平、镇压,创造一个表实下虚的土壤结构,然后将含土量少、大小均匀的干净河沙,在全园均匀一致地铺压一层，铺沙厚度为3～5厘米，注意铺沙时要防止土与沙混和，保证压沙效果。

由于覆沙具有良好的保墒作用，因而果园灌水次数大为减少，但也要可根据全年降水和土壤墒情，进行灌溉。灌水时切忌用含泥土量大的水灌溉，避免泥土沉积于细沙层中，影响覆沙的效果和使用年限。灌水前先将细沙按苹果树行向集中于边埂上，待水灌完后地面快干时再将细沙重新铺压在苹果园中。除灌水外，还应根据树体不同生长季节追施有机肥和化肥。施肥时，先将施肥处细沙扒开，用扫帚将细沙清扫干净，然后再开沟施肥，施肥后将土耙平，拍实，再覆盖细沙。覆沙果园要保持细沙表面干净和平整，防止暴雨对细沙层的冲刷。一般覆沙5年后，沙粒由于时间较长而含土量较多，覆盖细沙的效果明显降低，这时需要重新换沙覆沙。

第三节　幼龄苹果园间作技术

间作是指在一块地上按照一定的行株距和占地的宽窄比例，种植两种或两种以上的作物。合理间作可以充分利用植物间的互利互补关系而组成合理的复合群体，并使该群体拥有较大的总叶面积、良好的通风条件和多种抗逆性，达到趋利避害，充分利用土壤和光热资源的目的。苹果树结果较晚，为充分利用环境资源，提高经济效益，多数幼龄果园都进行间作。间作在于充分利用果园空间，提高光能和土地利用率，防风保土，改善生态环境，抑制杂草生长，并增加果园生物多样性。

一、苹果园间作的功能

间作能够改善生态环境，降低果园内风速，减少沙尘，有利于果树生长发育和授粉结实。间作可提高果园植被覆盖度，增强

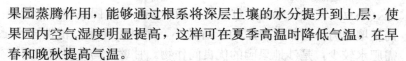

果园蒸腾作用，能够通过根系将深层土壤的水分提升到上层，使果园内空气湿度明显提高，这样可在夏季高温时降低气温，在早春和晚秋提高气温。

苹果根系分布深，而粮油蔬菜等农作物根系比较浅，通过间作可以充分利用近地面空间和浅层土壤的营养和水分。一般幼龄苹果园空闲地较多，在大面积结果前，与绿豆等豆科植物、大葱等蔬菜、中草药等间作，提高土地和光热资源的利用效率。

植物间的相生相克关系对防除果园有害生物有良好的作用，如荞麦释放的阿魏酸和咖啡酸等可抑制杂草生长，长柔毛野豇豆对果园杂草的生长也有很好的抑制作用；石蒜鳞茎中的毒性生物碱不仅抑制果园杂草的生长，还能有效预防田鼠、地老虎、蝼蛄等的为害。因此，通过苹果园间作物选择，充分利用植物间这种克生关系，可保证果树与间作物互惠互利。

在自然界中，有些植物本身会发散出强烈的香辛气味，使得昆虫或线虫不敢靠近，有驱避害虫的效果，比如大蒜、除虫菊、薄荷、雏菊、万寿菊、香草、艾菊等。将这类植物与苹果间作时，可以驱避害虫。例如，红皮洋葱种于苹果树旁，可减轻蚜虫的为害；大蒜、韭菜、洋葱的气味对果树害虫亦有驱避效果。

生物群落也因间作而改善。据调查结果，果粮间作系统内的动物种类数量要比单作麦田有所增多，尤其是蜂类、螳螂、瓢虫增加显著，而害虫如大袋蛾、尺蛾、小麦吸浆虫、黏虫、麦蚜等有所减少。害虫的减少与天敌数量增加有关，由于间作作物的繁茂生长，间作果园杂草的种类和数量均比传统果园明显减少。

二、苹果园间作应注意的问题

果园间作物生长期要短，养分和水分吸收少，大量需肥、需水的时期和果树错开；植株要矮小或匍匐生长，不影响果树的光照条件；能提高土壤肥力，病虫害较少。比如，豆科作物中的大豆、小豆、花生、绿豆、红豆等，植株矮小，有固氮作用，能提高土壤肥力，与果树争肥的矛盾较小，尤其是花生，植株矮小，需肥水较少，是沙地果园的优良间作物。甘薯、马铃薯前期需肥水较少，对果树影响较小，后期需肥水较多，对幼旺树可促使果树提早结束生长，但由于后期生长繁茂，会影响果园光照。蔬菜类作物需要大量肥水，尤其是间作浇水多、收获晚的晚秋菜，易使果树新梢徒长，不利于果树越冬。

果园间作要注意病虫害发生情况以及植物间的相互关系。除草莓外，果树之间一般不宜间作、混栽，比如，苹果园不宜混栽桃、杏、李、梨等树种；如果这样混栽，不仅在果树结果后发生拥挤、郁闭，还会使果园病害虫更加猖獗。不合理间作有时会为害虫提供完整的食物链，致使其相互危害，例如，在苹果园间作番茄、辣椒、油葵、白菜等作物后，害虫种类会明显增多。

平原、沙地果园间作一般实行大行距、小株距，南北成行，行距为树高的 3～5 倍，大致 10～20 米，株距 3～5 米。在山区果园间作时，一般果树栽在土层比较厚的梯田边缘或壕顶外侧，而在梯田面上种花生、地瓜、大豆、小麦等。当梯田壁较高、或间作的果树不是很高大时，一般每一梯田栽一行，株距可大些；当梯田壁较矮、或间作的果树树冠很高大时，一般隔一梯田栽植一行果树。

间作物一般仅限于栽培于果树行间、果园空地或缺株的隙地，要与果树保持一定距离。初定植的幼树至少要留出 1 米方圆的树盘，树盘以外的地方种植间作物。密植园株间距离小，可做 1 米宽的树畦，在畦外边种植间作物。随着树体长大，间种面积逐渐缩小。在行距 3～4 米的条件下，至多能间种 3 年，待树冠覆盖率达 70％以上时就不能再进行间作。幼龄果园定植的头 1～2 年果园空地，可间作的作物种类比较多，一般种植瓜类、葱蒜类、豆类作物，也可以种植花生、马铃薯等；3 年之后最好种豇豆、小豆、绿豆或花生。

为防止连作障碍，果园间作物须合理轮作倒茬。轮作制度要因地制宜，例如，在山西晋东南地区采用"马铃薯→甘薯→谷子→马铃薯"、辽宁辽西地区采用"花生→豆类→谷子或稷子→花生或绿肥→谷子→大豆→甘薯→花生或绿肥"模式，山东果园则采用"花生→甘薯→豆类→花生或甘薯"等模式。在土壤瘠薄的山区幼龄苹果园，采用绿肥、谷子、大豆、甘薯、花生等相互轮作，可提高土壤肥力。

三、苹果园间作模式

果园间作是以自然仿生学、生态经济学原理为依据，将高大果树与低矮作物互补搭配而组建的具有多生物种群、多层次结构、多功能、多效益的人工生态群落。果园间作模式主要有果粮间作、果菜间作、果药间作、果草间作、果菌间作等。

1. 果粮间作　果粮间作比较普遍，具体模式由苹果树和粮食作物在系统内的占地比例、产量和效益所决定。以苹果生产为主的间作模式，果树株行距为2～2.5米×5～6米以下，树高3～4米；幼树期留出宽1米左右的果树清耕带，果树行间种植作物。随着树龄的增加，间作面积逐年减小，盛果期为保证产量，要少间作或不间作。以粮为主的间作模式，果树株行距为2～2.5米×10～15米，树高3米左右，间作作物占地面积在80%～90%，永久性间作要保证作物增产或不减产。果粮并重型果园的果树株行距为2～2.5米×7～9米，树高3米左右，间作作物在盛果期占地面积在60%～80%。果粮间作的苹果树树形一般采用自然纺锤形。

（1）间作杂粮　苹果园可以间作大豆、矮秆谷子等杂粮，主要在幼龄果园进行，株行距为3米×4米，定植时每行间，距离苹果树体最少留出0.5米的行间保证苹果幼树的生长，余下的3米种植杂粮。第二年留出1.5米行间，第三年留2米行间，到第四年不再间作。间作杂粮的果园在行间整平后，每667米^{2}撒施优质农家肥3 000千克，加过磷酸钙40千克做底肥。间种杂粮时要避免作物重茬，注意大豆不能与豆科作物连作，谷子前茬以豆类和小麦为好。有水浇条件的果园争取间作物一年两种两收，比如，一季冬小麦一季夏播作物。

（2）间作花生　花生也适合苹果园间作，尤其是幼龄果园。花生是经济价值比较高的豆科油料作物。间作花生的果园要选择早熟、高产、耐阴、植株中等的花生品种。播种前在树冠滴水线外留出2～2.5米的花生播种带，整地、起垄，做两个行距60厘米左右的畦，在畦面上覆盖地膜。四月底五月初在膜上打孔播种，播种穴距为18～20厘米，播深3～5厘米，每穴3～4粒。开花期到结荚期注意喷药防病灭虫2～3次，遇干旱应及时顺垄沟浇水。一般来说幼龄果园土壤熟化程度低，根瘤菌源缺乏，需增施有机肥，因此最好结合花生种拌根瘤菌。

（3）间作薯类作物　苹果园还可以间作套种薯类作物，如甘薯。可以根据行间可利用的面积大小，位置关系决定甘薯和苹果树的比例。果薯间作大多选择新建果园，或是改造换优的老果园，甘薯种在果树树冠范围以外，要留出果树管理活动的空间，起垄采取顺果树长行方向，垄距70～80厘米，垄高25厘米左右，封垄前中耕除荒。

2. 果菜间作　果菜间作适合幼树果园及尚有行间空隙的成龄园。在水浇条件好的果园，可以套种韭菜、菠菜、油菜、西红柿、大葱、胡萝卜、茄子、芹菜和萝卜等蔬菜，但不宜间作秋季需水多的大白菜，不然果树易发生越冬抽条或加重腐烂病发生。在旱地和浇水比较困难的果园，一般套种秋萝卜、茄子和辣椒等需水少的蔬菜。有地堰的梯田果园，可充分利用地堰空间，间作窝瓜、黄瓜和豆角等藤蔓蔬菜，但不得让藤蔓爬到果树上遮光。果菜间作的果园不得使用残留残效期长的剧毒农药，蔬菜收获时与施农药时间要有足够的安全期。

（1）间作春冬瓜　冬瓜可以覆盖果园地面，抑制杂草的生长，瓜叶上的绒毛还能够防止蚜虫和螨类为害。间作冬瓜不影响苹果树的正常生长，且易管理，效益高。间作用冬瓜应选择早熟或中熟品种。果树行间距超过 2 米时，可以间作两行冬瓜。播种前按瓜行开沟，深宽均为 40 厘米，667 米² 沟施含磷矿粉 50～100 千克的腐熟圈肥 3 000～5 000 千克，饼肥 50～80 千克，施后将沟填平，灌水造墒。播前用 55℃ 温水烫种 10 分钟，并不断搅拌，后置于 30～32℃ 下催芽，当芽长 0.5 厘米时播种，播后覆土厚度为 1.5～2 厘米。出现第一片叶时松土提温，第 4～5 片叶出现时，667 米² 穴施腐熟饼肥 80 千克，后浇水促蔓。瓜蔓50～60 厘米时整枝留两条，其余侧蔓去掉，中熟品种长到 70 厘米时拉蔓整枝，并严格控水。幼瓜长到鹅蛋大小时穴施人畜尿粪，浇水促进冬瓜膨大。

（2）间作辣椒　间作用辣椒可选用簇生类的干椒品种，如天鹰椒，该品种抗病高产，喜温暖湿润，怕强光酷热，根系分布范围小，株型紧凑。间作时要求果树株行距 3 米×4 米，南北行向，行间间作。果树栽植第一年留出 1.2 米的营养带，营养带外可栽植 8 行天鹰椒，第二、三年营养带宽度增为 1.4 米和 2 米，天鹰椒则减至 6 行和 3 行。天鹰椒于 1 月下旬浸种催芽、播种育苗。幼苗长至 4 叶 1 心时分苗，定植前 10～15 天低温炼苗，长至 10 片叶时即可定植，定植前 667 米² 施入优质农家肥 3 000～4 000千克，饼肥 80～100 千克，磷矿粉 50～80 千克，于 4 月中旬选晴好天气铺地膜后定植，定植后及时灌水。当天鹰椒长至13～14 片叶、株顶出现花蕾时，要打顶以增加有效侧枝数目。5～9 月份追施 3 次人畜尿液，10 月下旬即可采收。

（3）间作生姜　生姜为耐阴植物，生长要求中等强度的光照即可，可利用苹果树为其遮阳。生姜种植在苹果树盘以外行间，整地开沟播种时，不会损伤苹果根系。苹果为深根系，生姜为浅根系，二者在养分利用上没有矛盾。生姜是需肥、水量较大的作物，充足的肥水不仅利于生姜生长，也利于苹果生长。生姜间作以 1~3 年生苹果树为主，间作时要留出树盘，给苹果树的生长发育留出足够的营养空间。冬季在果树行间深翻地，第二年春天将地整细整平，播种前按行距 40~50 厘米开沟，施入足量基肥，667 米² 一般施腐熟的有机肥 2 000~3 000 千克。间作生姜播种期在 4 月上中旬为宜，栽培密度为 40~50 厘米行距、15~20 厘米株距为宜，覆土厚度 4~5 厘米，生姜收获期在 8 月以后，生姜生长要经过高温干旱的夏季，因此要做好生姜的覆盖和喷水浇灌工作。

3. 果菌间作 食用菌生长发育需要遮阴，生长季内果树的叶幕可为其遮阴；食用菌（如香菇）培养基原料 80% 为木屑，粉碎后果树枝条可用来制作培养基；食用菌培养料使用完毕后，直接还田，能够给果园增加大量有机肥，改善土壤结构，提高土壤腐殖质含量和土壤的肥力。果菌间作一般选择离村庄较近、土质较好、排灌两便、运输方便的果园。

（1）间作香菇 选择通风良好、土壤不黏重，枝叶覆盖面积达到 70% 以上的果园。首先在果树行间做出宽 40~60 厘米、深 10~15 厘米畦床。其次准备培养料，培养料中有木屑 78.7%、麦麸 19.7%、石膏粉 1.5%、50% 可湿性多菌灵浓度为 0.1%，将木屑、麦麸、石膏粉按比例拌匀后用多菌灵水拌干料，使含水量达到 60%。然后对培养料高温灭菌，灭菌后装入已经消过毒的编织袋内，温度降至 30℃ 以下时即可接种香菇菌种，接种时要选择品质优、耐高温、产量高的菌种。当地面温度达到 5℃ 以上时，将菌种掰成玉米粒大小，按照 667 米² 200 千克用量播种。畦床在播种前用石灰消毒，采用混播加表播的方法播种，即三分之二的菌种混拌到培养料中，留三分之一的菌种做表面接种。播种时畦床铺上地膜，边铺边播，培养料厚 9~10 厘米，用平板搂平，盖上表面菌种，撒匀拍实，放上稻草，用塑料薄膜盖好，覆土 2~3 厘米。保持培养料温度不超过 18℃，并通风透气。

（2）间作平菇　苹果采收后,可利用空行种植平菇。菇床长8～10米,宽1.2米,坐北朝南,床土要精细整理,去除杂草,翻耕15～20厘米,使床土上虚下实、手捏成团、落地即散。床面四周要做成4～5厘米的围埂,菇床周围开好排水沟,一般每平方米畦床需10千克平菇原材料（棉籽壳9.3千克,石膏粉0.2千克,生石灰0.3千克,过磷酸钙0.2千克）,并配用多菌灵溶液（100克兑水130～140千克）,多菌灵与原料充分拌合后上堆,上堆后覆盖薄膜,保持5～7天,期间翻堆拌合2次,待料温降至20℃左右时,播菌种,菌种用量为每100千克原料用10～12千克。菌种类型和品种要根据播期选择,9月份选常温型菌种,10月份选耐低温型菌种。播前畦床要浇水透墒,分三层间隔撒播或穴播,下层播量略少,上层播量大,要利于菌丝快速布满料面,抑制杂菌污染。10天后检查有无杂菌感染,并适当透气。20～25天后,膜内温度超过28℃,要揭膜通风。菌丝布满后,要用竹弓拱好薄膜,并注意保墒、促菇蕾形成。菇蕾生长5～7天即可采收。

4. 苹果园间作草莓　由于病虫害和管理不便等问题,苹果园一般不适宜间作其他木本果树,但可间作草莓。草莓植株矮小,耐践踏,适于在轻度遮阴条件下生长;苹果树有遮阴降温作用,有利于减轻高温季节酷热对草莓幼苗生长的抑制。草莓属须根系,根系浅,所需水肥都在土壤表层,不与果树争水争肥。此外,草莓是多年生草本植物,一次定植多年收获,既减轻了劳动强度又覆盖了果园地面,还避免了每年的耕作对苹果根系的伤害;同时,每年割除的大量的草莓叶片,可以增加果园土壤的腐殖质,供给草莓的肥水也可部分满足苹果树生长所需。

苹果园间作草莓一般分为地毯式栽培和是模式化栽培。地毯式栽培是在果树定植好,于春天在行间定植草莓母株,一般每平米定植3株,让植株长出的匍匐茎在株间自由扎根生长,直到均匀布满畦面,形成地毯状,到8月中旬去除匍匐茎及多余的弱小苗。模式化栽培又叫定株栽培，一般分大小行，大行 35 厘米，小行 25 厘米。每 667 米^{2}定植 10 000 株，定植时间为 8 月中下旬。定株栽培用苗量大，定植时用工较多，但产量较高，果形较大，着色好，便于操作。两种栽培方法在第 2 年采收以后，均割除地上全部叶片，去除匍匐茎，多施有机肥；第 3 年采果以后，繁育出匍匐茎苗后去除母株，全部留当年小苗，就地更新，换苗不换地。间作草莓时，一定要给苹果树留出充分的清耕带，并按照各自的栽培要求管理。当苹果进入大量结果期后应停止间作。

第六章

培肥沃土，养根壮树

健壮的树体是苹果持续高产优质的前提和基础，"培肥沃土、养根壮树"是苹果栽培最基本的工作。"培肥"是为了"沃土"，"沃土"是"养根"的前提，"沃土养根"是"壮树"的途径和手段，"壮树"是"沃土养根"的目的。果园土壤和养分管理就是通过土壤改良和科学施肥，培育肥沃土壤，为根系创造优越环境，保证养分供给，养育健壮植株，为苹果丰产优质奠定坚实基础。

第一节　苹果对根区土壤的要求

根区是根系生长发育的土壤空间，是根系与土壤诸因子通过互相影响、互相制约而形成的有机统一体。根区土壤是果树立地之本，是果树所需水分和养分的源泉；土壤的理化性质、结构特性以及养分水平直接影响苹果树的生长发育、产量和品质形成。保持合理的土壤固、液、气三相比例，协调根区土壤水、肥、气、热的关系，是保证果树正常生长的基础。

一、土层深厚，结构良好

苹果对土壤的适应性较强，在多种类型的土壤上都有栽培分布。但从苹果的自身需要和优质高产的要求看，以土体深厚、结构良好、固液气三相比适当、养分丰富、微酸至中性的土壤最为适宜。就现在我国苹果栽培状况而言，根区至少要有60厘米的活土层。活土层太薄，根系分布浅，抗逆性差，易受外界环境的影响；但是活土层也不必太厚，如果活土层过厚，在水肥充足时，苹果树易旺长甚至徒长、贪青，反而给栽培和调控增加了困难。

山地果园一般有效土层浅，下层常有砾石层存在，根系向下扩展受到限制，因而根系常集中分布于表层，呈"层性"分布的特点；在冲积平原的沙地果园，根系也会出现"层性"分布特征，原因在于土壤下层存在黏板层（"胶泥层"），根系难以下扎。在这两类果园，在改善土壤结构时，需要打破这类障碍层（砾石层或黏板层）。

土壤固、液、气三相比，可反映土壤的松紧程度、充水和充气程度。通常土壤砾石度在20%左右时，土质疏松，通气透水性好，不易积水成涝，水气关系协调；土壤物理性黏粒在30%左右时，易于保存养分，土壤保水保肥能力和供水供肥能力都比较强，水分与养分的供应适宜而稳定。适宜苹果栽培的土壤，一般固相所占比例为50%左右，容积含水率25%～30%，气相所占比例15%～25%。

沙土地保水保肥能力差、黏土地通气透水性差，主要是因为土壤缺乏团粒结构。团粒结构是土壤水、肥、气、热的调节器，团粒结构形成以后，土壤的水分关系协调，水分和养分的保存、供应良好，土壤疏松。提高土壤有机质含量，可促进团粒结构形成。

二、质地疏松，透气性好

氧气是根系生长和代谢活动所必需的，土壤中氧气的含量是影响苹果树根系正常生长发育的重要因素之一。一般情况下，当土壤中氧气浓度达到15%以上时苹果才能产生新根，10%以上

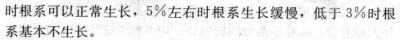

时根系可以正常生长，5％左右时根系生长缓慢，低于3％时根系基本不生长。

土壤孔隙度是影响土壤中氧气含量的主要因素，在孔隙度不同的土壤中，苹果根系的形状、分布、新根的生成量及功能差异显著。沙土地果园土壤孔隙度大，透气性较强，根系分布较深、较远，根系分支多，网状根量大，在土壤中分布比较均匀；黏土地果园土壤孔隙度小，透气性较差，苹果根系分布浅，分根数量少，根系密度小，网状吸收根数量少而"线状根"的比例较多。绝大多数高产果园的土壤孔隙度发达，质地疏松。

土壤容重是反映土壤透气性的重要指标之一，容重小则土壤疏松，通气性好，反之则土壤黏重，通气性差。土壤疏松，砾石度在20％左右，通气透水性好，不易积水成涝，水气关系协调，根系在延伸过程中如遇到这样的条件，新根就会大量发生，并形成一个密度大、功能旺盛的根区。

三、土壤含水量适宜

适宜苹果根系生长的土壤相对含水量在60％～80％，越接近这个范围的上限（80％），果树长出的"豆芽状"的白色延长根就越多，越接近或略低于这个范围的下限（60％），根的分枝增加，网状吸收根较多。"豆芽状根"多的树，枝叶生长旺盛，而网状吸收根多的树，树势中庸偏弱，容易成花结果。因此，通过控制土壤含水量可以控制根系类型和树势，进而可控制苹果的生长和结果。

在土壤干旱时，根系受害比地上部叶片萎蔫更早，新根首先死亡；在贫瘠、干旱的沙土地果园吸收根细短，功能差；干旱严重时，叶子会夺取根中的水分。一般情况下，当土壤相对含水量降低到40％左右，根系生长完全停止，细根衰老加快。

水分过多也不利，一是水多使枝叶容易徒长，特别是大雨过后，易出现新梢旺长、新梢中下部叶片早落等，而新梢旺长会消耗大量养分，叶片早落会削弱树势，均不利于花芽形成和果实生长；二是水多的土壤可溶性养分易随水渗漏流失，土壤容易贫瘠，在沙性土壤上尤其严重；三是水分过多，占满了土壤的空隙，恶化了土壤的透气性，影响根系的正常呼吸，进而限制根的生长和吸收；此外，较长时间的积水还会使土壤产生许多还原性产物（如甲烷、硫化氢等）而毒害果树。

因此，旱时要及时灌水，灌水要适量，不要大水漫灌；大水漫灌往往会降低水分利用效率。试验表明，当土壤相对含水量在52.0%时，苹果叶片水分利用效率最高；土壤相对含水量保持在65.0%左右，就可满足苹果高产高效生产对土壤水分的需求。

四、土壤温度稳定

苹果树喜冷凉气候，对土壤温度有一定的要求。一般认为，苹果根系生长的适温为7～20℃。苹果根系在5.4℃开始生长，20℃生长最快，43.0℃高温会受伤害死亡。相对稳定的土壤温度有利于果树生长，土壤温度过低，原生质粘性增大，根系生理活动减弱，同时低温下水扩散变慢，会影响根系对养分的吸收率；土壤温度过高则会限制根系生长，甚至造成根系灼伤与死亡，而且高温往往会导致根区缺水。

随着昼夜或季节变化，土壤温度亦随之发生周期变化；而随着土壤深度的增加，温度变化会趋于稳定。不少苹果产区，夏季地表温度偏高，需要进行地面覆草或生草以降低温度。在北方，早春地温回升落后于气温，土壤温度较低，会影响这一时期苹果树新根的生长和吸收；同时，由于土壤温度较低，根系吸水不足以支付地上部失水，易造成干旱伤害，使早春出现抽条现象。针对这些因素，生产中常常采用早春覆盖地膜来提高地温，夏季则采用覆草的方式来降低地温。

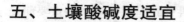

五、土壤酸碱度适宜

　　土壤 pH 值除直接影响根系发育和吸收外，主要通过影响土壤养分的有效性及微生物的活动而干扰苹果树的生长发育。苹果树适宜在中性偏酸的土壤中生长，最适 pH 值为 5.4～6.8 之间。在 pH 值 7.5 以上的碱性土壤中，土壤虽不缺铁，但铁元素容易被土壤固定，难以被根系吸收，容易发生因缺铁引起的苹果黄叶现象。若将土壤 pH 值降至 7 左右，铁元素变为离子形态可为苹果根系吸收时，黄叶现象就会随之减轻或消失；其他元素如硼、磷、锌等也有类似现象。在土壤 pH 值低于 5 时，会加速土壤中钙、镁、钾等盐基离子的淋失，导致果实中的钙素含量减少，易引发果实苦痘病、痘斑病和水心病等生理病害。同时，在酸性土壤中，铝、铁、锰等化合物会大量溶出而危害果树；比如，酸性条件下土壤可溶性锰过量，导致果树粗皮病等的发生。向土壤施加酸性和碱性物质可调节土壤 pH 值，但是单靠调 pH 值不能解决根本问题，最根本的办法是向土壤增施有机肥或有机物质，提高土壤对酸碱的缓冲能力。

六、土壤营养物质丰富

　　苹果树生长发育需要的营养元素主要来自土壤；土壤营养元素的种类和含量等对根系生长势、根系形状、分布范围和密度等有重要影响。据调查试验，土壤越肥沃，养分越富集，根系生长越密集；土壤越贫瘠，根系生长越疏散。在保肥能力低的沙土地，或肥水条件差的山坡地等，根系长而分枝少，密度小；而在肥水充足的定植坑内，根系分枝多，密度大。在土质条件不好、肥水投入不足时，根系体积庞大，分布的深而广，而这要耗用大量的光合产物，使分配于枝干、花芽和果实的光合产物量减少，必然会限制果树树势和产量的提高。因此，保证充足的营养和水分，使根系生长相对集中且活性强，是保证丰产的重要前提。

土壤营养元素需要经过根系吸收才能发挥其应有的作用，而苹果根系的吸收取决于根系体积、根系密度和根系活性三个方面（即根系分布范围、根系数量和根系吸收能力）。根分布范围减小后，如果单位土壤体积内根系数量增加，单位根的吸收能力提高，则可补偿由于体积变小而带来的影响，从而维持较高的总吸收。通过改土和多施有机肥等措施使根际土壤中营养物质富集、水分适度、透气良好，能够明显提高根系密度和活性。

此外，在水分适宜的条件下，氮素多而磷、钾等养分缺乏时，新根长而分枝少，易呈徒长现象；在磷钾肥充足时，根分枝多，密度也大；但在磷钾肥充足而缺氮时，根系衰老过程会加剧。因此，为促进根系生长，增加根系密度并延长根系寿命，提高根系活性，必须注意使土壤中各种养分适度。在正常情况下，增施养分齐全的有机肥十分重要。如果土壤养分不足，可在增施有机肥时混入一些化肥。

七、水肥气热协调

土壤水、肥、气、热、pH 值等因素相互影响，它们对于苹果生长发育和根系养分吸收都同等重要。比如，当土壤温度低时，即使水分、养分、透气性都适宜，根系也不能生长；当水分过量，通气性就变劣，抑制根系呼吸，削弱根系吸肥吸水能力，甚至引起土壤还原性物质积累，抑制果树生长发育；当土壤缺水，即使土壤养分再充足，透气性再好，温度再适宜，根系也难以吸收利用土壤中的养分。只有当土壤各种要素同时具备又协调适宜时，才不会对果树产生不良影响，因此，果园土壤改良、施肥和水分调节等，必须综合考虑各种条件，注意它们之间的同步与协同效应。

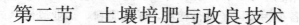

第二节 土壤培肥与改良技术

土壤培肥是通过土壤施肥与耕作等方式，培育养分齐全、缓冲能力强、供肥供水持续稳定、水、肥、气、热诸因子相互协调的土壤，是将"瘦土"改成"肥土"、使肥土更肥的过程，目的是为根系创造良好的环境，提供足够的养分，使其能够在最适宜的条件下生长，进而使果树能够持续丰产、稳产、优质。

土壤培肥措施包括土壤增施有机肥、深翻扩穴、土质改良、中耕松土、果园间作、树干培土、地面覆盖、平整土地、修筑梯田等，这里主要介绍土壤培肥物质的使用和土壤改良等方面的内容，其他内容见其他章节。

一、土壤培肥改良物质

在进行苹果安全生产时，提倡优先使用腐熟的有机肥料、行间轮作豆科作物等方式进行土壤培肥，在有机肥不能满足需要时也可使用其它物质。用于土壤培肥的物质及其配料应当是提高土壤肥力所必需的，它们的使用不能对环境造成不良影响（包括对土壤生物的影响和污染），更不能对最终产品的质量和安全性产生不可接受的影响；这些物质应来自植物、动物、微生物或矿物。

按照中国认证机构国家认可委员会 2003 年颁布的"有机产品生产和加工认证规范"，从事有机生产的农场，每生产年度向土壤施入的纯氮不得超过每公顷 170 千克。非人工合成的矿物肥料和生物肥料只能作为培肥土壤的辅助材料，而不可作为系统中营养循环的替代物。矿物肥料必须保持其天然组分，禁止采用化学处理方式提高其溶解性。用于有机肥堆制的添加微生物必须来自于自然界，而不是基因工程产物；禁止使用化学肥料和城市污水污泥培肥土壤。怀疑肥料存在污染时，应在施用前对其重金属含量等各类污染因子进行检测。矿物肥料、工业废渣（如碱性炉渣、粉煤灰等）肥料中的重金属含量应符合相应的国家标准。

土壤培肥改良要优先使用自己果园中生产的农家肥、植物秸秆、绿肥和其他腐殖质，以及自然存在的泥炭、已经腐熟的生物质材料（如碎枝条、树皮、锯木屑、刨花、残果、枯枝落叶等）和未经化学处理的木料、饼粕类、米糠、菇类栽培后的残渣、制糖工厂的残渣（甘蔗渣、糖蜜等）、无污染的一般矿渣、钙化海草、氯化钙、石灰石、石膏和石垩、镁矿、天然硫黄、氯化钠、微生物制品、植物制品和其提取物等。自己果园以外的物质，需要经过安全性检验和审查后才能使用，这些物质包括：未掺杂防腐剂的动物血、肉、骨头和皮毛、利用有机肥原料生产的堆肥、外来农家肥、海鸟粪、人粪尿、食品工业副产品、海草海藻及其制品等、客土、购买的有机肥、添加了化学肥料或经化学处理过的有机质或矿物质、高分子土壤改良剂、堆积的粪肥、碾碎的植物饼粕（如棉籽饼、豆饼、花生饼、芝麻粕、亚麻籽饼、油菜籽饼等）、鱼的乳状物、骨粉、动物性液肥、血粉、羽毛、皮革粉、都市废弃物、木灰、窑灰、天然磷酸盐、泻盐类（含水硫酸岩）、螯合矿物质、硼酸岩、微量元素肥料（硼、锰、锌等）、合成的润湿剂等。

土壤培肥和改良可以使用经过质量安全认证的商品肥料，如商品化有机肥、腐殖酸类肥料、微生物肥料、有机复合肥、无机（矿质）肥和掺合肥等。商品化有机肥料是以大量动植物残体、排泄物及其他生物废料为原料，加工制作而成的肥料。腐殖酸类肥料以泥炭（草炭）、褐煤、风化煤、秸秆和木屑等为主要原料，经过化学处理或再掺入无机肥料而制成的，富含腐殖酸和一定量的无机养分。氨基酸肥料以动物毛皮和下脚料经水解后加工而成，也有利用微生物而转化生产的氨基酸肥料。微生物肥料是以特定微生物菌种培养生产的活的微生物制剂，目前市场上常用的微生物肥料主要有根瘤菌肥料、固氮菌肥料、磷细菌肥料、硅酸盐细菌肥料、复合微生物肥料5类。有机复合肥是经无害化处理后的畜禽粪便及其他生物废物加入适量的微量营养元素制成的肥料。无机（矿质）肥料指天然矿物经物理或化学方式制成、养分呈无机盐形式的肥料，包括矿物钾肥、硫酸钾、矿物磷肥（矿磷粉）、锻烧磷酸盐（钙镁磷肥、脱氟磷肥）、石灰、石膏、硫黄等。掺合肥是在有机肥、微生物肥、无机（矿质）肥、腐殖酸肥中按一定比例掺入化肥（硝态氮肥除外），并通过机械混合而成的肥料。

二、土壤培肥改良技术

苹果为多年生果树，根系分布比较深，虽然适应性比较强，但获得高产优质也需要土层深厚、质地疏松、营养丰富的土壤条件。目前，多数果园建立在丘陵、山地、沙荒和滩涂上，大部分土层瘠薄，有机质少，团粒结构差，土壤肥力普遍较低，因此，土壤培肥改良是果园管理必不可少的工作之一。下面介绍几种适于苹果安全生产的土壤培肥技术：

1. 增施腐熟有机肥 施用腐熟有机肥的目的是改良土壤，增加土壤有机质和提高盐基离子代换量，从而增加土壤保肥力。腐熟有机肥还可以向植株提供较为齐全的营养元素。

2. 客土改良，调剂土质 黏重土壤保水保肥性能好，但土性凉，通气差；砂质土，土质疏松，通气性强，但保水、保肥性差。针对这些特点，采取客土办法，黏砂相掺，取长补短，把原来过砂或过黏的土壤调剂成黏砂适宜的壤质土，能有效地协调耕层土壤的水、肥、气、热状况。砂土掺黏，可提高土壤保肥力，而增施优良黏土矿物还可提高土壤的阳离子代换量，比如施蒙脱石25吨的效果相当于施100吨的高岭土。

3. 行间轮作，用养结合 不同作物残留的茎叶、根系以及根系分泌物，对土壤中物质的积累和分解的影响不同，不同作物的根际微生物，对土壤养分、水分的要求不同，其根系深度、利用养分、水分的层次也有差异。在果树行间实行合理间作和轮作，能起到用地养地相结合、协调土壤养分供给的效果。

4. 进行灌水处理 灌水处理兼有土壤消毒和除盐作用。即在夏季或其他闲置期大水漫灌，使土壤保持还原状态，可杀菌除盐。注意只有保持流动的清水才有除盐作用。

5. 因土施肥，增加养分 砂质土壤有机质少、保肥力差、养分缺乏且易流失，应增施有机肥料，提高土壤养分含量和保肥保水能力。黏质土壤保肥力强，养分转化慢，宜用能够发热的有机肥料作基肥。阳坡地应施猪粪等凉性肥料；阴坡地、下湿地宜施骡马粪等热性肥料。在生土地上，应多施有机肥料，并配合施用速效性矿物质。

6. 果园覆盖 春秋季两次在树周围1～2米处覆盖一层3～5厘米的碎麦秸、麦糠或碎玉米秸等作物秸秆，可起到抑盐、保水、平抑地温的作用。秸秆经耕翻沤制后，可转化为土壤有机质，释放出氮、磷、钾、锌、铁等元素，能降低土壤容重，增大土壤孔隙，改善土壤通气状况，利于土壤生物发育。最好覆盖地膜或植物堆肥，使覆盖的优点充分发挥。

7. 间作绿肥 绿肥作物产量高，肥效好，不但能增加土壤有机质，改善土壤理化性状，保持水土，而且还可以做饲料，过腹还田。绿肥易于栽培，成本低，是一种优质肥源。间作绿肥是培肥和充分利用果园土壤的有效措施。苕子、草木樨，苜蓿、绿豆等绿肥作物都适合果园间作。

8. 深翻熟化 深翻熟化是将土壤深翻与增施有机物结合起来的土壤管理措施，是果园土壤改良基本方法。经过深翻熟化，可以加深活土层，改善土壤结构和理化性质，提高土壤肥力，促进养分转化，增强微生物活动，加速土壤熟化过程，消除土壤中的不利因素。

（1）**深翻时期** 一年四季均可深翻，一般与施基肥结合进行，以秋季进行效果最好，因秋天气温适宜，土壤墒情好，翻后正值根系秋季生长高峰，伤根易恢复，断根易愈合，且可长出新根，同时在此时肥料易分解吸收，从而可促进新根的形成，为第二年的成枝、开花和结果打下良好基础。结合冬灌，可使土粒与根系密接，利于根系生长。在苹果主产区一般以9月中、下旬进行为宜，最晚不超过11月底。

（2）**深翻方式** 主要有全园深翻、隔行深翻、扩穴深翻和扩沟深翻等。全园深翻是把除栽植沟、穴以外的土壤一次全部翻完。隔行深翻是先隔一行翻一行，第二年再翻另一行，逐年分次深翻，每次只伤一侧根系，对果树生长结果影响较小，适于根系已布满全园的盛果期树。扩穴深翻是幼树期间在挖坑栽植的基础上，根据根系伸展情况，从定植坑向外逐年扩穴深翻，直至株、行连通。扩沟深翻在采用栽植沟定植幼树的园地，每年沿栽植沟外缘继续开挖，3～4年内全园翻通为止。

（3）**深翻深度和宽度** 深度以果树主要根系分布层稍深为宜，一般60～100厘米；宽度一般要求50～60厘米。如土壤黏重、紧实或有姜石、沙砾的园地应深些，而土层深厚、疏松的园地宜浅些。

（4）**深翻注意事项** 深翻效果通常能够维持5～7年，一般要求每个新建果园必须要在果树进入盛果期前，完成土壤深翻熟化。后一次深翻要与前一次深翻位置接茬，不留隔墙，纵向要破除障碍层，深翻时尽量少伤根，尤其粗度1厘米以上主侧根不可切断；注意保护根系，不可长时间暴晒，更不能受冻。改土与熟化并举，增加土壤有机质含量，可把树枝、落叶、秸秆、绿肥及草皮、表土混入少许有机肥填入底部，再将表土与农家肥混匀填入沟中部，后填覆底土；填土后应及时浇透水，以利根系与土壤密接；无灌溉条件的园地，应随开沟随回填，边回填边踏实，以保墒情。深翻熟化与要土质改良相结合，沙强掺黏、黏重加沙，掏沙掺土。

第三节　有机肥的开发与利用

　　有机肥或其他有机物料能够促进土壤水、肥、气、热等因子的稳定和协调，对提高土壤肥力起关键作用。但我国现有苹果园多建在山区、丘陵或沙滩地，土壤有机质含量严重不足，土壤肥力呈逐年下降趋势，而且许多地区有机肥源缺乏，果园土壤难以得到足够的有机质，因此，积极开发与利用有机肥已成为大多数果园的日常工作。

一、有机肥的作用

　　有机肥是泛指农村中利用人粪尿、家畜、禽粪尿、动植物残体、杂草、污泥及城乡废弃物等原料，就地取材、积造和施用的肥料。我国传统农业历经千年，靠的就是有机肥的循环利用。有机农业和绿色农业都提倡使用有机肥，苹果安全生产也离不开有机肥。

　　有机肥富含有机质和各种营养元素，增施有机肥能够提高土壤有机质含量；有机质分解时产生的有机酸，可促进土壤和化肥中矿物质养分的溶解，从而有利于根系的吸收和利用。有机肥在土壤中还具有螯合作用，这种作用能减少营养元素与土壤间发生化学反应而产生养分固定，提高肥料的有效性。有机肥有机质含量高，养分全面；肥劲柔和，肥效持续而稳定；能够改善土壤理化性状，提高解毒效果，净化土地环境；可减少能源消耗，减轻环境污染；能够促进微生物繁殖，增加磷等元素的有效性，有利于生态系统的物质循环。

　　有机肥能够促进苹果树根系生长发育，比如，果园施用有机肥后，苹果根系活力提高，白色根的数量增多，当年生根老化程度降低,其活性细胞数量相应增多,代谢旺盛、持续时间长,整个根系的吸收和合成能力增强。

土壤施用有机肥可改善果实品质,减轻果实生理病害,如苹果缩果病、苦痘病等,在有机肥不足时发病严重,增施有机肥,病症会减轻或消失,果实外观及食用品质均可改善和提高。由于有机肥的主体腐植酸可以激活果树体内的某些合成酶,促进果实中干物质和糖的积累,并调节糖酸比,维持良好风味,因而能改善果实品质。果园调查显示,土壤有机质含量与苹果果实糖含量成正相关,其中增施羊粪可以生产出酸甜适中、芳香浓郁的果品。有机肥也能改善果实外观品质,据研究,有机肥可显著提高果实表皮花青素含量和果实着色指数,种植绿肥或施羊粪的果园比单独施用氮磷钾三元素复合肥料的果园全红果率明显提高。有机肥本身含有多种有机、无机营养成分和生物活性物质,养分平衡性好,营养综合性和协调性强,因而有利于提高果实营养品质和外观品质。

二、有机肥的种类及特点

有机肥料通常分为粪尿类、堆沤肥类、饼肥类、海肥类、绿肥类、草炭类、杂肥类、三废类、生物菌肥(微生物肥料)类和沼气肥类等多种。

1. 粪尿类

(1) 人粪尿　人粪一般含氮 1.0%,含磷 0.5%,含钾 0.37%,含水分 70%~80%,含有机物质 20% 左右,其中主要是纤维素、半纤维素、蛋白质及其分解产物等。含灰分 5% 左右,其中主要是硅酸盐、磷酸盐、氯化物及钙、镁、钾、钠等盐类。还混有大量微生物、寄生虫卵,以及少量粪臭质和硫化氢等带有臭味的物质。新鲜人粪一般呈中性反应。人尿一般含氮 0.5%,含磷 0.13%,含钾 0.19%,含水分 95% 左右,含水溶性有机物质和无机盐类达 5% 左右，还含有少量尿酸、各种微量营养元素和生长素。新鲜人尿呈酸性反应。

人粪尿在各种有机肥料中有机物含量低，C/N 小，有效性高，施入土中易分解，营养元素易释放，是速效肥料，既可作基肥，又可作追肥。但人粪尿中含盐分高，同时发酵之后大部分尿酸一类的化合物转变成碳酸铵，酸度较低的果园或菜园，最好与饼肥、过磷酸钙等混合施用，使饼肥在腐解发酵过程中释放的有机酸和过磷酸钙中的游离酸与之中和，提高施肥效果。

（2）猪粪尿　猪粪便养分丰富，质地较细，碳氮比（14.3：1）也小于其他家畜类，并含较多的氨化微生物，较易分解，能产生较多的腐殖质，改土保肥力强。猪粪含纤维分解细菌较少，难消化的残渣分解慢，性柔和，平稳而有后劲。猪粪中氮磷钾含量较均衡，钾含量低于马、牛、羊，但磷含量较高，其他家畜尿几乎不含磷。猪尿中马尿酸态氮的含量比牛、羊粪少，猪尿易腐熟，肥效快。由于猪粪营养丰富，长期使用容易产生养分过剩问题，另外，猪粪尿含铜与锌较多，要控制饲料添加物中重金属含量，防止重金属污染。

（3）马粪尿　马粪含有机质较多。马粪质地粗松多孔透气，易蒸发水分，含水量较少。马粪中含大量纤维素分解菌和纤维素，致使马粪腐熟快，发热量大，常称为热性肥料。马尿中的氮素主要为尿素态，并且含量高于其他畜尿，而尿酸、马尿酸态氮的含量较低，因此，马尿易分解，肥效快。

（4）牛粪尿　牛粪所含氮素较低，但钾含量较高。牛粪质地细密，含水量高，透气性差，分解缓慢，肥效迟缓，发热量小，常称为冷性肥料。牛粪为缓效性有机肥，施用时每公顷可施到 10～30 吨，由于数量庞大，能增加土壤有机质含量，是一种极为良好的土壤改良剂。牛尿中马尿酸态氮的含量较高，分解较慢，肥效迟缓。

（5）羊粪尿　羊粪一般含有机质和全氮比其他畜类多。羊粪质地细密而干燥，发热量界于马、牛粪之间，亦属热性肥料。羊尿中氮、钾含量比其他畜尿高，并以尿素态氮为主，所以较易分解，肥效快。

（6）兔粪尿 兔粪中氮磷含量高，而兔尿则相反，钾含量高，氮磷含量低。因此，兔粪尿的养分含量高而均衡，是优质有机肥料。其 C/N 小，易腐熟，肥效较快。性似羊粪，亦属热性肥料。

（7）厩肥 是家畜粪尿、垫料、饲料、残渣等混合积制而成的有机肥料，也称"圈肥"和"栏肥"。厩肥的成分因家畜的种类、饲养条件、垫圈材料与数量的不同而有较大的差别，一般新鲜厩肥含有机质 20.3%～31.8%，含 N 0.34%～0.83%，含 P_2O_5 0.16%～0.28%，含 K_2O 0.4%～0.67%，CaO 0.08%～0.33%，MgO 0.08%～0.28%，S 0.01%～0.5%。厩肥所含养分主要为有机态，经堆腐后才能使用。在厩肥中猪圈肥一般水分含量较高，发酵缓慢，放热性差，应施于排水良好、孔隙度大的沙性果园或菜园。羊、兔圈肥含水率低，易发生好气性发酵，分解快，放热性强，应施于水分含量高、地势低的黏土果园或阴坡和沟谷的果园。纯的羊、兔粪发酵后产生的高温会"烧"根，不能直接与植物根接触，应当经过堆腐或沤泡，待分解热放出后才可利用。

（8）禽粪 包括鸡、鸭、鹅、鸟等禽类粪便，常见的是鸡粪。鸡粪来源丰富，且氮、磷、钾、钙、镁、铁、锌等元素含量丰富，微生物分解迅速，可视为一种速效性有机肥，每公顷施用量 2～6 吨，能迅速补充作物生长所需养分。鸡粪含磷偏高，最好调整三要素比例，如加入谷壳或植物性堆肥，制成缓效性有机肥使用。

2. 堆沤肥类

（1）堆肥 是我国农村较有发展前途的有机肥料，它是用秸秆、青草、绿肥、泥炭、树叶、垃圾，以及其他废弃物为主要原料，加入人畜粪尿进行堆腐而成的有机肥。有机质含量较高，

C/N 小。堆肥通常分为普通堆肥和高温堆肥两类。普通堆肥是在嫌气条件下腐熟而成，一般混土较多，堆温不超过 50℃，腐熟时间较长，需 3～5 个月，方法简单，适用于常年积肥。高温堆肥以纤维素多的有机物料为主，在好气条件下腐熟，有明显的高温阶段，能杀灭病菌、虫卵、草籽等，腐熟快，有机质和养分含量高，质量较好，适用于生活垃圾和较多秸秆的处理。高温堆肥养分含量，一般比普通堆肥的有机质（15%～25%）、全氮（0.4%～0.5%）、全磷（0.18%～0.26%）、全钾（0.45%～0.70%）含量分别高 9.1%～16.8%、0.65%～1.5%、0.12%～0.86%、0.02%～1.83%。

（2）沤肥　是以作物秸秆、绿肥、青草等为主要原料，掺入河泥、人畜粪尿，在嫌气的条件下沤制、腐熟而成的有机肥料。沤肥在嫌气腐解过程中腐殖质积累较多，养分损失少。沤肥因取材不同，成分差异很大，但一般有效成分不很高，而有机质丰富，碳氮比高，对改土、提高有机质含量有很好的效果。它是新垦幼龄果园和贫瘠果园的好肥料。沤肥的浸泡液可作追肥，尤其是作幼龄果园的追肥效果更好。沤肥取材方便，制作简单，果园的地边地角、园边空地等到处可以挖坑沤泡。

表 6.1　制作肥料的畜禽粪便中重金属含量限值（干粪含量）

单位：毫克/千克

项目	pH 值<6.5	pH 值 6.5～7.5	pH 值>7.5
砷	50	50	50
铜	400	800	800
锌	1 200	1 700	2 000

制作肥料的畜禽粪便中重金属含量限值要符合表 6.1（NY/T 1334—2007）的要求；堆沤完成后的肥料中，蛔虫卵死亡率要达到 95% 以上，粪大肠杆菌值在 $10^{-1}～10^{-2}$，堆肥及其周围没有活的苍蝇蛆、蛹或新孵化的成蝇。

3. 绿肥类 栽培或野生的绿色植物体用作肥料时均称绿肥。绿肥效益高,含有农作物所需要的多种养分,并能富集与转化土地养分。绿肥作物在土壤中腐烂、分解较快,供肥能力强,增产效益显著,是一种来源广,数量多,肥效高且成本低的优质有机肥。种好用好绿肥是解决有机肥源的一个可靠途径,也是以田养田的好办法。我国的绿肥品种资源十分丰富,常用绿肥种类在30 种左右。绿肥的常年种植面积约 40 万~60 万公顷,提供的养分约占全年总养分的 3%~5%。

4. 饼肥类 饼肥就是油料作物的种子榨油后的残渣,也常称油粕或油枯,主要有油菜饼、花生饼、黄豆饼、棉籽饼、油茶饼、芝麻饼等。饼肥是一类较好的有机肥料,有效成分高,营养元素完全,氮素含量丰富,发酵后分解快,养分释放迅速,适应性广,可用作各种果园菜园的基肥。经堆腐分解后的各种饼肥也可作追肥。其缺点是纤维素含量少,碳氮比(C/N)低,作为增加果园土壤有机质、改良土壤理化性质的作用较差,在土壤有机质含量低的园地,专施饼肥不易提高土壤有机质成分,也无法进一步改良土壤理化性质,但用在有机质含量丰富的果园做基肥用效果很好。饼肥养分含量因原料和榨油方法不同而有较大差别,表 6.2 是几种饼肥养分含量,可参考利用。

表 6.2 各类饼肥养分含量表(%)

名 称	氮(N)	磷(P_2O_5)	钾(K_2O)
大豆饼	7.00	1.32	2.13
芝麻饼	5.80	3.00	1.30
花生饼	6.32	1.17	1.34
胡麻饼	5.79	2.80	1.27
菜籽饼	4.60	2.48	1.40
棉籽饼	3.41	1.63	0.97

(摘自《肥料手册》,北京农业大学编写组,农业出版社,1979)

5. 海肥　海肥主要包括海草、海藻、海泥、鱼渣等，氮、磷等有效养分含量很高，对果树生长和提高果实品质都有显著的效果。但海肥中一般都含有较多钙、钠、氯等元素，尤其是过量的氯，对苹果等忌氯作物的生长有一定的影响，同时有些海肥呈中性或弱碱性反应，要选择排水良好、疏松、酸度较大的果园方能发挥良好的效果，而且，在施用时一定要经过堆腐或沤泡，使其充分分解，不可把生海肥直接施于果园，否则易出现烂根或烧根现象。

6. 沼肥和土杂肥

（1）**沼气发酵肥料**　简称沼气肥，是沼气发酵的副产品，由发酵液和残渣组成。发酵液中速效氮含量高，并以氨态氮为主，可作速效肥使用；残渣中全氮、碱解氮和速效磷含量都高于发酵液，并且 C/N 稳定，腐殖酸含量高，是优质有机肥料。与一般农家肥料相比，沼气肥的全氮含量高，速效氮转化率高，C/N 比较适宜，氨态氮较发酵前增加 $2\sim4$ 倍，速效氮占全氮的 $50\%\sim70\%$。

（2）**土杂肥**　有草木灰和泥肥等。燃烧温度过高时，灰为白色，肥效较差；低温燃烧时，灰是黑灰色，肥效较高。草木灰含有植物体内各种灰分元素，如磷、砷、钾、钙、镁、硅等以及其他微量元素，其中含钾（氧化钾含量在 $6\%\sim12\%$）、钙最多，磷次之。草木灰中含有各种钾盐，其中以碳酸钾为主，其次是硫酸钾及少量的氯化钾，属于生理碱性肥料。泥肥成分因地区和来源而异，泥肥中的有机质和无机胶体含量较高，对增加土地养分，提高土温，加厚耕层，改善土地理化性状，调节土壤机械组成，增强土地保肥性能等方面均有良好作用。

三、有机肥的制作和利用

1. 堆肥的积造和利用　根据原料特性，堆肥大致分为难分解型与易分解型。难分解型通常为以稻壳、树皮、木屑等堆积腐熟而成,纤维素含量丰富,在土壤中分解速度慢。易分解型一般由禽畜粪、动物性废弃物、制油类豆科作物残渣等腐熟而成,含纤维素较少。堆肥原料的矿化速度决定堆肥堆制速率,植物型原料分解速度慢,粪便类易矿化;在畜禽粪便中,鸡粪的矿化速度最快,其次依序为猪粪、肉牛粪、绵羊粪、乳牛粪。

（1）堆肥积造条件 堆肥腐熟通过微生物完成,而微生物活动需要适宜的碳氮比（C/N）、水分、温度、透气性和 pH 值等条件。

适合的碳氮比（C/N）是加速堆肥腐熟,避免含碳物质过度消耗和促进腐殖质合成的重要条件之一。堆肥发酵微生物生命活动所需碳氮比为 30～50。根据碳氮含量,堆肥材料可分为三类:第一类为碳源材料,碳氮比高,是堆肥的主体,决定了堆肥物理性状,这类材料包括木屑、谷壳、稻草及花生壳等;第二类材料碳氮比低,主要为微生物提供氮源,包括鸡粪、猪粪、米糠、豆饼及肉骨等;第三类为碳氮比比较适宜的材料,如牛粪、羊粪、驴马粪等,不经堆肥化也可直接大量施用。制作堆肥时,堆肥材料中第一类材料与第二类材料容积比约 3～10 时比较合适。高温堆肥主要原料是禾谷类作物秸秆,碳氮比 80～100,堆制时一般加入相当于堆肥材料 20% 的人粪尿或 1%～2% 的氮素化肥,以增加氮素含量而降低碳氮比。

水分是影响堆肥腐熟快慢的重要因素。适宜的水分有利于堆内微生物活动和一部分速效养分的移动,能够促使堆肥上下腐熟均匀,还可调节堆内空气和温度。堆内适宜水分一般为堆制材料最大持水量的 60%～75%,当手紧握堆肥原料,挤出液滴时正合适。

堆肥中的空气含量直接影响微生物的活动和有机物的分解及堆肥化进程和堆肥质量。发酵过程中若通气不良,缺少充足氧气的供给,则好气性微生物不能生长,而嫌气性及半嫌气性微生物活跃，易产生强烈的恶臭气味。调节空气可在堆肥中设置通气草把和通气沟，也可在堆肥表面增加覆盖物等方法来调节空气含量。

堆肥微生物活动需要适宜温度，通常在 40～60℃ 之间发酵最佳。但堆肥过程中微生物会不断产生热量，在数日内可使堆温升高达 60℃，甚至到 70℃ 以上。这样的温度可杀死草籽和病原菌，也会使有益微生物死亡。所以需要对堆肥温度进行调节，如若提高堆温（冬季堆制时），可在堆中加入马粪等纤维分解菌丰富的材料，或肥堆表面封泥保温；如若堆温上升快（夏季堆制时），可进行翻堆或加水，降低堆温。

堆肥内大多数的微生物需要中性至微碱性的适宜环境，最适宜的 pH 值为 7.5。堆腐过程中常产生各种有机酸，造成酸性环境，影响微生物的繁殖与活力。所以堆制时要加入适量（秸秆重量的 2%～3%）石灰或草木灰，以调节酸碱度。在华北地区可以加些石灰性土壤，既可保水保肥，又可调节酸度。

（2）堆肥的积造方式　堆肥的制作方式分为地面式、平坑式和半坑式。

地面式：用于气温高、雨量多、湿度大、地下水位高的地区。一般选择地势高燥而平坦，接近水源、运输方便的地方堆积。堆高 1.3～2 米，堆宽 3～4 米，堆长因材料数量而定。堆制前先夯实地面，再铺 10～14 厘米厚的细草或泥炭，用以吸收下渗肥液，然后铺堆肥材料。堆肥材料按照每 500 千克切成 5 厘米左右干玉米秸秆，加 300 千克新鲜骡马粪、100 千克人粪尿和 750～1 000 千克水比例配置，充分拌匀，堆制到预定高度，上面盖土 4～7 厘米，一般在堆后 5 天，堆温即可显著升高，几天后可达 70℃。在高温期后 7～15 天进行翻堆，上下里外翻后加水，堆面加泥。堆温达第二次高峰，加少量水，堆面封泥。必要时还可翻堆，堆肥达到黑烂臭湿的标准最为理想。

平坑式（地下式）：在田头或住宅边挖一土坑，坑深 1～2

米,将材料投入坑中,直至与地面相平为止,上盖 7～10 厘米厚土。1～2 个月后翻捣将分解差的放在底部。并加适量人粪尿,上面仍用土覆盖。夏、秋季 1～2 个月腐熟,冬季 3～4 个月腐熟。

半坑式:以圆形坑为例,坑深约 1 米,上部直径 2.5 米,底部 2 米,挖出的土用作圈埂,坑底挖一个十字架,宽深均约 20 厘米,直沟引到土埂外,作通气沟,沟上铺盖棉杆或玉米杆等。秸秆铡短用水浸泡后,铺在坑底约 65 厘米厚,适当踏紧,泼一些石灰水或草木灰水,加入骡马粪、人粪尿,如此一层一层地堆积,至高出坑面 65 厘米左右为止。堆积秸秆要下厚上薄,骡马粪要下薄上厚,人粪尿要下少上多。堆好后,堆面盖细土约 10 厘米。堆后 2～3 天,堆温逐渐上升,一般达到 65℃以上可维持 5～6 天,50～60℃可维持 10 天。若堆温突然下降很多,要补加少量水分,以后堆温逐渐下降到 40℃时,检查腐熟情况,如未腐熟应翻堆加水,待大部分有机物分解后,踏紧压实,直至腐熟。

(3) 堆肥腐熟度的鉴别　可通过化学分析也可从外观判断堆肥腐熟度。通常半腐熟的堆肥成暗黄色,汁液为黄棕色,材料部分变软,稍拉即断,可捏成团,松手即散;腐熟的堆肥成黑褐色,汁液成棕色,材料完全变软,一触即断,黑烂臭湿。

(4) 堆肥的使用　堆肥适用于各种土壤,一般用作基肥。施用堆肥时要随施肥随盖土,随浇水。沙性土以及温暖多雨的季节和地区,可施用半腐熟堆肥;黏性重的土地,雨少的季节和地区,应施用腐熟的堆肥。一般每棵果树施肥量 10～50 千克。堆肥数量少,可沟施或穴施,施后覆土;堆肥数量多时,应均匀撒开,及时耕翻入土中。以植物材料为主原料的堆肥也可用于地面覆盖和育苗基质。

2. 厩肥的积造和利用

(1) 厩肥的积造　积造方法分为圈内积造和圈外积造两种,

圈内积制又分为深坑圈、半坑圈和平底圈积造三种方式。

深坑圈要求坑深 1～1.5 米。垫料一般选择吸水、吸氨能力强的且含大量有机质和养分的草炭，也可以使用农作物秸秆。在湿润条件下，经猪的践踏，使猪粪尿与垫料充分混合、压紧，在嫌气条件下，可减少有机质和氮素的损失，提高肥料质量。我国北方养猪积肥多采用深坑圈的方式。

半坑圈一般坑深 0.5 米，便于勤起勤垫，但由于起圈勤，堆积时间短，腐熟分解程度较差，需要圈外堆腐及翻捣，以加速腐熟，提高肥效。养猪较多的农户和集体养猪多采用半坑圈的方式。一般大型养猪场或地下水位高、雨量较多的地区多采用平底圈积制。

平底圈无粪池（粪坑）设置，圈底与地面相平。平底圈积肥比较省工，有利于家畜健康，但保肥效果较差。平底圈的垫圈方式，一般马、牛、骡圈可每日垫，每日清除，圈外堆腐；猪圈可每日垫，隔数日或数十日清除一次，再行圈外堆腐。

圈外堆积法多为牛、马、骡、驴等大牲畜厩肥起出后所采用的积肥方式。做法是先将厩肥疏松堆积，进行好气分解发酵，升高堆积温度达 60～70℃，杀死厩中的病菌、虫卵和杂草种子。待温度稍降后压紧，继续堆积新鲜厩肥，先松后紧，达到下层嫌气分解，上层好气分解；如此层层堆积，直到 1.5～2.0 米高，用泥封堆面，贮存备用。

（2）**厩肥的使用** 厩肥主要作基肥用，新鲜厩肥不能用作追肥。厩肥中的养分当季氮素利用率一般为 20%～30%，磷素一般为 30%～40%，钾素 60%～70%。使用厩肥时，应因土、因厩肥养分的有效性及施用目的和对象而定。改良土壤宜用腐熟厩肥。质地粗重，排水不良的土壤需用腐熟厩肥，并且翻压浅一些，每次用量大一些；沙质土地用半腐熟厩肥翻压深一些，每次用量不易太多。不能在开花前后大量施用氮素含量较高的厩肥，以免引起落花落果。

施用时注意配合其他有机肥料或植物残质并要重视养分的平衡。厩肥施用后，分解加快，氮素的损失可达 2%～30%，在高温及大风时，损失更大，可使用较酸性的有机质稳定氨态氮；植物残体有很好的吸收附着作用，能显著减少养分流失。还要注意施用的卫生安全，动物粪便易发臭生虫，勿施在土壤表面，经处理的粪便，应用后也需覆土或翻土盖住。

3. 沼气肥的制作和利用 沼气肥是沼气发酵的副产品，由发酵液和残渣组成。发酵液中速效氮含量高，并以氨态氮为主，可作速效肥使用；残渣中全氮、碱解氮和速效磷含量都高于发酵液，腐殖酸含量高，是优质有机肥料。与一般农家肥料相比，沼气肥的全氮含量高，速效氮转化率高，碳氮比（C/N）比较适宜，氨态氮较发酵前增加 2～4 倍，速效氮占全氮的 50%～70%。

沼气肥的原料必须有含氮化合物和其他矿质养分，以及较多的甲烷发酵菌，有适宜的温度，一般为 28～30℃、pH 值 6.5～7.5、水分含量为干物质重的 90%、碳氮比以 30～40 为宜；发酵池必须密封，不漏气，出肥时应注意安全操作，不得在池内取肥，以免中毒。

沼气发酵液和发酵残渣可分开施，沼气肥可作基肥、追肥，也可浸种。发酵液一般作追肥，残渣作基肥，渣液混合作基肥，也可作追肥。每 666.7 米² 作基肥用量 2 500～3 000 千克，作追肥 1 500～2 000 千克。沼气肥水可泼浇或结合浇水施，残渣施后翻入土中。

4. 绿肥和秸秆利用 栽培或野生的绿色植物体作肥料用时均称绿肥。种植绿肥作物主要在于生物固氮，降低农业生产中的能量消耗和广开有机肥源。目前，我国种植的绿肥，每年可固氮 160 万吨，这对保持土壤肥力，发展畜牧业有重要作用。

果园施用绿肥主要有以下两种方式：

①树下压青 在树冠外开 20～40 厘米深的环状沟或条状沟，将刈割下的绿肥与土一层一层的相间压入沟内，最后覆土，塌

实。填土可避免绿肥腐烂后体积缩小，造成沟内空隙，使根系抽干。绿肥的施用量，可依据绿肥的种类、肥分高低、土壤肥力和需肥情况等而定。一般每667米²施用鲜草1 000～2 000千克。每100千克绿肥中混入过磷酸钙1～2千克，以调节氮、磷、钾等的相对平衡。

②挖坑沤制　在离水源较近的地方，根据绿肥数量挖一定容积的坑，将绿肥切成小段，先在坑底铺30～40厘米厚，上面撒上10%的人粪尿或马粪，加过磷酸钙1%，再加土6厘米，适量浇水。依次层层堆放至3～4层即可。最上层用土封严塌实。夏季经过20天左右，冬季经过60～70天，即可腐烂施用。

绿肥翻压时间，以花期或花荚期最好。这时绿肥的养分含量高，植株柔嫩，容易腐烂，鲜草产量也较高。绿肥施用要考虑土壤及后作，豆科绿肥最适合缺氮及缺有机质的土壤应用，尤其是旱作地。对排水不良的果园要慎用绿肥，如需应用时可选用非豆科植物，如油菜、萝卜等，而且种植到开花后老化时应用更好，因太嫩的绿肥分解太快，易与果树竞争营养或引起毒害。

秸秆可通过堆沤还田（堆肥、沤肥、沼气肥等）、过腹还田（牛、马、猪、羊等牲畜粪尿）或直接还田。果园秸秆直接还田即直接将秸秆切割或粉碎后，覆盖于苹果树盘，或结合基肥埋入苹果行间或行内。秸秆还田要配合施用其他肥料和加强水分管理，尤其要配合施用氮肥，缺磷土壤还应施磷肥等，这样既满足果树高产的需求，又能加速秸秆的腐解。酸性土壤应加施适量的石灰，若墒情太差时应及时浇水。排水不良的土壤在嫌气（缺氧气）条件下，有机物易分解成有害物质，会对根系造成伤害，为防止这种伤害，应减少秸秆施用量。为防止病原菌及杂草种子孳生，不宜直接施用有病害及有大量杂草种子的秸秆。

5. 土杂肥和人粪尿的使用　土杂肥包括草木灰和泥肥等。植物残体燃烧所形成的灰统称草木灰。燃烧温度过高时，灰为白色，肥效较差；低温燃烧产生的黑灰色灰，肥效较高。草木灰含有植物体内的各种灰分元素,如磷、钾、钙、镁、硅等以及其他微量元素,其中含钾、钙最多,磷次之。泥肥中的有机质和无机胶体含量较高,对增加土地养分,提高土温,加厚耕层,改善土地理化性状,调节土壤机械组成,增强土地保肥等方面均有良好的作用。草木灰要单独贮存在灰包和棚内,保持干燥,避免风吹,雨淋,防止损失肥分。草木灰经雨淋后,钾量可损失 80%左右。草木灰不能与人粪尿或腐熟的厩肥混存,也不能用草木灰垫圈或倒在粪坑里。草木灰宜做基肥集中施,每 667 米² 用量(干) 100 千克左右。也可做追肥,做追肥时可撒施、条施或穴施,施肥深 10～13 厘米,施后覆土,每 667 米² 用量(干) 25～50 千克。

人粪尿适用于多种土壤,但因其含较多的氯离子,在苹果等忌氯植物上使用要慎重,在盐碱的果园不适施用。人粪尿主要作追肥,北方农民习惯随水灌施人粪尿。由于人粪尿含有较多的铵离子和钠离子能分散土壤胶粒,长期大量单施人粪尿会破坏土壤结构。因此,人粪尿应与堆肥、厩肥等有机肥配合使用,还应配施磷、钾肥。

6. 微生物肥料及其施用 微生物肥料是以微生物的生命活动使根系得到特定肥料效应的一种制品。微生物肥料是活体肥料,它的作用主要靠它含有的大量有益微生物的生命活动来完成,只有当这些有益微生物处于旺盛繁殖和新陈代谢才能不断形成。因此,微生物肥料中的有益微生物的种类、生命活动是否旺盛是其有效性的基础。正因为微生物肥料是活制剂,所以其肥效与活菌数量、强度及周围环境条件密切相关,包括温度、水分、酸碱度、营养条件等都有一定影响,在应用时要加以注意。

微生物肥料能提高化肥的利用率、改良土壤、还具有环保的功能。微生物肥料种类主要有固氮菌肥,可作苹果园基肥、追肥。基肥应与有机肥配施,施后立即覆土;追肥时用水调成稀浆状,立即覆土。固氮菌肥有效期为 1～3 个月,存阴凉处,严防曝晒。不宜与过酸、过碱性肥料或有杀菌性能的农药混施，大量施氮肥后，应隔 10 天左右再施固氮菌肥。钾细菌肥，可作基肥、追肥用。基肥与有机肥混施，每 667 米² 使用 10～20 千克，施后覆土。另外，还有磷细菌肥、"5406" 抗生菌肥、根瘤菌肥等。

为了充分发挥各类菌肥的增产作用，必须注意菌肥不可替代化肥和有机肥，施用菌肥需要良好的土壤温度、湿度和酸碱度等环境条件。

第四节　科学施肥，养根壮树

充足的营养是树体健壮和丰产优质不可或缺的条件，在"培肥沃土"的同时，必须加强养分管理，进行科学施肥，只有这样才能达到养根壮树和丰产优质的目的。

一、果园土壤特点与施肥原则

1. 果园土壤类型和特点　土壤特点是果园施肥的依据之一。与施肥效果紧密相关的土壤特征有土壤质地、土层深度、土壤的通气与水分状况、土壤酸碱度、土壤水分等。为更好地提高施肥效果，做到合理施肥，必须首先了解施肥的土壤特性。苹果园土壤多是在温带、暖温带的湿润、半湿润和干旱、半干旱气候条件下形成的土壤类型，主要土壤类型有棕壤、褐土、潮土、黄垆土等。

①棕壤　集中分布于山东半岛及河北、山西、河南半湿润与半干旱地区的山地。土壤母质以花岗岩、片麻岩、石灰岩和砂岩、页岩的风化土为主。地处平原区的棕壤，土层深厚，质地适中，排水良好，无盐碱化；在丘陵缓坡与谷地中的棕壤，多修筑梯田，栽培果树，为果品生产基地。土壤多呈微酸性反应，经垦耕后，土壤熟化发展快。

②褐土 主要分布于暖温带半湿润、半干旱的山地和丘陵地区,为华北地区的主要土类之一。褐土主要发育在富含石灰的母质上,其土壤母质有黄土、砂页岩、变质岩等,土壤一般具有石灰反应,呈中性至微碱反应,质地较重,但不过黏。耕垦后,肥力较高,耕层深厚,保水肥性较好。在平缓地带,地下水位高,须注意排水。

③潮土 是直接发育在河流沉积物上的一类土壤。主要分布在黄河中、下游冲积平原。不同地质时期的沉积物母质,其形成土壤的性状各异,土壤碱性强。潮土的养分含量与土壤质地有明显的相关性,砂质沉积物发育的潮土,肥力偏低,保水保肥能力差;黏质沉积物发育的,通透性差,有机质及其养分含量较高,潜在肥力较高;壤质沉积物发育的,理化性状良好,质地适中,易培育成良好土壤。

④黄垆土 分布在华北地区的山麓平原、河谷阶地、山前台地和黄土丘陵缓坡地。其成土母质多为黄土性物质及黄土性洪积冲积物,呈微碱性;土壤熟化程度较高,表土为疏松的褐色土层,心土为稍粘实的棕褐色土层,土层深厚,排水良好,肥力较高。黄垆土分布区常受季节性干旱威胁,并存在不同程度的水土流失现象,须注意采取抗旱保墒和水土保持措施。

⑤黄绵土 分布于我国的黄土高原,是在黄土母质上形成的初育土。黄绵土土层深厚,疏松绵软,除表层弱腐殖化外,通体颜色一致、结构均一,强石灰反应。质地以粉砂壤土为主。由于侵蚀强烈,黄绵土分布区大多地形破碎,黄绵土也因此分布于塬、梁、峁及川台等不同地形部位,土壤的水分、侵蚀、利用状况有较大差异,其中川台地的黄绵土通常水分条件较好,耕作施肥水平较高。

2. 苹果园施肥原则 苹果园施肥要从产品产量和质量以及环境质量安全考虑,要根据苹果树本身的营养吸收和利用规律,针对各树种和品种的不同要求,进行配方施肥、营养诊断施肥等。肥料以有机肥、长效复合肥为主，化肥为辅；以生物菌肥、腐植酸类等复合微肥为补充，施肥量"前重后轻、重视底肥"。为保证土壤肥力不断提高和满足果树养分需求的双重要求，尽量多施一些肥料；要通过合理施肥使果园土壤有机质含量逐步达到1.5%以上，做到用地养地相结合。

不同肥料的有效成分和肥效时间差别较大，如有机肥和矿物肥料一般养分释放缓慢，肥效时间长。就有机肥而言，其肥效表现与其有机质在土壤中的分解、矿化释出的养分要素及有效养分释放速率有密切关系。有机肥养分释放速率还受碳氮比影响，碳氮比较低，有机质分解较快，养分含量及释放速率均较高。

施肥时要充分考虑肥料种类、施肥量和施肥时间等因素以及果园土壤特点和苹果养分需求规律。

二、苹果养分需求规律

果树为多年生木本植物，生长周期长。在其整个生命周期中，各种果树都经历生长、结果、更新和衰老的变化过程。而在年周期中则有萌芽、抽梢、开花、结果、成熟和休眠等不同物候期，在不同生育期中，各种果树的营养特点不相同。

1. 苹果养分需求特点

（1）苹果吸收养分量大，树体营养差异大　苹果树体高大，生物产量高，为了满足其地上和地下部分生长发育以及年年结果的需要，苹果每年都从土壤中吸收大量的营养物质，尤其是成年果树吸收量更大；苹果通过嫁接方式繁殖，砧木不同，从土壤内吸收营养元素的能力不同；接穗品种不同，需肥情况也有差异。

（2）在固定位置持续消耗养分，容易缺素　苹果生长周期长，一般同一植株在同一地块上要持续生长几十年。由于苹果在固定位置连年吸收养分，往往会使土壤中某些营养元素过度消

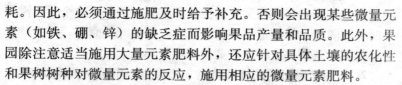

耗。因此,必须通过施肥及时给予补充。否则会出现某些微量元素(如铁、硼、锌)的缺乏症而影响果品产量和品质。此外,果园除注意适当施用大量元素肥料外,还应针对具体土壤的农化性和果树树种对微量元素的反应,施用相应的微量元素肥料。

(3)年间延续,需要贮藏营养 苹果多年生植物,树体大,在其根、枝、干内贮藏有大量营养物质。早春萌芽、开花和生长,主要消耗树体贮存的养分。因此,在果实采收后至落叶前,早施基肥,增加储备,促进树体健壮,以提高翌年开花和坐果率。

(4)根系分布深,可从土壤深层吸收养分 苹果根系发达,入土深,吸肥能力强,对外界环境条件的适应性比一年生作物强。尤其是成年树,可从下层土壤中吸收某些养分,以补充上层土壤中养分的不足。果树施肥时不仅要考虑表层土壤,更要考虑根系大量分布层的土壤营养状况,把肥料施到一定深度,对移动性小的磷肥更应深施,以利于根系吸收和提高肥料利用率。

(5)苹果养分需求具有明显的年周期特点 从萌芽到落叶,在不同生长发育时期,苹果生长中心和养分分配中心有明显差异,但是不论在哪个时期养分总是先流向生长旺盛的器官。苹果萌芽、开花及坐果期是消耗贮藏营养的时期,到花期贮藏营养基本消耗完,若同化营养不足,就会引起大量落果,因此,此期需要保证氮素供应以促进枝叶生长,提高新生叶片的光合功能,尽快生产同化营养。从坐果到果实采收,是树体利用当年通过光合作用所制造的营养的时期,花芽分化、果实膨大和果实成熟都在这个时期完成,此期需要保证氮素供应,并根据树势调整氮、磷、钾肥施用比例;其中花芽分化需要充足的营养和适宜的碳氮比,果实膨大时氮素不能缺少,但氮肥过多会影响果实成熟时的颜色和品质,因此该时期需要均衡供应氮、磷、钾及钙、铁、镁、硼、锌等营养元素,在果实成熟时适当减少施肥量尤其是氮肥。果实采收后,叶片制造的养分基本用于贮藏积累,贮藏积累的水平直接影响树势和翌年的生长和结果，因此，这个时期需要及时补充养分，早施基肥，保护秋叶，延缓叶片衰老，增强叶片光合作用，从而提高树体贮藏营养水平。

2. 不同年龄时期的营养特点　苹果树一生可划分为幼树期、初结果期、盛果期和衰老期。

幼树期的苹果树以长树为主，地上部与地下部生长都很旺盛，对氮素需求比较多，施肥须以速效氮肥为主，并配合一定量的磷、钾肥，按勤施薄施的原则，及时满足幼树树体生长和新梢抽发对养分的需要，使其能尽快形成树冠骨架，促进营养积累，为开花结果奠定良好的物质基础。

在初结果期，营养生长与生殖生长趋于平衡，产量逐年提高，但营养生长仍然旺盛，新梢生长与结果两者对养分的竞争激烈，常由于新梢生长过快而加剧幼果脱落。这个时期在养分供应上，主要采取既要促进新梢生长又要控制无效新梢抽发和徒长的策略，注意协调营养生长与生殖生长之间的不平衡，保证足够的坐果量。如果营养生长较强，要少施氮肥，以增施磷肥为主，配施钾肥；如果营养生长较弱，虽仍以施磷肥为主，但要适当增加氮肥的施用量，并配施钾肥。

随着树龄的增长，树体营养生长减弱，树冠的扩大已基本稳定，枝叶生长量逐步减少，结果枝大量增加，进入全面结果时期（即盛果期）。此期营养生长与生殖生长相对平衡，产量达到高峰，对营养物质的需求量大，因此要根据产量和树势，在充足供给氮、磷、钾的基础上，适当调节三者比例，同时要注意补充微量元素。当栽培多年且土壤 pH 低（pH＜5.5）时，要注意施用钙肥和镁肥等中量元素肥料。对处于盛果期的果树，需要保证养分稳定而充足供应，维持营养生长和生殖生长的相对平衡，确保稳定的营养状况和健壮的树势，从而延长盛果期结果年限。

如果栽培管理得当，保持良好而稳定的树体营养状况，则能延长盛果期。但是不少果园常因结果量大而树体营养失调，落花

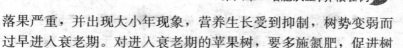

落果严重，并出现大小年现象，营养生长受到抑制，树势变弱而过早进入衰老期。对进入衰老期的苹果树，要多施氮肥，促进树体更新和营养生长。

三、苹果施肥时期和施肥量

1. 施肥时期　苹果施肥要保证开花前后、果实膨大期、果实采收的养分需求。花前施肥以速效氮肥为主，花后施肥以磷、钾肥为主，目的是促进开花结果和枝叶生长；果实膨大期施肥要注意氮、磷、钾配合施用；果实采收后 7～10 天是施基肥的时期，此期以有机肥为主，施肥量占全年施肥总量的 40%～50%。

苹果所需肥料一般在春季（3 月下旬到 4 月中旬）、夏季（5 月底至 6 月上旬）、秋季（9 月中旬至 10 月上旬）分 3 次施入。但具体施肥时间，要因品种、树势、生长结果状况以及施肥方法而有所不同。幼旺树宜在春秋梢停长、进入花芽分化期前施肥，除氮肥外，应多施磷钾肥。刚开始结果的苹果树生长旺盛，春季则要控制氮肥的施用量。开花多、生长弱的树应在早春及新梢旺长期施肥，并应多施氮肥，以补充开花消耗的氮素，从而提高苹果树坐果率。土壤肥沃的果园主要在秋、冬两季施肥；土壤比较贫瘠果园，要在 5～7 月份果实发育期间补充氮肥，满足果实膨大的需要。

2. 施肥量　施肥量取决于果树对营养元素的吸收量、土壤中的天然供给量和肥料利用率三个条件，原则上，合理施肥量＝（果树吸收量－土壤供给量）/肥料利用率。但在生产上确定施肥量时，要从目标产量、品种特性、肥料类型和环境条件等多方面考虑。

产量和品种特性是确定施肥量首先考虑的因素。生长旺盛、产量高的品种需肥量（尤其对含氮有机肥的需要量）大于生长缓慢、产量较低的品种；晚熟品种需肥量大于早熟品种。对于红富士苹果来说，各种优质肥料的总施肥量应达到果实产量的 10%。山东蓬莱曲受彭的果园连续多年亩产 10 000 千克，一棵树的产量在 250 千克左右，他每棵树的总施肥量达 25 千克，其中三分之一是加钙的氮磷钾缓释肥、三分之一是微量元素复合肥、三分之一是商品有机肥；采用放射沟方式施肥，施肥时将上述肥料与挖出的土壤均匀混合，然后回填到放射沟内，踏实浇水；每年只在秋季或早春施一次肥，曲受彭将这种施肥方法，称为"一炮轰"技术。

确定施肥量还要考虑环境因素。阳光充足时，光合生产力增加，氮素供给可多些；如阴天多，光线不足，多施氮肥易导致徒长减产。光线不足时，果树对钾素营养需求较高，需要供给较多富钾肥料，如草木灰、钾矿粉。高温季节土壤有机质中的氮素释放较快，根系对养分的吸收率亦高，这时有机肥的用量就应降低。温度低时，吸收受阻最严重的元素为磷，这时需要多施一些富磷肥料，如磷矿粉、禽粪等。土壤中某种元素的供给量低，则供给该种元素的肥料需要量就高，施用效果亦大，反之则小。土壤排水不良或土壤紧密而通气不良时，钾的吸收最易受抑制，故需要多施富钾肥料。

土壤有机质含量对苹果生产的稳定性有重要作用，一般来说，每 666.7 米^{2}产量 1 000 千克以上的苹果园，每生产 1 千克苹果的有机肥施用量应在 1.5 千克以上；每 666.7 米^2 产量 2 000～3 000 千克的丰产园应达到每 1 千克苹果施 2～3 千克有机肥的标准。施肥要考虑到树体生长与改良土壤的双重需要，有机肥应当多施用一些；我国大部分苹果园有机肥含量少于 1.0%，提高土壤有机质含量是我国苹果园施肥和土壤管理的重点，在生产中应尽量提高有机肥施用量。

施肥量除与单株产量有关外，还要兼顾树龄和多种肥料配合，一般幼龄苹果园每 666.7 米^2 施有机肥 1 000 千克以上，并同时施入过磷酸钙 25～50 千克、尿素 5～10 千克；初结果的苹果园每 666.7 米² 施有机肥为 1 500～2 000 千克、过磷酸钙 50～75 千克、尿素 15～20 千克;大量结果期的苹果树每 666.7 米² 施有机肥为 4 000 千克以上、过磷酸钙 150～180 千克、尿素 30～40 千克。

四、基肥施用要求和方式

苹果园施肥分为施基肥和追肥,基肥是在果实采收期至萌芽期前进行的一次施肥,每年一次,以有机肥为主,配合少量化肥。

1. 基肥施用要求 基肥是能够较长时期供给苹果树体多种养分的基础肥料。基肥以有机肥为主,最适宜早秋施用。秋季施基肥是全年施肥的基础,要把有机肥料和速效肥料结合施用,提高肥料利用率。有机肥料宜以迟效性和半迟效性肥料为主,如猪圈粪、牛马粪、人尿粪等,根据结果量一次施足,速效肥料主要是氮素化肥和过磷酸钙。为了充分发挥肥效,可先将几种肥料一起堆腐,然后拌均匀施用。

一般秋季施肥(有机肥和化肥)的养分量应占果园全年养分总需求量的 50%～70%。这一时期要施入一年应施的全部有机肥、三分之一的速效氮肥、一半或全部的磷肥和钾肥,微量元素应与有机肥混施。旱地苹果园可采用早秋施基肥,生长季再加施一次速效肥的方法,把磷、钾及三分之二氮肥在秋季与有机肥混施,留三分之一的氮肥于次年果实膨大期施用。降雨较多及有灌溉条件的苹果园,可留一半的磷肥和钾肥及三分之二的氮肥于次年花期和果实膨大期分两次施用。秋季施足肥料后,次年春季可不施肥。若有机肥量不足,应增加三分之一化肥的用量。

施基肥要做到施用腐熟有机肥、施肥要早、施肥量充足、养分齐全、深施及肥土掺匀等。苹果树施用的有机肥要用堆沤或高温腐熟好的肥料，未腐熟好的有机肥在施用前先要进行腐熟处理；一般来说基肥早秋施用比春天施用要好，秋季施基肥的时间，中熟品种在采收后、晚熟品种在采收前进行为最佳。因为初秋气温较高，土温适宜，水分充足，有机肥腐熟较快，易于分解，易被苹果根系吸收利用，施用时间最好在苹果树落叶前一个月就已经结束。有机肥一次施用数量要足，施肥部位要深，一般施肥深度为 40～50 厘米，肥料与土壤掺混均匀后再施入，施肥后应当马上灌水。

山区干旱又无水浇条件的果园，因施用基肥后难以立即灌水，所以，基肥也可在雨季趁墒施用。但有机肥一定是充分腐熟的精肥，施肥速度要快，并注意不伤粗根。在有机肥源不足时，一方面可将秸秆杂草等作为补充与有机肥混合使用，另一方面，有限的有机肥还是要遵循保证局部、保证根系集中分布层的原则，采用集中穴施，以充分发挥有机肥的肥效。集中穴施就是从树冠边缘向里挖深 50 厘米，直径 30～40 厘米左右的穴，数目以肥量而定，然后将有机肥与土以 1：3 或再加一些秸秆混匀，填入穴中再浇水。另外，磷钾肥甚至锌肥、铁肥等最好与有机肥混合施用，以提高其利用率。

2. 基肥施用方式　苹果园中施肥位置的确定，要依树龄、树冠大小、根系分布特点及肥料种类而定。由于苹果树的吸收根大多在主侧根的末端位置，水平根系一般集中分布在树冠外围的垂直投影区域，垂直根系集中分布在土层 15～40 厘米处。因此肥料应施在根系集中分布层内，以利于根系对养分的吸收。肥料不同，施肥位置也不同，如有机肥常与改土结合，施肥较深，且逐年向外扩展，氮肥移动性强，应浅施；磷肥移动性差，在土壤中易被固定，施肥时不宜太分散，而应相对集中地施在根系集中分布层内。苹果树的施肥位置应不断更换，尤其是成龄苹果园，不宜固定在树冠外围，应结合施肥方法的改变，不断改变施肥位置，从而培肥整个果园土壤。基肥施用主要采用环状沟施法、条

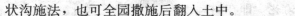

状沟施法,也可全园撒施后翻入土中。

(1) **环状沟施**　在树冠投影外缘向内 20 厘米左右挖环状沟,沟深 20～50 厘米、宽 20～40 厘米。环状沟不宜连通,应断开为 3～4 段,幼树采用连通的环状沟施肥后,春季萌芽迟,生长缓慢。单施化肥时环状沟宜浅、窄,有机肥、化肥混施时环状沟应深、宽。施肥过程中注意肥料应分层撒施,即每施一层肥,回埋 10～15 厘米土壤,再撒一层肥,再盖一层土的方法;也可把肥料先撒在挖出的表土中,将肥、土以 3∶1 的比例混匀后再回填,回填土时要混匀,最后把挖出的底土回填在施肥沟上层。

(2) **条状沟施**　根据果树树冠的大小,在株间或行间距主干 0.5～1.0 米处,开宽、深各 40～60 厘米的施肥沟,沟中埋入 20 厘米厚的秸秆,将有机肥分层施入或与土混匀后再施入 20～40 厘米深土层中,先回填挖出的底土,再用表土回填。结合土壤改良采用条沟法施肥时,根据树体大小及栽植密度挖通沟,顺苹果树定植行向挖深 40～60 厘米、宽 50 厘米的条沟(图 6.1)。第二年在另一侧挖沟,以后再挖沟时应从先前条沟外缘再向外挖,这样几年时间全园就可结合施基肥全部深翻改土一次。

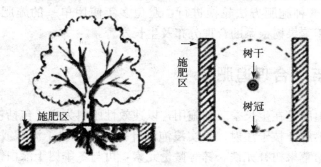

图 6.1　条沟施肥方法示意图

(3) **全园撒施**　成年果园和密植果园,由于根系已遍布全园,可采用撒施法。先把肥料特别是有机肥均匀撒在地面上,然后翻入土中,翻深 20 厘米左右即可。

（4）放射状沟施　即在树冠下，距树干 0.5～1 米处向外挖 4～6 条以树干为中心呈放射状的施肥沟。放射状沟内窄外宽20～40 厘米，内浅外深 30～40 厘米，将肥料和土混匀后施入沟内覆土（图6.2）。施肥沟的位置最好隔年或隔沟更换，以扩大施肥面。

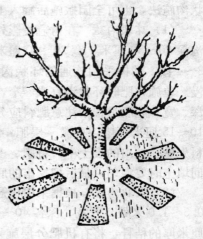

图 6.2　放射沟施肥方法示意图

（5）集中穴施　在树盘周围或树盘中开深 50 厘米，直径30～40 厘米左右的穴，数量因施肥数量而定，一般大树5～6 个穴，小树 3～4 个穴。然后将土、肥按照 3∶1 的比例混匀后，填入穴中。施肥穴要逐年更换位置，以使树下土壤逐年得以改良。

苹果园施肥过程中，每年的施肥方法也要轮换进行，一般最好 2～3 种施肥方法轮换进行，避免多年使用单一的施肥方法，不利于苹果树根系的合理分布及生长发育。

五、合理追肥

追肥是在生长季节的施用，以速效性肥料为主，包括枝干涂抹或喷施、枝干注射、果实浸泡和叶面喷施。枝干涂抹或喷施，适于给苹果树补充铁、锌等微量元素，可与冬季树干涂白结合一起做，方法是在白灰浆中加入硫酸亚铁或硫酸锌，浓度可以比叶面喷施高些。树皮可以吸收营养元素，但效率不高；经雨淋，树干上的肥料渐向树皮内渗入一些，或冲淋到树冠下土壤中，再经根系吸收一些。枝干注射可用高压喷药机加上改装的注射器，先向树干上打钻孔，再由注射器向树干中强力注射。用于注射硫酸亚铁（1%~4%）和螯合铁（0.05%~0.10%）防治缺铁症，同时加入硼酸、硫酸锌，也有效果。土壤施肥效果不好时，可用树干注射。

1. 追肥的原则

①因树追肥 根系吸收养分以后，养分会优先运往代谢最活跃的部位，并进一步促进这个部位的生长发育。如新梢旺长时追肥，肥料多进入新梢旺长部位，会进一步促进旺长；梢叶停长后，旺长部位的优势减弱或消失，追施的养分向各器官分配的比较均衡，对树冠的弱势部位（如短枝）辅养作用就相对大些，有利于芽的分化。所以，施肥必须与植株生长类型相结合，生长较弱的树，包括"小老树"，为了加强枝叶生长，应当着重在新梢正在生长时供应养分，最好在萌芽前，新梢的初长期分次追肥，以氮肥为主，追肥结合灌水，促进新梢生长，使弱枝转强。生长旺而花少或徒长不结果的树，为了缓和枝叶过旺生长，促进短枝分化芽，应当避开旺长期，而在春季新梢停长期追肥，同时注意磷钾肥的施入。

追肥是解决果树缺素的重要手段，苹果生长发育过程中表现出的营养缺素症状可直观地判断出来（苹果主要缺素症见表6.3），这是确定追肥种类的重要依据。

表 6.3 苹果营养缺素症状

元素	叶片缺素症状	枝梢缺素症状	果实缺素症状	其 他
氮	色淡，黄绿~黄色；老叶黄化脱落，嫩叶小而红；叶柄、叶脉变红	短而粗，僵硬而木质化，皮呈红褐色	果小，早熟早上色，色暗淡不鲜艳	
磷	小而薄，暗绿色，叶柄、叶脉变紫；叶片紫红色斑，叶缘月形坏死斑	新梢基部叶先表现缺磷症	色泽不鲜艳，含糖量降低	花芽形成不良，抗逆性弱

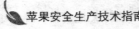

（续）

元素	叶片缺素症状	枝梢缺素症状	果实缺素症状	其 他
钾	色淡黄～青绿，边缘向内枯焦、皱缩卷曲，挂在树上不脱落	细弱，停长早，形成许多小花芽	果小、着色差，含糖量降低	老叶先表现
钙	叶小，有褪绿现象，嫩叶先表现，出现坏死斑，叶尖、叶缘向下卷曲	小枝枯死	不耐贮藏，生理病害如水心病、苦痘病多	根停长早，短而膨大，强烈分生新根
镁	叶薄色淡，叶脉间失绿黄化，叶尖、叶基绿色，失绿由老叶向上延伸到嫩叶	枝细弱易弯，冬季可发生枯梢	果实不能正常成熟，果小色差无香味	
铜	出现坏死斑和褐色区域	反复枯梢，形成丛状枝		
铁	嫩叶先变黄白色，仅叶脉为绿色的细网状，叶片上无斑点	生长受阻，树势衰弱	坐果少	花芽分化不良
锰	老叶发展到嫩叶失绿黄化，由边缘开始，沿叶脉形成一条宽度不等的界限，严重时叶片全部变黄			缺锰叶片呈等腰三角形
锌	小叶片，新梢顶部轮生、簇生小而硬的叶片	中下部光秃	病枝花果少、小、畸形	
硼	叶变色、畸形	枯梢、簇叶、扫帚枝	缩果病，表面凹凸不平、干枯、开裂	受精不良，落花落果严重

②因地追肥 果园土壤是影响土壤追肥的重要因素。砂质土壤肥水不易保持，追肥时应遵循少量、多次的原则，多施有机态肥和复合肥，雨季后可少量追施氮肥以弥补淋溶损失。黏质土壤保水保肥能力强，但是透气性差，追肥时则应该减次增量并多配合有机肥施入，以提高肥料的有效性。盐碱度较高的土壤上，当

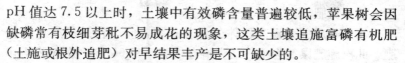

pH 值达 7.5 以上时，土壤中有效磷含量普遍较低，苹果树会因缺磷常有枝细芽秕不易成花的现象，这类土壤追施富磷有机肥（土施或根外追肥）对早结果丰产是不可缺少的。

2. 追肥时期 不同物候期对肥料的需求量也有差异，即使基肥施用量充足，由于其肥效平稳、缓慢，所以仍有必要进行补充施肥。追肥时期及次数亦应依土质、树龄、树势等因素确定，一般一年追肥 2~3 次，具体时期可从以下几个阶段选择确定：

①花前肥 以氮肥为主。因树体萌动、开花、展叶、新梢生长等一系列发育过程均需大量的营养成分，而此时土壤温度较低，根系的活动、吸收能力较差，所以消耗的养分大部分为树体自身贮藏的营养。如氮素供应不足，即会影响新梢的正常生长，还会导致落花而降低产量，故应及时补充。对树势衰弱的盛果期树，此次追肥尤其重要；而对幼旺树可省去此次追肥。

②花后肥 此次仍以氮肥为主。因为此时正值幼果形成并迅速膨大、新梢旺盛生长、叶幕形成时期，树体需要氮肥较多，如树体营养不够，又不能及时补充，则不利叶片的生长，降低其光合能力，从而影响坐果，严重时还会造成大量落果。因而，花后及时追施氮肥，可以促进新梢生长，叶变大，叶色变深，有利于坐果。

③花芽分化及果实膨大期 此时中、短梢停止生长，花芽开始分化，同时果实处于膨大期，追肥对花芽分化及果实膨大具有明显的促进作用。此时追肥，要注意氮、磷、钾肥适当配合，最好追施三元复合肥或者全元素肥料。特别注意氮肥的施用量不宜过多，尤其是新梢粗壮、结果量小的幼旺树，高氮会促使新梢徒长，造成树冠郁闭，影响花芽分化，亦不利于树体贮藏营养的积累。

④果实发育期 为提高果实品质及增强果实的耐贮性，此次追肥应以磷、钾肥为主。而对晚熟品种，由于其果实发育期长，为解决果实发育和花芽分化对树体造成的营养缺乏问题，可适度

加入部分氮肥。

⑤采收后 为提高树体的营养积累，应当在采果后立即施肥，此次施肥以氮为主，结合施有机肥，每 667 米² 撒施尿素 10 千克，结合稀薄清粪水施入。可以采用根外追肥的方式，0.5% 尿素＋0.3%磷酸二氢钾每 10～15 天一次，连喷 2～3 次。

3. 追肥方式 追肥是在生长季节的施用，以速效性肥料为主，主要包括土壤追肥和根外追肥两种方式。

(1) 土壤追肥 土壤追肥方法有放射状沟施、穴施和灌溉施肥等。放射状沟施是在距树干 0.5 米处向外挖 4 条放射状沟，沟深 15～20 厘米，沟宽 20 厘米，长度达到树冠外缘。追施化肥时应将化肥与沟底土壤混匀，以避免沟中浇水时将化肥冲到局部，引起根系局部肥料浓度过高，造成肥害，"烧伤"根系。穴施是在树冠下挖 6～8 个洞穴，深 15～20 厘米，撒入速效性肥料，干旱情况下于每个穴中浇水 5～10 千克。灌溉施肥是把肥料溶于水中，通过喷灌和滴灌系统，随水均匀散布于土壤中。灌溉施肥具有供肥及时、均匀、不伤根等优点，同时不破坏土壤结构，节约化肥用量。

(2) 根外追肥 根外补肥是营养物质通过叶片、树干等的气孔和角质的吸收进入组织内，可以弥补根系吸收不足或作为应急措施，根外补肥不受新根数量的多少和土壤理化特性等因素的干扰，有利于更快的改变树体的营养状况，包括叶面喷施、枝干注射、枝干涂抹或喷施和果实浸泡等。

叶面喷肥是将一定浓度的肥料营养液喷洒在苹果树体上，通过叶、果、枝等直接吸收进入树体。叶面喷肥具有简单易行、肥效快、用量少等优点，能解决土壤对一些元素的生物、化学固定问题，对于缺素症的矫治具有良好的效果。枝干注射是将营养元素配制成溶液，用高压喷药机加上改装的注射器，先向树干上打钻孔，再由注射器向树干中强力注射。用于注射硫酸亚铁（1%～4%）和螯合铁（0.05%～0.10%）防治缺铁症，同时加

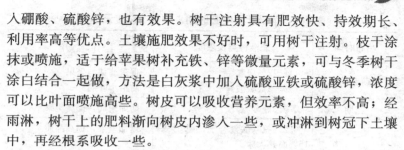

入硼酸、硫酸锌,也有效果。树干注射具有肥效快、持效期长、利用率高等优点。土壤施肥效果不好时,可用树干注射。枝干涂抹或喷施,适于给苹果树补充铁、锌等微量元素,可与冬季树干涂白结合一起做,方法是白灰浆中加入硫酸亚铁或硫酸锌,浓度可以比叶面喷施高些。树皮可以吸收营养元素,但效率不高;经雨淋,树干上的肥料渐向树皮内渗入一些,或冲淋到树冠下土壤中,再经根系吸收一些。

叶面喷肥是根外补肥的主要途径,可供叶面喷施的肥料有多种,应根据树体需要加以选择。喷肥时间最好在阴天或晴天的早晨和下午进行,温度 18~25℃ 最合适,这时肥料在叶片上较长时间保持湿润状态,延长吸收时间。气温过高,溶液很快浓缩,降低肥效甚至会产生肥害,应避开高温时间喷肥。喷肥要求叶片正面、背面都要喷到,有些叶面肥需要特别喷洒果实、枝条等部位以促进吸收。叶面喷肥混合种类不宜超过 3 种,若几种叶面肥混合时,每种的浓度应按比例减少。叶面喷肥可结合喷药同时进行。喷肥浓度不宜过高,一般为 0.1%~0.5%,最高不超过 0.5%,否则易发生叶面损伤。

叶面喷肥适宜的氮素肥料有尿素、硫酸铵等,其中以尿素为好,尿素极易透过细胞膜进入细胞内,并具吸湿性,利于叶片吸收。尿素还可与石灰、波尔多液、石硫合剂等农药混用。磷素肥料有磷酸铵、过磷酸钙、磷酸二氢钾等,其中以磷酸铵效果最好;钾素肥料有硫酸钾、磷酸二氢钾等,以磷酸二氢钾的效果为好;其他肥料如硼砂、硫酸亚铁、硫酸锌、钼酸铵、硫酸锰等也适合进行叶面喷施。

苹果树通常全年叶面喷肥 4~5 次,一般生长前半期 2 次,以施氮为主,尿素浓度宜为 0.3%~0.4%;生长后半期 2~3 次,以施磷、钾为主,磷酸二氢钾浓度宜为 0.3%~0.5%,尿素可为 0.5%~0.7%。最后一次距果实采收时间不少于 20 天。苹果叶面喷肥时期、种类、浓度及作用参见表 6.4。

表 6.4　苹果叶面喷肥时期、种类、浓度及作用

喷布时期	肥液种类及浓度	作　用
萌芽前	1%～2%尿素	促进萌芽与坐果
	1%～2%硫酸锌	防治小叶病
花期	0.3%硼砂	防缩果病，提高坐果率
落花后至果实套袋前	0.2%氨基酸复合肥，或5%～15%腐熟人尿	增加坐果，提高品质
	0.1%～0.3%硫酸亚铁、柠檬酸铁，或黄腐酸二铵铁	防失绿症
	0.3%氯化钙、高效钙	防缺钙症及果实苦痘病
	0.3%硼砂	防缩果病
采前约1个月	0.3%～0.5%磷酸二氢钾或3%～6%草木灰（浸出液）	促进着色和叶片健壮
	0.3%氯化钙、高效钙	防止缺钙及果实苦痘病
采后至落叶	3%～6%硫酸锌	防治小叶病
	0.8%～1.0%尿素	促进叶片健壮，防止早衰

六、根据树龄施肥

1. 幼龄树施肥　尚未结果的幼树处于扩大树冠的营养生长时期，新梢生长量大。对于苹果幼树，施肥要以促进新梢抽发与生长、尽快形成丰产树冠为出发点。给幼树施肥要以速效氮肥为主，并结合新梢的生长发育，多次施肥。

幼树根系不发达，要按照"勤施淡施，次多量少，先少后多，先淡后浓"的原则施肥，同时增加磷钾肥，以增强树势。施肥间隔的时间要短，浓度要淡，次数要多，肥量要少，随着树龄的增大而渐次增多、增浓。施肥次数，多的一般每年施肥 4～5次，主要结合新梢的抽发施入，一般基肥于 9～10 月施入，追肥在 3 月、5 月、7 月进行。肥料种类以腐熟清粪水和氮素化肥为主，配合少量磷钾肥。

苹果树对氮肥较敏感，施氮过多，容易徒长，延迟进入结果期，应根据树势状况注意对氮肥的控制。苹果幼树每株每年纯氮施入量通常为 0.135～0.270 千克，相当于尿素 0.293～0.587 千克。一般 1～2 年生树，3 月初至 5 月底每隔 40～50 天施一次速效氮肥，每次每株施腐熟人畜粪尿 15～20 千克或尿素 20～30 克，以促进枝叶萌发和生长。6 月初至 8 月底，每隔 40～45 天，施一次氮磷钾全肥，每次每株施三元复合肥 30～40 克，以促进枝梢发育老熟充实。3～5 年生树，在 2～8 月每隔两个月追肥一次，依然前期以氮为主，钾为次，磷再次，中后期施氮磷钾三元复合肥，但肥量应随树龄的逐年增大而同步增多。氮磷钾全年的施用比例，以 1：0.7：0.8 为宜。每年 4 月和 6 月各喷一次 300～350 倍硼砂，促其提早投产。进入第四年生长后，应用全环沟或半环沟扩穴方式施基肥。

2. 初结果树施肥 从开始结果到盛果期前的这段时间，一方面树冠继续扩大，分枝不断增加，根系也继续扩展，另一方面结果量随着树龄的增长逐渐增加。生长过旺会影响结果，结果过多又抑制树体生长。在施肥管理上，不仅要保证抽发足够数量和长度的新梢，而且要保证开花、坐果、果实生长对各种营养元素的需要。

给初结果树施肥，要注意各种营养成分的合理配比，并随着树龄的增大而增加施肥量。刚开始结果的苹果树，氮肥可按每年每株 0.25 千克，5～6 年以上苹果树按每年每株 0.5 千克施用，氮磷钾比例为 2：1：2。对于沙土地上的金冠苹果，每年每株宜施氮 0.25～0.50 千克，相当于尿素 0.54～1.08 千克；对于棕壤上的元帅系和富士系苹果，每年每株宜施用 0.5 千克氮左右，折合尿素 1.08 千克左右。

3. 盛果期施肥 进入盛果期，维持树体营养生长与生殖生长的平衡是果园管理的重要任务。在施肥上要保证各种营养元素的平衡供给，既要防止偏施氮肥而造成徒长，花芽分化不良，坐果能力差，又要避免施肥不足而产生大小年结果，并进而加快树势衰退。为配合生长和结果对养分的需要，在发芽前后要以追施氮肥为主，促进枝梢生长健壮；到枝梢旺盛生长的后期，应适当控制氮素供应，配合施用磷钾肥，以保证幼果发育和枝叶生长对养分的需求；在花芽开始分化时，要保证氮肥供应以满足花芽分化的需要。

对盛果期大树，一般每年施肥 4 次，全年所需氮磷钾比例约为 1∶0.85∶0.9。第 1 次施肥在萌芽开花前的 3 月中下旬，每株施腐熟人畜粪尿 100～120 千克，或尿素 0.35～0.4 千克，以促进发叶抽梢、开花结果，提高坐果率和产量。在 4 月底 5 月初施入花后肥，每株施尿素 0.3～0.5 千克和硫酸钾 0.2～0.3 千克。在 7～8 月份果实迅速膨大期，每株需施入氮磷钾三元复合肥 0.8～1 千克，以促进幼果发育，提高品质。基肥在中熟苹果采收后的 9 月份施入，一般每株施腐熟厩肥 80～100 千克，过磷酸钙 3～4 千克，硼砂 0.1 千克。

除土壤施肥外，在不同生育期，根据生长与结果的需要，可配合根外施肥，及时补给果树养分。比如，定期喷布 0.2%～0.3%尿素、0.3%～0.5%磷酸二氢钾、0.3%～0.5%硫酸钾等，以促进新梢生长、提高坐果率和增进品质等。可结合喷施农药，在溶液中加入一定数量的锰、镁元素，以补充微量元素；一般硫酸锰的加入量占总溶液的 1/3 500，硫酸镁占总溶液的 1/2 500～3 000。同时，注意在盛花期喷布 0.3%左右硼砂溶液。

七、苹果营养失调及其矫治

苹果正常生长不仅要求树体中各种营养元素保持一定浓度，而且要求各元素间有一定的比例。营养元素含量不足、过多或比例失调等均会产生营养障碍，引起各种生理病害。营养元素失调时，树体、枝、叶、花、果等器官表现出的特殊外部症状，可以

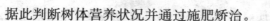

据此判断树体营养状况并通过施肥矫治。

1. 苹果氮素营养失调及其矫治　苹果树对氮素的需求量较大,氮素充足则根系和枝叶健壮,叶色浓绿,开花坐果正常,产量高,品质好。否则氮素供应不足,果树的生长发育和产量品质就会受到严重影响。氮素供应过多,造成氮素过剩,会使果树叶片变大、颜色变浓、多汁嫩弱,枝梢徒长,只生长不结果,抗病能力弱,果实品质差,发现这种情况要及时减少氮肥施用。氮素供应不足时,植株生长矮小,新梢生长量小,枝条细,叶色变淡、呈黄绿色,薄而小,老叶变为橙红色或紫色,脱落较早,花芽瘦小,落花落果、果实单果重降低。如果长期缺氮,则树势衰弱、植株矮小,甚至不能结果。缺氮果树,应土壤补施速效性氮肥,叶面喷布 $0.3\%\sim0.5\%$ 尿素水溶液,每隔 $5\sim7$ 天喷 1 次,连续喷 $2\sim3$ 次。

2. 苹果磷素营养失调及其矫治　磷主要分布在果树的花器官、新梢、新根生长点等细胞分裂的活跃的部位,与细胞分裂活动有密切关系。充足供磷,可促进果树根系发育、新梢生长和花芽分化,提高坐果率,并能降低果实酸度,增加糖分,还促进镁、锰、钼的吸收,但影响树体对氮、铁、锌、铜以及硼的吸收。如果树体缺磷,会导致新梢生长细弱,根系伸长受阻,树体对其他营养元素的吸收减少,花量减少,果实易脱落,果实品质下降。当磷素供应过剩时,会提高树体对锌的需求,如不能及时补充即表现缺锌。缺磷时,引起树势衰弱,花芽分化不良,叶小而薄,枝条细弱,叶柄及叶背的叶脉呈紫红色;首先老叶表现症状,叶片呈青铜色,叶脉带紫红色,叶尖和叶缘焦枯,严重时整个叶片为紫红色;新梢变短,甚至枯死。另外,应当注意过多使用氮肥会引起缺磷,但磷素过高时又会影响氮和钾的正常吸收。矫治磷素营养失调主要通过调节磷肥的用量和提高磷的可溶性来实现。

3. 苹果钾素营养失调及其矫治　钾素是多种酶的活化剂,

对碳水化合物、蛋白质、核酸等的代谢以及物质运转分配起重要作用。钾元素以离子状态存在于树体细胞液中，移动性较强。果树对钾的需求量仅次于氮素，钾对果实膨大和果实品质形成影响很大。钾素过剩会影响氮、钙等元素的正常吸收，枝条不充实，果实肉质松软，严重影响耐贮性。缺钾时，叶片边缘失绿变褐甚至焦枯，果实变小，果实品质和耐贮性下降；缺钾还会影响枝条加粗，使新梢细弱，顶芽滞育而出现"枯梢"现象。沙质土或有机质含量少的土壤上易表现缺钾症状。通过调节钾肥的用量和提高土壤钾的有效性可有效矫治钾素营养失调。

4. 苹果钙素营养失调及其矫治　钙对根系生长和果实发育等有重要作用，适量的钙素可增强树体抗性，减轻 K^+、Na^+、H^+、Mn^{4+}、Cl^- 等离子的毒害作用，有利于树体对氮素的正常吸收。钙过多会使土壤呈碱性而板结，导致 Fe、Zn、P、Mn 等元素变成不溶性物质，进而造成树体其他的缺素症。钙在土壤中常被固定，不易被根系吸收；土壤中 N、K、Mg 较多时，也影响钙吸收，同时钙素在果树体内不易移动和再利用，苹果树体和果实缺钙现象时常发生。树体缺钙时，苹果新根粗短、根尖枯死、吸收能力降低，严重时叶片变小，枝条枯死；果实缺钙易裂果，贮藏寿命缩短，易诱发苦痘病、痘斑病和水心病等多种生理性病害。

苹果苦痘病又称苦陷病，是在苹果成熟期和贮藏期常发生的一种生理病害。症状表现为果皮下果肉首先变褐，干缩成海绵状，逐渐在果面上出现园形稍凹陷的变色斑，病斑在黄色或绿色品种上为暗绿色，在红色品种上为暗红色；后期病变部位果肉干缩，表皮坏死，显现凹陷的褐斑；病部果肉有苦味。苹果痘斑病在浅山、丘陵地带果园发生较重，自采收前开始出现症状，到贮藏期继续发展，易被腐生菌感染而使苹果腐烂。此病在果实阳面症状明显，以果点为中心，果面出现疏密不均的小斑，直径多在1毫米以内，其周围出现紫红色晕圈，影响果实外观。痘斑病与苦痘病区别在于痘斑病果皮首先变色，而果肉组织此时是白色或变色很浅；而苦痘病是果肉先变色，呈海绵状，变色较深，果面发生病斑的范围较大。

偏施、晚施氮肥、果实生长期降雨量大，浇水过多，都易加重果实缺钙。防治果实缺钙病害应对苹果树多施有机肥，防止偏施和晚施氮肥，注意雨季及时排水，合理灌水。常年病重果园，可在盛花后 3～5 周以及生长中后期喷施氯化钙、氨基酸钙等钙肥，每隔 20 天喷 1 次，共喷 3～4 次。气温高时要防止烧叶，可改喷硝酸钙。最好是采用秋施基肥时增施骨粉及增加有机质又补充了钙，叶面喷氨基酸钙效果较好，喷洒时间在花芽分化后 1～4 周，可喷 2～3 次。

5. 苹果镁素营养失调及其矫治　镁是构成叶绿素的核心成分，植株缺镁时，叶绿素不能形成，叶片失绿。镁在树体内的移动性较强，缺镁失绿症通常出现在老叶上。镁对体内磷的移动具有促进作用，缺镁常会导致磷含量降低，使果树生长发育受阻。若土壤中的钾、钙供应量过高，会抑制果树对镁的吸收，易导致缺镁症。镁对果树产量影响较明显，但对果实品质影响不突出。适量供镁能增大果个、提高品质，但镁过多影响钙素的正常吸收。缺镁时，叶片表现失绿，严重时还会造成早期落叶，进而使枝梢生长缓慢甚至滞育。缺镁的叶片自枝条下部开始出现，严重时从枝条的下部向上逐次提早落叶。一般沙质土壤发病较为普遍，水涝及磷钾肥过量亦会引起树体缺镁。矫治镁素营养失调主要通过调节硫酸镁的施用量和平衡施肥来实现。

6. 苹果锌素营养失调及其矫治　锌与生长素的合成有关，苹果叶片锌适宜范围为 15～50 毫克/千克。缺锌会使叶片变小，并呈簇状，即所谓的"小叶病"，一般与缺铁病同时发生；严重时会造成落叶。一般情况，在沙地、盐碱地和瘠薄的土壤上种植苹果树，易发生"小叶病"。在新开垦的山荒地定值的幼树，早春干旱严重时，易出现缺锌死树现象。土壤中铜、铁、锰、钙过量也会有影响，尤其是磷含量高，会抑制锌吸收，强光照与重修剪也会加重缺锌症状。土壤有效性的含量，受土壤 pH 值的影响较大，当 pH 值提高时，有效锌含量减少。缺锌多发生在 pH＞6 的土壤上；在石灰性土壤中，因碳酸盐对锌的吸附作用而降低锌的有效性，因此，石灰性土壤中有效性含量小于 0.5 毫克/千克时，果树通常会缺锌。土壤有机质对锌的螯合作用也能降低锌的有效性。

萌芽前喷 3‰～5‰的硫酸锌是防治小叶病的关键，喷施残效不大，可每年重复施用。对容易发生小叶病的果园，即使不出现明显的缺锌症状，也最好在每年早春萌芽前和秋季采后到落叶前喷布较低浓度的硫酸锌，一般萌芽前喷浓度为 1‰～2‰的硫酸锌，秋季叶喷浓度为 0.3‰。喷硫酸锌时注意，喷布机油乳剂前后各 3 天内不可喷布硫酸锌，否则容易发生药害。缺锌严重的园片要结合叶面喷施，在秋季向土壤施入锌的螯合物。已经发生小叶病的植株和枝条不宜重剪。

7. 苹果硼素营养失调及其矫治　硼与开花结果有密切关系，花粉形成与花粉管的生长都需要硼。缺硼会使根尖木质化，叶片稀疏、黄化，新梢、小枝顶端生长点枯死，并向下枯萎，严重时甚至会造成多年生枝的死亡；开花不良、坐果率降低、裂果或果面呈凹凸状，果肉木栓化。修剪过重、氮肥过多引起的徒长、结实过多等也会引起缺硼症。硼过量也会产生毒副作用，如秋季未经霜冻，新梢末端叶片即成红色。

一般认为土壤有效硼含量为 0.5 毫克/千克为土壤缺硼的临界值。叶面喷硼可缓解轻度缺硼症状，一般萌芽前可根外喷 1‰硼酸或 1.5‰硼砂，花期或花后 2 周以及养分回流期喷 0.3‰硼酸或 0.5‰硼砂。缺硼严重时，最好结合秋施有机肥施硼肥，幼树秋施每株为 50～150 克硼砂，结果树每株施 150～250 克硼砂可维持 3～5 年的效应。

8. 苹果铁素营养失调及其矫治　铁与植株氧化还原、呼吸、光合作用以及氮素代谢有重要关系。缺铁时,首先是新梢顶部的幼叶和短枝嫩叶先从叶脉间开始失绿,随之叶脉也失绿,变成黄色,故又有"黄叶病"之称。严重时叶片小而薄,呈黄白乃至白色,并形成不规则的坏死斑或枯边,随之枯死脱落;整株缺铁时枝梢滞育、细弱,并可出现枯梢现象。

果树缺铁在土壤 pH 较高的地区普遍发生,因碱性条件使土壤有效铁含量很低。发生缺铁黄叶病后,喷施 0.3%～0.5% 的硫酸亚铁溶液,或喷 0.05%～0.1% 柠檬酸铁或 0.3%～0.5% 黄腐酸二胺铁,每 2 周一次,连喷 2～3 次;秋施基肥时,每株加施 2～4 千克硫酸亚铁,施用时先与 100 千克腐熟良好的牛马粪加水 10 千克混匀,再按要求施入根系周围;采用生草制,可以增加土壤中铁的有效性。为有效地矫治缺铁失绿症,要多施用生理酸性氮肥,施用充分腐熟的有机肥,慎用磷肥。

第七章

蓄水保土，科学灌排

在我国苹果产区，多数地方降雨量比较少，自然降水时间与果树需水规律不相适应，往往大量需水时无降雨，而需水少时，降雨却集中到来。同时，许多果园建在山地，而山地坡度高，地形陡，水土流失严重，若遭遇暴雨（尤其是与台风相裹挟的暴雨），很易发生土壤冲刷和崩塌。

水与土紧密相联，保住降雨，防止流失，既可保证旱季有水可用，又能防止土壤侵蚀。因此，蓄水保土是苹果生产中的重要工作，尤其在干旱地区，蓄水保土是果园管理的首要任务之一。

"收多收少在于肥，有收无收在于水"。我国苹果产区大多水资源缺乏，在实际生产中，要充分利用自然降水，搞好节水灌溉，并从土壤出发，研发和应用各具特色的保水和灌水技术，以满足苹果对水分的需求。此外，在多雨季节和容易积水的果园，要注意排水防涝。

第一节　果园蓄水保土技术

一、果园蓄水保土的一般方法

我国大多数苹果树栽植在山坡、沟谷和丘陵地带，易受雨水冲刷，常使土层瘠薄，肥力减退。为保障苹果生产正常进行，必须采取措施，蓄水保土，提高地力。蓄水保土方法或方式很多，在实际操作中可以根据当地土壤、地势、气候等的情况，采取相应办法。下面将介绍几种常用的蓄水保土方法：

1. 等高栽植 就是按等高线在坡面上横向栽植果树，它适用于横向耕作和自流灌溉，而且可以减少冲刷。坡地新建果园，实施等高栽植也有利于成园后的土壤耕作和进一步机械化作业及水土保持工程建设（详细内容见第四章）。

2. 果园生草 主要针对果树行间的裸露地、边坡、路肩、路面等地区，宜选择生长旺盛、矮生或匍匐覆盖严密的草类，该草类应易于栽植管理，且不与果树互为病虫害媒介（详细内容见第五章）。

3. 中耕保墒 生长期对果园土壤进行疏松、锄草等耕作措施，疏松表层土壤，切断毛细管水分的上升，减少地表蒸发；并能改善土壤通气，利于雨水渗入，增加蓄纳；同时中耕可提高地温，加速养分转化，消除杂草，减少水分和养分的消耗。春季中耕宜早宜浅，尽早消除杂草，并进行耙压；夏季雨后立即中耕可减少水分蒸发；秋季中耕能减少地表径流，增加储水能力。

4. 树盘覆草 树盘覆草是一项经济、便捷、省工的蓄水保墒技术措施，可以充分利用地边杂草和各类作物秸秆，能够增加土壤有机质含量，改良土壤结构，提高土壤肥力。覆草以后，果园的蒸发量明显下降，土壤水分耗散显著减少，含水量常年比较稳定，除浇封冻水外，全年基本不用灌水；覆草对于干旱、丘陵地区的果园，增产效益更明显（详细内容见第五章）。

5. 覆盖地膜 在果树树盘及树行间覆盖地膜，不仅可以提高并稳定地温，还可保持土壤水分，提高土壤养分有效性（详细内容见第五章）。

6. 穴贮肥水 穴贮肥水技术更适于土层薄的山地和丘陵地以及肥力差、水分不足的苹果园，对山地苹果园保水保肥有良好效果（详细内容见第五章）。

7. 修蓄水带 对于易发生水土流失的坡地果园，可在果园行间上端横向开沟，沟深宽各约 50 厘米左右，然后填草踏实，再回填厚土，形成蓄水带。横向开沟建蓄水带不仅可接纳雨水，防止水土流失，还可增加果园土壤有机质含量。

8. 合理修剪，减少生长冗余　冗余枝叶会消耗大量水分和养分。冬剪时对旺长树采用缓和树势的修剪方式（少短截、多疏除），可以减少营养生长对水分的大量消耗；夏剪时及时抹除多余的萌芽，剪除冗余枝条，严控徒长枝和旺长枝（及时疏除、短截或摘心），可以减少枝叶数量，明显降低水分的蒸腾量。同时，疏除多余的花果，可以减少树体养分水分的无效消耗。

9. 应用各类制剂　土壤改良剂可以改良土壤物理性能，促进团粒结构形成，增强土壤抗蚀性，提高地温和土壤含水量。比如，利用植物油渣、石蜡乳剂等处理土壤，可抑制土壤水分蒸发达 70%～90%，抗旱效果十分明显。蓄水保土主要有保水剂、土壤调理剂、抗蒸腾剂、植物营养剂等。

保水剂是一种超吸水性的高分子聚合物，目前聚丙烯酰胺型和淀粉接枝型两大类。聚丙烯酰胺型，凝胶强度高，在土壤中反复吸水，可有效使用 3～5 年；淀粉接枝型使用寿命最多维持一年。保水剂可迅速吸水变成浆糊状，能够明显改良土壤结构，提高土壤的吸水通透性，增加土壤孔隙度，减少土壤容重。保水剂颗粒吸水膨胀率一般为 350～800 倍，吸水后形成的胶体，具有很强的持水能力，即使施压也不会将水挤出来。将保水剂掺入土壤中后，在树体根际形成一个"蓄水库"。下雨或灌水后可蓄存水分，并牢固的保持在土壤中；干旱时能够释放水分，持续不断地供给根系吸收。保水剂可直接拌土使用，使用量占施入范围干土重的 0.1%～0.3%。拌入后 1～2 周内要充分浇水 2～3 次；如在雨季使用，只浇一次即可。

土壤调理剂也叫土壤改良剂，分为有机、无机以及无机有机型调理剂。有机型土壤调理剂是从泥炭、褐煤及垃圾中提取出高分子化合物；无机型土壤调理剂是由硅酸钠及沸石等为主制成的土壤改良物质；有机无机型土壤调理剂由有机和无机型土壤调理剂混合或化合制成。土壤调理剂具有促进土壤"保水、增肥、透气"的性能，能够改良土壤理化性质及生物学活性、保护根层、减少水土流失、提高土壤透水性、减少地面径流、固定流沙、防治渗漏、调节土壤酸碱度等。通常与肥料混合使用，一般每10千克复合肥加100～150克土壤调理剂拌和后撒施或沟施，或者每50千克有机肥加20～30克土壤调理剂拌和撒施，或者每10千克尿素或磷肥加300～400克拌和撒施或沟施；在下雨前六小时或者在下雨后土壤湿润时施用，会很快产生效果。

树冠喷洒用0.4％磷酸二氢钾及10％的草木灰溶液等营养剂，可补充叶片中钾的含量，提高果树的抗干旱能力；另外，喷洒黄腐酸也能降低叶片的蒸腾强度25％～30％。目前，国内推广应用的抗旱生长营养剂有旱地龙、抗旱型喷施宝、高脂膜等，它们的主要功能是抗旱及促进果树生长，降低功能叶的蒸腾程度，维护树体的水分平衡，具有抗逆、抗病虫和增产作用。在枝条生长旺期喷用多效唑（PP_{333}）等植物生长延缓剂，可抑制枝叶快速生长，减少叶面蒸腾蒸发；喷施蒸腾抑制剂亦可有效降低水分的散失。

二、丘陵山地苹果园蓄水保土技术

1. 扩穴深翻　定植在山地丘陵地的苹果园，往往因栽植时树穴小，根系长不开，就象栽在花盆里，四周是硬土、砾石或石块，既不抗旱，又不抗涝，生长和结果都受到很大的限制，栽后必须逐年扩大树穴。扩穴最好在秋稍停止生长时开始（与早施基肥结合进行）至初冬时结束，工作量大时，也可在早春开冻后到发芽前继续进行，还可在雨季进行。扩穴时，于树冠外沿垂直向外开弧形沟，沟宽80～100厘米，深50～60厘米，长度依树冠大小而定。翻土时，要拣出石块，表土、心土分别放置，达到深度后，要与原栽植穴打通，不留隔墙。填土时，要把土杂肥或秸秆、杂草等与心土混合，或一层有机物料一层土壤回填。深翻后最好能充分灌水，无灌水条件的要做好保墒工作。排水不良的土壤，深翻沟要留有出口，以免沟底积水，影响根系和果树生长。扩穴可两年扩一周和一年扩一周，两年扩一周，即第一年先扩行间（或株间），第二年再扩株间（或行间）。实际操作时，可根据具体情况确定扩穴进度，最好采用两年扩一周的方式，这样伤根少，工作量也不太大。

2. 土地整治

（1）修筑梯田　适用于15°～25°的坡地。修筑时要按计划好的行距沿等高线施工，梯田面要向内倾斜，外高内低。梯田壁有石壁和土壁两种，在取石方便的石质山地可采用石壁，壁面可基本垂直或稍向内倾斜；在取石困难的地方可筑土壁，土壁要夯实，向内倾斜保持70°左右。梯田壁要高出地面20厘米。梯田面上一般可种2行以上的苹果树，行间要作埂，防止雨水冲坏梯田壁。

（2）等高撩壕　适用于8°～15°的缓坡丘陵山区。撩壕时，先除净小区内的杂草小灌木等，然后按栽植行距测出一行行等高线，用石灰标出，再沿等高线挖壕沟；沟深60～80厘米、宽100厘米左右；挖沟时将沟内的底土堆放在外沿，筑成土埂，埂高40厘米、下宽40厘米、顶宽30厘米，以便拦蓄雨水。壕沟内用沟上方的表土和草皮土回填，修成1.5～2米宽、外高里低的台面，台面内侧挖15厘米深的排水沟，以利于大雨时排水。苹果树栽植在台面内厚土处，在两壕间的坡面种植绿肥植物护坡。

（3）挖鱼鳞坑　鱼鳞坑类似微型梯田，适于在坡度过陡、地形复杂、不易修筑梯田或撩壕的山坡挖设。挖鱼鳞坑时，以株距为间隔，沿等高线测定栽植点，并以此为中心，由上坡取土垫于下坡，修成外高内低的半圆形土台（土埂），土埂外缘用石块或土块堆砌。在挖鱼鳞坑的同时，以栽植点为中心挖穴，填入表土

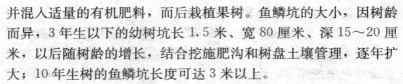

并混入适量的有机肥料，而后栽植果树。鱼鳞坑的大小，因树龄而异，3 年生以下的幼树坑长 1.5 米、宽 80 厘米、深 15～20 厘米，以后随树龄的增长，结合挖施肥沟和树盘土壤管理，逐年扩大；10 年生树的鱼鳞坑长度可达 3 米以上。

（4）垒石坝　适用于沟谷地。可在沟谷内自上而下，每隔 10～15 米筑一石坝，坝内淤土成平台，在台上栽植苹果树。石坝要求坝底宽、坝顶窄，筑坝时要设排水道。

三、平原区苹果园蓄水保土技术

1. 平原沙地果园土壤蓄水改良　栽植于河滩或沙地的苹果园，土壤透气性好和养分分解速度快，根系发达。但土壤一般比较瘠薄、保肥保水力差，易淋溶漏肥，供肥不稳定，易受干旱影响；在肥水大量供应时，容易引起短期新梢旺长，特别雨季更加明显。此外，在沙地果园，苹果树体和根系生长量大，养分和水分耗竭快，生长后期极易出现养分及水分缺乏而导致秋季叶片早衰，不利于树体内营养积蓄。冲积平原沙地土层下常存在淤泥粘板层，雨季易形成较高的假水位，阻碍下层根系扩展；部分地区地下水位较高，常在雨季使下层根系窒息死亡。在沙地苹果园，土壤改良和管理的重点是保肥保水和稳定土壤水分供应。生产中要给沙地果园土壤增施有机肥，可顺树行或株间挖沟埋草，沟深 50 厘米左右，埋草厚度 30～40 厘米；同时进行果园地面覆草或覆膜，在雨季要起垄排水；土壤下层存在粘板层时，要结合深翻熟化打破粘板层。

2. 平原粘地果园土壤蓄水改良　平原粘地果园一般土层深厚，土壤黏重，夏季高温多雨，水分难控，树体常出现长枝比例高、春梢叶小芽秕、秋梢旺长叶片黄化、内膛叶秋季早落等现象；幼树外旺内虚难以成花，即使采用环剥、环割等手段也常难以促进花芽形成。在这样的果园，可采用山东农业大学根系课题组研发的果园"沟草起垄"技术。

"沟草起垄"是将"挖沟埋草"与"起垄覆膜"结合起来的一项技术。该技术首先是"挖沟埋草",即在秋季或春季从树冠边缘处向里挖深 40~50 厘米、宽 30~40 厘米的条沟,条沟可顺行向或在株间挖(或者从据树干 50 厘米处挖放射沟,靠近树干的一端沟深和宽各 20 厘米,远离树干的一端沟宽 40 厘米、深 40~50 厘米,每株挖 4 条沟),然后将轧碎的麦秸(或玉米秸)和有机肥各按照每 667 米² 1 000~1 500 千克的量混合填入沟内,同时将复合肥或其它磷、铁、硼等肥料混入,再向沟中按照每株 200~300 克的量追施尿素,然后灌足水;如果 80 厘米以内的土层中存在粘板层,需要深翻打透,但是麦秸和有机肥仍埋在 40 厘米以上。"挖沟埋草"完成后是"起垄覆膜","起垄覆膜"主要在 6 月上旬雨季到来前进行,也可在春季萌芽前灌水后进行。"起垄覆膜"即从树冠边缘沿行间起垄,然后将地膜覆盖垄上;对于土壤黏重的果园,除行间起垄外还应在树冠下挖 4 条放射沟(规格同上),沟与行间垄沟接通,然后每沟埋入一捆玉米秸,再每沟追施 100 克左右的尿素,回填土,使沟部成屋脊状高出树盘。"挖沟埋草"降低了土壤容重,增加了土壤孔隙度,有利于土壤中层根系的发育;所挖的沟和所埋的草还可起到蓄水保水作用;"起垄覆膜"则有利于表层根系发育以及果园排水防涝。

第二节　果园灌溉技术

一、苹果园合理灌溉的依据

1. 苹果需水规律　苹果生长发育对水的依赖性很大,在不同的生长时期,苹果树对水分的需求有较大差异。春季萌芽前,气温低,耗水量少,苹果树需水不多。萌芽期到开花前,苹果树萌芽抽梢,孕育花蕾,需水较多;如果此期缺水,常延迟萌芽或

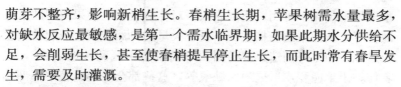

萌芽不整齐,影响新梢生长。春梢生长期,苹果树需水量最多,对缺水反应最敏感,是第一个需水临界期;如果此期水分供给不足,会削弱生长,甚至使春梢提早停止生长,而此时常有春旱发生,需要及时灌溉。

花芽分化期需水相对较少,如果水分过多则削弱分化。开花期需水较少,但如果干旱严重或水分过多,常引起落花落果,降低坐果率。果实迅速膨大期是苹果第二个需水临界期,此时气温高、叶幕厚,果实迅速膨大,水分需求量大,如果水分供应不足会影响果实增大并造成早期落叶。

果实采收前气温逐渐降低,叶片和果实耗水减少,需水量也减少,如果此期水分过多,则会引起后期落果或造成裂果,还易引起果实病害。果实采收后,秋梢生长需要一定量的水分,如果此期缺水会使枝条及根系提早停止生长,影响营养物质的积累和转化,削弱果树越冬能力;但如果供水过多则会引起秋梢徒长,也不利于越冬。冬季休眠期,气温低,没有叶片和果实,苹果树的生命活动降至最低点,根系吸水功能弱,水分需求减少,但冬季干旱缺水则易使枝干被冻伤。

果园灌溉要根据苹果上述需水特点执行,并且灌水要在果树受到缺水影响前进行,而不要等到缺水症状已显露时才灌水;比如,在果实出现皱缩、叶片发生卷曲等才进行灌溉,将对果树的生长和结果造成不可弥补的损失。此外,果园灌溉并不是灌水越多越好,有时适度缺水还能促进果树根系深扎,抑制枝叶生长,减少剪枝量,并使果树尽早进入花芽分化阶段,提早结果,还可提高果实含糖量,改善果实品质等。

2. 当地降雨特点 我国苹果产区主要在北方,一般年降雨量 400～800 毫米,降雨量比较少,而且降水主要集中在 6～8 月份,降雨时期与苹果需要不相适应,春旱、夏涝、秋冬旱的气象特点突出。自然降水时期和降水量与苹果对水分需求的差别不仅不能满足苹果生长结果的需要,还带来许多负面影响。比如,春季干旱不仅无水可用，还限制根系对养分吸收，使果树即缺水又缺营养，从而限制春梢生长；夏季大量的自然降雨会引起秋梢生长过旺，加之降雨造成养分淋失（特别是山区和沙地果园），或者使粘土果园积水造成根系缺氧等，这些都会引起新梢中下部叶片早落，使树体早衰；秋冬旱则消弱秋季贮藏营养的积累和树体的越冬。所以，春季需要及时灌溉，夏季要注意排涝，封冻前灌水不能缺省。

3. 果园水分利用效率　在不缺肥的情况下，果树产量一般随供水量的增加而增加，但产量达到一定水平时再增加供水，产量也不再增加，呈"报酬递减"现象。事实上，水分亏缺并不一定必然降低产量，控制好水分供给还可提高产量和品质。近年研究表明，在果树需水的非敏感期主动施加一定的水分亏缺，优化水量在不同生长发育时期的分配（即"果园调亏灌溉"），可抑制树体营养生长，提高水果的产量和品质；通过"果园隔行交替灌溉"，实施"穴贮肥水"和"地下穴灌"等能够刺激根系吸水功能、激发补偿生长，可提高果树水分利用效率和改善果品产量和品质。因此，为了节约有限的水资源，提高果园水分利用效率，在果树需水的非关键期需要适当控水。

二、苹果树灌水时期及灌水量

1. 灌水时期　苹果树在整个生长期间都需要水分，但一年中各个时期的要求又有所不同。春季浇水可促进新梢生长和花芽的继续分化；夏季水分供应充足，可促进果实发育；秋季施基肥后也应及时灌水，以加速基肥分解，促进苹果根系对养分的吸收。以下是苹果在一年中几个重要灌水时期。

（1）萌芽期　春季是苹果各器官迅速建造时期，各个器官的生长发育、营养物质的运输与新陈代谢的进行，必须有充足的水分供给。春季苹果树萌动期灌水可促进芽子萌动、新梢生长和叶片增大,并有提高坐果率的作用。此次灌水在春旱多风地区尤为重要,一般于花前追肥后马上浇水为宜,宜早不宜晚。在此期需要灌一次透水,使土壤含水量达到田间持水量的 70%～80%。若水分不足,容易造成萌芽延迟,或萌芽不整齐,影响新梢生长。墒情好,利于萌芽长梢,叶片大而展。但水分不宜太多,避免地温升温变缓慢,导致根系活动迟缓。

（2）谢花后和春梢旺长期　落花后正值幼果形成、膨大与春梢迅速伸长,是需水量最大的时期,也是苹果树对水分和养分要求最迫切、最敏感的时期。如果在这一时期供水不足,不仅会造成春梢生长量小,还会造成大量落果及幼果发育迟缓等。新梢旺长期浇水可结合花后追肥进行。

（3）果实迅速膨大期　果实膨大期要保证土壤含水量达到田间持水量的 80%,以满足果实膨大对水分的需要。若这一时期土壤水分充足,那么果实发育快,果形好。该期气温高,蒸发量大,当雨水少时易出现伏旱,影响果实膨大,甚至落果,应及时灌水。当雨季来临,应避免长时间积水,否则会引起秋梢旺长,叶片养分淋失,积水严重时根系呼吸受影响,会导致叶片脱落,树体早衰。

（4）果实采收后　采收前一般不宜浇水,以确保果实品质。而采收后浇水能起到保护叶片、提高光合效率的作用,对恢复树势、增加树体营养及促进根系发育具重要作用,以利于翌年春天树的发芽、开花、坐果。在北方区,此时正值天气干旱的秋季,此次浇水对于维持树势,延长盛果年限具有重要作用;浇水可在秋施基肥后进行。

（5）封冻前　在土壤结冻前灌水称封冻水,此次灌水要充足,利于果树休眠,以保证果树安全越冬。在封冻前需要浇一次透水,以使土壤贮备充足的水分,利于肥料的分解和根系的吸收,从而起到促进树体的营养积累,提高树体抗寒能力的作用,为翌年的生长结果奠定基础。

春梢旺长期灌水和休眠期灌封冻水是全年最重要的 2 次灌水，各地根据水源情况，要优先满足这两次灌水。苹果着色期对水分要求较严，此期土壤干旱和大气湿度过小，不利于果实着色，适度干旱比湿度过大对着色更有利；此期水分过多引起贪青旺长，对着色也不利。采收前水分要稳定，此期水分波动大，易引起裂果，并加重采前落果；若此期水分过多，则降低果实品质，使果实不耐贮藏。

此外，要注意在花芽生理分化期和果实成熟期对灌水进行控制。花芽分化要求一定的细胞液浓度，花芽生理分化期适当控水，将土壤含水量保持在田间持水量的 50%～60%，使春梢生长变缓慢，让全树约 75% 的新梢（生长点）及时停止生长，有利于花芽分化。

2. 灌水量 衡量土壤水分状况的常用指标是田间最大持水量，它是指土壤能保持的最大水分含量。当土壤含水量达到土壤最大持水量的 60%～80% 时，对果树生长发育最为有利。当土壤含水量降低至田间最大持水量的 50% 以下时，就需要灌水。在干旱地区，水资源不足时，应保证果树的需水临界期灌溉，一般果树的需水临界期为果实膨大期，此时灌水的水分生产效率最高。是否需要灌水，可从地表下约 10 厘米处取土，用手捏团判断。壤土类土壤手捏不易成团，手松土壤即散开，粘土类土壤手捏成团，松手后轻轻挤压，土团易产生裂缝，这种情况时土壤相对含水量在 50% 以下，需立即灌水。土壤相对含水量是土壤含水量占田间持水量的百分比，各类土壤的相对含水量可参考表 7.1 和 7.2 计算判断。

表 7.1 土壤各级墒情大致含水量（%）

土壤类型	干 墒	灰 墒	黄 墒	褐 墒	黑 墒
砂土、砂壤土	3	8	12	16	20
轻壤土、中壤土	4～6	8～10	12～14	16～18	20～22

（续）

土壤类型	干 墒	灰 墒	黄 墒	褐 墒	黑 墒
重黏土、黏土	6～8	10～12	14～16	18～20	22～24
感 觉	手捏土时感觉干燥无凉意	手捏土时稍感湿意	手捏土时明显感到湿意	手捏土可成团,手上有水湿痕迹	手握土时可挤出水迹

（注：资料来自陕西果树所《苹果基地技术手册》）

表7.2 几种土壤的容重及田间持水量

土壤质地	容 重	田间持水量	
	（克/厘米³）	重量（%）	容积（%）
砂 土	1.45～1.60	16～22	26～32
砂壤土	1.36～1.54	22～30	32～42
轻壤土	1.40～1.52	22～28	30～36
中壤土	1.40～1.55	22～28	30～35
重壤土	1.38～1.54	22～28	32～42
轻黏土	1.35～1.44	28～32	40～45
中黏土	1.30～1.45	25～35	35～45
重黏土	1.32～1.40	30～35	40～50

（资料来自陕西果树所《苹果基地技术手册》；田间持水量容积%＝田间持水量重量%×土壤容重）

　　果园灌水量因品种、砧木、树龄、土质、气候条件而有所不同。对幼树灌水量要少些,对结果树则可适当多灌水。在沙地果园和保水能力弱的土壤,水分和养分易流失,需要小水勤灌；盐碱地果园应注意防止灌水引起地下水位上升而使土壤返盐、返碱。一般成龄果树一次最适宜的灌水量,应以水分完全湿润根系范围内的土层为原则,一次灌溉浸润土层的深度一般为50～60厘米,水源充足时可达80～100厘米。滴灌、渗灌和穴灌径流少,省水,灌溉量可小一些；而地面灌溉水分流失多,费水,灌溉量要大一些。

目前确定灌水量的方法有以下两种：

①根据土壤的持水量、灌溉前土壤湿度、土壤容重、要求土壤浸湿的深度等确定灌水量。灌水量的计算公式如下：

灌水量＝灌溉面积×土壤浸湿深度×土壤容重×（田间持水量－灌溉前土壤湿度）

此公式计算出的数值，只是理论数值，具体到某一地块，还应当根据当地气候条件（风、日照、湿度等）以及苹果品种、树龄、栽植密度、间作等加以调整，使之更符合作物生长发育的需要。例如，果园漫灌一次大水，每 667 米^{2}约需 60 吨水，其中蒸发、渗漏损失近 2/3，有效期约 15～25 天。

②根据果树需水量确定灌水量，可以按照下列公式计算：

单位面积需水量＝（经济产量×干物质％＋非经济量×干物质％）×蒸腾系数

其中，蒸腾系数又叫作物需水量，是形成 1 克干物质需要蒸腾的水克数，苹果一般为 200～500 克。例如，某苹果园每 667 米^{2}产 2 000 千克，果实含水 85％，枝叶根生长量 1 500 千克，含水量 50％，蒸腾系数 400，则每 667 米^{2}全年需水量为：（2 000×15％＋1 500×50％）×400÷1 000＝420（吨）。

实际灌水量可根据苹果需水量和当地降水量来确定。自然降水中大约只有 1/3 被果树利用，自然情况下，即使降水量比较大的地区，由于降水时间和分布不均，也应酌情补水。干旱地区更需要灌溉，例如，我国西北地区，一年需分 4～5 次灌水，每 667 米^{2}每次需 35～40 吨。在山东地区采用漫灌的果园，667 米^{2}全年的灌水量约为 150～200 吨；采用滴灌时，需水量约为漫灌的 1/3～1/5。

三、果园灌溉方式与方法

果园灌溉必须以既节约用水又有利果树和果实生长发育，还便于园区耕作和机械化作业为原则。根据灌溉区域，果园灌溉方式分为地面灌溉、地下灌溉和立体灌溉。地面灌溉是在地面开沟、分区、铺管、挖穴后灌溉或直接通过地面进行灌溉，该灌溉方式除传统的漫灌外，主要有沟灌、畦灌、穴灌、滴灌、树盘灌、隔行交替灌溉和膜上膜下灌溉。地下灌溉是在地面以下实施灌水的灌溉方式，包括渗灌、地下穴灌、地下管道灌水和蓄水坑灌等。立体灌溉是即浇根系又湿润枝叶的灌溉方式，主要有喷灌、微喷灌和凉爽灌溉等。

1. 传统地面灌溉　传统的地面灌溉主要有漫灌、树盘灌和沟灌三种方法。漫灌一次大水，大约每 667 米^{2}需水 60 吨，其中蒸发、渗漏损失接近 2/3，而且漫灌后大约 3 天影响土壤通气，灌水有效期大约为 15～25 天。漫灌比较费水，还会破坏土壤结构等。

较好的地面灌溉方法是沟灌，即行间开沟，沟深约 20～25 厘米，密植园在每一行间开一条沟即可；稀植园如为黏土可在行间每隔 100～150 厘米开一条沟，疏松土壤则每隔 75～100 厘米开 1 条沟，灌溉时使水顺着沟渗入土中；沟灌土壤浸润均匀、蒸发渗漏量少、用水经济，并克服了漫灌恶化土壤结构的缺点。

2. 普通滴灌　普通滴灌是在水源处把水过滤、加压，经过管道系统把水输至每株果树树冠下，由几个滴头将水一滴一滴、均匀而又缓慢地滴入土的灌溉方式，是自动化程度较高的节水灌溉技术。整个滴灌系统包括控制设备（水泵、水表、压力表、过滤器、混肥缸等）、干管、支管、毛管和滴头。具有一定压力的水，经严格过滤后流入干管和支管，把水输送到果树行间进入毛管，毛管与支管相连，围绕果树设置，毛管上安上 3～6 个滴头。实施果园滴灌时，滴灌次数和水量根据土壤水分和果树需水状况而定，一般 2～3 天灌一次；春旱时，可天天滴灌。每次滴水 3～6 小时，每个滴头每小时滴水 2 千克。首次滴灌要使土壤水分达到饱和，以后土壤湿度经常保持在田间最大持水量的 70%

左右。

　　滴灌技术根据果树需水、需肥等要求，通过低压管道系统与安装在末级管道上的灌水器，将水、肥等以很小的流量均匀、准确、适时、适量地直接输送到果树根部附近的土壤中，是一种局部灌溉新技术，能使根系集中分布区土壤内的水、肥、气、热经常保持在适宜果树生长的良好状态，蒸发损失小，不产生地面径流和深层渗漏，是一种用水经济，省工、省力的灌溉方法，能够使果树根系周围土壤湿润，而果树株行间保持相对干燥。但滴灌需要较高的物力投入，对水质要求也严，而且需要良好的过滤装置；此外，在松散型沙质土壤上，水分垂直方向渗透速度过快而水平方向湿润扩散很慢，范围很小，滴灌只是杯水车薪，难以满足此类土壤的灌溉要求。

　　3. 虹吸袋滴灌　为降低成本促进滴灌技术在果树和林木上的应用，胡玉奎发明了一种"虹吸滴灌袋"。虹吸滴灌袋由 3 个零件构成：储水袋，由高强度塑料膜制成，可贮存 10 升或 20 升水，作为微型水源；虹吸管，一根中空的塑料软管，它的一端（入水口）插入储水袋的水中，另一端（分水口）埋在储水袋外面的土壤中，作为虹吸导流管；浮子，由泡沫塑料制成，它的作用是把虹吸管入水口浮起，并自动跟随水位变化，且把虹吸管入水口限制在可用范围，另外还能控制流速。虹吸滴灌袋必须长时间地、稳定地工作，容积为 10 升的滴灌袋，可连续滴 20～30 天。滴灌所使用的水可能有泥沙、悬浮杂质或漂浮杂质；由于昼夜温差，水中可能产生气泡，这些都有可能引起虹吸管阻塞，必须加以防范。同时滴速要能控制和调节，例如对于新栽的树苗应该慢灌，大树浇水应该快灌。滴灌过程中，储水袋的水位是变化的，从满水到枯水的变化过程中，虹吸管入水口，始终应该处于合理的位置，既不能触底、触壁、也不能冒出水面，保障连续不间断地滴灌。由于虹吸滴灌袋不需要铺设管路，所以对于地形没有什么要求。平原、山区等都可以使用。

4. 普通喷灌 喷灌适于山地、坡地、平地等多种果园。喷灌时把水喷到空中,形成细小水滴落到地面,可调节果园小气候,春寒时预防霜冻,生长季节可冲洗叶片,提高叶片光合效率。

喷灌有固定式和移动式两种。喷灌系统由水源、动力、水泵、输水管道及喷头组成。喷头高度有在树冠上面、树冠中央、树干周围等几种。喷头高于树冠,每个喷头控制的灌溉面积较大,多用高压喷头;喷头在树冠中部,每个喷头只控制相邻4株树的一部分灌溉面积,用中压喷头;喷头在树冠下,一株树有多个小喷头,每个喷头控制的灌溉面积很小,只用低压喷头。喷头在树冠下的又称微型喷灌。

5. 微喷灌 微喷灌是喷灌与滴灌的结合,但比喷灌更省水,比滴灌抗堵塞,供水较快,比较适合山丘果园。微喷灌系统由进水池、水泵房、水泵机组、配电装置、出水池、水过滤器、输水管、调控阀门和喷头等构成,是一个泵水、输水和喷洒的封闭全压力微喷灌系统。果园微喷灌规划、设计和实施,必须因地制宜,泵站应尽可能建在水源充足、水位变化较小、输水管道可以较短的地方。微喷灌的各级管道须沿等高线布置,间距同苹果树行距一致,每株树下固定一个双向折射的喷头,用直径3~5厘米的塑料管与毛管连接,喷头喷水量60升/小时左右,喷洒直径3米左右。微喷灌喷头孔径很小(反射式喷头孔直径为0.9~1.5毫米,旋转轮式喷头孔直径为1~2毫米),为避免喷孔堵塞,进入管道的水必须先行过滤,但比滴灌要求低。微喷头可插在地上或悬在树行内铁丝上。喷水范围可局限在根区,节水幅度很大,能满足山区果园的灌溉需要,且只需漫灌用水量的1/5左右。

6. 细流沟灌 即行间临时灌溉时,由机械开多条沟灌水,随开沟随灌水,并及时覆土保墒。根据沟灌的方式不同又分为行间沟灌、井字形沟灌和轮状沟灌几种形式。间沟灌是在果树行间每隔一定距离开一沟,深20~25厘米。灌后待水渗入土壤中再把沟填平；井字形灌溉就是在株行间纵横开沟，使其成井字形；轮状沟灌适用幼树，即在树冠外缘开一环状沟，并与行间的通沟相连，灌水时由通沟流入各环状沟内。

7. 小畦或树盘灌溉　小畦灌溉可以一株树一畦，或 2～4 株树一畦，畦越小，越节水。小畦灌溉须修筑主渠、支渠和毛渠，影响果园机械作业，适于家庭承包的小果园；也可用软塑料管代替支渠、毛渠，原渠道占地可稍垫高，以便行走机械，克服畦埂与渠埂多而影响机械作业的缺点。树盘灌溉依树冠大小修成直径不同的圆盘坑（一般与树冠大小相似）后，向圆坑灌水，一般多用于幼树园。

8. 膜上和膜下灌溉　膜上灌溉是在地膜覆盖基础上，把以往的地膜旁侧灌溉改为膜上灌溉，水流在膜上流动推进过程中，通过膜上面孔对果树进行灌溉。其特点是供水缓慢，大大减少了水分蒸发和淋失，节水效果非常显著，而且可以结合追肥进行，可根据果树的需水要求调整膜上孔的数量和大小来控制灌水量。在干旱地区可将滴灌放在膜下，或利用毛管通过膜上小孔进行灌溉，称为膜下灌溉。这种灌溉方式既具有滴灌的优点，又具有地膜覆盖的优点，节水增产效果更好。

9. 隔行交替灌溉　传统灌水方法一般是大水漫灌，追求全园充分和均匀湿润，水分利用效率低。20 世纪 90 年代中后期，杨洪强根据根冠信息传递理论提出并设计了一种"果园隔行交替灌溉"方法，水分利用效率比传统漫灌提高了 70% 以上。该方法首先是在果树行内挖"非"字形灌溉沟，"非"字的两"竖"为灌溉总沟（简称"总沟"），"横"为灌溉支沟（简称"支沟"）。总沟与输水渠相联，位于果树行的中央；支沟与总沟相联，位于树冠投影下（树盘），并向内伸至树盘中央。总沟宽度 20～30 厘米，深度 15～20 厘米。支沟宽度 60～120 厘米，深度 45～60 厘米，从上到下分三层，依次是灌水层、填土层和植物材料层，三层高度均为 15～20 厘米。支沟底层的植物材料可以是长度 2～

10厘米的各类秸秆和杂草、木屑、锯末、蔗渣、麦壳、谷糠和粉碎的果树枝条等一种或几种的混合物。

果园第一次灌水通过灌溉沟间隔一行实施。当未灌水行树盘内、距离灌溉支沟40～60厘米处、深30～40厘米土壤层的土壤相对含水量降至30%～40%（在果实膨大期此值为40%～50%）以下时，进行果园第二次灌水，第二次灌水通过第一次未灌水的行间灌溉沟实施。第三次灌水与第一次灌水区域相同，第四次灌水与第二次灌水区域相同，依次交替进行。除果实迅速膨大期外，均在上一次未灌水行的树盘内距离灌溉支沟40～60厘米处、深30～40厘米土壤层的土壤相对含水量降至30%～40%以下时进行灌水；在果实迅速膨大期，当该处土层土壤相对含水量降至40%～50%以下即进行灌水。

该方法不用专门机械设施，材料易得，灌溉方便。采用隔行交替灌溉，始终使根系有一部分处于干旱区域，另一部分处于湿润区域，在不牺牲光合产物积累的前提下，大量减少奢侈蒸腾失水以及全园充分灌溉时的无效蒸腾和蒸发。还通过干旱区域根系产生的根源信使脱落酸对枝条的过旺生长产生抑制作用，使更高比例的同化物用于花芽分化和果实生长，从而提高经济系数。另外，干旱区复水刺激根系补偿生长，促进新根再生和养分吸收，以及合成大量促进花芽分化的细胞分裂素输送到地上部，提高花量和经济系数。此外，该方法在灌溉支沟内40～60厘米处埋设植物材料，利用植物材料吸蓄水分，减少灌溉水向土壤深处渗漏，使更多的水分存留于根系集中分布层，延长了灌溉间隔时间，进一步减少了果园灌水总量。

10. 普通穴灌 即在树冠下挖直径和深度各30～40厘米的简式坑穴，幼树与初果期树的穴距离树干30～40厘米，成龄树穴挖在树冠投影外缘。穴的数量可根据树体大小酌情而定，一般每棵4～8个，基本上与主枝数目相同。穴里面装满杂草或农作物秸秆，踏实后灌满水，穴上面覆盖一小块塑料地膜，用土压好地膜，使其呈外高内低。穴中间扎个孔，留做下次灌水用。每次灌水时，每 100 千克水加适量的人粪尿或 0.2 千克的尿素。一般在缺水的山区果园采用，可节水、节能、减少地表蒸发、改良土壤结构等。

11. 地下穴灌　在灌水过程中，水分通常会由于地面蒸发、径流和渗漏流失，从而减少了直接向根区供水的数量，为解决这些问题，杨洪强等（2008）发明了一种"果园地下穴灌方法"。该方法是将"肥水穴"埋入地下根系分布层，通过向"肥水穴"灌水以解决果园节水抗旱问题，其特征在于在根系分布层埋设"肥水穴"，"肥水穴"由垫底塑料薄膜、掺入肥料的吸水蓄肥材料、被吸水蓄肥材料包裹的碎砖块、插在碎砖块中央的灌水管四部分组成。吸水蓄肥材料是各类植物秸秆和杂草、木屑等，灌水管是各类塑料软管、硬质管，或者去底矿泉水瓶等（图 7.1）。

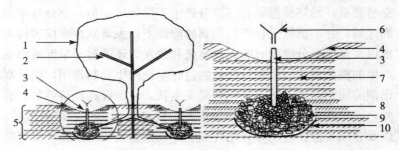

图 7.1　果园地下穴灌示意图（杨洪强等，2008）

图中左是"肥水穴"埋放位置，右是"肥水穴"结构；1 果树树冠外缘，2 果树主枝，3 灌水管，4 凹形地面，5 "肥水穴"埋深 40～60 厘米，6 漏斗，7 回填的土壤，8 碎砖块，9 吸水蓄肥材料，10 塑料薄膜

设置"肥水穴"时，在果树主枝下面、从树冠外缘投影向内 40～60 厘米处，挖直径 30～50 厘米、深度 40～60 厘米的土穴。依次将直径比土穴直径大 10～20 厘米的圆形塑料薄膜铺设在土穴底部，薄膜四周翘起并紧贴穴壁；将吸水蓄肥材料铺放在塑料薄膜上构成吸水蓄肥材料层，使材料层压实厚度达到 25～35 厘

米；将棱长 2.0～3.0 厘米的碎砖块包埋在材料层中上部，砖块堆的直径和高度 10～15 厘米；将孔径 1.5～5.0 厘米、长 20～30 厘米的灌水管插在砖块堆中央；向吸水蓄肥材料层上撒施尿素和过磷酸钙各 100～150 克；将挖出的土回填至与地面平齐，用脚踩实，并以灌水管为中心，做成一个凹形地面，保证灌水管管口高出凹面 5～10 厘米。根据植株大小，每树设 4～8 个"肥水穴"。通过漏斗将水由灌水管灌入"肥水穴"。萌芽前后和果实迅速膨大期每 10～15 天灌水一次，除雨季外，其他时期每 30～40 天灌水一次，每穴灌水 10～20 升，雨季不灌。不进行灌水时，用草团和其他器物将灌水管口堵住。根据追肥需要，灌水时可向"肥水穴"内灌施 0.3%～0.5% 的肥料溶液。

地下穴灌既减少了地面蒸发和径流，又避免了水分向土壤深层渗漏，具有节水抗旱功效。灌水管插在碎砖块堆中，避免了灌水管被泥土堵塞；同时灌水管通过碎砖块将"肥水穴"与地面空气连通，透气性好，这些有利于根系生长。植物材料和碎砖块有一定吸水性和吸肥性，改善了"肥水穴"及其周围养分和水分条件；而由于植物根系具有"趋水性"和"趋肥性"，"地下穴灌"可将根系"圈养"在"肥水穴"及其周围，有利于养分和水分的高效吸收。施肥时可将肥水灌注到"肥水穴"，直接将养分送到根系集中分布区，提高了肥效。

12. 渗灌　渗灌是将渗水毛管埋入地表以下 30～40 厘米，水在压力作用下通过渗水毛管管壁的毛细孔以渗流的形式湿润其周围土壤。渗灌能减小土壤表面蒸发，是用水量最省的一种灌溉技术，也是地下暗管灌溉的一种特殊形式。地埋渗水管分孔口式渗水和全壁型渗水两种，孔口式渗水相当于地下滴灌。将能够向外渗水的泥罐、陶罐等器皿，装水后埋在树冠下面的"皿灌"技术，是全壁型渗水渗灌的一种形式。"皿灌"适应于干旱缺水果园，具体作法是在结果园每株树冠下埋 3～4 个粗制泥罐，罐口略高于地面，春天每罐灌水 10～15 千克，用土块或塑料布盖住罐口，一年施尿素 3~4 次，每次每罐 100 克；在雨季土壤水分过多时，外面的水分还可以从土壤向罐内渗透，从而降低土壤湿度。

在常规的渗灌系统中，地下管道埋设成本高，施工复杂，一旦管道堵塞或破坏，难以检查和修理。为降低地下管道埋设成本及方便检修和设置，杨洪强等（2009）设计了一种"果园渗灌灌水器"，设置渗灌系统时只需将"渗灌灌水器"竖直埋设在果园土壤中就可，大大降低了通过挖沟埋设地下管道的成本；同时，"渗灌灌水器"可直接拔出和插入，检修和设置简便。此外，为防止灌水器微孔堵塞，还通过改变"灌水器四周土壤环境"，创造了一种"防止堵塞的果园渗灌方法"。该方法的特征在于其渗灌系统由铺放在地面的果园输水管和输水支管，以及竖直埋设在土壤中的"果园渗灌灌水器"、灌水器四周的硬质颗粒和硬质颗粒四周的植物材料 5 部分构成（图 7.2）。

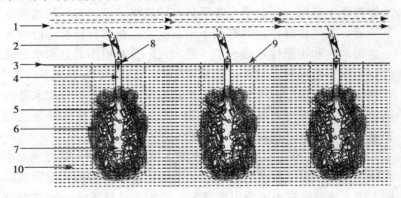

图 7.2　果园竖直渗灌系统布置示意图（杨洪强等，2009）

图中 1 输水管，2 输水支管，3 地面，4 "灌水器"的输水区，5 "灌水器"四周的硬质颗粒，6 硬质颗粒四周的植物材料，7 "灌水器"的渗水区，8 "灌水器"上端，9 土穴，10 土穴四周的土壤

该系统的输水管和输水支管为市售农田灌溉用塑料管，"果园渗灌灌水器"是一种上细下粗、底端为锥形、中部以下设有多个渗水微孔或裂缝的硬质塑料长管，管长 40~70 厘米；管体下

半部分渗水区，长 20～30 厘米，管直径为 2～5 厘米；管体上半部分为输水区，长 20～40 厘米，管直径为渗水区管直径的 1/2 到 2/3；该长管底端封闭并呈圆锥形，上端开口与输水管支管连接。硬质颗粒可以是棱长 0.5～2.0 厘米的碎砖块、陶粒、石砾等一种或几种的混合物。植物材料可以是长度 1～5 厘米的各类植物秸秆、杂草、木屑、蔗渣、麦壳、食用菌废料、谷糠和粉碎的果树枝条等一种或几种的混合物。

埋设"果园渗灌灌水器"时，先在果树树冠外缘投影中部，用土壤打孔机打出或用人工挖出直径为灌水器渗水区直径 3～5 倍、深度比灌水器长度小 4～8 厘米的土穴；然后将植物材料填入土穴，填至土穴的中部时，将"灌水器"插入植物材料中，在插的过程中转动"灌水器"并向四周按压，使"灌水器"与植物材料之间形成空隙，空隙间距与"灌水器"渗水区直径相近，之后向空隙中填入硬质颗粒，填至刚好将"灌水器"的渗水区全部盖住，然后再填少量植物材料将穴内硬质颗粒全部盖上；最后向空隙填土，填至与地面平齐并按压，使"灌水器"上端露出地面 4～8 厘米，注意填土时不要将土壤填入"灌水器"。"灌水器"埋设完成后，将其上端开口与输水支管连接，而输水支管与果园输水管相连通。

13. 蓄水坑灌法　蓄水坑灌法是在树冠下绕树干挖若干个小蓄水坑（深度一般为60～80厘米），灌溉时将水注入坑内，通过坑壁渗入根区土壤，其田间工程包括蓄水坑、蓄水坑固壁设施、环状沟、坑口覆盖及田间输水沟等（图 7.3）。用该方法灌溉，表层土壤含水率降低，土壤蒸发阻力增大，有效减小

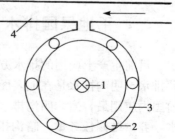

图 7.3　蓄水坑灌示意

（吴能峰等，2007）

图中 1 果树树干，2 蓄水坑，

3 环状沟，4 田间输水沟

了地面蒸发，使水分的有效利用率得到提高；蓄水坑壁面为临空面，使中深层土壤的通透性得到改善，有利于根系呼吸；同时该法中的蓄水坑可以承蓄降雨径流，与蓄水坑相连的田间输水沟堤，沿等高线将坡面分割成若干条带状区，沟堤可以拦截带状区的降雨径流，增加土壤入渗，同时阻断了坡面汇流。因此，蓄水坑灌法可以拦蓄降雨径流，有效地控制水土流失。

第三节　果园排水防涝

骤然大量降雨、上游地区泄洪、地下水异常上升与灌溉不当，常会造成果园长期积水而产生涝害，在地势低洼、地下水位高，排水不良的黏土地果园更易发生。涝害会使根区土壤缺氧，引起根系中毒，使树体未老先衰，造成果实减产，而且比干旱更能加速植株的死亡。因此，果园排水防涝，在生产中要引起注意，在建园栽树前就应把排水问题解决好。同时须注意果园排水不能只排地面积水，对低于地表 0.60～1.0 米根系层土壤积水也要排除；另外，注意在果园设计与建设排水系统时，不要造成水土流失，要将排水、蓄水和保土相结合。

一、平地果园排水

目前生产上应用的排水方式主要有明沟排水、暗沟排水和竖井排水。明沟排水是在地表面挖沟排水，主要排除地表径流，目前国内应用最普遍。明沟排水工程量大，占地面积大，易塌方堵水，养护维修任务重。暗沟排水，多使用在不易开沟的栽植区，一般通过地下埋藏暗管来排水，形成地下排水系统。暗沟排水不占地，不妨碍生产操作，排盐效果好，养护任务轻，但设备成本高，根系和泥沙易进入管道引起管道堵塞，目前国内应用不多。竖井排水是通过挖井抽排井水以降低地下水位的排水技术，更适

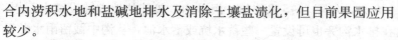

合内涝积水地和盐碱地排水及消除土壤盐渍化,但目前果园应用较少。

在平地果园可通过明沟排水,也可采用暗沟排水,最好明沟和暗沟排水相结合。平地果园排水系统由开挖较深的排水沟网构成,一般呈"井"字形排布。设置排水沟网时,在小区内各树行间挖 50~80 厘米深的小排水沟,小排水沟与支排水沟相通,支排水沟深度约 100 厘米。各小区的积水通过支排水沟汇入主排水沟,最后排出果园,主排水沟深度以 120~150 厘米为宜。平地果园的排水沟网与灌溉渠网可以相间排布,这样便于实现排灌一体化。在盐碱地果园,为防止土壤返盐,排水沟可适当深一些,有条件的果园可采用暗沟排水或竖井排水方式排水。

二、丘陵山地果园排水

丘陵山区的平地和低洼地果园同样容易积涝,应需要高度重视排水问题。另外,丘陵和山地果园还存在比较突出的地表径流的问题,径流程度随坡度而增加,雨季径流问题更突出,骤雨对土壤冲刷更剧烈,因此,在丘陵和山地果园建立合理的排水系统,对于减少水土流失等也具有重要作用。

山地果园一般用明沟排水,排水系统包括拦洪沟、排水沟、背沟以及沉砂凼等。拦洪沟是一条沿等高线方向建立在果园上方的深沟,作用是将上部山坡的地表径流导入排水沟或蓄水池中,以免冲毁梯田。拦洪沟的大小因坡面降雨面积与地表径流而异,一般沟横切面的上口宽 1~1.5 米、底宽 1 米左右、深 1~1.5 米,沟比降 0.3%~0.5%。通常在拦洪沟的适当位置建蓄水池,蓄水池灌满后再排水下山,这样可将排水与蓄水相结合,起到积雨蓄水的作用。排水沟主要设置在坡面汇水线上,以便于梯田背沟排出的水共同汇入排水沟而排出园外。排水沟的宽度和深度也因积水面积和最大排水量而异,一般排水沟宽和深各为 0.5 米和

0.8米，每隔3～5米修筑一沉砂凼，较陡的地方铺设跌水石板；在排水沟旁也可设置一些蓄水坑或蓄水池，从沟中截留雨水贮于池中，也可设引水管将排水沟的水引入蓄水池贮备，供抗旱灌溉用。多数情况下，排水沟通常为自然沟，或对自然沟进行简单改造而成。

通过合理排水，在雨季要保持园内不见"明水"，地下水保持在1.3米以下。对已受涝果园的果树，除及时排出积水外，还要扒开树盘周围土壤晾晒，使水分尽快蒸发，并对受害根系进行抢救；对涝害严重的果园，还要及时修剪，去叶去果，并清除果园内的落叶落果，同时及时喷洒1次高效杀菌剂，如70％的甲基托布津1 000倍等，以控制各类病菌的滋生蔓延。

第八章

促花控果，提高品质

　　花芽分化是苹果开花结果的基础，开花结果是形成产量和获得收益的源泉，花果数量和质量直接决定着苹果的产量、质量和生产效益。因此，促进花芽分化，控制结果数量，是提高果实品质的重要途径之一。

第一节　促进花芽分化，提高花芽质量

一、合理施肥，养根保叶

　　叶片是植物进行光合作用主要器官，其积累的光合产物是植物器官建造、花芽分化和苹果产量形成的营养来源和物质基础。通常情况下，丰产园的苹果叶片厚、亮、绿，春季叶面积形成快、早；夏季和早秋叶片功能强，不早衰，叶面积指数为3～5。因此，要保证花芽分化良好和苹果高产优质，必须保证树体拥有适宜数量优质叶片的前提下，积极提高叶片光合性能并防止叶片早衰早落。

　　"叶靠根养，养叶先养根"。养根保叶首先要加强果园土肥水管理，改善根际生态环境，提高园内土壤有机质的含量，进而促进根系养分吸收，提高树体营养水平，培养健壮树体；同时施肥不要偏施氮肥，要适当增施磷钾肥和微量元素，实行配方施肥，提高光合作用，控制过旺树势，提高树体贮存营养水平，增强树体抵抗病虫害的能力；还要结合秋施基肥，深翻土壤，在秋

季果实采收后落叶前，及早施入有机肥。在春梢中、短枝顶部1～3片叶出现失绿时，要及时喷1次0.5%尿素＋0.3%硫酸亚铁溶液或黄腐酸二胺铁200倍液，或者用0.1%硫酸铁和0.1%柠檬酸铁10毫升左右进行树干注射，也可用0.5%～3%硫酸铁灌注根际土壤。树体缺镁时，可在春季展叶后，土施硫酸镁0.5千克/株，或者在叶片出现缺镁症状时喷施0.3%硫酸镁溶液。此外，加强综合管理，合理负载，协调生长与结果的关系；还要控制秋梢过旺生长，防止营养竞争引起下部叶片脱落。

夏季高温时突降大雨或雨季长期水分过度饱和等，都会导致苹果早期落叶。因此，大雨后应向叶面喷布2%～5%的糖水，并及时排水，防止积涝。灌溉时要做到小水勤浇，防止大水漫灌，尤其避免在高温时灌大水。雨后或灌水后，要及时划锄松土，保持土壤上虚下实。当苹果树内膛光照不足入射光强的30%时，叶片就会处于无效消耗状态，叶片薄而黄；夏季由于新梢的大量增生，容易造成叶片密度过大，从而使内膛光照恶化，引起叶片黄化脱落，对于这些问题，主要通过合理修剪进行调整和解决。

褐斑病、灰斑病、轮纹病是危害叶片的主要病害，7～8月份是这几种病菌的盛发期，要及早采取措施防治这些病害，比如，及时清除园内的枯枝、落叶、杂草，刮除翘皮，并集中烧毁或深埋，以减少病虫源，压低病虫源密度；在萌芽期喷布5波美度石硫合剂，铲除初次侵染菌源；套袋前可喷25%多菌灵600倍液或70%甲基托布津可湿性粉剂800倍液；6月中旬（即套袋后）至8月下旬，杀菌剂均以喷施石灰倍量式波尔多液200倍为主，或交替喷50%多菌灵800倍液，每隔15～20天喷1次，连喷3～4次。对于因根部病害引起的早期落叶，可以在秋季结合扩穴施肥时，向土壤撒药，药剂选择多菌灵、退菌特等皆可；每棵树150克药剂，混土后撒在树盘上，或树穴上部。此外，还需要加强对叶螨、蚜虫、顶梢卷叶蛾和食叶害虫的防治，保证叶片的完好率。

二、合理修剪，改善光照条件

光照条件对花芽数量和质量起决定作用。花芽分化和花芽本身的发育需要比较强的光照，光照条件也直接影响叶片的光合作用和营养积累，如果果园郁闭，树冠内膛枝叶得不到充足的光照，花芽质量就会变差。因此，果园一定要通风透光，保证夏季"树对面要能见人，树底下有斑点光"。为达到这一要求，应疏枝缓势，清除郁闭枝叶，及时拉开大枝的角度，疏除多余枝条，并对树体及时进行落头开心，降低树高。

花芽形成的早晚与枝芽质量有密切关系。中短枝停长早，花芽质量好；长枝停长晚，花芽质量差；顶花芽优于腋花芽。旺树和旺枝以营养生长为主，不易进行花芽分化，还往往使果园和树冠内膛郁闭。解决这些问题，需要通过合理修剪，如拉枝、摘心等措施，促进枝类转化，促使树体及时由营养生长转向生殖生长。对于旺树和旺枝，首先通过拉枝、撑枝和坠枝等手段，使主枝基角开张到 70～90 度，甚至使枝条下垂；再就是通过摘心或环切或环剥来增加或促进养分积累，促进花芽形成。环切和环剥对于控制树势，促进'红富士'等品种花芽分化的作用十分显著，但采用时要注意以下问题：

（1）如果树体负载多，应以环切为主，尽量少环剥，反之则应以环剥为主，环切和环剥相结合。

（2）在临时株上，环切和环剥均可采用，处理可重一些；在永久株上，环切环剥处理则要轻一些，并且要根据枝条类型使用。对永久株上的永久主枝可环切，但力争不环剥；对永久株上的临时主枝，环切环剥可灵活应用。

（3）在一株树上，对基角小的主枝，可多道环切或环剥；对基角大的主枝，可双道环切，尽量不剥。对基角大于 90 度的主枝，不要环切和环剥。

（4）在冬剪后，对于枝条微上翘和健壮的长放枝，可在其基部单环或双环环切，使其上的春梢尽可能早停长早成花，从而形成结果枝串。

（5）环切和环剥要坚持"强枝重切（剥）、庸枝轻切（剥）"的原则。

三、不违农时，适时促花

芽体细胞处于持续分化状态是形成花芽的先决条件，进入休眠、细胞停止分裂的芽也不能分化花芽；有利于苹果花芽分化的适温为 20℃，低于 10℃ 则停止分化。这就要求不违农时，在花芽分化关键期及时采取各项措施，促进花芽形成；在适宜时间促花，可以取得事半功倍之效。

苹果分化花芽通常从春梢停长后开始，一直持续到 9 月份，其中 6～7 月主要是短枝花芽形成，8～9 月则是副梢和腋花芽形成。在这段时期，如果缺肥，必然抑制花芽分化；如果追肥不当，极有可能造成无法成花，甚至促进春梢加速延长生长。为此应在 6 月上旬从根系集中均衡追施氮、磷肥，可采用尿素、磷肥按 1∶2 的比例配施，或用 100 克尿素加 600 克磷肥溶于水后灌入根系土壤中。同时，还要向叶面喷施有机液肥，为花芽分化供给良好的营养。

土壤水分变化会影响花芽的分化和发育，在 6～8 月花芽分化期要控制浇水，并通过适度干旱促进花芽形成。果园灌溉可安排在花后四周浇一次透水，四周后控制浇水，大约 1.5 个月左右，使花芽顺利完成生理分化。自然降雨多的年份，做好排水，旱地果园应采用穴贮肥水、地面覆盖和节水灌溉等栽培措施，稳定土壤水分，保证优质花芽的形成。合理控水结束后要大量浇水，每两周浇一次，连浇 2～3 次，以促使果实膨大和花芽饱满

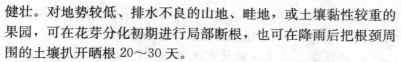

健壮。对地势较低、排水不良的山地、畦地，或土壤黏性较重的果园，可在花芽分化初期进行局部断根，也可在降雨后把根颈周围的土壤扒开晒根 20～30 天。

赤霉素是影响花芽分化重要激素之一，赤霉素含量低时有利于成花，含量高时则不利成花，因此，减少赤霉素含量和抑制赤霉素的合成可有效促进花芽分化。赤霉素主要产生于种子和嫩枝嫩叶中，结果数量和嫩枝嫩叶数量少，赤霉素含量低，反之含量高；摘心、去叶和疏果都能减少赤霉素的含量，所以能够促进花芽分化。赤霉素生物合成抑制剂，如多效唑、烯效唑、矮壮素（CCC）以及调环酸钙等都能通过抑制赤霉素的合成而降低内源赤霉素含量，因而可以有效促进花芽分化。比如，向果树喷布 200 倍 15% 多效唑，控长促花效果非常显著。抑制剂处理通常采用叶喷、涂茎、灌根施用等方式，一般根施剂量为每平方米土地面积 0.5～1.0 克有效成分，叶面喷施使用浓度为 250～500 毫克/升。

四、严格疏花，合理留果

花芽质量与花芽数量有一定的相关性，在一定水肥条件下，花量如果过大，花芽质量一般会降低。为此，应根据产量确定对树体的控制程度，以形成相对合理的花芽数量。这可通过严格疏花疏果，保持合理的留果量，进而保证优质花芽的形成（疏花疏果具体做法详见本章后续部分）。

第二节　合理疏花果，科学保花果

一、疏花疏果

果树开花、坐果需要消耗大量的树体贮藏营养。提早疏花、定果，减少不必要的营养消耗，可保证所留花果发育良好。疏花疏果包括疏花芽、疏花序、疏花朵和疏果等内容。

1. 疏花芽 疏花芽就是在花芽萌动之前剪除过量的花芽，这是生产中常用的疏花方法。疏花芽前要先通过修剪调整好枝条的布局，在冬剪时可先把长、中果枝上的花芽疏除，在花芽膨胀期再进行花前复剪。花前复剪主要是对串花枝进行回缩，回缩的程度根据串花枝的长短和粗细而定。串花枝长而粗壮，适当长留；长而细弱，则应短留。对大年结果树，还应对一些中、长果枝进行破花修剪，以减少花量，增加当年的营养枝数量。对树形紊乱、枝量过大的树，花前复剪还应和树形改造结合进行，可适当去除部分大侧枝和大的结果枝组，从而达到改造树形、改善光照和调节花量的目的。

2. 疏花序 为了最大限度地节约树体营养，疏花工作应提前至花蕾期，以疏花序为主，即在花序露红至花序分离期人工摘除过量花序。疏花序主要应用在主栽品种上，可在结果枝或辅养枝轴上，按一定距离选留一个花序，对其他的花序全部疏除。花序间的距离因品种、树势强弱的差异而不同。具体操作时应注意：

（1）树上花序分布不均匀时，在花序多的枝上适当多留，所留花序间距可适当减小，要保证树体的留果量，维持一定产量水平。

（2）壮树强枝适当多留，弱树弱枝适当少留。

（3）留健壮花序，疏弱小花序。

（4）疏花序时，应保留其下的莲座叶片，使这些空台能有充足的营养积累，以保证来年形成花芽。

（5）选留花序，既要考虑延长枝轴方向的间距，还应照顾上下左右的间距，使全树的所留花序稀密合理，布局均匀。

3. 疏花朵 疏花朵是在花梗伸长期至初花期从花梗近基部摘除或剪除花朵。一般情况下，苹果花序中的中心花质量最好，疏花朵要疏除边花而保留中心花。对管理优良、树势健壮、修剪细致、花芽饱满且分布均匀、授粉树配置合理、无晚霜危害或危害轻的果园，可以将所留花序上的边花全部疏除，只保留中心花蕾，一次到位，直接定果，从而节约树体营养和劳动力。但有些地方有晚霜危害，一般可选留一朵中心花和一朵发育好的边花。苹果花朵柱头通常为白色，若发现柱头为红颜色或其他异常颜色的要首先疏除，因为此类花已受到病菌侵染或伤害，难以坐果或坐果后的果实可能发生霉心病。

4. 疏果和定果　疏果和定果从落花后一周左右开始，结束时间最迟不能迟于花后四周，早疏果有利于果实增大。疏果和定果一般分两次进行，第一次在落花后 6～10 天进行，主要疏除花序上的密集果；第二次疏果也是最后的定果阶段（确定最终保留的果实），通常在花后 10～20 天进行，要在苹果套袋之前完成。

定果要按照从里到外、从大枝到小枝的顺序进行。一般树冠外部、顶部适当少留果，中下部多留果，弱枝少留果，壮枝多留果。盛果期树一般以结果枝组为单位确定留果数。正常情况下，要严格留单果，因为留单果能保证生产大果和无擦伤果，同时留单果也是进行果实套袋所必需的。具体到每一个果实的去留问题，应坚持以下原则：

（1）留大果，疏小果。幼果大小与果实最终大小的相关性很大，所以留大去小是第一原则。

（2）留果台副梢强壮的果，疏除弱小枝梢上的果。对富士品种而言，果台副梢强壮必是大果，反之是小果。

（3）留下垂果，疏朝天果；留果形端正的果，疏畸形果。

（4）及早疏除病虫果、萎缩果、表面受污染或机械损伤的幼果以及梢头果。

定果要根据确定的负载量，可按枝定果、按叶定果或按距离定果，通常采用按距离定果，即按一定距离留果，使果实均匀分布于全树各个部位。大型果品种留果间距一般为 20～30 厘米，中型果品种留果间距一般为 15～25 厘米；一般留单果，中小型

果品种可少量留双果。比如，嘎拉和美国 8 号苹果留果间距为
15～20 厘米，'红将军'、'华红'和'金冠'20～25 厘米，'红
富士' 25 厘米左右。在具体操作中，还应考虑树势、枝组、果
枝粗壮程度、果台副梢长短等因素。

二、保花保果

苹果往往因授粉受精不良、营养不良等原因而落花落果。少
量落果不影响产量，但出现大量落花落果时，就必须根据落花落
果的原因，及时采取措施，保花保果。

1. 加强综合管理，提高树体营养水平 营养不良是造成落
花落果的重要原因，提高坐果率应从增加营养积累及减少养分消
耗入手，必须重视夏、秋季节的追肥和叶面喷肥，保证萌芽前后
追施速效氮肥及干旱时适量浇水，并注意在花期喷布营养液
（100 千克水＋1 千克蜂蜜或蔗糖＋0.3 千克硼砂＋0.1 千克花粉，
配成混合液）。

树体营养状况直接影响坐果情况。为提高树体贮存营养水
平，要在采果后早施基肥，及时防治病虫害（尤其是落叶性病害
和食叶害虫），保护好叶片，促进营养物质的生产和积累。在花
芽膨大期，对花芽成串的枝条适当回缩，有腋花芽的枝条进行短
截，花量过多的树疏除部分花芽，更新复壮结果枝组等，以调节
花量，集中营养，减少营养消耗，使保留下的果枝坐果率提高。
对落花落果较重的品种，在盛花期进行环切或环剥，因为环切或
环剥能够保证营养集中供应，有效地提高坐果率。

2. 创造良好授粉条件

（1）合理配置授粉树 建园时必须按照要求配置好授粉树
（见建园部分）。如果果园缺少授粉树，可采用高接换头的方法，
或补植一些花粉量大、花期一致、能相互授粉、结实良好，并与
主栽品种管理条件基本一致的授粉品种。

（2）人工辅助授粉　在开花期遇到阴雨、低温、大风等不良气候而使蜜蜂进园数量大量减少时，或是在因授粉品种配置数量少、不均匀而降低苹果坐果率时，要及时进行人工辅助授粉，方法如下：

①花粉采集　选择适宜的授粉品种，当花朵含苞待放或初开时采摘花朵，采摘大铃铛花为好，其出粉率最高，花粉质量最好。花粉采集通常先将采摘的大铃铛花朵去掉花瓣，剪下花药，并将花药薄薄地摊在油光纸或光滑白纸上，放在干燥通风的室内阴干；阴干时要保持温度 20～25℃，相对湿度 50％～60％，并随时翻动，一般 1～2 天即可过筛后使用。如果不马上使用，最好装入广口瓶内，放在低温干燥处暂存。采集的花粉最好为 2～3 个苹果授粉品种的混合花粉，这样授粉效果会更好。一般每500 克花药可出花粉 10 克，供 200 株结果树使用。

②授粉方法　人工辅助授粉主要有人工点授和花期喷粉或喷雾等方法。人工点授的方法节约花粉，授粉准确可靠，但费时费工；喷粉或喷雾的授粉方法省时省力，适用于大面积的苹果树授粉，但花粉需要量很大。进行人工点授，可按 1 份花粉加 2～5份滑石粉或干淀粉的比例混匀分装入洁净的小瓶中备用；以毛笔、橡皮头等为授粉工具，授粉时用授粉工具蘸粉点授每一个中心花的柱头，蘸一次可授 5～10 朵花。进行喷雾授粉时需先配制花粉液，具体是将蔗糖（或白糖）250 克、水 5 千克、尿素 15克搅拌均匀，配成 5％的糖尿液，再加入花粉 10～12.5 克调匀，用纱布滤去杂质即可；喷雾前加硼酸 5 克和展着剂少许，迅速搅拌均匀，即可喷布；最佳喷雾时期在大多数苹果树上的花有25％～30％开放时。

（3）花期放蜂　果园花期放蜂是一举数得的措施，可以明显提高苹果授粉效果和坐果率。蜜蜂的授粉范围为 40～80 米，一箱蜂一般可以保证 5 000 米² 的苹果园授粉，蜂箱最好安放在授粉范围的中心位置。蜜蜂种类以较耐低温的中华蜜蜂授粉效果较好，要在开花前 2～3 天将蜂放入果园，使蜜蜂先熟悉一下环境。也可在苹果花期释放人工养殖的授粉专用蜂种，如熊蜂或角额壁蜂等，或其它授粉用昆虫。注意花期和花前不要在果园喷洒农药，以免引起蜜蜂及其他授粉昆虫中毒。

（4）喷布矿质元素 通过喷布矿质元素，可促进受精以及子房、种胚和幼果的发育，能够显著提高苹果坐果率。一般在初花至盛花期喷布 0.3%～0.5% 的尿素加 0.1%～0.3% 硼砂水溶液，或喷 500～1 000 毫克/千克的稀土微肥等；花期喷两次 0.3% 的硼砂混加 0.3% 的尿素，花后喷 50～100 微克/克的细胞分裂素（如 6 - BA），也能够有效地提高苹果坐果率。钼对坐果也有重要作用，在长期坐果率低而喷硼和其它物质均收不到满意效果时，可在花期或花前喷用 0.1%～0.2% 的钼酸铵或钼酸钠。在春旱时，果树花期进行树体喷水，对提高座果率都有一定的作用。

（5）防止花期和幼果期霜冻 早春防止霜冻是保花保果的重要措施之一。萌芽后至开花前果园灌水或多次树体喷水，可有效降低地温和树温，延迟萌芽开花，避免晚霜危害。当果园气温接近 0℃ 时，用烟雾剂或人工制造烟雾，可提高气温 1～2℃，从而避免霜冻。具体操作方法是在迎风面每 667 米^2 堆放 10 个烟堆熏烟，烟雾剂用 20% 硝酸铵、70% 锯末和 10% 废柴油混合制成；或者将烟雾剂装在铁桶内点燃，并根据当时的风向，携带铁桶来回走动；一般每 666.7 米^2 约需烟雾剂 25 千克，烟雾能维持 1 小时左右。萌芽前全树喷布 250～300 毫克/千克的萘乙酸钾，或 0.1%～0.2% 的马来酰肼或顺丁烯二酸酰肼，可抑制芽萌动而推迟花期 3～5 天，树干涂白以及萌芽初期喷布 0.5% 的氯化钙也可延迟花期 3～5 天，从而避开晚霜。选择背风向阳的南坡或东南坡建园以及营建防护林都有利于避免霜冻。

（6）挂花罐或挂花枝 挂花罐授粉也是对果园缺乏授粉品种的一种补救办法。适合在小面积果园和庭院果树上采用。做法是在初花期，剪取授粉品种的花枝，插在瓶、罐的水中，再挂在需

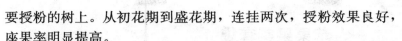

要授粉的树上。从初花期到盛花期,连挂两次,授粉效果良好,座果率明显提高。

(7)环剥、摘心　花期对枝组或枝干进行环剥都可抑制生长,集中营养,使剥口以上累积较多的碳水化合物而供幼果生长发育,提高座果率。如对盛果期的红星和密植栽培的 4 年生金冠,在花期进行树干环剥,座果率可提高 40%～90%。在花后当苹果新梢生长 10 厘米左右时(5月上旬),对果台副梢和旺梢进行摘心,能控制其旺长,减少其与幼果争夺营养的能力,因而能够促进座果,提高坐果率。

三、控制采前落果

采前落果又称后期落果,是采收前 1 个月左右开始落果,越接近采收,落果越重。目前生产上元帅系、'津轻'、'旭'、'红玉'、'祝'、'北斗'等品种,采前落果都较重。采前土壤含水量低、氮素过多,会加重落果。气候温暖的果区或采前气温持续较高的年份,特别是晚上气温持续较高的果区或年份,采前落果更严重。

采前落果是果梗与果枝之间产生离层造成的,只要促使果梗继续生长,就能抑制离层发育,也就能抑制或延迟采前落果。采前喷布生长素类物质能抑制离层发育,如在元帅系和北斗苹果适期采收前 36 天,每隔 12 天周密地共喷布 3 次纯萘乙酸 30 毫克/千克溶液,能明显有效地减少采前落果。

第三节　精细管理,改善果实外观

恰当的留果量、合理的树体结构、果实分布均匀、科学施肥、良好的营养状况等是果实精细管理的基础。通过果实套袋、摘叶、转果等管理可以使果面光洁美丽,改善果实外观,提高其商品价值。

一、苹果果实套袋

果实套袋栽培最早起源于日本。套袋可有效避免农药和粉尘在果实表面的附着，降低果实农药残留，增进果实着色，提高果面光洁度，还能够有效防止病、虫、鸟、蜂以及枝叶摩擦和冰雹等对果实的危害，进而减轻果锈和机械损伤等。因此，果实套袋是目前进行苹果安全生产的重要技术措施之一。

1. 苹果果袋种类与规格　现在生产上常用的果袋主要有纸袋和塑料薄膜袋两种。纸袋分为双层袋和单层袋两种；塑料薄膜袋是用聚乙烯微膜制成的果袋。

双层纸袋的外袋规格为 182 毫米×150 毫米±3 毫米，内袋规格为 155 毫米×145 毫米±3 毫米。生产上应用的双层袋，由两个袋组合而成，外层袋是双色纸，外侧主要为灰色、绿色和蓝色三种颜色，内侧为黑色，起隔光作用，能够抑制果皮叶绿素的生成；内层袋为红色、绿色或蓝色，一般用农药处理过的蜡纸制成。单层纸袋的规格为 182 毫米×150 毫米±3 毫米，主要有外灰内黑色的单层袋、木浆纸原色单层袋、黄色涂蜡单层袋以及用新闻报纸制作的单层袋等。塑料薄膜袋的聚乙烯微膜厚度为 0.005 毫米，规格一般为 190 毫米×160 毫米，袋面有透气孔，袋底两侧有排水口，基本可保持 5 个月以上不破碎。塑料薄膜袋颜色多为白色或紫色。

制作果袋的材料对果袋质量有明显影响，优质果袋所用材料应该具有强度大、风吹、雨淋、日晒不变形和不宜破碎的特点；其次材料应具有较强的透气性，避免袋内湿度过大，温度过高；此外，果袋还应具有外表颜色浅，有助于反射光照，降低温度。在干旱、高温、强日照地区，要选用塑料中加入了适量抗氧化剂和紫外线消抗剂的薄膜袋，还要除掉袋上的静电，保证薄膜袋具有易开启、不粘手、不贴果、防日灼、避虫害等特性。

果袋的遮光性显著影响着色效果,对于促进红色苹果品种着色,果实袋遮光性要强,一层(内层)或一面(内面)应为黑色。促进着色的效果,通常是双层纸袋优于单层纸袋,单层纸袋优于薄膜袋,所以,'红富士'、'嘎拉'等难着色品种以套双层纸袋为好,新红星、新乔纳金等易着色品种可套单层纸袋,'金冠'、'金矮生'等为防果锈可套复合单层纸袋、黄色木浆单层纸袋和新闻报纸袋。考虑到经济效益,生产红色高档果品应套优质双层纸袋,生产普通优质果品可套单层纸袋及薄膜袋,易于着色的品种可选用单层纸袋。

2. 苹果果实套袋时间和方法

(1)**苹果套袋时间** 能否达到套袋的预期效果,适宜的套袋时间起重要作用。苹果适宜的套袋时间因果袋种类、栽培品种及套袋地区气候条件不同而有差异。一般在生理落果后进行套袋,即谢花后 30～35 天开始(多数苹果产区在 6 月中下旬),半个月内结束。在一天中,套袋时间以晴天 9～12 时和 15～19 时为适宜。

套袋过早、过晚,或套袋时间拖得太长,都直接影响套袋效果。对于纸袋,套袋时间太早,果个小,果柄细,易掉袋,不便操作,也易使果实发生日烧;套袋过晚,套袋果果皮叶绿素和类胡萝卜素含量高,退绿不彻底,底色发黄绿,摘袋后上色慢,影响后期色泽。塑料薄膜袋因透光性强,对果实内在品质影响小,套袋时间应比纸袋早。对于塑料薄膜袋,套袋时间越早,果面光洁度和退绿指数越高,果锈指数越低。

(2)**苹果套袋方法** 套袋前一天将袋口向下堆放于室内潮湿的地面上,使之返潮软化,以利扎紧袋口。套袋操作的第一步是选定幼果除去附着于果面上的杂质,可先用左手托住纸袋,右手拨开袋口,半握拳撑鼓袋体,使袋底两角的通气排水孔张开;第二步是用双手执袋口下 2～3 厘米处,袋口向下套入果实,并使果梗置于袋上沿纵切口基部,使幼果悬空于袋内中央;第三步是将袋口左右横向折叠，把袋口侧边扎丝置于折叠后边；第四步是向纵切口侧捏成"V"形夹住袋口，捏紧以避免病虫害、雨水和农药水溶液等进入袋内。

套袋操作应当先上后下、先内膛后外围的顺序，这样可保证套袋过程中不漏果、减少碰伤已经套好的果实等。套袋时用力方向要始终向上，宜轻，尽量不碰触幼果，不能将叶片和枝条套入袋内，也不要将扎丝缠在果梗上，以避免伤害果梗而导致落果。用于套袋的果实应该是果形端正、果萼紧闭、发育好的优质幼果，并且是单果、中心果和下垂果。

3. 苹果套袋果除袋时间和方法

（1）**苹果去袋时间**　因品种、果袋种类及气候条件的不同，苹果去袋时间也有所差异。较易着色的品种或在日照时间长、晴日多、气候冷凉、昼夜温差大的地区或季节，去袋时间可晚些（距采收期7～15天），反之则应早一些（采前15～30天）。对于套单层袋的黄绿色品种，可在采收时去袋；对于使用单层袋的红色品种，应于采收期前25天，撕开袋体呈伞状，罩于果上防止日光直射果面，7～10天后再将全袋除去，以加速着色。对于使用内、外分离双层袋的红色品种，要在果实采收前15～25天，先摘除外袋，经4～5个晴天之后再摘除内袋；如遇连阴雨天气，应推迟除去内层袋的时间。内袋和外袋粘在一起的双层袋，先揭开袋口通风，过4～5天再全部除去。

（2）**苹果去袋的方法**　除双层袋要分两次进行，除外袋时先左手托果，右手解袋口扎丝，然后右手提住内袋上部，左手捏住外袋底部向下拉掉即可。除内袋时，宜选择阴天或多云天气进行，若晴天，上午8～12时先除树冠东侧、树冠北侧及内膛的果袋，下午3～7时再除去树冠西侧、树冠南侧及树冠上部的果袋，以避免和减轻果实日灼。除单层袋时，应先打开袋底放风，经几天后再全部去除纸袋。塑膜袋一般在果实成熟时带袋采收。

4. 提高套袋苹果品质的措施 苹果套袋可以显著提高果实外观品质,促进果实着色和果面光洁度,但果实糖酸含量下降,风味变淡,对内在品质有所影响,并且套袋果易发生黑点病、痘斑病、苦痘病和日灼等。为了弥补这些不足,全面提高套袋果果实品质,应抓好以下技术环节。

(1) 搞好整形修剪 套袋果园应采取合理的树体结构,以细长纺锤形、自由纺锤形、改良纺锤形和开心形等通风透光树形为好。修剪上以轻剪、疏剪为主,冬剪和夏剪相结合,长树与结果相结合的原则。冬剪以长放和疏枝为主,回缩和短截为辅,主要疏除徒长枝、密生枝、重叠枝、病虫枝和干扰树体结构的强旺大枝,回缩更新结果枝组。通过修剪促使树体通风透光、枝组强壮、结果部位分布均匀。春剪主要进行刻芽促梢和抹芽除萌。夏剪主要对竞争枝和直立旺梢进行扭梢和拉枝以控长促花。秋季除袋前 7～15 天,疏除冠内徒长枝、外围竞争枝、背上直立枝及剪截过强果台枝,以增加光照和促进果实着色。

(2) 严格疏花疏果 套袋果园在花蕾期和幼果期要严格疏花疏果,合理负载。一般每 666.7 米² 土地面积苹果产量控制在 2 500～4 000 千克,每 666.7 米² 土地面积留果量为 1 万～1.2 万个果为适宜。在枝轴上每 20～25 厘米留 1 个果,均留单果,力求套袋果的横径达到 75 毫米以上。

(3) 加强土肥水管理 套袋果园应加强土壤改良,尽可能的加深活土层的深度。果实采收前后要结合秋施基肥进行深翻改土,推广果园生草、覆草制,保持水土,增加土壤有机质含量,提高土壤肥力。有灌溉条件和年降雨量高的地区,果树行间种植三叶草、黑麦草等,草高 30 厘米以上时刈割,覆盖树盘。无灌溉条件且年降雨量低的地区实行树盘覆草,覆盖厚度 10～15 厘米,并尽一切可能存蓄雨水。

根据果园土壤养分状况和目标产量进行平衡施肥,要控氮、稳磷,增施钾肥和有机肥,补钙及铁、硼等微量元素肥料。基肥以有机肥为主，混入少量化肥。萌芽至开花期追肥以氮肥为主，促进树体生长发育；在花芽分化和果实膨大期，根据生长结果情况适量追施磷、钾肥；在花后 2 周和 4 周，各喷布一次氨基酸钙液体肥，可有效减轻苦痘病的发生。

花前要浇水，使土壤含水量维持在田间最大持水量的70%～75%。套袋前后高温干旱期和除袋前适时灌水，使土壤含水量维持在田间最大持水量的 60% 以上。无灌溉条件的果园宜采取树盘覆盖、穴贮肥水、集雨保墒等措施，进行旱作栽培，避免或减轻日灼的发生。

（4）加强病虫害防治　套袋果经常发生黑点病、红点病和日灼病等，对这些影响果实外观的病害要积极防治。

黑点病是由粉红聚端孢霉菌侵染或康氏粉蚧为害所致。粉红聚端孢霉菌经过气孔、皮孔和伤口侵入苹果果实，发病初期果实萼洼周围出现针尖大小的小黑点，以后逐渐扩大，病斑中心有病组织液渗出，风干后呈白色泡沫状。对粉红聚端孢霉菌引起的黑点病在套袋前喷施防止斑点落叶病的药剂即可，比如，80%大生M45 可湿性粉剂 1 000 倍，80%喷克可湿性粉剂 800 倍，40%易保乳油 1 200 倍，50%多菌灵 600 倍等。对于康氏粉蚧的防治，应注意谢花后至套袋前的 2 遍和套袋后的 1 遍药剂防治，通过这 3 次喷药即可控制为害，选药时要选择兼防性药剂，以降低成本，提高防效，如 40%毒死蜱 1 000～1 500 倍，可同时防治康氏粉蚧、红蜘蛛等。

苹果红点病是由斑点落叶病造成的，套袋苹果的红点病是由谢花后至果实套袋前，苹果斑点落叶病没有防治好造成的。感染后，果面出现小红点，这些带红点的果实在常温下贮藏 1～2 个月虽不会腐烂，但影响外观。对套袋苹果的红点病应抓好对苹果斑点落叶病的防治。斑点落叶病在病叶和树体枝芽处越冬，因此要在休眠期彻底清扫残枝落叶，并于萌芽前喷施能够防治斑点病的药剂。谢花后至套袋前再喷施 3～4 遍杀菌剂即可。

日灼病的发生与套袋时间、套袋部位、纸袋种类、摘袋时间和果园树体情况等有关。为防止日灼病，在套袋前后要向果园各浇一次水，以保持土壤墒情；在干旱年份，将套袋时期推迟至 7 月上旬，以避开初夏高温；对背上枝裸露果实不套袋；在干旱年份不用蜡质的厚纸袋。应注意选择质量高的果袋，套袋时不要让果子贴在纸壁上，将果子放中间，高温天气注意果园喷水，剪大透气孔。

5. 套袋的负面效应及苹果"无袋"栽培　苹果套袋在改善果实外观品质的同时也带来了组织结构和生理代谢的变化，造成果实内在品质下降、部分病害加重和劳动成本上升等负面影响。研究表明，苹果套袋后，可溶性固形物含量和芳香物质含量下降，苹果的特有风味变淡；果面皮层组织变薄，果实贮藏性能变差；一些潜在生理病害，如日灼、苦痘病、黑点病等发生加剧。同时，随着农民劳动力价格（套袋用工工价）的提高，苹果套袋成本大幅度上升，果园经营利润愈来愈小。

起初推广苹果套袋技术，在于克服富士等苹果品种果面着色差的问题，而对于'新红星'、'首红'、'超红'、'瓦里短枝'、'俄矮 2 号'等色泽更加艳丽新品种以及在果实易着色的地区，不提倡或很少采用果实套袋栽培技术。实际上，世界上除中国、日本、韩国实行套袋外，其他国家几乎均实行"无袋"栽培，目前日本和韩国套袋栽培的苹果面积正大幅度减少（韩国只有 5% 左右的苹果套袋），而且日本市场上不套袋的苹果更受欢迎，售价更高，许多苹果在销售时专门标明是"无袋"栽培。

近年来随着一批着色良好、色泽艳丽、品质优良的苹果新品种（如'烟富 3 号'、'烟富 6 号'、'礼泉短富'）的推出和应用以及果园光照条件的改善，无需套袋也能够使果实着色达到优质果的标准。同时，随着高毒高残留农药的淘汰以及苹果安全技术的推广，套袋降低农药残留的作用也已经无足轻重，"无袋"栽培将成为未来苹果栽培的主要模式。

进行苹果"无袋"栽培需要引进和栽培一些更易着色的红色品种（比如'爵士'、'粉红女士'、'密脆'等），逐步降低富士品种的栽培比例，并注意改善光照条件，采用和艳红色品种相配套的高光效栽培模式，增进果实着色，同时要强化病虫害安全防治，严格控制农药使用，从根本上解决病虫危害和农药残留问题。

二、摘叶、转果和铺反光膜

1. 摘叶 摘叶是在果实采收前一段时间，把树冠中那些紧贴果面、遮挡果面光照，影响果实着色的少量叶片摘除，以增加全树通光量，避免果面局部绿斑，促进果实均匀着色。一般摘叶可使果实着色面增加15%左右。

（1）摘叶时期 摘叶要在果实快速着色期。如果摘叶过早，会导致果实有机物质含量下降，使整个果面着色缓慢，而且还会降低产量，影响翌年花芽数量和质量；如果摘叶过晚，遮阴的绿斑受光时间过短，果面绿斑着色淡，果实外观品质不佳。摘叶一般在果实采收前18～30天进行，对于中熟品种，如红乔纳金、红津轻、芳明等，可在采收前10～15天，晚熟品种在采收前20～30天摘叶。容易着色的首红、银红、艳红等元帅系短枝型品种贴果叶多，摘叶量较大，为避免摘叶对后期光合作用的影响，摘叶时期可推迟到采果前10～15天。密植果园条件下的晚熟红富士苹果果实着色相对缓慢，为获得果面红色均匀的优质果，可在采前30～40天分两次摘叶；矮化砧栽培的红富士苹果，也可推迟到采前20天摘叶。在黄土高原海拔600米以上的旱作果园，果实后期着色快，摘叶期应比一般果园晚5～10天。树冠中下部及内膛光照差，果面着色慢，应比正常的摘叶时期提早3～5天摘叶。套袋果在摘袋后3～5天即开始摘叶。

（2）摘叶方法 摘叶可采用整叶摘除、半叶剪除及采前转叶等方法。生产中多用整叶摘除法,就是将那些直接遮挡果面的少量叶片从叶柄处摘下。一般用右手指甲将叶柄掐断即可,不要从叶柄基部扳下叶片,以免损伤母枝的芽体。摘叶时尽量先摘薄叶、黄叶、小叶、病叶,后摘叶柄无红色的叶和处于生长状态的秋梢叶以及其他光合性能较低的叶片,尽可能不摘除新梢上光合功能强的健壮叶片。摘叶一般分 2 次进行,第一次为轻度摘叶,只摘除贴于果面上的叶片(红富士苹果第一次摘叶一般在 9 月上旬);第二次摘叶在采前 5～10 天,对于红富士苹果大约在 10 月上旬。第二次摘叶强度可适当加大,以摘除果台基部叶片为主,也可适当摘除果实附近新梢基部到中部的叶片。摘叶前应先疏除背上直立枝、内膛徒长枝和延长头的竞争枝,且摘叶时必须保留叶柄。

(3) 摘叶量　一般来说,采前摘叶量愈大,果实着色愈好,但同时对树体营养积累的消弱也愈大。为不影响树体发育和花芽分化,一般采前摘叶量为 2%～5%。但具体摘叶量要根据品种、树形及栽培方法等确定。首红、新红星等短枝型红色品种果实遮光叶片需全部摘除,总摘叶量一般在全树总叶量的 10% 左右;如果摘叶量超过 15% 时,花芽质量会受到影响。红富士苹果可将靠近果实的叶片摘除,但摘除的叶片一般不要超过全树总叶量的 20%。采用自由纺锤形的果树,全树总枝量及总叶量均高于开心形,其摘叶量可适当增加。

2. 转果　由于果实着生位置和太阳入射方向是固定的,所以,会出现果实阳面着色浓、阴面着色淡的现象。通过转果,可以改变苹果阴阳面的位置,消除果面绿色斑块,使果实着色均匀,提高全红果率。

一般在果实采收前 10～20 天内进行转果,晚熟富士系品种大约为 10 月中、下旬进行。对套袋果园,当摘除内袋和摘除叶片后,隔 5 天左右再进行转果。未套袋果园,摘叶后隔 5～10 天左右,再进行转果。一天当中最好在下午 4 时后转果,切忌在晴天中午高温下转果，以免发生日灼。转果的方法是用手托住果实，轻轻将阴面转向阳面，易转动的果实可用透明胶带牵引固定，防止果实再返回原位。

3. 铺反光膜 一般来说，树冠上部光照条件好，苹果易全面着色，而树冠下部和内膛的果实往往因光照不足而着色差。在果实着色期于地面铺银色反光膜，可显著提高树冠内部光照强度，特别是增加树冠中、下部的光照强度，同时还可减少土壤水分蒸发，保墒保温，促进树冠下部及内膛果实的着色和果实含糖量的提高。进行套袋的果园，在除袋后即铺银色反光膜。

铺膜时将反光膜顺树行向平铺于树冠的地面，以树冠整个投影面为铺设范围，膜边缘与树冠外缘齐。在密植园，可于树行两侧各铺一长条幅反光膜；对于成龄果园，可沿树行向两边各铺1幅1米宽的反光膜；对于稀植园，可在树盘内和树冠投影的外缘铺大块反光膜。铺反光膜时不能拉得太紧，以免因气温降低反光膜冷缩而造成撕裂，影响反光膜的效果和使用寿命。铺膜后要经常检查，遇到刮风下雨时应及时将膜上的杂质清理干净。采果前将反光膜收起，并清洗干净，妥善保管，以备来年再用。

三、提高果面光洁度

影响果面光洁度的因素多种多样，比如，废气或烟尘落到果面上，使果实表面产生黑色或褐色的污垢；强光、温度过高或过低、湿度过大或过小、大风等引起日灼、裂果、果锈等；病虫害蔓延，造成果面污染；果实敏感发育期用药浓度过高、过频等，造成果实表面出现黑斑、皱皮等现象。套袋用果袋质量低劣，以及摘袋、套袋、摘叶转果的过程中操作不当，也会对果实表面造成破坏。果园施用未腐熟有机肥或有机肥施用过量、时间过晚产生的氨气，特别在高温、多湿、通风不良的情况下，使果实受刺激污染。营养不平衡，树势过旺或过弱，易造成果实内外生长不

协调,果实表面易生果锈、黑点、裂果等。

为防止果面污染,提高果面光洁度,需要进行果实套袋(具体技术详见第一部分),规范整形修剪,合理留枝,避免夏季外围新梢过多,保证树体通风透光。同时根据土壤肥力状况及树势合理施肥,增施腐熟的有机肥,根据树体长势,在萌芽期喷施硫酸锌、硼砂、尿素等,花前和花后喷施氨基酸等优质叶面肥,以满足果树对各种营养的需要。注意在苹果树幼果期禁用代森锰锌、福美双、硫黄以及氧化乐果、1605、辛硫磷等对果面危害较大的农药;不得在阴雨天及露水未干时向果面喷施波尔多液。喷施农药先从下限浓度开始,以后逐渐增加,喷头向上,从上到下,由内到外;注意合理混配农药,慎用黏着剂、增效剂等,切忌"喷雨式"施药。在苹果80%落花后,10天喷一次二氧化硅。

果实摘袋后,顺行于果树两侧铺设反光膜,可防止因降雨而引起土壤水分剧烈变化,使土壤水分均匀而有节制地供应,减少果面微裂,促进果实增色和提高果实糖度;同时,从傍晚5时起喷清水,以洗掉果面的尘埃,调节小气候和促进果实上色。另外,在各项农事操作中要小心谨慎,减少机械损伤对果皮的伤害;建园时要远离有工业废气排放的地方。

四、改善果形,防止裂果

1. 提高果形指数 果形指数(纵径/横径)较大的元帅系、富士系、金冠系等苹果品种的果实,在市场上更受消费者喜爱,尤以元帅系苹果的果实为甚。为增大果形指数,可在蕾铃期(5%的中心花含苞待放时)至盛花期(50%~75%的中心花开放时)以后10天,向花朵和幼果喷布1~2次普洛马林或其类似产品300~1 200倍液。喷布可选无风或微风、晴天的傍晚和早晨露水干后进行;应以良好的雾状,均匀地喷布花朵,特别是花托(花柄与花朵交界的膨大部位),如果花托喷布不匀,有可能形成偏斜不端正的果实。

2. 防止裂果　裂果是果实发育后期出现的一种生理失调现象，主要是果皮生长不能适应果肉生长引起的，与果实成熟过程中果肉渗透压增加和果皮展性差有关。裂果严重影响果实的外观品质，降低商品价值。栽植抗裂果品种是防止裂果的基本措施之一。不易裂果的品种有鸡冠、秦冠、元帅系等，易裂果品种有国光、大国光等。在裂果严重的果区，少栽或不栽易裂果品种。加强树体管理，保持树势中庸，尽可能多施有机肥，少施化肥，控制氮肥用量也可减轻裂果。保持水分供应稳定是防止裂果重要手段，比如，在果实生长期如遇干旱，特别是果实膨大期降雨较少时，要采取补水措施，使土壤相对含水量保持在 60％～80％ 之间；防止果实淋雨、防止果树根际水分剧烈变化，可采用避雨栽培、设施栽培等。应用化学药剂，可于 9 月下旬喷 1 次 B9，或于采前 1～3 周喷 0.2％ 的氯化钙 1～2 次，也可用 15％ 多效唑 300 倍液于 6 月下旬至 7 月中旬各喷 1 次，对减少裂果有一定效果。喷果面保护剂，如 500～800 倍的高脂膜、200 倍石蜡乳剂等，也可减少果皮微裂。给果实套袋。

五、谨防果实日灼

苹果果实日灼是由于土壤久旱缺水，果树蒸腾作用受阻，果面受到阳光直射，果面局部温度骤升等造成的。为有效防止果实日灼，可进行：

1. 粘纸护果　对于外露而无叶保护果实（如顶梢和树冠外缘），且在下午 1～3 时受太阳直射的果实，应用粘纸保果法保护好。即把一张 32 开大小的纸，沿苹果绕成倒置的漏斗状粘挂于果柄处，给苹果戴一顶"遮阳帽"，从而避免太阳光直射。

2. 灌溉与暮喷　高温时期，叶片蒸腾量大，容易因土壤缺水而形成日灼，因此，伏旱时期，果园应及时灌溉。用较细喷

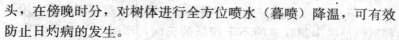

头，在傍晚时分，对树体进行全方位喷水（暮喷）降温，可有效防止日灼病的发生。

3. 减轻日光直射枝干 主要多留内膛枝和枝干上涂石灰乳来解决。主枝角度越大，日灼会加重，在选择树形和整形时，可通过减小主枝角度而减轻光线直射枝干。

4. 树盘覆草 树盘覆盖农作物秸秆等，能保持土壤水分，稳定地温；覆盖厚度 15～20 厘米，并压土防风吹散。

5. 防早期落叶 注意适时防治引起苹果早期落叶的苹果叶螨、山楂叶螨、二斑叶螨、蚜虫、金纹细蛾等果树害虫以及灰斑病、褐斑病等；也可喷适量叶面肥、生态膜制剂等，以减轻病害发生。

6. 使用抗旱性砧木 经常发生干旱的地区，应特别注重选用耐旱砧木进行嫁接，如未用抗旱砧木者，也可使用根接法接上抗旱砧木。抗旱砧木可使果树根系深扎于土中，能够稳定持久吸收充足的水分。

7. 果园生草，改善生态条件（详见第五章）。

六、果面艺术化

对于果面为红色的苹果品种，通过果实贴字或贴图案等艺术化处理后，可起到招揽顾客，促销销售和增值的作用。通过贴字或贴图案处理，可使果实胴部清晰地显现福、禄、寿、喜，吉、祥、如、意等字迹，或十二生肖，或花、鸟、虫、鱼等图案，技术措施如下：

（1）制版 制字版时，将采用的字句从电脑中提出，放印在 8 开的白纸上。字体可以需要选用，但构成一个整体的字句（如"恭、贺、新、禧"）应用相同的字体。每个字的高度、宽度一般在 4～5 厘米（图案也一样）。制图版时，将图案剪刻下来，贴在白纸上即可。

（2）印制　将制好的字、图版交印刷厂或塑料彩印厂，用特种黑色油墨印制在透明不干胶纸的正面，印刷好的不干胶字或图，存放在阴凉处备用。

（3）粘贴　选择除去纸袋、果形端正、较高桩的大果，将制好的整张不干胶字或图剪成单个的字或图，揭下每个字或图，分别端正地贴在每个果实胴部的向阳面，尽量使其平整不出皱折，操作过程要轻拿轻放，以防落果。

（4）贴后增色管理　做好摘叶、转果、铺设银色反光膜等，以促进果实着色。

（5）采果及采后装潢　待苹果充分着色后采收，采后除去果面的贴字或图，擦净果面，进行打蜡（用果蜡浸蘸或喷布果实），以使果面富有光泽，减少果实失水，抑制果实呼吸强度，延长果实寿命。也可以用压、印有商标的透明硬片塑料制成的模盒或提盒，向盒中装入祝词配套的果实或带一组生肖图案的果实，以进一步提高果实的销售价格。

第九章

因势利导，合理修剪

整形是培育合理树体结构的过程，修剪是调节或控制果树生长和结果关系的技术，整形通过修剪来完成。整形主要在果树幼龄期间进行，修剪一般要年年进行。整形修剪可以调节果树树体和果园群体结构，促进通风透光，协调生长与结果的平衡，提高光能利用，增加物质积累，促进苹果高产优质和持续生产。

第一节　苹果树整形修剪原则

苹果整形修剪要根据品种特性、立地条件、栽培制度、栽培目的以及生长结果状况等，选择适宜树形，培养合理结构；因地制宜，随枝做形，借势修剪；还要根据结构要求，平衡树势，使各级骨干枝间保持良好的从属关系。整形修剪中注意促控技术相结合，枝条的更新和利用相结合，与现代苹果栽培制度相适应等。

一、树形选择与栽植密度相配套

树形是人们在长期生产实践中根据果树生长发育规律所创造的有利于光能高效利用和高产优质的特定树体骨架结构。尽管苹果树形种类很多，形式各异，但其目的是相同的。即在最短的时间内，形成牢固与合理的树体骨架结构，促进营养生长与生殖生长的平衡，保持树体健壮的生长势和果园合理的群体结构，实现丰产、优质、高效三者的有机统一。

苹果生产中具体选择哪种树形，需要考虑果园群体结构和栽植密度。对于每 666.7 米² 土地面积栽植 83 株以上的密植园，宜选用细长纺锤形树形；在每 666.7 米² 土地面积栽植 55～83 株的中密度果园，可选择自由纺锤形树形；对于每 666.7 米² 土地面积栽植 55 株以下的稀植园，建议选择开心形树形。

二、冬剪夏剪配合，以生长季修剪为主

冬季修剪也叫休眠期修剪。冬季果树体内贮藏营养最多，修剪后树体上选留的枝芽在萌芽开花时可以获得较多的贮藏营养，能够保证枝叶生长健壮。一般来说，冬剪越重，生长势就越强。夏季修剪是指从萌芽后到落叶前的整个生长季中进行的修剪。春季萌芽后，树液开始流动，营养物质运往枝条前端，供树体萌芽与开花。这一时期通过修剪调节，消耗掉部分贮藏营养，可起到缓和树势、削弱顶端优势、提高萌芽率、促进发生较多中短枝的作用。

传统的果树修剪特别重视冬季修剪，而忽视夏季修剪，这与果园的栽植密度低及修剪技术有关。随着果园栽培密度的增加，果品产量的获得主要靠群体优势，个体植株的体积相对于稀植栽培时也明显减小，而且树冠结构和骨干枝级次明显简化，因此，过去生产中采用复杂的冬季修剪来培养树形的工作被削弱了。随着夏季修剪技术的不断发展、完善以及纺锤树形的应用，新式苹果树形的培养主要在夏季，因而冬剪的修剪量大幅减少。

冬剪的任务主要是对树体基本结构进行合理的调整，包括对大枝数量、枝类比例、枝组大小、总留枝量和花芽数量的调整及树冠大小的控制。夏季修剪手法多，工作量大，细致而复杂，通过各种夏剪措施的综合运用，既可以均衡树势和枝势，提高有效枝数量，又能调节生长与结果的矛盾，加速结果枝组的培养，还

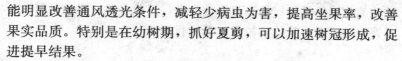

能明显改善通风透光条件,减轻少病虫为害,提高坐果率,改善果实品质。特别是在幼树期,抓好夏剪,可以加速树冠形成,促进提早结果。

由传统的冬剪为主向冬剪与夏剪相结合的方向转变,是苹果现代整形修剪发展的显著特点,在现代苹果生产中,要把全年修剪工作量的70%以上放在生长季节进行,采用刻芽、扭梢、疏枝、摘心、环切(剥)、拉枝等综合技术措施,使树体生长和成花结果有机统一,实现优质、高产、高效的目的。

三、简化修剪

简化修剪就是把复杂的修剪技术简单化,使之易于掌握,并减少修剪工作强度和修剪量。针对现代密植果园中苹果树冠小、主枝小、树体结构简单的特点,简化修剪可使修剪量轻,省工省力。

对于密植园小冠树形的修剪,主要以疏枝、长放、拉枝为主,短截手法应用比较少。因为冬季过多短截可导致苹果树体长枝比例过多,营养消耗大、积累少,既影响苹果树早结果、早丰产,又导致树冠外围枝梢密闭,严重影响对树冠内膛的光照和果实品质。疏枝可以改善内膛光照,延长内膛果枝寿命,促进花芽形成,提高坐果率,改善果实色泽等。疏除过旺枝可以平衡树势,疏除弱枝,可以集中养分,促进其他枝条的生长。长放加拉枝可以使旺盛生长转化为中庸生长,达到旺树、旺枝向中庸枝的转化,有利于生长势逐年缓和,增加中、短枝数量,以利于营养的积累,使枝条充实,芽子饱满,形成更多的优质花芽,同时调节枝条中激素的平衡,解决光照问题。

简化修剪的主要途径是:①矮化树体,利用矮化砧木,选择短枝型品种,通过一系列矮化技术使树体达到矮化的目的;②简化树形,通过减少树冠层次,主枝数量,降低树高,缩小冠径等措施简化树体结构；③冬夏修剪结合，简化冬剪，强化夏剪，冬夏修剪相结合，从达到控强促壮的目的。

四、提高枝条质量，合理留枝

苹果幼树修剪强调多留枝，这样有利于早结果、早丰产；当苹果树进入盛果期以后，随着树冠的不断扩大，枝叶量的不断增加，容易引起树冠内光照不良，特别是内膛、下部的光照条件极度恶化，使得结果部位外移，果实品质下降，大小年结果现象严重等。因此，要提高苹果果品品质，就要把树体的枝叶量降下来，达到一个适宜的密度。而这需要合理留枝，疏除过密过大枝条，提高主干高度，及时落头开心等，使树高不超过行距。

第二节 适宜的苹果树形及其修剪培养

一、细长纺锤形及其整形修剪

纺锤形树形适宜密植苹果园，主要类型有细长纺锤形、自由纺锤形和高纺锤形等，细长纺锤形在目前密植苹果园中应用比较普遍。

1. 树形结构特点 细长纺锤形树高 2.5～3.5 米，冠径 2～2.5 米，干高 80～100 厘米。有直立而长势强健的中央领导干，在中央领导干上配备均匀分布的小主枝 12～18 个，长势均衡，呈螺旋式上升排列，中下部主枝稍长，约为 1～1.5 米，往上逐渐变小。主枝开张角度 80°～100°，主枝保持单轴延伸，其上着生单轴延伸的细长结果枝组，相邻枝组间距 15～20 厘米，外观呈细纺锤形。

2. 整形技术要点 栽植后，对于壮苗不定干，对弱苗在饱满芽处定干。对于定干后发出的竞争枝要严加控制，确保枝头的

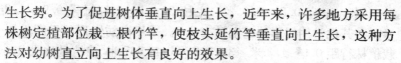

生长势。为了促进树体垂直向上生长,近年来,许多地方采用每株树定植部位栽一根竹竿,使枝头延竹竿垂直向上生长,这种方法对幼树直立向上生长有良好的效果。

为了更好地促进幼苗生长,栽植后第一年,应少疏枝,尽量不疏枝,生长期多保留一些枝梢和叶片,生长中后期当主干上的主枝长势过强时应及时加以控制,不使其长粗、长长。冬剪时,一般可将主枝上的部分侧枝疏除,使枝条剪口下部的芽在次年生长成较平斜的枝条。

第二年,为了确保中央延长梢的生长优势,需要在夏季疏除与主干竞争的枝条,秋季对长达1米以上的主枝进行拉枝,角度开张到80°~90°,长度不足1米的枝条,可任其自由生长,冬剪时疏除过强的竞争枝和过密的主枝,促进主干生长。

第三年春季萌芽前后,对中干延长枝上空缺的部位,按树形结构要求,在需要抽生主枝的芽上方约1毫米处目伤,刺激抽出枝梢培养形成主枝。在修剪后留下的主枝上,距中干20厘米以外,除背上芽外,侧芽全部轻目伤(刻芽),促发中、短枝,缓和树势,促进成花。

第四年及以后的几年,采用类似第三年的方法进行修剪。如果中心干已达3.5米以上,可缓放不剪,但最好破除顶芽,控制其生长势,将树高控制在4米以下,成形后将树高调整到3.5米左右。细长纺锤形在主枝上不选留侧枝,主枝保持单轴延伸,对其背上的强旺梢要采用扭梢、摘心、回缩、疏枝等措施综合控制,要既不使它影响母枝的单轴延伸,又能迅速转化为枝组,成花结果。

二、高纺锤树形的培养与修剪

高纺锤形是20世纪90年代末期欧美一些国家,为适应超高密度栽培而对细长纺锤形改造后推广应用的新树形。该树型树高

3～4 米，干高 0.8～0.9 米，主枝 30～50 个，冠径 0.9～1.2 米，与其他常用树形的区别见表 9.1。采用高纺锤形的果园果树栽植株行距 0.9～1.3 米×3～3.2 米，每 667 米² 栽植量达 140～242 株。

表 9.1　高纺锤形与其他常用树形结构和修剪特性比较

树　　形	高纺锤形	细长纺锤形	自由纺锤形	小冠开心形
树高（米）	3.5～4.0	3.0～3.5	2.5～3.0	2.5～3.0
干高（米）	0.8～0.9	0.7～0.8	0.6～0.7	0.7～0.8
定干高度（米）	0.9～1.0	0.8～0.9	0.7～0.8	0.8～0.9
冠　径	0.9～1.2	2.0～2.5	2.5～3.0	3.5～4.5
采用的砧木	矮化砧	矮化砧	乔化砧	乔化砧
栽植密度（株／667 米²）	100 以上	80～100	40～80	20～40
主枝数量（个）	30～50	15～20	10～15	4～7
主枝开展角度（度）	90～120	80～90	70～80	70～80
主枝与中干直径比	1：5～7	1：4～5	1：2～3	1：2
主枝长度（米）	0.8～1.2	1.0～1.5	1.5～2.0	3～4
主枝间距（米）	无	0.1～0.15	0.2	0.3～0.4
主枝冬季处理	不剪	不剪或轻剪 1 次	轻剪 2 次	成形后不剪
中央干冬季处理	不剪	轻剪 2～3 年	轻剪 3～4 年	落头开心

高纺锤形培养方案如下：

1. 定植当年　采用具有多个侧枝的矮化砧大苗建园，要求苗木直径不低于 16 毫米，有 10～15 个侧枝，第 1 侧枝距地面不少于 80 厘米，其他侧枝交错分布且长度不超过 30 厘米的，栽植时尽可能少修剪，确保中心干健壮生长。对于侧枝数达到 10～15 个的苗木，栽植时仅疏除直径超过中央干直径 1/2 的大侧枝和位于中央干 60 厘米以下的侧枝；对于有较少较大侧枝的苗木，仅去除直径超过中央干直径 2/3 的大侧枝；对各延长头不短截。对于侧枝较少,苗高低于 1.5 米的,冬剪时将侧枝全部留 1 厘米斜桩短截,促进翌年长足侧枝。轻短截中央干延长头,在春季及时疏除顶部与中央干竞争的 2～3 个侧枝,保证中心干的健壮生长。夏季将长度 25 厘米的侧枝拉至水平以下呈下垂状,防止其发展为强壮的骨干枝,直到树体生长缓和,并开始大量结果。

在土层浅、沙土地和风大的地区,采用矮砧高纺锤形的植株易出现倒伏和中央干偏斜现象,应设立架固定。可每隔 10 米左右立一个 2.5～3.5 米高的水泥桩,间隔 1 米拉 2～3 道 12 号钢丝,将中央干和延长头固定。

2. 定植第二年　春季在中央干分枝不足处进行刻芽或涂抹细胞分裂素等药剂促发分枝,对第一年选留的过粗(粗度大于同部位中央干直径 1/4)分枝留 1 厘米斜桩短截。将处于中央干距顶端 1/4 范围内 10～15 厘米以上长度的侧生新梢全部扭梢,确保证中心干的优势和健壮生长。

夏季整形修剪同第一年,基本不留果,如果栽植的是优质大苗并且树势强健可少量留果,每株可留 15 个左右的果,但中央干顶端(上部 50 厘米)不能留果。冬季基本不修剪。

3. 定植第三年　冬季疏除直径超过中央干直径 2/3 的粗大侧枝,严格控制中央干顶端(上部 50 厘米)结果,尤其是对于部分腋花芽,可以通过疏花及早去除顶端果。依据产量目标和树体长势决定下部分枝的留果量,每株可留 30～50 个果。适当夏剪,改善透光性,其他修剪基本同第二年。

4. 定植第四年　树高应达到 3 米以上,分枝 50～80 个,整形基本完成。果树进入结果期,如果树势较弱,春季疏除花芽,减少结果量。

5. 成龄树修剪与更新　栽植第 5 年以后,每年疏除树体上部直径超过中央干直径 2/3 的 1～2 条粗大侧枝,同时疏除中央干上部 60 厘米范围内的、直径超过 2.5 厘米的所有侧枝;在去除大侧枝时留马蹄形剪口,使剪口下发出侧生弱枝而转化成新结果枝。连年进行,使树体保持上小下大、上部全部由小结果枝组成的圆锥形树冠。适当轻度夏季修剪,使树冠和果园保持通风透光。疏花疏果,使负载量维持在 100～120 个果/株。

三、开心树形及其整形修剪技术

开心形树形是一种高光效树形,比较适宜在稀植栽培和土壤比较瘠薄的果园采用。开心形树形经济寿命长,在十年以上果园有利于生产个大、美观的优质果。

1. 开心树形的类型和结构

根据树干特征,开心形有以下几种类型:

(1)低干开心形 主干高度 1 米左右,树高 2～2.5 米,主干上 1～1.6 米之间分布 2～3 个永久性主枝,主枝角度 45°左右。

(2)中干开心形 该树形主干高度 1.2～1.5 米,树高2.5～3 米,主干上 1.2～2.5 米之间保留 2～3 个主枝,主枝间距 40厘米左右。各主枝呈错落排列,主枝上直接着生下垂状结果枝群。结果枝组均匀分布在主枝的上下左右各方。壮旺枝条经甩放开角、刻芽、环剥后成花结果,再经果台副梢的单轴延伸,逐年形成串珠式的结果枝群。该树形结构的特点是充分利用壮旺枝缓放后结果,各主枝透光,管理方便,果实果形端正,品质优良。

(3)高干开心形 主干高度 1.8～2.5 米,树高 3.5 米左右,在主干上 1.8～2.8 米之间分布 2～3 个永久性主枝,主枝开张角度 80°～90°。

(4)双层开心形 树高 3.0～3.5 米,分上下两层。主干高度 1.0 米左右,第 1 层主枝在距地面 1.5 米范围内选留,通常保留 2～3 个,第 2 层主枝在 2.2～3.2 米范围选留,通常由 2～3个主枝构成,错落排列。

2. 开心树形整形技术 开心树形的整形修剪过程大致可分为以下三个时期:

（1）**幼树期（1～4 年）**　根据目标树形（低干、中干、高干）确定定干位置。以低干开心形为例，定植当年在 70～80 厘米的高度选择饱满芽定干；第 2 年选择位置居中、长势强健的枝条为中心干，在中心干 40～60 厘米的饱满芽处短截，对下部的中庸枝条剪 5～10 厘米左右，将与中心干夹角过小的枝条拉开，开始选留健壮的作永久性主枝；第 3～4 年整形与第 2 年类似。

第 4～5 年树高超过 2 米时，选留 8 个主枝在中心干上交错排列，主枝间隔 15～25 厘米，主枝开张角度到达 70°～90°（低干开心形角度宜小，高干开心形主枝角度宜大）。此期，修剪以甩放为主，下部主枝延长头基本不再短截，将徒长枝和与主枝竞争的枝条疏掉。主枝和侧枝要避免轮生，修剪完成后主枝和侧枝从基部看是一个下大上小的三角形。

（2）**过渡期（5～8 年）**　过渡期即生长结果期。该期要完成从有中心干到无中心干（开心）的过渡，同时也要完成树体由营养生长向生殖生长的过渡。此阶段叫渐变开心形阶段。幼树进入结果期后生长势趋于缓和，这时树形过渡才能正常进行，否则易引起树形紊乱。过渡期的整形修剪方法如下：

①**环切（剥）促花**　5～6 年以后树体骨架及结果枝轴已基本形成，可环切（剥）促花，控制树体的旺长。主干环切（剥）宜在幼树花芽集中分化期进行，黄土高原地区以 5 月下旬至 6 月上旬为宜，环剥宽度以 0.5～0.8 厘米为宜，干旱多风地区环剥后要用报纸包裹进行剥口保护。

②**疏枝提干**　从第 5 年冬剪开始，可从基部逐年疏枝向上提干，每年疏枝 1～2 个，到第 8 年过渡期结束时全树主枝由最初的 12～18 个过渡到 4～5 个。

主枝疏除可齐干一次疏枝，也可甩小枝分年疏除，等到上部主枝大量结果之后，可齐干一次疏枝。

③**落头开心**　5～6 年生（全树结果）时可开始落头，一开始落头要轻，回缩到三年生枝即可，其后连年或隔年向下疏去一

个主枝，到第 8 年，即过渡期结束时完成落头过程，树高由 4～5 米降低到 3～3.5 米。

（3）成形期（10 年左右）　成形期的开心形苹果树树形基本稳定，但以主枝为中心的扇状枝群仍在缓慢扩大，枝轴继续下垂延伸，过渡期保留的 4～5 个主枝之间，上下左右重叠现象可能日渐明显，为改善光照，冬剪时中干上部进一步开心或分年疏除 1～2 个交叠主枝，全树最终保留 2～4 个永久性主枝。

四、垂柳式树形整形修剪技术

垂柳式整形是山东省沂源县燕崖乡果农王春祯探索出的一种果树整形修剪技术，利用该技术曾创出每 666.7 米^2 产出苹果 13 800 千克的纪录。

1. 垂柳式树形的特点　垂柳式树形树高 3～4 米左右，冠径 2 米，干高 0.8～1 米；主枝分为 3 层，层间距 1 米左右每层 3 个主枝，交叉排列；主枝开张角度 70 度左右，主枝上着生结果枝或串式结果枝组，全部下垂，下垂枝间隔 30 厘米左右，形似垂柳。修剪以缓放为主，主要采用拿枝、拉枝、撑枝、别枝等方法；严禁环剥，以保证树势健壮。

垂柳式整形修剪与传统修剪技术的不同，主要在于对旺长枝条的处理，传统的做法是将直立旺长的枝条大量疏除，而垂柳式整形修剪则保留直立旺长枝，利用下垂的长状枝结果。具体是在直立旺长枝条达到一定长度和粗度后，将其向下扭转使之下垂，使整个植株似"垂柳状"。长状枝下垂后，其上可形成大量优质极短枝，从而形成大量优质花芽，提高果实的产量和品质。垂柳式树形树冠体积中等，枝量多，但绝大多数枝条向下悬垂，互不遮挡，通风透光，比较适于密植果园。

垂柳式整形不用环剥、环割和摘心，只要一次性拿枝、别枝或拉枝，使枝条分布均匀，全树成垂柳状即可。因垂柳式树形树冠体积小、结果面积集中，可大幅度减少疏花疏果、人工授粉、套袋、摘袋及果实采收等用工，管理方便。采用该整形修剪技术，苹果定植第 3 年见果，4 年丰产，比主干疏层形和纺锤形提前 1 年结果，提前 4 年进入丰产高峰期，每 666.7 米² 最高产量可超过 10 000 千克。垂柳式树形的果实全部着生于下垂的结果枝上，果形端正。此外，垂柳式树形自上而下枝条垂直，排列有序，喷药时无论平喷或是斜喷，叶片和果实各处都可着药，防治病虫害的效果好。

2. 树形培养和修剪要点

①幼树垂柳式整形　建园时选壮苗、大苗，最好按 3 米×4 米株行距定植。定植后在 1.2 米处定干，定干剪口下 20 厘米为整形带，整形带以下的芽子全部抹除，使主干最终高度保持 0.8～1.0 米。对不够定干高度的苗木，栽后可在嫁接部位以上选 1 个壮芽做顶芽剪截，待生长至定干高度以上后再行定干。发芽后，在整形带内保留顶端壮芽使其形成中心干，在其下选择不同方向的 3 个壮芽培养第 1 层的 3 个主枝，3 主枝错开排列在主干上。定植当年秋季，在第一层 3 个主枝长达 1 米以上，将它们均拉至 70 度左右。冬剪时将中干及主枝上的竞争枝条剪除，保留辅养枝。在第 1 层主枝向上约 1.2 米处剪截中心干以培养第 2 层主枝，第一层主枝拉开后缓放。

第二年春季发芽前对拉开的主枝进行刻芽，刻芽间距为 20 厘米左右。刻芽后，疏除主枝上发生的旺长、直立和过密枝条，其余枝条间隔为 20～30 厘米保留，任其生长。秋季落叶后，这些新枝长度已达 80 厘米以上并且木质化，可将这些枝条向地面扭弯，使其下垂，然后用细绳或铁丝固定，做成垂柳状。注意扭拉枝条时不能将其折断。对第 1 层主枝前端的延长枝也同样向下垂直扭弯并固定，使主枝水平部分的长度保持在 1 米左右。经 1 年的生长，上年剪截的中干已经开始形成第 2 层主枝，将顶端枝保留作中心干延长枝，并选留第 2 层 3 个主枝。3 主枝水平夹角呈 120 度向 3 个方向延伸，与第 1 层主枝上下错开，并拉至 70 度。冬剪时，对中心干延长枝在距第二层主枝约 1.2 米处短截以培养第 3 层主枝。

第三年春、秋各按照对第一层主枝的处理方法，对第二层主枝进行刻芽。按照培养 1、2 层主枝的方法培养第三层 3 个主枝。3 个主枝呈 120 度水平夹角延伸并与下层主枝错开，秋季拉枝。冬剪时不再留中心干，树高控制在 3 米左右。第 4 年按 1、2 层主枝的处理方法对第 3 层主枝刻芽，至此，树形基本形成。

②大树垂柳式改形　大树改形指将原有的主干疏层形或纺锤形大树改造为垂柳式树型，具体方法是逐渐疏除层间过渡枝，加大层间距；逐年疏除主枝上的侧枝，在主枝上促发和保留长枝，对长枝缓放并向地面扭拉形成垂柳状。

改造时注意对保留的主枝不要短截，而是将主枝的前端向地面垂直弯折固定。这样处理后，会促进主枝形成大量背上旺枝，将背上旺枝下拉后即可形成垂柳树型。对于结果老树，主枝上的原有结果短枝应全部保留使其继续结果，待下垂的结果枝形成结果能力后，再逐步疏除。

各长枝被拉向地面后，主枝上以及长枝的折弯弓背处会发出大量的背上枝，对这些背上枝除疏除少量过密的以外，其余全部保留、缓放。特别是果枝折弯弓背处发生的背上直立枝更应注意保留。保留这些枝条可以增加枝叶量，养根壮树，也可以培养成后备结果枝。原下垂的结果枝结果 2～3 年后结果能力下降，需将其剪除，而将附近的后备结果枝向地面垂直弯下，补充空间。以后各年均依此法进行更新处理。

3. 采用垂柳式树形需注意的事项

①垂柳式树形整形修剪主要采用拿枝、拉枝和别枝，枝条以缓放为主，很少短截，更不需要环剥。垂柳式树形适用于一些容易发生旺长枝条的果树，如苹果、甜柿、梨树等。该整形修剪技术非常适宜密闭果园的改造，老树改造后产量成倍增长；但老弱

病树不宜采用此树形进行改造。

②该树形产量高，施肥、浇水量比采用传统树形的果园要增加1倍。每666.7米²用土杂肥6 000千克以上，生物有机肥和化肥400千克以上，并注意微量元素的补充。要结合施基肥，每年秋天深刨果园，保证浇透封冻水和芽前水。

③枝条下拉的时间，宜在每年的5～6月或秋季果树落叶后进行。5～6月拉枝有利于花芽的分化；秋季枝条大多已经木质化，柔韧程度高，不易拉折，此时拉枝有利于明年的花芽分化。垂直下拉枝条的长度必须达到0.8～1米以上。对达不到长度的枝条，可以缓放任其生长，待达到长度后再下拉。

④为充分发挥垂柳式树形高产潜力，必须高标准建园。建园时需挖通壕为定植沟，定植沟为南北向，沟宽100厘米、深80厘米。挖沟时应将上下层土壤分开，回填时将上层耕作层（约30厘米）土放在底层，然后铺20厘米碎秸杆，再按照每666.7米²土杂肥5 000千克、复合肥30千克与下层土拌匀后回填在上面，并及时灌透水沉实。

第三节　苹果树常用修剪方法

虽然一年四季都能进行修剪，但各时期的修剪特点却不完全相同。总的来看，苹果树修剪时期可分为冬季修剪和夏季修剪两大时期。冬季修剪是在苹果树落叶后至萌芽前进行的修剪，此时树体处于休眠期。夏季修剪是指从萌芽后到落叶前进行的修剪，又称为生长期修剪。生长期修剪又可划分为春季修剪、夏季修剪和秋季修剪三个时期。各时期的方法、作用和效果各不相同。

一、苹果生长季修剪的主要手法

生长季修剪在现代苹果栽培中已经上升到一个相当重要的位

置，夏季修剪的作用在某种程度上已超过冬季修剪。生长期修剪在时间上要求比较严格，不同生长时期所采用的修剪手法有所不同，而且对不同树势和树龄在处理方法及效应上也各不相同。如果处理时机和方法措施运用不当，还会出现事与愿违的不良后果。生长期修剪的手法很多，目前生产中常用的主要有以下几种：

1. 花前复剪 花芽萌动后到开花前进行，是在能分清叶芽和花芽时所进行的补充性花芽调控修剪技术。方法，一是剪除冬剪时遗留的病虫枝、干枯枝；二是调节花量，适度回缩串花枝，使留花量与枝条的承受能力相适应。大年树，花量多，复剪时可将一部分中、长果枝轻短截，为下年开花结果打下基础；小年树，冬剪时为了保产，往往留枝量偏大，复剪时应对一些过密的无花枝或枝组予以疏除，以改善树冠光照条件。

2. 刻芽 即在一年生或多年生枝芽上方 1～3 毫米处，用钢锯条拉伤。通过刻芽一方面可促进定向抽生长枝，加快骨干枝培养；另一方面能够提高萌芽率，促进萌发中、短枝，减少光秃带，调节枝势，促进花芽形成。刻芽结合夏季环剥（或环切）和秋季拉枝，是促进苹果（尤其是富士品种）早果丰产的关键措施。

进行刻芽时应当注意：需要抽生长枝的，刻芽要早（发芽前30～40 天），刻芽距离要近（离芽 1 毫米），口子要深（稍入木质部）；需要抽生短小枝时，刻芽时间要晚（发芽前几天），距离稍远（芽上 1～3 毫米），伤口要浅（刚达木质部）。刻芽数量要适量，一般健壮枝的刻芽只刻春梢上的芽。主芽数量以占该枝条总芽量的三分之二为宜。

3. 抹芽除萌 春季萌芽后将无用的萌芽或萌梢除掉，既可以节省营养，增加有效枝比例，改善光照条件，又能减少冬季的疏枝量和不必要的伤疤。抹芽的主要部位是内膛靠近主干 20 厘米以内主枝及辅养枝上的背上萌芽。这些萌芽多易抽生长旺枝，消耗养分，影响光照，扰乱树形，冬剪时必须疏除，因而春季及时抹除十分重要。二是上年冬季疏除的大枝伤口周围萌发的芽，由于造伤的刺激作用，这些芽常会抽生几个旺长新梢，若冬季再次疏除，势必形成连年造伤。一般可选留一个方位较好的芽培养成平斜枝外，其余芽要全部抹除。三是拉枝或扭梢的隆起部位及大枝开张角度后或枝组回缩后的背上部位，常会萌发出多个旺盛直立新梢，对此，应根据空间适当保留几个，采用摘心、扭梢等方法加以控制，多余萌芽尽早抹除。抹芽除萌时间性强，要在春季萌芽后及早进行，以达到节省营养的目的。

4. 拉枝　拉枝开角是树形培养和树形改造最重要的技术措施之一，在生长季节均可进行，一般在春季和秋季进行。春季拉枝后，背上往往冒条，而在秋季拉枝，由于枝条上的营养分散，来年春季抽生较多短枝，对形成花芽有利，因此，秋季拉枝效果最好。拉枝可以扩大树冠，改善光照，缓和枝势，提高萌芽率，促发短枝和促进花芽形成。

拉枝时应根据树形结构要求，一要掌握好拉枝的角度。纺锤形主枝角度为 $80°\sim100°$，辅养枝为 $90°\sim100°$；注意不要把枝条拉得下垂，这样容易造成枝条基部背上抽生徒长旺枝，也不要把枝条拉成弓背，避免弓背处萌发直立旺梢。二要将枝条摆布均匀，合理占据空间。为了达到这一要求，可先按主枝方位要求，拉好主枝位置，然后使辅养枝插枝补空，切忌将几个辅养枝拉得挤在一起，或使上位枝与下位枝相互重叠。

幼龄树及初果期树的临时性辅养枝，秋季拉枝至关重要，特别对细长纺锤形而言，秋季拉枝有利于主干加粗生长，保持中干绝对生长优势，又通过营养的再分配，促进了枝条中后部芽发育充实，对提高来年萌芽率和增加短枝数量有十分重要的作用。成龄大树，要特别重视春季的拉枝开角。基角未开的，首先要拉开基角，基角已拉开的，还要将腰角和梢角拉开，以减缓其生长势，改善光照。拉枝前，一定要对枝条进行拿、揉软化，以防硬拉造成枝条劈裂。

5. 扭梢 当新梢长到 15～20 厘米枝条半木质化时在其基部 5 厘米处扭梢。主要用于控制幼树和初结果期树的直立旺梢（中干和主枝延长头上的竞争梢、主枝或辅养枝上的直立新梢等）的生长，促进成花。平斜枝、停长枝及下垂枝不扭梢。扭梢时间应尽量早，过晚则只能使新梢停长而不能成花。据在富士品种上试验，5 月 20 日前扭梢的，成花率最高可达 55%，6 月 10 日前扭梢的，成花率最高为 39.4%，6 月 10 日之后扭梢，成花率最高仅为 28.6%。一般随树龄增大，扭梢成花的效果越明显。通常扭梢数以占长梢数的 30% 左右为宜，扭梢可和摘心、疏梢配合应用。进入盛果期后，对于背上发出的直立新梢，除一些光秃缺枝部位可扭梢加以利用外，一般予以疏除。

6. 摘心 摘心是在生长季控制幼树及初结果树直立旺梢生长的另一种夏剪方法，应用对象和时间与扭梢基本一致。当新梢长到 20 厘米时，在基部 3～5 厘米处进行重摘心，当二次副梢长到 20 厘米时，以同样方法进行第二次摘心，直至不再旺长，一般年摘心 2 次为宜。摘心一般可增加分枝数量 1.6～2.5 个，成花率为 35%～57%。生产中，摘心主要用在新梢稀疏的部位，对于直立新梢密挤部位，主要采用扭梢或疏梢的办法加以控制。除对背上直立梢采用重摘心外，果台副梢一般在抽生 10 个左右大叶片且尚未停长时可轻摘心，这对提高坐果率和促进幼果发育有良好作用。侧向生长的健旺长梢轻摘心，有利于枝芽发育充实。已停长封顶的新梢不必摘心。

7. 环切、环剥 在果树枝干上环切、环剥，由于暂时切断了有机营养向下运送的通道，使其在切（剥）口以上积累，可以显著地促进花芽形成。同时，由于根系营养供应减少，从而抑制了根系生长，反过来又对树体生长起到了抑制作用。近年来，环切、环剥作为一项重要的促花措施已在生产中得到广泛应用，环切、环剥在苹果管理上，尤其是富士苹果上具有非常重要的作用。生产实际中，必须注意以下几点：

（1）明确使用对象　环切、环剥只限于成花较难、结果较晚品种的幼旺树及适龄不结果树上应用，成花容易、结果早的品种及弱树弱枝不宜应用。环切、环剥主要用在强旺主枝或辅养枝上，主干上一般不提倡使用，特别是旱地果园不要进行主干环剥。

（2）掌握好使用时间　最佳时间为春梢停长之前到花芽分化期，一般为 5 月中下旬至 6 月上中旬，过旺树可适当提前 1～2 周进行。

（3）规范操作技术　操作要求认真仔细，切、剥口整齐平滑，皮层须切透，刀口要对齐，宽度要均匀。环、剥宽度应是环剥处枝干粗度的 1/10，富士强旺树可适当宽些，但也不能超过 1/8。一般要求伤口在 1 月内愈合，叶黄期不超过 20 天。环剥伤口处不能乱涂杀虫、杀菌剂，以免造成伤口灼伤坏死，影响愈合。若在环切或环剥后遇不良天气，可用塑膜包扎保护伤口。

（4）避免连年环剥或一处多次多道环切、环剥　环切、环剥要和其他措施综合配套使用，特别要配合抓好肥水管理，拉枝开角和疏花疏果等关键环节，否则，极易走入不剥（切）不结果的怪圈。如果只寄希望于单纯的环切、环剥促花，连年环剥或多次多道环切、环剥，即使早果，也难早丰产，即使丰产，也难保证优质、稳产，势必造成树体早衰。

（5）环切环剥因品种而异　红星、乔纳金等品种慎用环切、环剥措施，使用不当，极易造成死树，对于早熟品种，如藤牧 1 号、皇家嘎拉等，成花容易，不必采用；在富士品种合理使用，促花控长效果明显。

8. 疏枝（梢）　针对目前果园留枝量普遍偏大的实际，在生长季节适当疏除过密枝（梢），有利于改善树体通风透光条件，促进花芽形成和果实发育，可以收到增产、增质、增收的效果。

就幼树而言，疏除对象主要是枝条前端发出的多头梢（疏两侧、留中间梢头，保持单轴延伸）、背上直立旺梢和徒长梢。具体操作时，还要结合枝梢稀密程度和空间分布状况，与摘心、扭梢等措施配套应用，充分占据有效空间。

就结果期树而言，背上直立新梢原则上均应疏除。对过密的 2～3 年生枝条或中小型枝组可适当疏除，使母枝上的枝条间距保持 20 厘米左右，对树冠外围的密生枝头，除要疏除两侧旺新梢外，还要适当疏除一部分过密的 2～3 年生枝，以减少外围枝梢密度，改善光照，促进内膛枝条健壮发育，对大枝过多、过密，严重影响通风透光的树，可根据树势适当去除 1～2 个对光照影响最为突出的大枝，但切忌大砍大杀。总之，通过疏枝（梢），调减枝量，应使树冠下在晴天中午可见到分布均匀的光斑。

9. 拿枝变换枝梢生长角度　主要用于角度较小的旺盛新梢进行开角变向，当新梢长到 50～60 厘米以上时，用两手握住枝条，两拇指顶住枝条背下，从新梢基部开始，每隔 10 厘米折一下，能听到枝条内木质部轻微的破裂声，但不折断枝条，该方法对成花有明显的效果。但拿枝时要注意保护叶片。

二、苹果树休眠季修剪技术

冬季修剪是在苹果树的休眠期对树体进行的修剪，冬季修剪的基本方法有以下四个方面。

1. 科学合理疏枝，减少树体伤口　疏枝又称疏剪，即把一年生或多年生枝从基部疏除。其作用是调节枝条密度，使树上枝条分布均匀、合理，疏枝能促进剪口后部枝芽的生长势，抑制剪口前部的生长势，既能改善通风透光条件，提高光合效能，又能促进花芽形成，提高产量，疏枝及时，可以减少不必要的营养消耗，有利于营养集中。在目前苹果园留枝量普遍偏大、树冠郁闭的情况下，疏枝是加快树形改造、规范树形的一项重要技术措施。通过合理疏枝，降低枝量，对于改善果实品质，促进成花、减少大小年结果具有十分重要的意义。

幼树期主要疏除强旺竞争枝和背上直立枝，盛果期主要疏除密生枝和徒长枝。花量较大时，疏除弱枝弱花，弃弱促壮。对多年生枝，主要是疏除干扰树体结构、影响枝轴两侧平斜枝生长的直立强旺枝组和下垂衰弱枝，保持大枝的均衡生长。中央领导干上的对生枝、卡脖枝、上下重叠枝可有计划地逐年疏除，逐步调整。

疏枝是目前冬剪中用的较多的方法，应用时，一是防止连续疏枝，即在母枝的两侧相邻部位连续疏掉多个枝，导致抑前生长的副作用过大。二是避免造成对口伤，使伤口难以愈合且严重削弱伤口前部的生长。三是不要留橛过多，使伤口处留下的隐芽大量萌发，扰乱树形，且高橛伤口愈合困难，给腐烂病的发生留下隐患。四是杜绝疏枝过急，当太多的大枝需要疏除时，可有计划地逐步进行。对要去的部分枝可先行重回缩，暂时保留一、二个枝组，待需要去除的枝粗低于母枝粗度的 1/3 左右时，再从基部疏除。五是避免伤口过大过多，当主枝或大侧枝去除后，对留下的大伤疤及时用塑料薄膜包扎保护，促进伤口尽快愈合。

2. 缓放中庸弱枝　即对 1 年生枝长放不剪。主要作用是缓和枝势，增加中、短枝数量，促进花芽形成。

应用缓放时应注意：一是竞争枝和背上直立旺枝不能放，特别是主枝头上及生长于背上优势位置的枝。用于缓放的枝条主要是辅养枝及主枝两侧的斜生枝和水平枝。细长纺锤形树形培养过程中，选留的小主枝也以长放为主。二是枝条缓放后，在春季要配合抓好刻芽工作，促发中、短枝形成，特别在红富士品种上，如果缓放不拉枝和刻芽，则枝条中下部易出现"光腿"现象，花芽只能形成在缓放枝条的顶部和秋梢处，来年结果部位离母枝太远，势必造成结果部位外移。三是缓放成花后要及时回缩，尽早培养紧凑型结果枝组。

3. 及时复壮回缩　回缩是对多年生枝进行的剪截，也称缩剪。其作用是恢复长势，更新复壮。过大的结果枝组通过回缩可以起到控制的效果，通过回缩也能调整枝组角度和方位，改善通风透光条件，起到充实内膛，延长结果年限，提高坐果率的作用。

回缩修剪时要注意：一是不结果不回缩，避免旺长冒条。二是若对大枝实行了回缩修剪，则后部留下的小枝组不再回缩，防止生长转旺。三是回缩要适度，过大枝组要逐年回缩，过旺枝不能急于回缩，先疏掉其上部分枝组或旺枝，并辅以夏剪措施（如环切、环剥等），待枝势削弱后再进行回缩；下垂枝及花量过大的枝可重回缩，斜生枝角度越小，回缩应越轻。总之，回缩程度要根据枝势和枝位综合考虑而定。

4. 适当短截，促发分枝　短截即剪去一年生枝的一部分。其作用，一是促进剪口下芽的萌发，增加长枝数量；二是对全树或短截的枝起削弱作用，通常多用于骨干枝的培养和复壮树势。短截的程度越重，促发的长枝越多、越旺，在幼树期若短截过多过重，刺激抽发的长枝就越多，对花芽形成和早结果极为不利。随着修剪技术的不断改进和发展，短截修剪目前主要用于盛果期及衰老期的苹果树的修剪，幼旺树原则上不用或少用。对于成花容易的品种，特别是可以腋花芽结果的品种如秦冠、嘎拉等，可以适当增加短截数量，特别是这些品种嫁接在 M26 矮砧上时，大量结果后极易早衰，适当短截，促发和保持一定的长枝数量，有利于保证树体的生长势。山旱地、坡地及瘠薄地果园，果树年生长量较小，枝条生长慢，可适当多用一些短截，有利于防止树势早衰。

三、拉枝技术的合理利用

修剪技术在不同季节的应用重点不尽相同。春季以拉枝、刻芽、抹芽为重点，促进短枝萌发；夏季以调整新梢生长为重点，综合应用摘心、扭梢、疏枝、环切、拿枝等方法，提

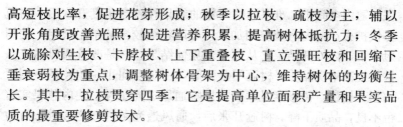

高短枝比率，促进花芽形成；秋季以拉枝、疏枝为主，辅以开张角度改善光照，促进营养积累，提高树体抵抗力；冬季以疏除对生枝、卡脖枝、上下重叠枝、直立强旺枝和回缩下垂衰弱枝为重点，调整树体骨架为中心，维持树体的均衡生长。其中，拉枝贯穿四季，它是提高单位面积产量和果实品质的最重要修剪技术。

1. 拉枝的目标 按照树形的要求，调整树体骨干枝的开张角度，一般情况下对结果的1～3年生枝条应拉枝开角到80°～90°。

2. 拉枝的时期 拉枝在整个果树生长期内均可进行。拉枝的最佳时间，1～2年生枝宜在8月中旬至9月中旬拉枝，此时拉枝枝条易固定，枝条和芽子充实饱满，翌春萌芽多，枝势中庸；3年生以上枝，宜于春季开花后至5月中旬进行，这时树液已流动，开角较容易，伤口恢复快，背上冒条少。

3. 拉枝方法 采用人工措施加大枝条角度和改变枝条方向的方法统称为拉枝，即用绳子或铁丝等，将枝条拉成一定的角度和方向。拉枝的益处在于既能把枝条拉至合适的角度，又能随意调整枝条的方位，克服枝条在树冠中分布不均的现象。

对于粗大和强硬枝条，开角一般首先手握枝条向上下方反复推动，然后再将枝条反复揉软，在揉枝的同时，将枝条下压至所要求角度，用拉枝绳或铁丝系于枝条的适当位置上，对较粗的枝要先推、揉、拉，后拉枝固定。1年生枝可选用开角器开角，其方法是用较粗的铁丝自制成M形开角器，将开角器两端压在枝条背上，中间在枝条背下，将枝条角度撬开，呈水平状态，此法可在生产季节用于旺盛新梢的开角变向，对开角有困难的大枝，在枝条基部背后位置采用连二锯或连三锯，深达枝粗的1/3，锯间间距大约为3厘米，然后下压，埋地桩用铁丝固定一年，使大枝呈近水平状态。

4. 拉枝的作用 一是扩大树冠，实现立体结果。苹果树冠上的枝条在自然状态下，一般角度小而呈抱头生长，致使树冠不开张，冠内空间小，难以容纳大量的结果枝。当角度开张后，树冠尽快扩大，冠内有效空间加大，可以容纳较多的结果枝组，使树冠上下、内外都结果，从而实现立体结果。二是改善通风透光条件，提高果实品质。树冠不开张时，由于空间小，使枝条在树冠内相互拥挤，树形紊乱，严重影响通风透光条件，使内膛果实着色不良，品质下降。树冠开张后，通风透光条件随之改善，有效光合作用面积增加，提高了树冠内膛和中下部叶片的光合效能，进而提高果实含糖量，促进果实着色。三是促进短枝形成。枝条角度开张后，由于极性减缓，顶端营养竞争能力下降，水分及贮藏营养上运速度减缓，营养分散，可明显地促进枝条各部位的芽子萌发，形成较多的中短枝。四是有利于花芽分化。由于短枝数量增多，光合效能提高，加上枝条呈平斜状态使光合产物下运速度减缓，枝条上部有机营养积累多，树体碳氮比大，花芽形成有利。不仅如此，拉枝也是调节营养生长与生殖生长的措施，是促进幼树早结果、早丰产和确保盛果期树优质稳产的关键性措施。

5. 拉枝注意事项 苹果树拉枝应从幼树整形时开始，按照树形要求，对长度 1 米以上的一年生枝条拉至所要求角度；拉好的枝要平顺直展，不能呈"弓"形。拉枝前先把枝条从下到上反复揉扭，使枝条有轻微的损伤但不折断，然后把绳的一头固定在地下，另一头在枝条上绑以活扣固定，使枝条达到规范角度即可；拉枝时，调整好上下夹角的同时，应注意水平方位角的调整，让小主枝和结果枝组亦呈 90°夹角，均匀分布于树体空间，不能交叉重叠；拉枝后，应定期进行检查，适时去掉绑绳，以免损伤枝条木质部。一般情况下经过 2 个月左右时间，才能使枝条固定到一定角度；分次拉枝要不断更新拉枝部位。

第四节　乔化苹果树的改形修剪

随着技术进步和生产管理方式的改变，苹果树形也在不断发

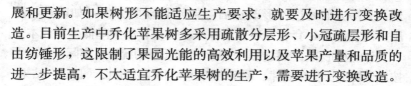

展和更新。如果树形不能适应生产要求,就要及时进行变换改造。目前生产中乔化苹果树多采用疏散分层形、小冠疏层形和自由纺锤形,这限制了果园光能的高效利用以及苹果产量和品质的进一步提高,不太适宜乔化苹果树的生产,需要进行变换改造。

一、树形改造目标

乔化苹果树比较适宜采用开心形,树形改造一般朝着塑造开心形的方向进行。树形改造后,果园土地覆盖率应达到 75% 左右,行间保持 1.0~1.5 米的作业道,株间基本不相接,便于管理。主枝数量少,树体结构简化,小型主枝增多,便于枝组培养更新。树体成形后,每 667 米^2 的枝量 6 万~7 万,叶面积系数 2.5~3.0;生长季叶幕层呈单层平面分布,树冠光照充足,光能利用率高,树冠下光斑占树冠投影面积透光率达 20%~30%,有利于花芽分化和促进果实着色。枝干比(主枝粗度与主枝着生处主干粗度之比)为 1:2,骨架比例合理,骨干枝支撑能力强,结果寿命长,主枝牢固,产量高。主枝和侧枝上着生的结果枝组为单轴延伸的长放枝组,结果枝组呈珠帘状分布在主、侧枝两侧。下位主枝上的珠帘状结果枝组下垂距离 40~60 厘米,中位和上位主枝上的结果枝组下垂距离为 20~0 厘米,层间保持 20~30 厘米间距。

二、树形改造要求

1. 因地因树而异 改造树形应该据苹果园立地条件、栽植密度、栽培管理方式、栽培品种和树龄大小等,因地、因园、因树而异,科学地选择恰当树形,最大限度地利用空间和提高经济效益,切忌一刀切,不能教条化地照搬某一种模式。

2. 简化修剪,有利于优质高效 简便易行是衡量树形改造成功与否的重要尺度,一方面要求改造后树形修剪技术本身要简便；另一方面通过树形改造后，果园管理要方便，如喷药、施肥、疏花疏果、套袋等环节更容易进行，有利于降低生产成本。

改造树形的主要目的是实现产量和质量的统一，实际操作时要按照果树生长发育规律，调节营养生长和生殖生长（开花、结果）的平衡，促进树体健壮生长，保证通风透光，最大限度地利用光能。苹果树改形后应当密度适宜、枝量适当及结果量适度，枝叶和果实质量提高，树势和营养分配均衡，有利于苹果优质高效生产。

3. 逐步改造，树形和产量兼顾　苹果树形一生中随条件变化处于不断变化中，由于树龄的差异和树体条件变化，树形选择也要有所不同。改造树形时，首先要以现有的栽培方式为基础确定恰当的树形；其次要根据树龄和树冠大小，确定不同阶段的目标树形和改形措施，注意近期目标和长远目标的结合。改形过程中，要考虑现有树形的实际情况以及产区的现有基础，针对不同情况，采取不同对策，因树逐年、逐步改造，切忌死搬硬套，千篇一律。苹果树形改造适宜在冬季进行，但生长季修剪是树形改造成功的关键。冬剪手法简单，但执行难度大；夏剪手法繁多，但操作简便。改形时需要将冬季与生长季修剪相结合。树形改造后必须要与其他综合配套技术的应用相结合，从而保证综合效益的提高。

三、树形改造要点

1. 改造下部大枝，提高主干高度　对树体下部过多过低的主枝及较多的大辅养枝，必须疏除。首先疏除辅养枝和过低（距地面 1 米以下）的主枝或朝北方向的基部主枝。随后分年度逐步疏除对生和轮生的主枝，使主干 1 米以下不再保留主枝。对保留的主枝，要疏除把门枝和大辅养枝，随后去除多余侧枝，使每一主枝上最多保留 2～3 个侧枝，距离主枝 40～50 厘米范围内不留强旺大枝，侧生大枝间距保持 50 厘米以上。下部主枝上的拖地裙枝和过高过大背上枝组要彻底疏除，个别有保留价值的可回缩改造成小型结果枝组。一般管理水平高、树势强健的果园 1～2 年改造完成；管理水平差，树势较弱的果园，分 2～3 年完成，不能因操之过急而造成树势早衰。

2. 适当落头，控制树高　结果期树树体大的骨架结构已形成，应逐步落头开心，改善树冠上部光照，促使营养供应下移。落头一般在 2～3 年内完成，切忌操之过急。对树势较弱、树冠较小的树，第一年先选一条较弱的主枝（或辅养枝）落头至所需高度的一半；第二年再落头至所需高度，落头完成后最上部的主枝应选留北向枝。对树势强旺、树冠较大的树，第一年选两个较弱的主枝双枝开叉带头，落头至所需高度的一半左右，第二年疏除落头处的一个主枝（或辅养枝），留一主枝（或辅养枝），并疏除主枝上的强旺枝和直立枝，第三年再落头至所需高度。落头后，最上部主枝距地面为 2.5～3.0 米，树高为行距的 75% 左右。

3. 清理中上部大枝　如果树冠中、上部大枝过多、过密，应及时改造，以疏枝为主，控制中上部大枝数量。主要疏除对生、轮生、重叠和密生的大枝，可本着"留一去一"或"留一去二"的原则确定大枝是疏除还是留用，尽量避免当年在主干同一部位造成大的对口伤和并生伤。疏枝后，使保留的大枝插空均匀分布，相邻主枝间距在 30 厘米以上。并保持树体均衡生长，不要形成偏冠现象。对一般管理水平的果园，分 2～3 年进行，每年疏除 2～3 个大枝（过于密闭的树，每年可疏除 3～4 个），最终保留 3～4 个主枝。

4. 对临时株与永久株分类修剪　永久株按改形要求进行正常修剪；临时株用于短期提高产量，对其不过分强求树形结构，重点是去除部位过低的枝和影响永久树的大枝和密生枝。随着永久树树冠的扩展，要通过回缩逐步收缩临时树树冠，疏剪掉伸向永久株的大枝，只留中庸枝和中小枝组，暂时保留伸向行间的大枝，每年疏除 1～2 个大枝，3～4 年后挖除临时株。

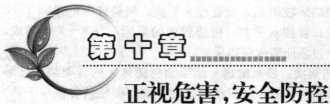

第十章

正视危害，安全防控

为减少有害生物（病菌、害虫、杂草等）给苹果安全生产带来的损失，需要从整个果园生产系统出发，对各类有害生物进行科学防控。在具体操作中，要积极创建稳定平衡的果园生态系统，努力增强果园生物多样性，坚持"以防为主，综合防治"的植保方针，综合应用农业、生物、生态和物理措施，做好预测预报工作；发生危害后，优先考虑农业防治和物理防治，积极采用生物防治和生态控制的方法，合理进行化学防治。

第一节　苹果病虫害类型及其安全防控

防控果园病虫害要从创造良好生态环境和增强植株抗性出发，综合运用各种农业措施、物理方法、生态控制、生物防治技术以及高效、低毒、低残留的化学药剂，最大限度地降低各类病虫带来的损失，确保果园环境和苹果质量的安全以及苹果生产的高效可持续发展。

一、苹果园病虫害类型

1. 苹果园主要病害类型　苹果病害有 100 多种，主要是真菌病害，也有病毒病和生理病害。为害严重的病害有 20 多种，根据为害部位可分为以下几类：

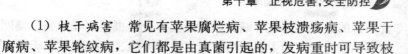

（1）**枝干病害**　常见有苹果腐烂病、苹果枝溃疡病、苹果干腐病、苹果轮纹病,它们都是由真菌引起的,发病重时可导致枝干坏死甚至植株死亡。

（2）**果实病害**　主要种类有果实轮纹病、炭疽病、褐腐病、霉心病、黑点病、黑星病、锈果病、绿缩果病、缩果病、果锈病、水心病、苦痘病、痘斑病等。果实轮纹病、炭疽病、褐腐病、霉心病、黑点病、黑星病是由真菌引起的,其中轮纹病、炭疽病、褐腐病比较常见,它们会使苹果果实腐烂变质,丧失商品价值和食用价值。黑点病常见于套袋果实,是由果袋内特殊的微环境造成的。苹果锈果病、绿缩果病是由病毒引起的。缩果病、果锈病、水心病、苦痘病、痘斑病等是由生理和环境因素造成的病害。

（3）**叶片病害**　常见有褐斑病、斑点落叶病、白粉病、锈病、花叶病、银叶病、小叶病、黄叶病等。褐斑病、斑点落叶病是引起苹果早期落叶的主要病害。白粉病、锈病等可导致叶片光合功能下降、黄化并早期脱落。花叶病是一种病毒病,小叶病和黄叶病是营养元素失调引起的生理病害。

（4）**根部病害**　常见有圆斑根腐病、白纹羽病、紫纹羽病、白绢病等,根腐病具有较强的传染性,重度发病时可导致苹果树体死亡。

2. 苹果园主要害虫类型　为害苹果的昆虫有300多种,常见害虫有50多种,造成严重为害的主要有20余种。依据为害部位可分为以下几类:

（1）**主要为害果实的昆虫**　主要有桃小食心虫、苹小食心虫、梨小食心虫、梨大食心虫等。桃小食心虫使果实变形,造成畸形称"猴头果"。苹小食心虫为害果实,被害处形成褐色至黑褐色干枯凹陷虫疤,称"干疤"。梨小食心虫入果孔周围常变黑腐烂,俗称"黑膏药"。梨大食心虫吐丝缠住果柄端,使受害果变黑、变干,不能脱落,形成所谓"吊死鬼"果实。

（2）**主要为害叶片的昆虫**　可分为吸食、咬食为害类型,吸食为害的种类主要有叶螨类、蚜虫类、介壳虫类、叶蝉类、梨网蝽等，咬食叶片的主要种类有卷（潜）叶蛾、苹果巢蛾、天幕毛虫、黄刺蛾、舟形毛虫、梨星毛虫、毒蛾等。叶螨类吸食叶片后可导致叶片失绿，引发叶片早期干枯脱落，常见有山楂叶螨、苹果叶螨、二斑叶螨等。蚜虫类主要有苹果黄蚜、苹果绵蚜、苹果瘤蚜等。介壳虫类常见有球坚蚧、梨圆蚧和草履蚧等。叶蝉类主要是大青叶蝉。卷（潜）叶蛾类主要有苹小卷叶蛾、苹果卷叶蛾、顶梢卷叶蛾、黄斑卷叶蛾、银纹潜叶蛾、金纹潜叶蛾等。为害叶片的昆虫对苹果果实、枝干、新梢也有不同程度的为害，比如，卷叶蛾除卷叶蚕食叶肉外，还啃食果皮，影响果实的商品性。

（3）主要为害枝干的昆虫　包括苹果小吉丁虫、苹果绵蚜、介壳虫、大青叶蝉、天牛（桑天牛、光肩星天牛、梨眼天牛等）、金缘吉丁虫、梨潜皮蛾、苹果透翅蛾等，它们吸食或咬食苹果树干木质部、周皮、表皮等，严重时可导致枝干坏死或整株死亡。

二、苹果园病虫害农业防治方法

农业防治就是采取一系列与病虫害防治有密切关系或直接消灭病虫的果园管理措施，提高苹果树势，破坏病虫生存环境，从而控制病虫害发生的技术，比如，培育和选用抗性品种、创造不利于害虫孳生的环境条件等。农业防治是果园生产管理的一部分，基本不受环境和技术条件等的限制，能够长期控制病虫害的发生。

1. 选用健壮苗木和抗病虫品种　有些苹果病虫是随苗木、接穗、种子等繁殖材料传播的，如苹果紫纹羽病、白纹羽病、白绢病、根癌病等根部病害可通过苗木带菌传播，苹果锈果病、花叶病等病毒病则主要靠接穗传播，梨圆蚧、苹果全爪螨的远距离传播也是靠苗木、接穗的调运而实现的。对于这些病虫的防治，

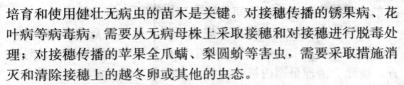

培育和使用健壮无病虫的苗木是关键。对接穗传播的锈果病、花叶病等病毒病，需要从无病母株上采取接穗和对接穗进行脱毒处理；对接穗传播的苹果全爪螨、梨圆蚧等害虫，需要采取措施消灭和清除接穗上的越冬卵或其他的虫态。

不同品种及砧木对病虫害的抗性差异显著，抗性强的植株不宜感染病虫害，可少施或不施药。生产者应根据本地区病虫害的发生特点，选用适宜本地区的抗病品种及砧木，如，'红富士'、'金帅'等苹果品种易感轮纹病，而'鸡冠'、'寒富'、'秦冠'、'北之幸'、'国光'、'新红星'等苹果品种较抗轮纹病；'北斗'、元帅系品种易感霉心病，'国光'、'祝光'抗霉心病；元帅系苹果易得斑点落叶病，'金帅'、'富士'、'王林'、'国光'中等感病，'红玉'、'祝光'很少发病；'金帅'苹果易受桃小食心虫危害，'富士'、'国光'较轻；苹果 MM 系砧木抗绵蚜。在发病比较重的地区，要优先选择这些抗性品种。由于'鸡冠'苹果对轮纹病有免疫力，以'鸡冠'苹果为中间砧嫁接'红富士'苹果或在'鸡冠'苹果树上高接'红富士'苹果，能够明显减轻轮纹病菌对'红富士'苹果的危害。

2. 彻底清园　果园周边的刺槐、桧柏、花椒等是苹果病虫的转主寄主，要尽早铲除。枯枝落叶、病梢病果及杂草等是许多病菌和害虫的越冬场所，在秋末和冬初，需彻底清扫落叶和杂草，消灭在落叶和杂草上越冬的早期落叶病、黑星病、金纹细蛾、梨网蝽等病虫源，以净化果园环境。

苹果树的翘皮、粗皮与裂缝是山楂叶螨、梨星毛虫、苹小卷叶蛾、梨小食心虫、苹小食心虫、金毛虫等害虫以及褐斑病、轮纹病、白粉病等病原菌的越冬场所，刮除老翘皮，集中销毁，可有效减少病虫害的越冬基数。不过老翘皮也是小红花蝽、深点食螨瓢虫、红点唇瓢虫等天敌隐蔽过冬的地方，所以，休眠期刮树皮主要刮主干以上的枝杈部位，主干可以不刮，同时对树皮内的益虫要设法保护。在有条件的地方，还可于秋末在主干上绑草或破布、废纸等，诱集果园间作物和邻近作物上的天敌越冬。

此外，还要注意及时清除烧毁死树、死枝及病虫植株残体，及时捡除落在地上的病虫果。在生长季节结合果园管理，及时检查、摘除、清理果园内被轮纹病、炭疽病、桃小食心虫、梨小食心虫、桃蛀螟等病虫危害的果实，集中深埋销毁。结合冬夏修剪，剪除腐烂病、白粉病、花腐病、苹果全爪螨、梨圆蚧、枝天牛、木蠹蛾、蚱蝉等病虫枝，带出园外集中销毁；结合疏花疏果，摘除白粉病梢、顶梢卷叶蛾、星毛虫等。

3. 深翻改土　很多害虫与病原菌以土壤为栖息环境，土壤条件对害虫发生有显著影响。比如，在砂质壤土易于发生粉介壳虫、根瘤蚜，潮湿的土地易发生蝼蛄、蟋蟀，而较松土地易发生地老虎、蛴螬。因此，通过深翻改土，破坏害虫与病原菌的生存环境，不仅利于果树的生长，也可控制害虫害。深翻改土的作用主要表现在：

深翻改土改变了原来的土壤环境，可抑制害虫的发育与繁殖；深翻时将原来在地下的害虫翻至土壤表面，由于光、温度、湿度等物理因子和鸟类、青蛙、天敌昆虫等生物的捕食，促使它们大量死亡；通过深耕，将害虫翻入土层深处，使它们不能由土壤中羽化出来；把果园间作物的地上部翻入土中，使为害植物地上部的害虫，因失去寄主而大量死亡，尤其是杂草的清除，更具意义；深翻晒垄，可利用阳光消毒，如深耕 40 厘米，能够破坏病菌的生存环境，同时借助自然条件，如高温、太阳紫外线等，杀死一部分土传病菌；土壤中害虫的巢穴和蛹室在深翻受到破坏，难以生存，同时害虫也会因遭到深翻机具的伤害而死亡；深翻可促进病残株、落叶在土下腐烂，并将地下病菌、害虫翻到地表，不利于其越冬，减少病源、虫源；冬季树盘周围翻土，可以冻死越冬的病虫，如山楂叶螨、二斑叶螨，苹果绵蚜、枣尺蠖、桃小食心虫等。

4. 合理修剪　病虫害常常在郁闭条件下发生严重，如蚜虫、煤霉病等，及时修剪，增强树冠内通风透光能力，能够抑制病虫害的发生。比如，夏秋季结合开张角度剪除树冠内的徒长枝、稠密拥挤枝，可改善树冠通风透光条件，降低湿度，抑制落叶病、烂果病、叶螨、卷叶蛾等病虫害的发生。

5. 合理施肥　肥料种类及用量，往往影响害虫的发生。如果氮肥过多，枝叶趋于柔嫩，害虫易为害，如卷叶虫、褐飞虱及浮尘子类会发生较严重；而施用硅酸肥料，可缓和氮过多引起的为害；厩肥堆积过多，常引致蝇、蚊、叩头虫幼虫、金龟子幼虫等土栖昆虫的栖息繁殖。再如，苹果全爪螨和二斑叶螨繁殖能力随叶片中氮素含量增加而增长；树皮钾含量与果树抗腐烂病的能力正相关等。生产中应当注意勿施用过量氮肥，以免引起枝叶徒长，诱发病虫；提倡配方施肥和施用有机肥，多施磷钾肥以增强植株的抗病性。还要充分利用肥料的杀虫抑菌的作用，比如，鸡粪、棉子饼能够抑制线虫发生，沼液、沼渣有治疗根腐病的作用；再比如，将10千克水加兔粪1千克在桶内或瓦缸内密封沤制15～20天，浇淋于根部，能防治地老虎；而将10千克草木灰加水50千克，浸泡24小时，滤液可防治蚜虫。多施有机肥、平衡施肥能提高植株抗病性，增强土壤通透性，改善土壤微生物群落，提高有益微生物的生存数量，降低腐生菌基数，有利于根系发育健壮。

6. 果园种草　果园种草已成为普遍推行的园地土壤管理措施。种草后果园地面有了稳定的植被覆盖，给天敌营造了一个良好的栖息、繁衍和越冬场所，有利于瓢虫、草蛉、小花蝽、捕食螨、寄生蜂等捕食性天敌的生存。果园种草后可以富集土壤有机质，使土壤中蚯蚓和各种土壤微生物数量增多，繁殖活跃；同时，种草后土壤理化性状得到改善，促进了苹果根系的健康生长，保障了树体的健壮生长，能够提高抗性。

7. 合理灌水　湿度过大是许多病菌疫情严重发生的主要条件，过大的湿度常诱发叶部和根部病害发生，如灰霉病、疫病、霜霉病、根腐病等；湿度过大也不利于果园内蜘蛛和一些捕食性天敌昆虫（如步甲等）的生存。所以，果园浇水忌大水漫灌，应尽量采用滴灌、穴灌等节水措施；同时还应该结合覆膜以控制空气湿度。此外，大雨后要及时排水，以免影响果树正常生长和降低果树的抗病虫能力，特别是要防止一些根部病害因积水而大量发生。

8. 合理间作　果园行间种植绿肥作物，一方面能改善土壤结构，增加土壤有机质含量，同时还为天敌提供了良好的取食、活动和繁衍场所。特别是间作豆科绿肥作物，能够招引大量的蚜虫天敌，而这些天敌同时也是苹果叶螨、介壳虫等害虫的天敌，合理间作有利于控制蚜虫、叶螨、介壳虫的为害。

不同昆虫有不同的嗜好，比如，桃蛀螟成虫对圆葱花球和向日葵花盘的趋性强，有集中产卵的习性，根据这一习性，在秋末集中种植少量圆葱，春季种植早熟向日葵，使圆葱花期和向日葵花期分别与桃蛀螟越冬代和一代成虫发生期相吻合，诱集桃蛀螟成虫在圆葱和向日葵上产卵，以集中消灭。另据报道，金龟甲成虫对菠菜趋性较强，在果园间作菠菜，可诱集金龟甲群集取食，然后用化学药剂集中消灭，可减轻其对苹果花蕾的为害。再如，芋艿（芋头）是一代斜纹夜蛾喜欢产卵的作物，在苹果行间有目的地种植芋艿，可诱集斜纹夜蛾产卵，然后人工摘除、灭杀卵块或幼虫群。

有些植物对害虫具有驱避作用，比如，除虫菊、波斯菊、金盏花等菊科植物和薄荷类对多种害虫有驱避作用；将细香葱种于果树行间，可减轻疮痂病，亦可降低绵蚜的危害；果园套种万寿菊、孔雀草、罗勒、薄荷等对康氏粉蚧、梨木虱、草履蚧、尺蠖等害虫有明显的防控效果。

9. 其他农业防治方法

（1）果园早春地膜覆盖，防止病虫上树；树干扎开口向下的纸筒，防止天鹅绒金龟子上树。

（2）树盘培土灭虫，闷死出蛰害虫，比如，桃小食心出土后羽化前，在树干周围 1 米内培 5 厘米左右厚的土，并压实，15天后再培第二次土，阻止桃小食心虫出土羽化。

（3）秋季树干缠草绳或者捆绑瓦棱纸，诱导下树害螨、害虫聚此越冬，冬季解下草绳集中烧毁，该措施对一些具有在树皮缝、地表、枯草中越冬习性的叶螨、蚜虫、介壳虫、食心虫等有明显效果。

三、苹果园病虫害生物防治技术

生物防治是利用有害生物的天敌、动植物产品或代谢物对有害生物进行防控的一种技术，是苹果安全生产的主要措施之一。生物防治可直接利用天敌控制病虫害（狭义的生物防治），也可利用生物有机体或其天敌产物来控制病虫害（广义的生物防治），该技术防控病虫的时间长，不污染环境，对人畜安全，取材容易，成本较低，便于应用。果园常用的生物防治技术主要有：

1. 利用害虫天敌防治

（1）苹果园常见害虫天敌类型

①寄生性天敌　主要防治寄生蜂和寄生蝇。这些天敌将其卵产于害虫寄主体内或体表，幼虫在寄主体内取食并发育，从而引起害虫死亡。寄生蜂种类很多，可寄生多种害虫的幼虫和蛹，比如，甲腹茧蜂可寄生桃小食心虫，蚜小蜂寄生苹果绵蚜和苹果黄蚜若蚜，赤眼蜂科可寄生苹小卷叶蛾和梨小食心虫。寄生蝇主要寄生在鳞翅目害虫的幼虫和蛹，比如，日本追寄蝇寄生苹果金毛虫、梨小食心虫，金光小寄蝇寄生苹果巢蛾。

②捕食性天敌　捕食性天敌靠直接取食猎物或刺吸猎物体液杀死害虫。捕食性天敌主要包括瓢虫类、草蛉类、食虫蝽类、蜘蛛类、捕食性螨类、食蚜蝇类和食蚜瘿蚊类。

（2）保护和创造适宜天敌生活的环境

①天敌盛发期避免使用广谱性化学杀虫剂　一般天敌比害虫出蛰晚，早春苹果展叶开花后害虫即开始出蛰，而天敌则要晚2～3周，所以花后10～20天果园应停用广谱杀虫剂，以保护天敌安全出蛰。如果园周围有麦田、油菜田，收麦后10～15天内果园应停用广谱杀虫剂，以保护来自麦类作物和油菜上的蚜虫天敌。

②限制使用剧毒广谱杀虫剂　为保护害虫天敌，果园要限制使用剧毒广谱杀虫剂。用药前要对当地主要苹果病虫害进行监测预报，适时用药，以减少喷药次数；适量配兑，并轮换或交替用药。要选用高效低毒、昆虫生长调节剂、生物制剂或矿物源农药，禁止使用有机磷、菊酯类等毒性大、杀虫谱广的化学药剂。再就是要根据病虫发生分布情况进行局部防治或挑行、挑株防治，实施精准植保。另外，尽量人工捕杀或剪除病虫枝梢，减少不必要的大面积喷药。

③人工助迁利用　在目前要大面积实施天敌人工饲养释放有很大难度，成本过高。但是在盛花初期果园内瓢虫数量不足时，人为加以助迁利用，就地取材，且易于实施，不失为一种较好的利用途径。

（3）其他有益生物的利用　果园中栖息的有益动物，如鸟类、青蛙等，对害虫为害也有很大的控制作用。据调查，在华北地区的果园内有53种益鸟，其中37种完全以昆虫为食，如啄木鸟、灰喜鹊、大杜鹃、大山雀等，它们可以捕食毛虫类、食心虫、吉丁虫、天牛类等。在果园操作时，要注意保护这些天敌动物；也可以在果园内挂人工鸟巢箱，招引益鸟，控制害虫。

2. 利用有益微生物防治病虫　微生物与微生物之间、微生物与病原物之间存在着相互抑制或相互促进的关系。利用微生物防治病害就是利用微生物抑制病原菌对树体的侵害，比如，一些对病原菌具有拮抗作用的真菌、细菌和放线菌（被称为拮抗菌）可以通过分泌抗菌素直接对病原物产生抑制作用，还可以通过快速繁殖和生长而与病原菌夺取养分和生存空间,进而控制病害蔓延。利用昆虫病原菌可以有效控制害虫的危害,目前用于病虫害防治的主要是苏云金杆菌（简称 Bt）、杀螟杆菌、白僵菌、虫霉菌、座壳胞菌以及汤氏多毛菌。

3. 利用昆虫病毒杀灭害虫　昆虫病毒对于杀灭害虫也有独特的效果。昆虫病毒是以昆虫为宿主并可使宿主发生流行病的病原病毒,其中有很多可以引起感病害虫死亡。如在美国和欧洲,苹果蠹蛾颗粒体病毒和苹小卷叶蛾颗粒体病毒制剂已商品化。应用昆虫病毒防治害虫,可直接向果园喷施昆虫病毒制剂,也可采集感病昆虫研磨过滤后兑水喷雾。

4. 利用昆虫激素杀灭害虫　昆虫激素是由昆虫内分泌器官分泌调节昆虫生长发育、变态与生殖等生命活动的激素。昆虫激素防治法是利用仿生学原理,通过人工合成昆虫激素（如昆虫信息集合激素、保幼激素、蜕皮激素、性信息素、报警激素）等产品,对害虫进行求偶迷向干扰或直接捕杀,进而防治害虫的方法。

目前昆虫性信息素应用比较广泛和成功。害虫求偶依赖于性信息素,性信息素是雌雄昆虫进行性行为化学通讯的媒介物,利用性信息素干扰昆虫正常的交尾行为达到防治害虫的目的。性信息素可用于害虫监测、害虫诱杀、干扰害虫交配等。常用的性信息素有桃小食心虫、苹小卷叶蛾、苹褐卷叶蛾、金纹细蛾、桃蛀螟等苹果主要害虫的性外激素诱芯。

利用害虫性信息素预测预报时,用 500 微克性诱剂诱芯制成水碗诱捕器（口径为 16~18 厘米的大碗）,水碗内放少许洗衣粉,诱芯距水面约 1 厘米,用铁丝将诱捕器悬挂于粗枝上,离地面约 1.5 米;每果园悬挂 5 个诱捕器,逐日统计诱蛾量;当诱捕到成虫时,调查产卵情况,当卵果率达到 1% 时,可指导适期施药防治。用于防治害虫时,每 667 平方米悬挂 2~5 个诱捕器,5月中旬挂出,每隔一个月更换一次芯,采用诱杀与施药相结合的方式控制害虫。

近年国内从日本引进了一种由多种害虫的性信息素和缓释剂复合而成的产品——Confuser-A（复合搅乱剂-A），Confuser-A为含有多种害虫性信息素棕色塑胶丝，塑胶丝中间有一根细金属丝，可以弯曲捆绑在果树枝条上。使用时于生长季节将Confuser-A悬挂在距地面1～1.5米背阳的树枝上，每棵树1～2根。Confuser-A可释放出多种性信息素，能够干扰卷叶蛾类、潜叶蛾类、食心虫类害虫的交配，降低雌虫的产卵率，防控果园害虫良好效果。

使用昆虫性诱剂防治害虫时应注意：①购买性诱剂诱芯时，要注意诱芯的类型是用于测报、诱杀还是干扰交配（迷向），要根据害虫的发生情况选用。②对于世代多、发生量大的害虫及食心虫类，需连续多年应用性诱剂才能取得好的防治效果。③临时不用的性诱剂诱芯要包好并保存在冰箱内冷藏，以免失效。

四、苹果园病虫害物理防治技术

物理防治是根据害虫的生活习性，利用器械、温度、湿度、颜色、音波、光线、外加隔离、特殊图案等方法来诱杀、阻隔、窒息杀灭害虫的方法。物理防治方法的突出优点是利用纯物理原理和方法来消灭害虫，可取代或部分取代化学防治，效果良好，不污染环境，易于大面积实施，近年来在生产上应用愈来愈广泛。

1. 灭虫灯诱杀 利用害虫的趋光性可直接诱杀果园趋虫，比如，紫光灯可诱杀多种害虫，高汞灯能够诱杀蝼蛄、地老虎等。而以紫光灯或高压汞灯为引诱源、辅以黄色及在灯四周配置频振式高压电网制成的各类频振式杀虫灯（图10.1），架设在果园距地面3米左右，可有效诱杀苹果园各种趋光性害虫，降低虫口基数。一般每台可覆盖1公顷左右的果园。

2. 诱虫带诱杀　果园内的一些害虫,如山楂叶螨、二斑叶螨、康氏粉蚧、草履蚧、卷叶蛾等多种害虫具有隐蔽在树干翘裂皮缝中潜藏越冬的习性,因此,在树干"束草环"、"绑草把"、"扎草绳"等可将它们集中诱杀,根据这一习性开发的诱虫带效果更显著,使用更方便。所谓"诱虫带"是选用棉秆浆纸,添加对害虫有诱集作用的化学物质后而制成的纸棱波幅为 4.5 毫米×8.5 毫米的瓦棱纸。使用时,在为 8~10 月份将诱虫带绑扎于树干第一分枝下 5~10 厘米处,

图 10.1　频振式杀虫灯

在害虫完全越冬休眠后到出蛰前(12 月至来年 2 月底)期间解下,集中销毁或深埋。诱虫带可诱杀叶螨类、康氏粉蚧、黄尾毒蛾、苹小卷叶蛾、小灰象、绵蚜 10 多种害虫。

3. 果实套袋　除能有效提高果实的外观品质、减少污染外,另一重要作用就是对苹果果实病虫害的阻隔作用。套袋后,果实从幼果到成熟期都得到果袋的保护,有效阻隔了桃小食心虫、卷叶虫、轮纹病、炭疽病等病虫对果实的侵害。

4. 树盘塑料地膜覆盖　早春土壤中越冬害虫出土前的 3 月中下旬,用塑料地膜覆盖树盘,可有效阻止食心虫、金龟甲和某些鳞翅目害虫越冬虫出土,使其灭亡。

5. 利用色彩防治虫害　可使用黄板、蓝板或白板诱杀害虫,利用银灰膜或银灰拉网、挂条驱避害虫,使用聚铝聚酯反光幕增温、降湿防止病害发生。

(1)铺挂银灰网膜驱避蚜虫　每 666.7 米^{2}铺银灰色地膜 5 千克,或将银灰膜 10~15 厘米宽的膜条,膜条间距 10 厘米,纵横拉成网格状,利用银灰色驱避蚜虫。

（2）色胶板诱杀　利用害虫特殊的光谱反应原理和光色生态规律，用色胶板诱虫，在害虫可能暴发的时间持续不断地使用，能及时监测果园害虫数量。生产中广泛应用的有黄色胶板和蓝色胶板，制作时将黄板或蓝板涂上一层机油（或凡士林），挂在行间或株间，每 667 米^{2}30～40 块，粘满害虫后再重涂一层机油。黄板可诱杀蚜虫、白粉虱、潜叶蝇、果实蝇等害虫，蓝板可诱杀棕榈蓟马。

（3）黄色水盆　原理与黄色胶板相同，在水盆内加少许肥皂，被吸引的害虫会淹死在盆中。

（4）反光纸　将反光纸悬于田间，风吹过时会晃动反射阳光，可驱吓鸟雀或某些昆虫。

6. 糖醋液诱杀金龟甲　苹果在成熟期会释放出芳香味，引诱白星花金龟甲等较大体型的金龟甲聚集取食。利用金龟甲的这一习性，用糖醋液加适量白酒置广口瓶内诱杀大体型啃食果肉的金龟甲。

7. 机械刺激　果园通过鼓风、喷水等措施对果树进行抗逆锻炼，提高果树抗性。用强力水柱喷射植株可以冲刷红蜘蛛等害虫，但是要注意不要折断植株。这种方法适宜于对付身体软或一经敲落就不易再爬上树的害虫。

五、苹果园病虫害化学防治技术

化学防治应在病虫监测预报、合理用药、安全用药的基础上实现，要选用低毒的杀虫剂、杀螨剂、杀菌剂以及除草剂，限制使用中毒农药，严格执行施药次数、安全间隔期和最高残留限量标准（表 10.1、表 10.2 和表 10.3），禁止使用对环境造成污染或对人体有危害的植物生长调节剂，禁止使用剧毒、高毒、高残留、致癌、致畸、致突变和具有慢性毒性的农药，如甲拌磷、乙拌磷、久效磷、对硫磷、甲基对硫磷、甲胺磷、甲基异柳磷、氧化乐果、磷胺、克百威、涕灭威、灭多威、杀虫脒、三氯杀螨醇、克螨特、滴滴涕、六六六、林丹、氟化钠、氟乙酰胺、福美胂及其他砷制剂等。

表 10.1 苹果生产常用化学杀虫杀螨剂农业行业标准

（NY/T 5012—2002）

农药名称	主要防治对象	每年最多使用次数	安全间隔期/天	农药名称	主要防治对象	每年最多使用次数	安全间隔期/天
三唑锡	叶螨	3	14	溴氰菊酯	桃小食心虫	3	5
联苯菊酯	桃小食心虫、叶螨等	3	10	顺式氰戊菊酯	桃小食心虫	3	14
毒死蜱	苹果绵蚜、桃小食心虫	–	–	甲氰菊酯	桃小食心虫	3	30
四螨嗪	叶螨	2	30	氰戊菊酯	桃小食心虫	3	14
溴螨酯	叶螨	2	21	吡虫啉	蚜虫	–	–
氯氟氰菊酯	桃小食心虫	2	21	丁硫克百威	蚜虫	3	30
氯氰菊酯	桃小食心虫	3	21	炔螨特	叶螨	3	30

表 10.2 苹果生产常用化学杀菌剂农业行业标准（NY/T 5012—2002）

农药名称	每年最多使用次数	安全间隔期/天	农药名称	每年最多使用次数	安全间隔期/天
异菌脲	3	7	硫磺锰锌	–	–
双胍辛胺乙酸盐	3	21	石硫合剂	–	–
氯苯嘧啶醇	3	14	波尔多液	–	–
百菌清	4	20	菌毒清	–	–
多菌灵			腐植酸铜水剂	–	–
甲基硫菌灵	–	–			

注：使用方法及浓度按有关国家规定执行

表 10.3　水果生产中农药合理使用国家标准（GB 4285，GB/T 8321）

农药名称	剂型	防治对象	施药剂量（倍）	施药方法	每季最多使用次数	安全间隔期/天	最高残留限量（毫克/千克）	引用标准
双甲脒（螨克）	20%乳油	红蜘蛛	1 000~1 500倍液（133~200毫克/升）	喷雾	3	20	全果0.5	GB/T 8321.5—2006
四螨嗪（阿波罗）	50%悬浮剂	红蜘蛛	5 000~6 000倍液（83~100毫克/升）	喷雾	2	30	全果0.5	GB/T 8321.5—2006
氟氯氰菊酯（功夫）	2.5%乳油	桃小食心虫	4 000~5 000倍液（5.0~6.2毫克/升）	喷雾	2	21	全果0.2	GB/T 8321.5—2006
唑螨酯（霸螨灵）	5%悬浮剂	红蜘蛛	2 000~3 000倍液（17~25毫克/升）	喷雾	2	15	全果1.0	GB/T 8321.5—2006
		锈壁虱	1 000~2 000倍液（25~50毫克/升）					
氟虫脲（卡死克）	5%乳油	红蜘蛛	667~1 000倍液（50~75毫克/升）	喷雾	2	30	全果0.2	GB/T 8321.5—2006
吡螨胺（必螨立克）	10%可湿性粉剂	红蜘蛛	2 000~3 000倍液（33~50毫克/升）	喷雾	3	30	全果1.0	GB/T 8321.5—2006
联苯菊酯（天王星）	10%乳油	桃小食心虫、叶螨等	3 000~5 000倍液（20~33毫克/升）	喷雾	3	10	全果1	GB/T 8321.4—2006
噻螨酮（尼索朗）	5%乳油	红蜘蛛	1 500~2 000倍液（25~33毫克/升）	喷雾	2	30	全果0.5	GB/T 8321.4—2006
氯苯嘧啶醇（乐必耕）	6%可湿性粉剂	黑星病、炭疽病、白粉病	1 000~1 500倍液（40~60毫克/升）	喷雾	3	14	全果0.1	GB/T 8321.4—2006

（续）

农药名称	剂型	防治对象	施药剂量（倍）	施药方法	每季最多使用次数	安全间隔期/天	最高残留限量（毫克/千克）	引用标准
多氧霉素（宝丽安）	10%可湿性粉剂	轮斑病、斑点落叶病	1 000～1 500倍液（67～100毫克/升）	喷雾	3	7	—	GB/T 8321.4—2006
二唑锡（倍乐霸）	25%可湿性粉剂	红蜘蛛等	1 000～1 330倍液	喷雾	3	14	2	GB/T 8321.3—2000
氯氰菊酯	25%乳油	桃小食心虫等	4 000～5 000倍液	喷雾	3	21	2	GB/T 8321.3—1989
除虫脲	25%可湿性粉剂	桃小食心虫等	1 000～2 000倍液	喷雾	3	21	2	GB/T 8321.3—2000
顺式氰戊菊酯（来福灵）	5%乳油	桃小食心虫等	2 000～3 000倍液	喷雾	3	14	2	GB/T 8321.3—2000
甲氰菊酯（灭扫利）	20%乳油	桃小食心虫、红蜘蛛等	2 000～3 000倍液	喷雾	3	30	5	GB/T 8321.2—2000
异菌脲（扑海因）	50%可湿性粉剂	轮斑病、褐斑病等	1 000～1 500倍液	喷雾	3	7	10	GB/T 8321.2—2000
溴氰菊酯（敌杀死）	2.5%乳油	桃小食心虫等	1 250～2 500倍液	喷雾	3	5	0.1	GB/T 8321.1—2000
氰戊菊酯（速灭杀丁）	20%乳油	桃小食心虫等	2 000～4 000倍液	喷雾	3	14	2	GB/T 8321.1—2000
硫丹（赛丹）	35%乳油	黄蚜	3 000～4 000倍液	喷雾	3	15	1	GB/T 8321.6—2000
啶虫脒（莫比朗）	3%乳油	蚜虫	2 000～2 500倍液	喷雾	1	30	0.5	GB/T 8321.7—2002

（续）

农药名称	剂型	防治对象	施药剂量（倍）	施药方法	每季最多使用次数	安全间隔期/天	最高残留限量（毫克/千克）	引用标准
丙硫克百威（安克力）	20%乳油	蚜虫	1 500～3 000倍液	喷雾	2	50	0.05	GB/T 8321.7—2002
丁硫克百威（好年冬）	20%乳油	蚜虫	3 000～4 000倍液	喷雾	3	30	0.05	GB/T 8321.7—2002
双胍辛胺乙酸盐	40%可湿性粉剂	斑点落叶病	800～1 000倍液	喷雾	3	21	全果1	GB/T 8321.7—2002

　　果园化学防治要对症、适时适量用药，掌握最佳的施药剂量和时期。苹果病虫害种类很多，各种化学农药的种类也很多，要根据病虫害发生和为害特性，选用相应的化学药剂，比如，一代桃小食心虫发生时，常伴有山楂叶螨同时发生为害，在进行药剂防治时，就要选择既能防治桃小食心虫，又能兼治山楂叶螨的药剂，如阿维菌素、三氟氯氰菊酯等。对主要病虫，要进行预测预报，严密监测病虫发生动态，把握好防治时机，比如，防治桃小食心虫时，应根据性诱剂诱蛾情况，结合卵果率调查，一般在卵果率达到1‰时，进行树上喷药防治。对药剂使用浓度不得擅自提高或降低，配制农药时，要精确计算药剂用量和加水量，并尽量减少用药次数，以降低防治投资，减轻对环境的污染和对有益生物的伤害。

　　要注意混合用药和轮换用药。苹果园经常多种病虫混合发生，病虫各发生阶段共存，因此，防治病虫时，需要多种药混合使用，以兼治多种病虫和不同虫态的害虫，同时通过混用减少用药次数，降低成本，节省开支。农药混用要以不降低药效、不发生药害为原则。要尽可能选择化学结构、作用机制不同、混后有

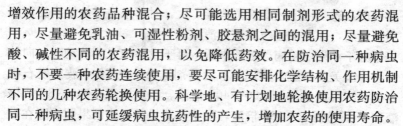

增效作用的农药品种混合;尽可能选用相同制剂形式的农药混用,尽量避免乳油、可湿性粉剂、胶悬剂之间的混用;尽量避免酸、碱性不同的农药混用,以免降低药效。在防治同一种病虫时,不要一种农药连续使用,要尽可能安排化学结构、作用机制不同的几种农药轮换使用。科学地、有计划地轮换使用农药防治同一种病虫,可延缓病虫抗药性的产生,增加农药的使用寿命。

果园施药要根据病虫预测预报,结合田间调查,摸清苹果园病虫发生的情况,选择最佳的用药时机和药剂用量,使用最适宜的施药方式,能局部用药的不全面用药,能树下用药的不树上用药,能园外用药的不园内用药。

第二节 苹果病虫害的周年防控技术

一、萌芽至花前期

在主产区,苹果一般在 3～4 月份萌芽开花。萌芽开花前重点防治苹果树腐烂病、枝干轮纹病、白粉病、根瘤病等病害以及金龟甲、蚜虫、叶螨等害虫。在发芽前,要对冬季修剪的腐烂病枝、白粉病枝、瘤蚜危害枝叶、病僵果、枯枝落叶(果)等都要彻底清除、烧掉;花芽开绽前,向树上喷 5°Be 石硫合剂或 100 倍机油乳剂,铲除越冬病虫源。

3～4 月份是腐烂病、轮纹病的发病高峰期,亦是防治的关键期,对腐烂病斑要彻底刮治。刮治前后所用工具要消毒;刮治的病斑要呈梭形,边缘要齐;刮斑的宽度应比原病斑宽出 1 厘米左右,深达木质部,将病皮彻底清除;刮下的病皮带出果园烧毁。病斑刮除后要用药剂涂抹进行涂抹消毒,消毒药剂可采用腐必清 2～3 倍液、或 2％农抗 120 水剂 10～20 倍液、或 5％菌毒清 30～50 倍液、或 14.5％络氨铜水溶性粉剂 200 倍液;半个月后再用上述药剂涂抹 1 次。同时每年早春,对刮治后 3 年以内的原病斑，还要用上述药剂再消毒1次。对苹果枝干轮纹病要彻底刮治病瘤，并用上述药剂进行消毒。

对于苹果白粉病严重的果园，可于发芽前（芽萌动时）向枝干喷5波美度石硫合剂，发芽后药剂选喷0.3～0.5波美度石硫合剂、50%硫悬浮剂200～400倍液、40%福星6 000～8 000倍液和15%粉锈宁1 500倍液。对于有苹果霉心病的果园，除在发芽前全树喷1次5波美度石硫合剂外，还要在开花前和开花末期各喷1次50%扑海因或50%多菌灵或70%甲基托布津1 000倍液，或1.5%多氧霉素200倍液。对白粉病、小叶病严重的园片，可加粉锈宁、富力锌等农药。

发现苹果烂根病重病树后，要在病树周围挖深50～60厘米、宽40～50厘米封锁沟，防止病区扩大；同时扒开树根晾晒，刮除病腐皮，涂抹2～3波美度石硫合剂消毒，并要更换土壤。对烂根病较轻的病树，可直接在树冠下土壤中每隔20厘米打孔径3厘米、深30～50厘米的孔，每孔灌入200倍福尔马林100毫升后封孔熏蒸。对于紫（白）纹羽病、白绢病和圆斑根腐病，可分别用70%甲基托布津1 000倍液、50%代森铵500～800倍液和硫酸铜100倍液浇灌，每株树按树龄大小浇灌药液50～300千克。病树治疗后，要加施磷钾肥和叶面追肥，树上重剪，适度环剥，根部桥接，嫁接新根等措施，以促进树势恢复。

对花期金龟甲啃花比较严重的苹果树，应采用人工捕捉或通过振荡予以消灭，振荡可于每天清晨露水未干时，在树冠下铺一层塑料薄膜，然后摇动树体，将振荡下来的金龟甲放入装有杀虫剂药液的桶内杀死；也可采用灯光或糖醋液诱杀。或者捕捉金龟子研成泥，用纱布滤出体液，然后按照每667米²30～50个捕捉金龟子滤出体液兑清水30倍喷施。

蚜虫、叶螨、金纹细蛾、棉褐带卷蛾等害虫，如同时发生，可喷1%海正灭虫灵或其他阿维菌素类农药5 000倍液处理，并且在谢花后7～10天全园喷施螨死净加灭幼脲三号。如苹果瘤

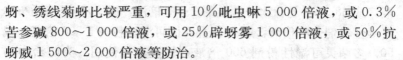

蚜、绣线菊蚜比较严重，可用10％吡虫啉5 000倍液，或0.3％苦参碱800～1 000倍液，或25％辟蚜雾1 000倍液，或50％抗蚜威1 500～2 000倍液等防治。

苹果绵蚜多以若蚜在主干或根颈处群集越冬，可在苹果萌芽前彻底刮除老树皮，剪除蚜害枝条，并集中烧毁，发芽后再补刮1次；在清明前蚜群尚未分散时，可选用40％蚜灭多1 000～1 500倍液喷雾或用5～10倍液涂抹药环（在距地面30厘米处的主干、主枝上轻刮粗树皮，涂药液后包扎）防治，也可用48％乐斯本，或40％速扑杀1 000～1 500倍液，或99.1％加德士敌死虫乳油200倍液喷雾。

苹果花期对农药非常敏感，常会烧伤柱头，杀死花粉，影响授精，导致落花、落果，因此花期一般不能喷洒化学农药。

二、花后至生理落果期

此期一般在5～6月份，主要结合疏果将病虫残果疏除，同时处理瘤蚜和苹果小卷叶蛾被害梢。在落花后10～20天，每隔15天左右喷1次药，防治早期落叶病、轮纹病、炭疽病、霉心病。药剂可选用0.9％或1.8％阿维菌素乳油3 000～5 000倍液混1.5％多抗霉素可湿性粉剂400倍液喷雾，或1％中生菌素300～400倍液和福星10 000倍液混用，还可选用50％扑海因1 000～1 500倍液，或倍量式或多量式波尔多液200倍液（金帅、乔纳金苹果易发生药害，可改用其他药剂）。注意药剂的交替轮换使用，以免病菌产生抗性。

为防治叶螨，需在5月中旬用20％四螨嗪（螨死净）悬浮剂2 000倍或5％尼索朗乳油1 500倍或20％哒螨酮可湿性粉剂3 000倍液树上喷雾。为防治斑点落叶病、轮纹病、炭疽病等，可在5月中下旬选用10％宝丽安可湿性粉剂1 500倍液，或80％喷克（大生M－45、新万生、山德生）可湿性粉剂800倍液，或 68.75％易保水分散粒剂 1 500 倍液，或 70％甲基托布津可湿性粉剂 800 倍液，或 50％扑海因可湿性粉剂 1 500 倍液，或 50％多菌灵可湿性粉剂 600 倍液，轮换交替使用；为防治白粉病，可用 20％三唑酮可湿性粉剂 2 000 倍液树上喷雾。

为了防治金纹细蛾和其它鳞翅目害虫，需在 6 月初用 25％灭幼脲 3 号悬浮剂 1 200～1 500 倍液或 20％杀铃脲悬浮剂 6 000～8 000 倍液树上喷雾。为封杀桃小食心虫、出蛰幼虫，兼治蚱蝉若虫等，可在 6 月上中旬于雨后或浇水后用 50％辛硫磷乳油 0.5 千克/667 米² 兑水 100 千克喷洒树盘。

对套袋苹果园，可于 6 月中旬套袋前，为防治康氏粉蚧等害虫，需对全园细致均匀地喷洒 10％吡虫啉可湿性粉剂 2 500 倍液，同时混入 70％甲基托布津可湿性粉剂 800 倍液，喷药 1 天后开始实施全园套袋；6 月下旬开始，每隔 15～20 天树上喷施 1∶3∶200 波尔多液一次，并及时摘除桃小食心虫被害果。在不套袋苹果园，可于 6 月中旬到 7 月上中旬，用 30％桃小灵乳油或 20％甲氰菊酯乳油 1 500～2 000 倍液树上喷雾，防治桃小食心虫，兼治棉铃虫。

三、果实发育期

果实发育期一般在 7～8 月份，此期的高温、潮湿、多雨条件既有利于苹果果实的膨大发育，更有利于多种病虫的发生为害。在这个时期，苹果早期落叶病进入发病盛期，苹果轮纹病等果实病害开始流行，有的品种出现烂果，并且多种害虫会同时发生，比如，桃蛀果蛾开始大量蛀果，山楂叶螨、苹果全爪螨繁殖快、数量增多；如果降雨少、持续干旱，虫害加剧并易引起落叶。二斑叶螨和金纹细蛾在此期亦进入猖獗为害期。此期要重点防治果实病害（轮纹病、炭疽病等），兼治斑点落叶病和褐斑病；害虫主要以防治金纹细蛾、桃蛀果蛾、二斑叶螨为重点，兼治蚜

虫、其他叶螨和毛虫类等害虫。

防治果实轮纹病和炭疽病，需交替使用倍量式波尔多液（1∶2∶200）和其他内吸性杀菌剂，15天左右喷一次；在斑点落叶病和褐斑病较重的果园，可结合防治轮纹病，喷布异菌脲。如降雨较多，可选用渗透性较强的80%三乙磷酸铝600～700倍液和50%苯菌灵1 000倍液（或50%多菌灵600～800倍液）混用喷洒，10天后再喷1次1∶2.5∶200倍波尔多液，经15天后再喷其他有机杀菌剂。另外，亦可在有机杀菌剂中加入少量展着剂如害立平或助杀1 000倍液，可显著提高药剂的耐雨水冲刷能力。

在若螨类或潜叶蛾类严重发生时，可用0.9%或1.8%阿维菌素乳油3 000～5 000倍液混25%灭幼脲悬浮剂1 000倍液树上喷雾防治。在不套袋果园，可用30%桃小灵乳油1 500～2 000倍液，或48%乐斯本乳油1 200倍液，或52.25%农地乐乳油1 500倍液树上喷雾，防治桃小食心虫，兼治苹果绵蚜、苹果小卷叶蛾。雨季果园杂草严重发生时，每667米²用41%农达水剂100～150毫升，或10%草甘磷水剂500～750毫升，或20%克芜踪水剂200～300毫升兑水30～50千克地面喷雾，防除果园杂草。注意喷药要在雨后。

四、果实采收前后

此期一般在9～10月份，重点是防治果实轮纹病和炭疽病等果实病害，可在采前20天剪除过密枝，喷布一次杀菌剂，如1%中生菌素400倍液和40%福星10 000倍液（或80%喷克或大生M-45可湿性粉剂1 000倍液）混、70%甲基托布津800倍液、1%中生菌素200～300倍液；40%多菌灵600倍液、40%福星6 000～8 000倍液、80%喷克或大生M-45可湿性粉剂800倍液、77%可杀得或70%代森锰锌600～800倍液、铜高尚500～800倍液。

　　进入秋季病虫害发生处于下降趋势，一般不需喷药防治，主要是采取消灭越冬虫源的措施加以防治。比如，在堆放苹果的地面铺上一层 3 厘米厚度的细沙，让桃蛀果蛾等幼虫脱果做茧，待苹果运走后筛出沙中虫茧，集中烧毁。在山楂叶螨、棉褐带卷蛾、旋纹潜叶蛾等害虫陆续下树越冬前，用干草拧成较松软的草把、草绳，在主干、主枝、侧枝上绑 4～5 圈，10～15 年生的大树要绑在三大主枝中部，树龄越大，绑草位置相应越向上移；冬季或早春将草把解下烧毁，可消灭潜藏在树皮裂缝处越冬的大多数害虫。在 10 月上中旬大青叶蝉成虫产卵前，在幼树枝干上涂刷白涂剂，重点涂刷 1～2 年生的枝条基部，阻止成虫产卵。如虫量较大，可喷布 10％吡虫啉 5 000 倍液、50％敌敌畏或辛硫磷 1 000 倍液、50％马拉硫磷 1 000～1 500 倍液 20％杀灭菊酯 3 000 倍液等药剂。

五、果树休眠期

　　11 月至翌年 2 月份果树处于休眠期，果园内的害虫和病原菌也停止活动进入越冬休眠状态。这个时期主要是集中消灭苹果树腐烂病、苹果枝干轮纹病、金纹细蛾、叶螨等。休眠期的苹果树抗药性较强，可施用高浓度药剂进行防治，此时树上无叶片，涂抹农药亦很方便，加强这个时期的病虫害防治，可起到事半功倍的效果。但此期主要进行农业防治。

　　1. 彻底清园，清残枝，减少潜藏的病原体　彻底清扫落叶、病果和杂草，摘除僵果，集中烧毁或深埋。如果苹果园金纹细蛾发生重，且落叶中寄生蜂蛹越冬虫量大，要注意保护利用。结合修剪，剪除病虫枝（蔓）干、病芽、病蒂和根蘖，摘除病虫果、叶，并销毁，如果虫蛀较深而该枝又必须保留的，可用竹签或钢丝捅进蛀孔，将虫掏出或刺死。剪除病虫枝可有效防治白粉病、枝枯病、绣线菊蚜、苹果全爪螨、天牛、食心虫、卷叶虫、苹果绵蚜、苹果瘤蚜、潜叶蛾、介壳虫等。此外，及时清除并烧毁死树、死枝和病虫植株残体，勿在果园久放，以减少病虫传播与为害；及时拣除落在地面上的病虫果，并销毁。

2. 刮树皮　危害果树的各种害虫（如山楂叶螨、二斑叶螨、梨小食心虫、卷叶蛾等）的卵、蛹、幼虫、成虫及各种病菌孢子、大都隐居在果树的粗翘皮裂缝里休眠越冬，而病虫越冬基数与来年危害程度相关，需要刮除枝、蔓、干上的粗皮、翘皮和病疤，铲除腐烂病、轮纹病、干腐病等枝干病害的菌源，通过细致周到地刮净粗皮、翘皮，可杀死 50％以上的越冬害虫，清除许多病原菌；此外，刮皮还能促进老树更新生长。为防树体遭受冻害及失去除虫治病的作用，刮皮不宜过早或过晚，时间一般从入冬后至第二年早春 2 月间。刮皮动作要轻巧，防止刮伤嫩皮及木质部，以免影响树；一般以彻底刮去粗皮、翘皮，不伤及青颜色的活皮为限。刮除的皮层要收集起来集中烧毁或深埋；刮皮后最好再喷一次倍量式波尔多液，然后对树干用净白剂（按生石灰 10 千克、食盐 2 千克、硫黄粉 1 千克、植物油 0.1 千克及水 20 千克的比例配成）刷白。在刮皮的同时还要注意保护天敌，不少天敌在粗皮、翘皮内越冬，特别是靠近地面主干上的翘皮内天敌数量要多于其他部位，可采取上刮下不刮的办法，或者改冬天刮为早春刮，将刮下的树皮放在粗纱网内，待天敌出蛰后，再将树皮烧掉。幼龄树要轻刮，老龄树可重刮。

3. 树干涂白　涂白可减少日灼和冻害，延迟萌芽和开花期，并可兼治树干病虫害。涂白时间以两次为好，第一次在落叶后至封冻前，第二次在早春，主要保护主干、主枝及较大的辅养枝和侧枝。涂白先将主干上的粗翘皮和苔藓等寄生物刮除干净，然后用生石灰浆或石灰涂白剂，在主干和大枝上进行涂白。涂白高度60～80 厘米，以杀死潜匿在树皮下的病虫和保护树干不受冻害、日灼。石灰涂白剂的配制材料和比例是：生石灰 10 千克，食盐150～200 克，面粉 400～500 克，加清水 40～50 千克，充分溶化搅匀后，刷在树干上不流淌和不起疙瘩即可。

4. 深翻整地、增施有机肥 深翻可促进病残株、落叶在土下腐烂，并将地下病菌、害虫翻到地表，不利于其越冬，减少病源、虫源。尤其冬季树盘周围翻土，可以冻死越冬的病虫，如山楂叶螨、二斑叶螨、苹果绵蚜、枣尺蠖、桃小食心虫等，在土中越冬的害虫被翻到地表还有的被鸟和天敌食掉、被耕具压死。冬季果园在耕翻后多施腐熟的有机肥，利于改良土壤，促进根系发育，提高防病抗虫能力。封冻前可将树冠下土壤深翻 20～30 厘米，注意一定要将下层土翻至上层，效果才好。同时冬季耕翻结合整修好果园的排灌设施，旱能灌、涝能排，利于果树生长健壮，抗病虫，结硕果。

5. 刮涂伤口 虫伤或机械创伤等伤口，是最易感染病菌和害虫最爱栖息的地方，应先刮净腐皮朽木，用快刃小刀削平伤口后，涂上 5 度石硫合剂或波尔多液消毒，大伤口还要涂保护剂，以促进伤口早日愈合。刮下的残物要清扫干净，集中烧毁。

6. 药剂防治 腐烂病和枝干轮纹病，主要在初冬或早春刮除病斑或病瘤后抹药，刮治方法同春季。在早春花芽萌动前，可用 95％机油乳油 50～80 倍液，或 50％硫悬浮剂 30～50 倍液，或 5 波美度石硫合剂，或 99.1％加德士敌死虫乳油 200 倍液等，间隔 15 天左右喷洒树体 1 次，可以防治苹果瘤蚜、绣线菊蚜的越冬卵和初孵若虫，苹果全爪螨的越冬卵，山楂叶螨的越冬雌成螨和介壳虫等害虫。对于蛀干害虫天牛等，用触杀剂农药稀释成 50 倍液往蛀孔内灌注。

第三节 苹果常见病虫害的综合防治技术

一、苹果常见病害的综合防治

(一)苹果树腐烂病

1. 症状与危害特点 苹果树腐烂病俗称烂皮病，是一种弱寄生性真菌引起的病害。其病菌主要侵染果树的枝、干皮层,也能侵染幼树、苗木和果实,能明显削弱树势和影响产量,甚至使全树干枯死亡。该病在冻害和高产后极易大流行,危害症状有溃疡型和枯枝型两种。溃汤型发生在主干和大枝上,初发病时病呈现红褐色,好象被热水烫过,以后病斑逐渐扩大,表面稍隆起,颜色变深,并有红色汁液流出,有酒糟味,最后干枯、凹陷、变黑色;入冬后,干斑的边缘常产生灰白色菌丝团,病菌穿透愈伤组织,在白色健树皮上形成红褐色坏死点;当遇到适宜条件,病部继续扩展,形成溃疡型病斑,当病斑环绕树干一周时植株死亡。枯枝型腐烂病主要发生在弱枝、小枝、剪口、干枯桩、果台等上;春季小枝发病,病部开始呈红褐色,略潮湿肿起,很快变干、下陷,边缘不明显,病斑形状不规则;病组织褐色或暗褐色,质地松散,糟烂,往往烂到相接的大枝上,引起大枝发病,或者绕小枝烂到一圈,全枝乃至整株逐渐死亡。重病树枝叶不茂,并呈现结果特多的异常现象。发病后期,病皮表面长出较密的小黑点(病菌子座),天气潮湿时,从中涌出黄色丝状孢子角或白色粉末状分生孢子团。

2. 发病规律　苹果树腐烂病菌主要以菌丝、分生孢子器和子囊壳在病皮内和病残株枝干上越冬。生长健壮、抗病能力强的树,病菌可潜伏相当长的时间不发病;而树势弱、抗病能力差的树,发病迅速,很快引起树皮腐烂。该病菌寄生性比较弱,一般只能从伤口侵入,如剪锯口、机械伤、病虫伤、日灼、冻害和落皮层,也可从枝干的皮孔和芽眼等处侵入。田间主要靠风、雨传播,有些昆虫,特别是蛀干害虫和桑天牛的危害也能传播病菌。

在华北地区,苹果树腐烂病有两个发病高峰,第一个发病高峰期在2月下旬至3月,也是全年危害最严重的时期;第二个发病高峰期在10~11月份。发病初期,病部呈红褐色,略隆起,水渍状,组织松软,用手按之即下陷。病部常流出黄褐色汁液,腐烂皮层鲜红褐色,湿腐状,有酒糟味。后期,病部干缩变黑褐色，生黑色小点粒，进而形成暗红褐色不规则轮纹状病斑。

苹果树腐烂病发生轻重与果园的管理和树势强弱关系极大。凡是树体健壮，营养好，负载合理，伤口少，无冻害的树，发病较轻；反之，果园管理粗放，水肥不足或施肥不合理，病虫危害和冻害严重，修剪过重，伤口多，负载量大，造成树势衰退，则会诱发腐烂病流行。

3. 防治技术 防治苹果树腐烂病最主要的是加强栽培管理，增强树势，提高树体抗病能力，并及时消除菌源，搞好果园卫生，及时刮治病斑，加强病树的桥接和脚接等综合措施防治。

（1）加强栽培管理 通过多种措施增强树势，促进果树健壮生长，增强树体抗病能力，比如，改善立地条件，深翻改土，促进根系发育；增施有机肥和磷、钾肥，避免偏施氮肥；合理修剪和疏花疏果，控制结果，避免大小年；搞好果园排灌设施，防止土壤干旱和雨后积水；及时防治虫害，秋季在树干上刷白涂剂，防止冻害。对于容易感染腐烂病的品种（如蜜脆等）和地区，果树冬季修剪可以适当推迟到早春树液流动以前进行，以避免修剪伤口长期裸露而感染病菌；避免修剪过重，大量造伤，削弱树势；在发病果园，枝干修剪后要立即用药剂保护伤口，对于有毛茬的锯口，要用锋利的刀具削光后在涂抹药剂。严格防控严重削弱果树树势的病虫害，如褐斑病、斑点落叶病、红蜘蛛、金纹细蛾等大量发生后易造成果树提前落叶而削弱树势，生产上应该密切监控及时防治。

（2）清除病残体，减少侵染源 结合修剪，及时清除枯枝、病枝，携带出园烧毁，减少越冬菌源。加强对果树其它病虫害的防治，如苹果绵蚜、透翅蛾、天牛等；减少果树养分消耗，堵塞腐烂病的侵入门户。结合冬季清园，认真刮除树干老皮、干皮，并将刮下来的病组织带到园外集中烧掉；剪除病枝及田间残留病果，集中烧毁或深埋。

（3）及时刮治病疤 早春和晚秋、初冬季节，要及时彻底刮除树上已经发生的腐烂病疤，并刮掉病皮四周的一些好皮。涂治是将病部用刀纵向划 0.5 厘米宽的痕迹，然后于病部周围健康组织 1 厘米处划痕封锁病菌以防扩展。刮皮或划痕后涂抹化学药剂保护，可选择 1.5％噻霉酮膏剂或"拂蓝克"人工树皮膏剂、3％腐殖酸钠溶液、腐必清或 843 康复剂原液等，也可选择 2％农抗 120 的 10～20 倍液、5％菌毒清水剂 30～50 倍液涂病斑伤口，半个月以后再涂 1 次。

（4）重刮皮　在主要发病部位（主干、主枝和中心干基部等），进行全面刮皮，将树皮表面刮去 0.5～1 毫米的外层，直至露出新鲜组织为止，刮后树皮呈黄绿镶嵌状。重刮皮可将树皮内各种病变组织和侵染点在其扩展之前彻底铲除，并能刺激树体愈合，提高抗病能力，起到更新树皮外层的作用。重刮皮在 5～8 月份进行，这时愈伤组织形成最快。

（5）喷药保护　采果后，晚秋、初冬或早春发芽前，喷 5％菌毒清水剂或 2％农抗 120 水剂或腐必清 100 倍液，可有效消除树体上的潜伏病菌。

（6）及时脚接、桥接　对主干、主枝上较大的病斑，要及时进行脚接和桥接，以辅助恢复树势。

（二）苹果轮纹病

1. 症状与危害特点　苹果轮纹病主要危害枝干（又称粗皮病）、果实（又称轮纹烂果病）和叶片。病菌侵染枝干，多以皮孔为中心。病部与健部之间有较深的裂纹。发病初期在病部出现水渍状的暗褐色小斑点，之后逐渐扩大形成圆形或近圆形褐色瘤状病斑，瘤状病斑发生严重时，病部树皮粗糙，呈粗皮状。后期病组织干枯并翘起，中央突起处周围出现散生的黑色小粒点；瘤状病斑常扩展到木质部，阻断枝干树皮物质输导和贮存，严重削弱树势，造成枝干枯死。果实症状在进入成熟期陆续出现，起初在果面上以皮孔为中心出现圆形、黑至黑褐色小斑，逐渐扩大成轮纹斑，轮纹斑中间略微凹陷，下面浅层果肉稍微变褐、湿腐；后期外表渗出黄褐色黏液，果实很快腐烂，但腐烂时果形不变；整个果烂完后，表面长出粒状小黑点，散状排列。

2. 发病规律 苹果轮纹病由真菌引起，病菌在枝干上越冬，枝干病部组织中越冬，北方果区，每年 4～6 月间产生分生孢子作为初次侵染源，随雨水传播到分散、传播到枝干伤口、皮孔和果实皮孔附近，产生芽管侵入树体，然后在枝干上潜育 15 天左右、在幼果潜育 80～100 天。受侵染的枝干，一般从 8 月份开始以皮孔为中心形成新病斑，翌年病斑继续扩大。从幼果到采收前，病菌均能侵入果实，其中从落花后到 8 月上旬侵染最多。幼果受害后不立即发病，到接近成熟期或在贮藏期才出现症状。采收前是果实发病的盛期，贮藏期受害也很严重。

轮纹病的发生受温湿度影响大，当气温在 20℃ 以上、相对湿度在 75％ 以上或连续降雨，降水量达 10 毫米以上时，分生孢子会散发和入侵，因而在高温多雨的季节和地区发病重，在降雨早的年份发病早。栽培管理也影响轮纹病的发生，在修剪不当、枝条过密、树冠郁闭、湿度过大和通风不良的果园易发病；当疏花疏果不好、挂果过多、过多偏施氮肥、病虫害防治不及时等情况下，易造成树势衰弱，有利于病害的发生。凡栽培管理粗放的果园，轮纹病发生就重；树势衰弱、黏土和偏酸性土壤上的植株易发病，被害虫严重为害的枝干或果实发病重。'富士'、'王林'、'千秋'、'新红星'、'新乔纳金'、'金冠'等苹果品种发病重，'国光'、'鸡冠'、'秦冠'、'印度'、'祝光'、'红玉'等苹果品种发病轻。

3. 防治技术

（1）加强管理 苹果轮纹病既侵染枝干，又侵染果实，果实受害损失最大，但枝干发病与果实发病有极为密切的关系，在防治中要兼顾枝干轮纹病的防治。在栽培管理上，防控措施同苹果树腐烂病，发现病株要及时铲除，以防扩大蔓延；幼树整形修剪

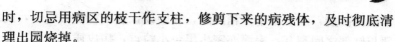

时，切忌用病区的枝干作支柱，修剪下来的病残体，及时彻底清理出园烧掉。

果实套袋。贮藏期注意控制温湿度，严格剔除病果。

（2）刮除病瘤和铲除越冬菌源　早春和生长季节（5～7月份），对病树可实行重刮皮，具体做法同苹果腐烂病重刮皮法。早春苹果树发芽前喷5％菌毒清水剂或农抗120水剂100倍液、1～2波美度石硫合剂，可铲除树体上的越冬菌源。

（3）喷药保护　从苹果落花后开始直到8月下旬，每各15～20天喷1次药。使用强内吸性杀菌剂，通常选用1∶（2～3）∶200～240波尔多液、70％代森锰锌（喷克、大生M‐45、新万生）可湿性粉剂600～800倍液、50％退菌特800倍液、40％福星乳油6 000～8 000倍液、1.5的多氧霉素可湿性粉剂、5％菌毒清水剂、1％中生菌素水剂200～300倍液、70％多菌灵可湿性粉剂600～800倍液等单用或2种混用，混用有明显的增效作用。为避免病菌产生抗药性，以上药剂应交替使用。幼果期温度低、湿度大时，不要使用波尔多液，否则会引发锈果，尤其是金冠品种更为明显。另外，品种间抗病有差异，应加强对感病品种的防治。

（三）苹果干腐病

1. 症状与危害特点　苹果树干腐病又叫胴腐病，俗称黑膏药病。主要危害主、侧枝和幼树的嫁接口附近，也可危害果实。症状类型有溃疡型、干腐型和果腐型。溃疡型发生在成株主枝、侧枝或主干上，一般以皮孔为中心，形成暗红褐色圆形小斑，边缘色泽较深；病斑常数块及至数十块聚生一起，病部皮层稍隆起，表皮易剥离，皮下组织较软，颜色较浅；病斑表面常湿润，病皮较坚硬，常溢出茶褐至暗褐色黏稠液体，俗称"冒油"；后期病部干缩凹陷，呈暗褐色，病部与健部之间裂开，表面密生黑色小粒点。干腐型在成株主枝发生较多，初生病斑淡紫色，沿枝干纵向扩展，组织枯干，稍凹陷，较坚硬，表面粗糙，龟裂，病部与健部之间裂开，表面亦密生黑色小粒点，病皮质地干硬，较脆。发病严重时，树皮组织死亡，最后可烂到木质部，整个枝干枯死；幼树在嫁接口或砧木剪口附近形成不整齐紫褐色至黑褐色病斑，沿枝干逐渐向上（或向下）扩展，形成暗褐色至黑褐色病斑，后期病斑上密生许多突起的小黑粒点，严重时幼树枯死。果腐型在果面产生黄褐色小点，逐渐扩大成同心轮纹状病斑，与轮纹病相似，很难区别；条件适宜时，果实病斑扩展很快，数天整果即可腐烂。

2. 发病规律 苹果干腐病由真菌引起，病菌在病枝上越冬，翌春产生孢子随风、雨传播，从伤口、枯芽和皮孔侵入，侵入后先在伤口死组织上生长，再向活组织蔓延。衰弱的老树和定植后管理不善的幼树最易发病，发病盛期在 6～8 月份和 10 月份。

干腐病的发生与气候、土壤、树势、管理水平以及品种等密切相关。一般在干旱年份发病多，在风调雨顺的年份发病少。在地势低洼、土质粘重、排水不良的果园，干腐病发生也较多。树势衰弱的植株发病率都高，并且病斑块数也较多。偏施氮肥，树体生长过旺的植株也易发病。枝干伤口多时易发病，如冻害后，干腐病发生较多。'金冠'、'国光'、'富士'、'青香蕉'、'红星'等品种发病重；'红玉'、'祝光'、'鸡冠'等发病较轻。

3. 防治技术

（1）加强栽培管理 增强树势，减少各种伤口的产生，提高树体抗病能力。为防止幼树发病，在苗圃中就要加强管理，以培育壮苗。芽接苗要在发芽前 15～20 天剪砧，用 1‰硫酸铜消毒伤口，再涂波尔多液保护。苗木定植时，以嫁接口与地面相平为宜，应避免栽深，并浇足水，以缩短缓苗时间。

（2）刮除病斑 干腐病危害初期一般仅限于表层，应及时刮治病斑。刮后病斑后涂抹 10 波美度的石硫合剂或 70％甲基托布津可湿性粉剂 100 倍液等药剂消毒。也可采用重刮皮法，铲除树

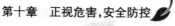

体所带的病菌。

（3）**药剂防治** 果树发芽前要结合对其他病虫害的防治,喷5％菌毒清或 2％农抗 120 水剂 100 倍液或 3～5 波美度石硫合剂保护树干。5～6 月份再连续喷两次 1∶2∶200～240 倍波尔多液。

（四）苹果炭疽病

1. 症状与危害特点 苹果炭疽病又叫苦腐病。主要危害果实,也侵害果台和枝干,对接近成熟的果实危害最重。对受害果实,自病斑中心剖开,可见果肉从果面向果心成漏斗状变褐、腐烂;病组织带有苦味;病斑边缘紫红色或黑褐色,中央凹陷,斑上黑色小点稀疏,不呈同心轮纹状排列,其下果肉局部坏死。枝干发病后,起初在表皮上形成不规则的褐色小点,逐渐扩大为溃疡斑,后期病皮龟裂脱落,致使木质部外露,严重时溃疡斑以上枝条干枯,病部表面同样产生黑色小点。

2. 发病规律 炭疽病由真菌引起,病菌在树上病僵果、果台和病、虫伤枝条上以及刺槐树上越冬。翌年春季产生大量分生孢子,主要靠雨水飞溅传播,也借风和昆虫传播危害。病果和树上的病枯枝是初侵染源,首先在越冬菌源附近形成发病中心,然后向四周扩散蔓延。苹果坐果后就可被侵染,但幼果前期抗扩展,不抗侵染,而后期则相反。此病菌在 5 月底到 6 月初为进入侵染盛期,有潜伏侵染特性,一般潜育期 3～13 天,有的长达40～50 天。

炭疽病的发生与气候关系密切。温度高、湿度大有利于病菌生长、繁殖和入侵;病害发生时间与降雨早晚、数量、次数有直接关系,降雨时间越长、越频繁,发病越重,每次降雨后,田间就出现一次发病高峰。每年 7～8 月份,高温多雨季节为发病盛期。果实在贮藏期遇到适宜的条件,仍可发病。炭疽病的发生与栽培管理有一定的关系,果树株距小,树冠大而密,通风透光差，偏施氮肥，枝叶过于茂盛，中耕除草不及时或利用行间种高秆作物，都有利于病害的发生。果园地势低洼，雨后积水，通风不良，也易发病。

3. 防治技术

（1）清除菌源　结合修剪剪除树上的僵果、干枯枝及病虫枝、死果台，连同落地的僵果一起清理出园烧掉或深埋。苹果发芽前喷一次石硫合剂，生长季节发现病果及时摘除并深埋。

（2）加强栽培管理　增施有机肥，落头提干，合理负载，增强树势；合理密植和整枝修剪，及时中耕锄草，改善通风透光条件，降低果园湿度；改善排灌设施，注意排水，避免雨后积水；在果园附近不栽种刺槐，减少传染源。

（3）药剂防治　对于炭疽病防治，在加强栽培管理的基础上，要重点进行药剂防治和套袋保护。由于苹果炭疽病的发生规律基本上与果实轮纹病一致，且对两种病害有效的药剂种类也基本相同，因此，炭疽病的防治可参照果实轮纹病执行。此外，在果实生长初期喷布无毒高脂膜，15天左右喷一次，连续喷5～6次，可保护果实免受炭疽病菌侵染。

（五）苹果霉心病

1. 症状与危害特点　苹果霉心病又叫心腐病，只危害果实，尤以北斗和元帅系品种受害严重。病果外观基本无异常表现，从心室开始发病，由内到外，逐渐扩展到心室外果肉组织，最后导致果肉大部分腐烂，此时表面可见腐烂斑块。苹果霉心病症状表现为霉心型和心腐型。霉心型只限于心室，病变不突破心室壁，基本不影响果实的食用；其主要特点是心室发霉，在心室内产生在绿、灰白、灰黑等颜色的霉状物。心腐型的果心区果肉从心室向外腐烂，直到果实表面，最后使全果腐烂；腐烂果果肉味苦。严重的霉心病果，可引起幼果早期脱落；轻病果可正常成熟，但造成熟期至采收后心室发病。

2. 发病规律　苹果霉心病是由多种弱寄生真菌引起的一种病害。病菌在病僵果或坏死组织上越冬，主要通过气流传播，在苹果开花期通过柱头侵入，通过花和果实的萼筒进入心室，在心室中扩展蔓延，并有一部分病菌在心室里潜伏下来，直到贮藏期才发病。但病菌侵染柱头后，能否进入心室，主要决定于萼心间组织的状态。萼心间组织疏松，有孔洞，维管束组织枯死的果实，病菌可进入心室导致发病；相反，则病菌不能进入心室，不能引起发病。凡果实萼口开放、萼筒长的均感病，如'红星'、'北斗'等发病重；'金冠'、'国光'、'富士'等品种的萼心间均为封闭型，病菌难以进入，心室带菌少，因而比较抗病。果园地势低洼，树冠郁闭，树势弱的发病重；花期及花前阴雨潮湿时病重。

3. 防治技术

（1）加强果园管理　增强树势，提高树体抗病能力；及时摘除病果，清除落果，秋季深翻，冬季剪去树上僵果、枯枝等以少菌源；开花前要彻底清除树上修剪下的枝梢、落叶等枯死组织。

（2）喷药保护　苹果花期是病菌侵入的重要时期，也是药剂防治的关键期。在苹果露蕾期、花序分离期和落花 70％～80％ 时各喷 1 次杀菌剂。药剂可选用 40％福星乳油 8 000～10 000 倍液、50％扑海因可湿性粉剂 1 000～1 500 倍液喷雾、10％多氧霉素可湿性粉剂 1 000 倍液、80％喷克或大生 M-45 可湿性粉剂 800 倍液和 3％的克菌康可湿性粉剂 800～1 000 倍液等。花期用药，时间越早效果越好，完全落花后喷药几乎无效。

（3）加强贮藏期管理　果实贮藏温度控制在 1～5℃，可有效降低发病率。

（六）苹果果实水锈病

1. 症状与危害特点　水锈病是蝇粪病和煤污病的总称，均主要为害果实。煤污病主要危害果皮，着生煤烟状污斑，边缘不清晰，手可擦掉。发生严重时，果面布满污斑，影响外观和着色。因煤污多沿雨水下流方向分布，故称"水锈"。蝇粪病主要在果皮上出现由许多蝇粪状小黑粒点组成的黑色斑块，形状不规则，易擦去。

2. 发病规律 两种病害的病原均为真菌，且均为果面附生物。这两种病菌均主要在枝、芽、果台、树皮等处越冬，多雨季节借风雨传播到果面上，以果面分泌物为营养进行附性，不侵入果实内部。两种病害都在果实生长后期糖分较多时发病，降雨较多年份和地势低洼积水、杂草丛生、树冠郁闭、通风不良的果园发病较重。

3. 防治技术

（1）**加强管理** 合理修剪，促进树体通风透光，及时排水和中耕锄草，降低湿度，可减轻病害。

（2）**药剂防治** 发病重的果园，可在果实生长的中、后期，喷洒 1∶2∶240 倍波尔多液，有良好的防治效果。多雨年份及地势低洼果园，果实生长中后期喷药 2 次左右，即可有效防治水锈病的发生为害。常用有效药剂如 7.2％果优宝悬浮剂 400 倍、70％甲基托布津可湿性粉剂 1 000 倍液、50％多菌灵可湿性粉剂 800 倍液等。

（3）**果实套袋** 果实套袋可有效阻断病菌在果面附生，而彻底防止该病发生。

（4）做好蚜虫的防治工作，防止分泌物污染果面。

（七）套袋苹果黑点病

1. 症状与危害特点 不论是套纸袋还是膜袋的苹果都会发生，不套袋的一般不发生。发病初期，在果实萼洼周围出现一颗颗针尖大的小黑点，渐次扩展至芝麻大乃至绿豆大，常几个至数十个，连片后呈黑褐色大斑。黑点多发生在萼洼处，有时也产生在胴部及肩部。黑点只局限在果实表层，不深入果肉内部，口尝

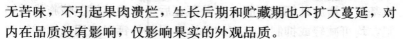

无苦味,不引起果肉溃烂,生长后期和贮藏期也不扩大蔓延,对内在品质没有影响,仅影响果实的外观品质。

2. 发病规律 套袋果黑点病主要由弱寄生真菌引起。套袋前病菌潜伏在果实萼洼处,套袋后侵染为害。黑点病在6月下旬开始发生,7月上旬至8月上旬的盛夏雨季是发生盛期,8月下旬后很少发现。套袋果易发此病主要在于袋内透气性差、温度高、湿度大,利于弱寄生真菌侵染,尤其是下雨后袋内积水,纸袋湿后迟迟不干,甚至粘贴在果面上而加重湿度和透气不畅,更会加重发生。药害、虫害及缺钙也可能导致套袋果黑点的发生。地势低洼、通风透光不良、树冠郁闭、降雨频繁、高温高湿、树势旺盛、施氮肥多的果园,发病多而重。

3. 防治技术

(1)**选用透气性强、遮光好、耐老化的优质苹果袋** 外纸袋要选用针叶树木原料造的木浆纸,且纸质厚薄要适中,柔软细韧,透气性好,遮光性强,不渗水,经得起风吹日晒雨淋,边口胶合严;内袋要不褪色,蜡质好而涂蜡均匀,抗水,在高温日晒下不溶化。膜袋宜选用原生聚乙烯塑料膜压制袋。

(2)**提早套袋** 早套袋可使幼果少受日灼和外界不良气候影响,并提早适应袋内环境,得到更多锻炼,增强抗逆能力。一般膜袋谢花后15~20天套,纸袋在花后25~35天套;套膜袋加纸袋的,在套膜袋后15~25天再套纸袋。套袋时,果袋要鼓胀起来,上封严,下通透,不皱折,不贴果,果实悬于袋的中央。

(3)**套袋前喷药预防** 谢花后至套袋前,每隔10天喷一次80%代森锰锌粉剂800倍、1.5%多抗霉素可湿性粉剂300倍或40%福星乳油8 000倍液,连喷2~3次,可显著减轻病害发生。幼果期的苹果非常敏感,用药不当极易造成药害,套袋前必须选用优质安全农药。

(4)**增施钙肥** 果实缺钙可以加重黑点病的发生,因此,秋施基肥时增施硅钙镁钾肥,以及落花后至套袋前树上喷施优质钙肥,均可减轻或抑制黑点病的发生。根部补钙以选用硅钙镁钾肥与有机肥混合施用效果较好,一般每株使用 0.8~1 千克为宜。树上喷钙在落花后 3 周至套袋前进行,每 10 天左右 1 次,应连喷 3~4 次左右。

(5) 加强管理和害虫防治 做好疏枝疏梢,使叶幕层厚薄适宜,改善通风透光;从生长中期起少施和控施氮肥,避免氮磷钾失调和加重缺钙缺硼;雨季做好排水,以降低土壤含水量和空气湿度。加强对介壳虫的防治,防止其进袋为害。

(八) 苹果早期落叶病

1. 症状与危害特点 苹果早期落叶病是多种叶部病害的总称,主要有褐斑病、灰斑病、圆斑病、轮斑病和斑点落叶病 5 种,其中以褐斑病和斑点落叶病发生最重。

褐斑病菌为真菌,主要为害叶片,有时也可为害果实。发病叶片的病斑中部呈褐色,病斑上产生许多小黑点,病斑周围仍保持绿色,外围黄色,病叶极易脱落,尤其是有大风雨时。叶片受害初期病部尚未变褐时,将叶片向着阳光透视,可以看到近圆形、似有透明感的病斑,病部较其他部分色浅。叶片褐斑病症状针芒型、同心轮纹型和两者混合型。针芒型病斑小,数量多,呈针芒放身状向外扩展,没有明显边缘,无固定形状,小黑点呈放射状排列或排列不规则;同心轮纹型病斑近圆形,较大,直径多 6~12 毫米,边缘清楚,病斑上小黑点排列成近轮纹状;混合型病斑大,近圆形或不规则形,中部小黑点呈近轮纹状排列或散生,边缘有放射状褐色条纹。褐斑病危害果实多在生长后期,开始时果面产生褐色近圆形小斑点,扩展后变成长圆形凹陷斑,黑褐色,大小为 0.6~1.2 厘米,边沿清晰;病皮下浅层果肉褐色,呈海绵状干腐。

斑点落叶病主要为害叶片,新红星等元帅系的叶片发病较重。叶片主要在嫩叶阶段受害,初期形成褐色圆形小斑点（直径 2～3 毫米）,之后逐渐扩大成红褐色病斑（6～10 毫米）,边缘紫褐色,近圆形或不规则形,有时病斑具不明显同心轮纹;病斑多时,常扩展连合,形成褐色至黑褐色圆形病斑,凹陷,直径多为 2～3 毫米。枝条受害,在徒长枝或一年生枝条上形成灰褐色至褐色病斑（直径 2～6 毫米）,凹陷坏死,边缘开裂。斑点落叶病菌也可侵染富士苹果的果实,在果面形成斑点和疮痂状小病斑,特别是套袋果发生较多,明显影响果实外观,贮藏期还容易感染其他病菌,造成腐烂。

2. 发病规律　苹果早期落叶病是由真菌一起的病害,病菌可在病叶、枝、果上越冬;圆斑病主要在病枝内越冬。翌年 4～5 月份降雨有利于病菌繁殖,病菌随风、雨传播。5～6 月份开始发病,可多次侵染。雨水和多雾是病害流行的主要条件,7～8 月份进入发病盛期。降雨早而多的年份,发病早而重,病情严重时可引起二次开花,严重削弱树势。春旱年份,发病晚而轻。有些地区降雨少但雾多,发病也重。

树势强弱对病情影响很大,树势强发病轻,树冠内膛比外围发病重,下部比顶部发病重。受病虫危害和土质瘠薄的果园发生也重。苹果品种间抗病性有差异。褐斑病以'金帅'、'红玉'、'红星'等易感病,'鸡冠'、'祝光'等较抗病;圆斑病以'红玉'、'倭锦'、'国光'等易感病,'祝光'等发病较轻;斑点落叶病以'红星'、'印度'、'青香蕉'等为高感品种,'红富士'、'金冠'、'国光'等较抗病。

3. 防治技术

（1）**加强栽培管理**　合理修剪,增施有机肥料,及时防治病虫害,使果树生长健壮,提高树体抗病力。做好果园雨后排水,降低湿度,可减轻病害发生。

（2）**清除菌源**　结合秋施基肥深埋清扫的残枝落叶,结合修剪清除树上残留的病枝、病叶,及时扫净地面落叶,并彻底烧毁。早春全园喷布铲除剂彻底消灭越冬的菌源，生长期可以适时处理零星发病的果树，以阻止病情的扩展和蔓延。病害中度发生时，视情况摘除病叶，必要时清扫地面病落叶，减轻病情。生长期无法清扫病落叶或行间生草的果园则要适时地面喷布波尔多液，如同时出现叶螨为害，还可改用 0.2～0.3 波美度的石硫合剂。

（3）**药剂防治** 药剂防治要抓住春梢期和秋梢期两个为害高峰。第一次喷药应掌握在谢花后 10 天，若春季多雨，应提早在花前喷药。以后隔 15～20 天喷 1 次，春梢叶片生长期喷药 2～3次，可控制病害发生。秋梢期根据具体情况，一般喷药 1～2 次即可控制该病为害。尽量掌握在雨前喷药效果好，但必须选用耐雨水冲刷药剂。常用药剂有 10％多氧霉素或 50％的扑海因可湿性粉剂 1 000～1 500 倍液，80％喷克、大生 M-45 的 800 倍液，70％代森锰锌可湿性粉剂 600 倍液，40％福星乳油 8 000～10 000倍液，68.75％易保水分散粒剂 1 500 倍液，以上药剂应交替使用，以免病菌产生抗药性。

（九）苹果白粉病

1. 症状与危害特点 白粉病主要危害新梢、嫩叶及幼苗，也可危害休眠芽、花器和幼果等，主要症状特点是在受害部位表面产生一层白粉状物。发病新梢的嫩叶和枝梢表面覆盖一层白粉，病梢节间短、细弱；梢上病叶狭长、叶缘上卷、扭曲畸形，质硬而脆；新梢停止生长，病梢和梢上病叶出现枯斑，叶片逐渐变褐枯死，甚至脱落形成干橛，病干橛表面在秋季可产生许多黑色毛刺状物。病梢展叶后，其叶片出现近圆形白色粉斑，常皱缩扭曲，严重时全叶布满白色粉层，易干枯脱落。受害花器的花萼及花柄扭曲，花瓣细长瘦弱，布满白粉，难以坐果。幼果发病时，多在萼凹处产生病斑，病斑上布满白粉，后期病斑处表皮变褐。

2. 发病规律　苹果白粉病是真菌引起的病害。该病菌主要以菌丝潜伏在冬芽鳞片间或鳞片上越冬,春季冬芽开放时,越冬菌丝开始活动,产生分生孢子进行侵染。白粉病是一种外寄生的专性寄生菌,菌丝在嫩叶、新梢、花器及幼果的外表蔓延,以吸器深入寄主吸收营养,病害严重时也能蔓延深入到叶肉组织。分生孢子主要借气流传播,当气温在 21～25℃ 之间,湿度达 70% 以上时有利于孢子的繁殖与传播,潜育期 3～6 天。春梢和秋梢旺盛生长期是白粉病的两个高峰期,4～6 月份发病较重。春季温暖干旱,有利于病害的前期流行;夏季多雨凉爽,秋季晴朗,则有利于后期发病。在植株过密、土壤黏重、施肥不足、偏施氮肥、缺乏钾肥、积水过多和管理粗放的果园易于发病。

3. 防治技术

(1) **清除菌源**　结合冬季修剪,除去病枝、病芽;在发病严重的果园,开花前后及时剪除病梢,注意要将所剪下病梢及时装入塑料袋中,避免病菌在园内继续扩散,并及时深埋或销毁。重病树可连续几年采取重剪。

(2) **加强栽培管理**　采用配方施肥技术,增施有机肥料,尤其是磷钾肥,避免偏施氮肥,促进果树生长健壮,提高抗病能力。合理密植,及时修剪,控制灌水,促进通风透光条件,以利于控制病害的发生。

(3) **药剂防治**　一般春季发芽前(芽萌动时),喷 1 次 5 波美度石硫合剂,花前花后再各喷 1 次 0.3～0.5 波美度石硫合剂,可有效控制该病为害。如发病较重,可隔 10～15 日再喷 1～2 次杀菌剂。常用药剂除石硫合剂外,有 2% 农抗 120 或 45% 硫黄胶悬剂 200～300 倍液、40% 福星乳油 6 000～8 000 倍液、15% 三唑酮可湿性粉剂 1 000 倍液、15% 粉锈宁可湿性粉剂 1 000～1 500 倍液、50% 甲基托布津可湿性粉剂 800 倍液等。特别严重果园,秋梢生长期再使用上述药剂喷施 1～2 次,即可以完全控制白粉病的为害。

（十）苹果银叶病

1. 症状与危害特点　苹果银叶病是引起死树、死枝的一种毁灭性真菌性病害，主要为害枝干、枝条及叶片。病菌产生的毒素，使受害叶片表皮与叶肉分离，由于光线反射，致使叶片呈灰色略带银白色光泽，因此称"银叶病"。苹果树被害后，枝、干和根的木质部变为褐色，较干燥，有腥味，但不腐烂，2～3年后会全株死亡。死树上有鳞片状，较革质，上缘反卷的黄褐色或紫褐色菌体，而病叶无病菌。叶片于开花前开始发病，初呈铅色，后变银白色，有光泽，秋季银叶现象显著。银灰色病叶上有褐色、不规则锈斑。病树往往先在1个枝条上出现症状，以后逐渐增多，直至全株叶片均呈银灰色。

2. 发病规律　苹果银叶病是由真菌引起的病害。病菌在发病枝干木质部内部或病树外皮越冬。病菌随气流、雨水传播，绝大多数从剪锯口发病枝干木质部内部或病树外表越冬。病菌随气流、雨水传播，绝大多数从剪锯口和其他机械伤口侵入到木质部的输导系统，然后向上、向下蔓延发展，达根部。病菌不直接侵害根部。春、秋两季是病菌侵害的有利时期。果园土壤黏重，排水不良，树势衰弱发病重。大树易感病，小树发病少。苹果不同品种间抗病程度有差异，'黄魁'发病最重，'大国光'、'国光'、'祝光'、'红玉'次之，'红星'、'金冠'发病较轻。

3. 防治技术

（1）消灭菌源　应及时铲除重病树和病死树，刨净病树根，除掉根蘖苗，锯去初发病的枝干，刮除病菌的子实体。伤口涂抹石硫合剂或硫酸—八羟基喹啉溶液消毒。消除果园周围柏、柳等寄主树木的病残株，集中烧毁，以减少病菌来源。

（2）加强栽培管理　提倡轻修剪，锯除大枝要在抗病力最强的夏季（7～8月份）进行，并及时用病毒清等药剂消毒伤口，然后再涂1∶3∶100倍的波尔多液等保护剂。加强排灌设施，防

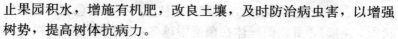

止果园积水,增施有机肥,改良土壤,及时防治病虫害,以增强树势,提高树体抗病力。

（3）**药物治疗**　用硫酸—八羟基喹啉（丸剂）对病树进行埋藏治疗,具体方法是用直径1.5厘米钻孔器在树干上钻成深3厘米左右的孔,将药丸埋在孔内,再用软木塞或接蜡封好口。埋藏的药量按枝条直径的粗度而定,以直径10厘米左右埋藏1丸较为适宜。亦可在苹果发芽前,用12.5%速保利可湿性粉剂5 000倍液浇灌根部。青霉菌在室内能抑制银叶病菌菌落的生长,在果园的实际情况下可研究应用。

也可用"蒜泥"治疗,即每年5～7月份在患病苹果树主干基部开始向上每隔15～20厘米打5～6个孔,孔深度穿过髓部,同时选择红皮大蒜,去皮,在器皿中捣烂成泥,然后把蒜泥塞入孔内,将孔洞塞满,但不要超出形成层,以防烧烂树皮,然后用泥土封口,再用塑料条把孔口包紧。

（十一）苹果锈病

1. 症状与危害特点　苹果锈病又叫赤星病,主要危害苹果叶片,也能危害嫩枝、叶柄、幼果和果柄,能引起落叶、落果和嫩枝折断。各器官受害症状的共同表现是病部橙黄色,组织肥厚肿胀,表面小点有黄色逐渐变为黑色,最后病斑上产生黄色的长毛状物。叶片受害,先在正面产生橙黄色的有光泽圆形病斑,之后病斑逐渐扩大,外围呈现黄绿色或红褐色晕圈,病斑上产生橙黄色凸起小粒点,并分泌黄褐色黏液;黏液干涸后,小粒点变为黑色,且病斑逐渐肥厚,正面隆起,背面凹陷;最后病斑背面丛生出许多淡黄褐色长毛状物。叶上病斑多时,叶片扭曲畸形,易变黄早落。果实受害症状表现及发展过程与叶片相似,只是后期在小黑点旁边产生黄色长毛状物。新梢、果柄、叶柄受害症状与果实相似,但多为纺缍形病斑。

2. 发病规律　苹果锈病是一种转主寄生菌,转主寄主主要是桧柏。病菌侵染桧柏后，主要在小枝上产生黄褐色至褐色的瘤状物（菌瘿），并以菌丝体在菌瘿中越冬，翌年春天形成褐色孢子角。雨后或空气潮湿时，冬孢子角吸水膨胀，萌发产生大量担孢子，随风雨传播到苹果树上。侵染苹果叶片、叶柄及幼果，在病斑上形成性孢子和锈孢子，待锈孢子成熟后，再随风传到桧柏上，侵害桧柏枝条。桧柏的有无、多少和分布，春季 3～4 月份降雨量和气温，是决定苹果锈病发生和流行的主要因素。若果园周围 5 千米以内无桧柏，就无病源，也不会发病。在有桧柏的前提下，苹果开花前后降雨情况是影响病害发生的决定因素，如果温暖多雨且有风，病害易发生和流行；如果春旱或虽有雨但气温偏低，病害发生轻。'红星'、'金冠'、'国光'、'倭锦'等品种发病较重。

3. 防治技术

（1）**铲除菌源**　彻底铲除果园附近（周围 5 000 米内）的桧柏等转主寄主，如不能铲除，冬季应剪除其上的病枝、菌瘿，集中烧毁，并于果树芽萌动到幼果生长至拇指大时，喷 1～2 波美度石硫合剂 1～2 次，以铲除越冬菌源。在新建果园外围 5 千米以内，不要种植桧柏树。

（2）**药剂防治**　有发病条件且历年锈病发生严重的苹果园，在苹果展叶至开花前、落花后及落花后半月左右各喷洒 1 次杀菌剂，即可有效控制锈病为害。可用 1：2：200 倍波尔多液或15％粉锈宁可湿性粉剂 1 000～1 500 倍液、50％甲基托布津600～800 倍液、40％福星乳油 8 000 倍液、20％萎锈灵乳剂200～400 倍液、6％乐必耕 1 500～2 000 倍液。

（十二）苹果疫腐病

1. 症状与危害特点　苹果疫腐病又称茎腐病、实腐病。主要危害果实、根颈及叶片，多雨年份造成大量烂果和根颈部腐烂，甚至导致树体死亡。

果实受害后在果面产生不规则、深浅不匀的暗红色病斑,病斑边缘不清晰似水渍状。有时病斑部分与果肉分离,表面呈白腊状。果肉变褐腐烂,并可沿导管延伸到果柄。在病果开裂或伤口处,可见白色绵毛状菌丝体。苗木及大树根颈部受害时,皮层呈褐色腐烂状,病部不断扩展,最后整个根颈部被环割腐烂,导致地上部枝条发芽迟缓,叶小色黄,最后全株萎蔫,枝干枯死。叶部受害后病斑多出现在叶缘或中部,呈不规则形,灰褐色或暗褐色,水渍状,多从叶边缘或中部发生;天气潮湿时,可迅速扩及全叶,导致叶片腐烂。

2. 发病规律 苹果疫腐病是由真菌引起的病害。病菌随病组织土壤中越冬。地面病菌借雨水飞溅传播,侵染果实和叶片,以距地面 60 厘米以内的果实发病越冬。树冠下垂枝多,四周杂草丛生,果园或局部小气候湿度大则发病重。

疫腐病的发生与温、湿度关系密切,每次降雨后,都出现发病高峰。果实生长期雨水多的年份发病重,高温、多雨天气则会引起病害流行。在土壤积水的情况下,果树根颈部如有伤口,病菌则会侵入皮层,造成根颈部腐烂。品种间抗病性有差异,'红星'、'金冠'、'印度'、'祝光'等发病较重,'伏花皮'、'红玉'、'倭锦'等也易染病,'国光'、'富士'、'乔纳金'等品种发病较轻。

3. 防治技术

(1) 加强果园管理 及时摘除树上的病果和病叶集中深埋,并清除地面落果,以减少菌源。及时排水防涝,中耕除草,以降低果园湿度,可减少发病。适当提高结果部位或地面盖草、覆薄膜可起到防治土壤中病菌向上侵染的作用。由于疫腐病菌是以雨水飞溅为主要传播方式,所以果实越靠近地面越易受侵染而发病,以距地 60 厘米以下的果实发病最多,一般最高不超过 1.5 米,适当采取提高结果部位和地面铺草等方法,可避免侵染减轻为害。

（2）**喷药保护**　重点喷药保护树冠下部的果实和叶片。常用药剂有 1：2：200 倍波尔多液或 90％三乙磷酸铝可湿性粉剂 700 倍液，70％代森锰锌可湿性粉剂 400～500 倍液，或 1：2：240 倍波尔多液等。

（3）**铲除病斑**　根颈部发病还未环割的植株，可在春季扒土晾晒，刮除病腐烂变色部分，用 3～5 波美度石硫合剂消毒伤口。更换无病新土培于根部，培土要高于地平面，以利于排水。必要时，可采用桥接恢复树势。

（十三）苹果烂根病

1. 症状与发病规律　苹果烂根病主要包括圆斑根腐病、根朽病、白绢病、白纹羽病和紫纹羽病等，它们均是在生长期雨水过多、排水不良、土壤含水量过高、土壤板结、有机质含量少、土壤为酸性和微酸性的果园发生最重，当栽植过深或培土过厚、耕作时损伤或蛴螬等地下害虫咬伤根系时，更易发生或病害加重。苹果烂根病主要发生在地表和地面以下，地上部表现为生长缓慢、树势衰弱、叶小而黄、展叶迟而落叶早等，地下部分各有特点。

（1）**圆斑根腐病**　发病先从从吸收根开始，病根变褐枯死，后扩及延长根、侧根和主根，并在各级根上基部形成褐色圆斑，手按有弹性。随着病斑扩大深达木质部，整段根变黑死亡。在发病过程中，因树势强弱交替，病根可产生愈伤组织和再生新根，因而会在病部呈现凹凸不平、病健组织彼此交错的现象。当肥、水和管理条件改善后，如植株长势好，轻病株有可能自行恢复健康；但重病株会整株死亡。苹果圆斑根腐病是由几种习居土壤的真菌危害引起，病原菌可长期在土中营腐生生活。只有根系生长衰弱时，才被侵染致病。在干旱、缺肥、土壤盐碱化、水土流失严重、土壤板结、通风不良、结果过多、果园杂草丛生及病虫害严重的果园，更易发生圆斑根腐病。

（2）根朽病 主要危害根颈部和主根，也可危害侧根。一般在3～11月发病，6～9月为发病盛期，7～11月病部长出子实体。病菌从根系或根颈部的伤口侵入，发病初期病斑呈暗褐色，皮层肿胀呈溃疡状，手按可溢出具浓蘑菇味的褐色汁液。后期病菌深入木质部，木质部全腐朽。在高温、多雨季节，潮湿的根颈部或露出地面的病根上常长出丛生的蜜黄色蘑菇状病菌子实体。病颈或病根沿主干或主根上下扩展，往往造成环割现象，使树皮大块大块地死亡剥离，导致水分和养分运输受阻，病株枯死。病菌随病残体在土壤中越冬，只要病残体不腐烂分解，病菌可长期存活。根朽病在果园内的蔓延，主要依靠菌索和病组织的转移，当菌索与健根接触后产生小分枝，直接侵入根内。菌索在根内迅速生长，分泌毒素杀死寄主细胞，穿透皮层组织，使大块皮层死亡；菌索也可侵入木质部，在木质部内常形成许多黑线。重茬或病树更新的果园发病重，沙土地及肥水不足、树势衰弱的果园发病也较重。

（3）白绢病 主要危害果树或苗木的根颈部，以距地表5～10厘米处发病最多，故又称"基腐病"。发病初期，在根系表面形成白色菌丝，表皮呈水渍状褐色病斑；盛期病斑表面至根颈被如丝绢状的白色菌丝层全部覆盖，因而得名"白绢病"。在潮湿条件下，菌丝层可蔓延至病部周围的地面。在病部或附近的地表缝中，常生出许多棕褐色或茶褐色油籽粒状的菌核。病情进一步发展后，根颈皮层发生腐烂，有酒糟味，并溢出褐色汁液。当茎基部皮层腐烂，病斑环绕树干后，全株会突然死亡。该病菌在病根颈或土壤中越冬，翌年生长期从4月上中旬至10月底都能发病，7～9月是发病高峰期。病菌借雨水和灌溉作近距离传播，苗木带菌是远距离传播的主要途径。

（4）紫纹羽病 是由真菌危害引起的根部病害。发病从小根开始，逐渐向大根蔓延，病势发展较慢，初期产生黄褐色不定形斑块，外表仅比健康根皮颜色略深，但内部皮层组织呈褐色。随后病根表面缠绕许多疏松紫色的丝绒状物，并能延伸至根外的土壤上，丝绒状物形如羽毛，因此得名。后期病根皮组织腐朽，但外表皮仍完好地套在木质部外边。最后木质部腐朽，在朽根上，有时能产生紫红色半球形颗粒状颗粒状小菌核。病株叶片变小、变黄，枝条节间缩短，植株生长衰弱，最后整株枯萎死亡。病菌在病根上或随病残体在土壤中越冬，在土壤中能存活多年，环境适宜时可直接侵入须根；整个生长季节都能发病，但以 7～8 月发病最盛。刺槐是本病的寄主。病健根系接触、灌溉水及农具等也能传病；病苗木是远距离传病的重要途径，在重茬果园或树势衰弱等果园易发病。

（5）白纹羽病　是由真菌引起的根腐病。一般在 3～10 月间发病，6～8 月为发病盛期；初期为害细根，使细根软化、腐朽霉烂以至消失，之后扩展到侧根和主根。病根表面缠绕有白色或灰白色的丝网状物，后期霉烂组织全部消失，外部的栓皮层呈鞘状套于木质部下面，有时在病部木质部结生黑色圆形菌核。靠近土面的根际间出现灰白色或灰褐色的薄绒布状物，有时形成小黑点，此时，植株逐渐衰弱死亡。病菌随病根在土中越冬，可通过病健根相互接触传病；在旧林地、苗圃改建的果园发病重。

2. 防治技术

（1）加强栽培管理　果园要及时排灌，防止旱涝。雨季来临前，挖好排水沟，及时排除积水和过多水分，降低地下水位和土壤含水量，切忌积水涝根。增施有机肥料，种植毛叶苕子等绿肥，适当增施钾肥，深翻果园，改良土壤，提高肥力，改善根际层土壤的水肥气热条件，为根系创造良好生长环境。在土壤偏酸的果园，于生长季节，结合中耕除草，增施适量石灰，把 pH 值调节到 6.5 以上，以改善土壤理化性质，创造不利于发病的环境。及时防治病虫害和控制结果量，对花果过多的树要做好疏花疏果，克服大小年，以增强树势，提高树体抗病能力。细心耕作，保护根系和根颈少受伤害，以减少病菌进入途径和增强抗病能力。苗木定植时，接口要露出土面，以防土中病菌从接口侵入。

（2）**挖沟隔离防病**　对紫纹羽病、白纹羽病及根朽病，在果园内初见病株时，应在病株周围挖 1 米以上的深沟封锁，并浇 5 波美度石硫合剂，以免病根与四周邻近果树的健根接触，防止病害蔓延。紫纹羽病常通过刺槐病根传入到果园内，故用刺槐作防护林的果园，要在周围挖沟封锁，并彻底挖净已进入果园的刺槐树根。新建果园不用刺槐等寄主树木作防护林。

（3）**病株治疗及土壤消毒**　发现病株后，要刨开树盘土壤检查，发病重的，锯除完全腐烂大根，刮净病部腐烂皮层和木质，带出果园集中烧毁。刮后病部及周围土壤浇 5 波美度石硫合剂，干后再在病部涂刷 2～4 倍腐必清，进行消毒和治疗；如正逢雨季，应趁机晾根 15～20 天，再用无病菌土覆盖还原。对已枯死或将要病死的果树及早掘除，残根要全部刨起来烧毁，病穴用 40%甲醛或 5%菌毒清水剂 100 倍液进行土壤消毒。

要根据不同病害进行处理，对于白绢病，应先将根颈部病斑彻底刮除，然后用 5%菌毒清水剂 50 倍液或 1%硫酸铜液消毒伤口，再外涂 1∶3∶100 倍波尔多液保护剂，并对病根周围的土壤进行药剂消毒。对于紫纹羽病、白纹羽病和根朽病，需先切除已霉烂的根，再用药剂消毒根部周围的土壤。切割或刮除的病组织要带出果园烧掉，并换用无病新土。常用药剂有：70%五氯硝基苯，以 1∶50～100 的比例与新土混合均匀，分撒到病根周围，每株小树用药量为 50～100 克，大树 150～300 克。五氯酚钠 250～300 倍液，防治白绢病，每株大树灌 15 千克药液；防治白纹羽病及根朽病，灌 25 千克药液。用 5%菌毒清水剂 200 倍液，或 70%甲基托布津 500～1 000 倍液，或 50%多菌灵可湿性粉剂 500 倍液，浇灌病根周围土壤，每株用药量与上相同。40%甲醛（福尔马林）100 倍液等浇灌土壤，也有一定的防病效果。用药后应立即施肥，以促进新根的形成，加快树势恢复。

（4）追肥、桥接及苗木消毒　大根腐烂多的树，在患病期，由于严重影响了养分的吸收、运输和上下交换，造成树体养分不足，因此在作完上述处理后，应及时喷施 1 次 300 倍复合肥液，并在新根生长时追施 1 次腐熟人畜粪尿水和适量过磷酸钙，以补充养分和促进新根生长。对被害根颈的上部于早春桥接新根，或于病树旁边定植抗病性强的砧木，进行靠接，以帮助恢复树势。对出圃苗木要淘汰病苗，并用 70% 甲基托布津可湿性粉剂 500 倍液浸苗木 10～30 分钟，或放在 45℃温水中浸 20～30 分钟后再栽植。对蛴螬等地下害虫多的果园，应在发生期在土壤中撒杀螟丹粉翻埋土中毒杀，或用 2.5% 溴氰菊酯兑水 1 000 倍灌根。

（十四）苹果根癌病

1. 症状与危害特点　苹果根癌病又称冠瘿病、根肿病，主要在根颈部位发生，主根、侧根和支根上也能发生，嫁接口处较为常见，也可危害多种林木。此病发生初期在被侵染处发生黄白色小瘤，瘤体逐渐增大，并逐渐变黄褐色至暗褐色。瘤的内部组织木质化，表皮粗糙，近圆形或不定形，在幼树上可长出直径 5～6 厘米的瘤，在大树上根瘤直径可达 10～15 厘米；病树根系发育不良，地上部生长受阻，多数病株衰弱，一般不死亡，但严重时会整株死亡。

2. 发病规律　该病害主要由细菌引起。病原细菌在病残体或土壤中越冬，能长期存在于土壤中，因此，土壤带菌是病害的主要侵染来源。病菌通过伤口侵入寄主，嫁接、昆虫或人为因素造成的伤口，都能作为病菌侵入的途径。从病菌侵入到病瘤出现一般需几周到 1 年以上。苗木和幼树易发病，一般根枝嫁接苗培土时间过久发病重。土壤黏重、排水不良时发病多，一般在偏碱性的疏松及连作果园发病重。主要通过雨水和灌溉水传播，地下害虫（如蛴螬、蝼蛄、线虫等）、耕作管理也可传播；远距离传播主要靠带病苗木。

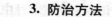

3. 防治方法

（1）农业防治 结合秋施基肥，深翻改土，挖施肥沟施入绿肥、农家肥等，提高有机质含量，改善土壤理化性状，使碱性土壤变为弱酸性，并根据苹果的需肥规律，适时适量追肥，注意氮肥不可过量，雨季及时排水，防止果园积水，保证根系正常发育。加强树体和根部保护，加强地下害虫防治，减少各种伤口，以减少被侵染的机会，减少发病。不要长期连年育苗，在重病圃和重病园种植不感病作物轮作 3 年以上，以减少菌源。苹果苗嫁接时，采用芽接法育苗，尽量避免劈接法；苗木出圃时严格检查，发现病苗应立即淘汰，发现病株立即挖除烧毁。

（2）化学保护 对可疑苗木要进行根部消毒，用 1％硫酸铜液浸渍 10 分钟，或链霉素 100～200 毫克/千克浸 20～30 分钟，也可用 30％石灰乳浸泡 1 小时，用水冲净再定植。如发现大树发病，及时扒开根茎部土壤，彻底切除病根和病瘤并烧毁，然后用"抗菌剂 401" 50 倍液或"抗菌剂 402" 100 倍液、波尔多液保护伤口或晾根换土。在根癌病多发区，定植时用放射土壤杆菌84 号（即 K84）浸根后定植，可预防该病发生。

二、苹果常见虫害及其综合防治

（一）桃小食心虫

1. 危害特点 桃小食心虫又名桃蛀果蛾。寄主有苹果、梨、山楂、枣、李、杏和海棠等。以幼虫蛀果危害，初孵幼虫入果后1～2 天，果面上出现小水珠，俗称"流眼泪"，干后成一小片状蜡质膜。幼虫先在果皮下潜食，使果面凹陷变成为"猴头果"。以后随着虫龄增大，在果内纵横串食并排粪于果内，变成"豆沙馅"，使果实无法食用，失去经济价值。

2. 发生规律 桃小食心虫在北方果区 1 年发生 1～2 代，多数为 2 代。以老熟幼虫在土内 4～10 厘米处结冬茧越冬；越冬幼虫于翌年5月中旬开始出土，盛期在6月上中旬，末期在7月中下旬。出土幼虫在树干基部附近或土、石块下结夏茧化蛹，蛹期10～15天。越冬代成虫羽化期为6月上旬至7月下旬，盛期为6月下旬至7月上旬。第一代成虫于7月中旬至9月上旬羽化，盛期在8月上中旬。成虫白天潜伏在树上或杂草中，夜晚活动。雌虫产卵期1～3天，绝大多数产卵在萼洼内。卵产后8～10天孵化，孵化后幼虫先在果面爬行，待找到适当位置后即咬破果皮，但并不吞食，多数从果实破皮处蛀入果内。

3. 防治技术

（1）地面药剂防治　在越冬代幼虫出土始期、盛期和第一代幼虫脱果盛期进行地面防治。可50%辛硫磷乳油或48%乐斯本乳油，每667米² 用0.5千克药兑水150千克，喷树盘及周围地面；也可用白僵菌（粗菌剂）2千克，加48%乐斯本乳剂0.15千克，兑水150千克喷树盘；或者用上述药剂配制药土（药：水：细土为1：5：30）撒施。施药前应先除去杂草，施药后覆草用或锄头轻耙表土，效果更好。

（2）树上药剂防治　当卵果率达0.5%～1.8%时进行树上喷药，隔10～15天喷1次，连喷3次。主要药剂有20%灭扫利乳油或2.5%杀灭菊酯乳油3 000倍液，48%乐斯本乳油1 500～2 000倍液，20%杀铃脲悬浮剂8 000～10 000倍液，1.8%阿维菌素乳油3 000～4 000倍液。

（3）人工防治　在早春越冬幼虫出土前，将树根颈基部土壤扒开13～16厘米，刮除贴附表皮的越冬茧。在越冬幼虫出土后至成虫羽化前，在树冠下培土3～6厘米并压紧或树冠下覆盖塑料薄膜也可阻止大量成虫羽化产卵。在第一代幼虫脱果时，结合压绿肥进行树盘培土压夏茧。从6月下旬开始，在成虫出现高峰10天后，摘除树上虫果和地面落果，并集中处理，每半月进行一次，可以减少大量虫源。用桃小性引诱剂诱蛀果蛾，既可以预测预报桃小发生的时间，又可以杀灭桃蛀果蛾。给水果套纸袋或特制微膜袋不利于桃小产卵,达到防治桃小的目的。

(二) 苹小食心虫

1. 危害特点　苹小食心虫,简称"苹小"。食性较杂,主要寄主有苹果、梨、桃、山楂、花红、海棠、山荆子等。以幼虫危害果实,初孵幼虫蛀果后在果皮下浅层蛀食果肉,一般不深入果心,形成直径 1 厘米左右黑褐色干虫疤,稍凹陷,其上有 2~3 个虫孔,并有少量虫粪堆积。

2. 发生规律　苹小食心虫 1 年发生 2 代。以老熟幼虫在树皮裂缝处、剪锯口干皮缝内、树下杂草等处结茧越冬。越冬幼虫于翌年 5 月份化蛹,蛹期 10 余天。越冬代和第一代成虫发生在 5 月下旬至 7 月中旬,盛期在 6 月中旬;第二代成虫发生在 7 月中旬至 8 月中旬,盛期在 8 月中旬。第 2 代幼虫蛀果为害 20 多天后老熟,脱果越冬。成虫夜晚活动,喜欢将卵产在光滑的果面上。每雌产卵 50 余粒,卵期 7 天左右,初孵幼虫从果面蛀入果内为害。

3. 防治技术

(1) **农业防治**　果树发芽前,刮除老树皮集中烧毁;处理吊树用的绳和支杆;在树干上束草或草绳,诱集越冬幼虫集中消灭,或在采收果堆上铺盖麻袋片诱杀越冬幼虫。及时摘除虫果和清理落地果。

(2) **适时喷药**　当苹小食心虫卵果率达 0.5%~1% 时开始喷药,防治药剂种类和浓度同桃小食心虫的防治。

(三) 叶螨类

1. 危害特点　危害苹果的叶螨主要有山楂叶螨、苹果全爪螨和二斑叶螨。山楂叶螨常集中在叶背为害,吐丝结网,严重时叶背变成褐色,造成叶枯焦脱落。苹果全爪螨成螨主要在叶片正面活动,幼螨多在叶背面,一般不吐丝结网,虫口密度大时,常会吐丝下垂转移危害，一般不提早落叶。二斑叶螨多聚集在叶背主脉两侧取食，被害叶片开始在叶脉两侧失绿，虫口密度较大时叶面上结一层白色丝网，严重时造成叶片焦枯脱落。

2. 发生规律

（1）山楂叶螨　山楂叶螨在我国北方果区1年发生5～9代。以受精冬型雌成螨在枝干树皮裂缝内、树皮下及靠近树干基部的土块缝里越冬。越冬雌成螨于翌年春天果树花芽膨大时开始出蛰上树，待芽开绽露出缘顶时即转到芽上为害，展叶后即转到叶片上为害。出蛰期多数集中在20天内，在盛花期前后为产卵盛期，落花后10～15天为第一代卵孵化盛期。第二代以后，世代重叠，随气温升高，发育加快，虫口密度逐渐上升。从5月中旬起种群数量剧增，逐渐向树冠外围扩散为害。6月中旬至7月中旬是发生为害高峰期。7月下旬以后由于高温、高湿，虫口明显下降，越冬雌成虫也随之出现，9～10月份大量出现越冬雌成虫。山楂叶螨不活泼，常以小群体在叶背面为害，吐丝结网，卵多产在叶背主脉两侧及丝网上。雌成虫可行孤雌生殖。每雌产卵60～90粒。早春成虫多集中在内膛枝为害，第一代成虫以后渐向树冠外围扩散为害。一般高温干旱年份易大发生，降雨多的年份发生轻。

（2）苹果全爪螨　苹果全爪螨在苹果区一年发生6～7代。以卵在短果枝、果台和2年生以上枝条的背阴面越冬，发生严重时主侧枝、主干上都有越冬卵。翌春当日平均温度达10℃左右，苹果花芽膨大期，越冬卵开始孵化，花期是孵化盛期。苹果盛花至落花期为成螨发生盛期，落花后7天为第一代成螨产卵高峰期。6月上旬发生第二代成螨，以后各世代重叠。6～7月份是全年发生为害的高峰期。苹果全爪螨成螨较活泼，爬行迅速，很少吐丝结网，卵都产在叶片正面主脉凹陷处和叶背主脉附近，多在叶片正面取食为害，有时也爬到叶背面。每头雌成螨平均产卵45粒，最多150余粒，完成一代需10～14天。

（3）**二斑叶螨**　二斑叶螨在北方果区 1 年发生 7～9 代，以受精雌成虫在枝干裂缝、老翘皮下、果树根茎部、杂草或覆草下越冬。春季果树发芽（气温 10℃以上）越冬雌成虫开始出蛰。树下地面越冬的雌成螨出蛰先在杂草上取食，然后才上树为害。树上越冬的雌成螨先在树冠内膛为害，以后再扩展全树。二斑叶螨以 7～8 月份发生为害最重，9 月以后陆续出现橙黄色越冬型雌成螨，寻找越冬场所越冬。二斑叶螨的寄主很广，除为害果树外，还为害多种农作物、林木及杂草，寄主植物多达 200 余种。发育历期短，在 20～25℃下，完成 1 代仅需 8～10 天。每雌产卵量 100 余粒。该螨的抗药性强，一般杀螨剂难以控制其为害。

3. 防治技术

（1）**保护利用天敌**　捕食叶螨的天敌主要有食螨瓢虫类、花蝽类、蓟马类、隐翅甲类和捕食螨类等几十种，这对控制叶螨种类数量消长起了重要作用。因此果园用药要尽量选用对天敌影响较小的农药品种，如石硫合剂，花前用 0.5 波美度液，花后用 0.2 波美度液或用 50％硫黄悬浮剂稀释 200～300 倍液。这些农药对苹果白粉病也有兼治作用。

（2）**药剂防治**　根据物候期抓住苹果花前、花后和麦收前后 3 个关键期进行防治。防治指标（平均单叶活动螨数）：6 月份以前 4～5 头，7 月份以后 7～8 头。药剂可选用：1.8％阿维菌素乳油 5 000～8 000 倍液，15％扫螨净 1 500～2 000 倍液，5％卡死克乳油 1 000 倍液，5％尼索朗乳油或 25％倍乐霸可湿性粉剂，99.1％加德士敌死虫乳油 200 倍液，20％螨死净悬浮液 2 000～3 000 倍液。7～8 月份可用 20％灭扫利乳油或 2.5％功夫乳油 3 000 倍液防治桃蛀果蛾，并可兼治叶螨。单独防治二斑叶螨要用阿维菌素类农药或扫螨净，效果才好。

（四）蚜虫类

1. 危害特点　为害苹果树的蚜虫主要有绣线菊蚜（苹果黄

蚜）、苹果瘤蚜和苹果绵蚜 3 种，为害症状各不相同

（1）绣线菊蚜　主要为害新梢、嫩芽和叶片。被害梢端部叶片开始下卷，以后则向背面横卷，严重时会引起早期落叶，皱缩成团。

（2）苹果瘤蚜　主要为害新芽、嫩叶及幼果。叶片被害后，由边缘向后纵卷，叶片常出现红斑，随后变为黑褐色，干枯死亡。幼果被害后出现许多略有凹陷、不规则的红斑。被害严重的树，新梢、嫩叶全部扭卷皱缩，发黄干枯。

（3）苹果绵蚜　群集在寄主的枝条、枝干伤口、腐烂病病疤边缘以及根部等处，吸食汁液。被害部膨大成瘤，肿瘤破裂后，造成水分、养分输导受阻，从而削弱树势，影响结果。一般沙土地果园，根部苹果绵蚜为害严重。苹果绵蚜还能为害果实的萼洼及梗洼部分。

2. 发生规律

（1）绣线菊蚜　1 年发生 10 余代。以卵在小枝条的芽侧或裂缝内越冬。自春季至秋季均以孤雌生殖方式繁殖，前期繁殖较慢，6～7 月间繁殖加快，也是为害盛期，并产生大量有翅胎生雌蚜迁移到其他植株或果树上为害。至 8 月间种群数量显著减少，仅徒长枝上的嫩梢上蚜虫较多。至 10 月份开始产生有性蚜，进行交尾，产卵越冬。未交尾的雌蚜也能产卵。

（2）苹果瘤蚜　1 年发生 10 余代。以卵在 1 年生新梢、芽腋或剪锯口等部位越冬。翌年 4 月份苹果发芽至展叶期为越冬卵的孵化期，孵化出的若蚜都集中在叶芽露绿部分和开绽的嫩叶上为害。5～6 月份随着新梢抽出新嫩叶，蚜虫即转移到新梢上为害，此时种群数量剧增，为害严重。受害重的叶片向下弯曲、纵卷，严重的皱缩枯死。除为害叶片外，还能为害幼果，果面出现稍凹陷的红斑。7 月份虫口密度仍很高，至 8 月份以后蚜量减少，10～11 月份出现有性蚜，交尾后产卵越冬。

（3）苹果绵蚜　1 年发生 10 余代。以 1～2 龄若蚜在苹果树

枝干裂缝、伤疤、剪锯口、1 年生枝芽芽侧以及根茎基部和树根处越冬。翌年 4 月份气温达 9℃左右时,越冬若虫开始活动,5 月上旬气温达 11℃以上时开始扩散,迁移至嫩枝上的叶腋、嫩芽基部为害。5 月下旬至 7 月上旬为全年繁殖高峰期,大量幼蚜向树冠外围新梢扩散蔓延,为害严重。此时,枝干的伤疤边缘和新梢叶腋等处都有蚜群,被害部肿胀成瘤。7~8 月份气温较高,不利于绵蚜繁殖,同时寄生性天敌数量剧增,使虫口减少,种群数量下降,9 月下旬以后气温开始降低,日光蜂等天敌数量减少,苹果绵蚜数量又回升,出现第二次为害高峰。进入 11 月份气温降至 7℃以下,若蚜陆续越冬。

3. 防治技术

(1) **保护天敌** 苹果蚜虫的天敌有数十种,要尽量保护利用。如必须用药防治,应选用对天敌影响较小的农药。

(2) **早春防治** 在苹果萌芽前后,彻底刮除老树皮,剪除蚜害枝条,集中烧毁。在果树发芽前,结合防治叶螨、介壳虫,喷 5%柴油乳剂,杀死越冬蚜虫。

(3) **生长期防治** 5~6 月份是绣线菊蚜、苹果瘤蚜和绵蚜的猖獗为害期,亦是防治的关键期,因此在麦收前后要进行防治。药剂可选用 10%吡虫啉可湿性粉剂 5 000 倍液,1.8%阿维菌素乳油 6 000 倍液,99.1%加德士敌死虫乳油 200 倍液,50%抗蚜威可湿性粉剂 1 500~2 000 倍液。防治苹果绵蚜可用 48%乐斯本乳油 1 000 倍液或 40%蚜灭多乳油 1 000~1 500 倍液喷雾。

(4) **树干包药防治** 在距地面 20~30 厘米的主干或主枝基部,选一宽 15 厘米左右的光滑带(树干粗皮可刮除)作为包药部位,在该部位包一圈吸水物(旧棉花、卫生纸或废旧书报纸等均可),然后将内吸农药 20%吡虫啉液剂或 18%杀虫双水剂等稀释成 3~5 倍液,注或涂在吸水物上约 20 毫升,然后用塑料薄膜扎紧。在药液显现效果 5~6 天后解除塑料薄膜;吸水物在雨前除去,以免包扎处腐烂。

（5）剪除被害枝条　结合夏剪，及时剪除被害枝条，集中销毁。

（五）卷叶蛾类

1. 危害特点　为害苹果的卷叶蛾主要有棉褐带卷蛾和芽白小卷蛾两种。

（1）棉褐带卷蛾　又名苹果小卷叶蛾。以幼虫为害苹果等果树的幼芽、叶片、花和果实，并吐丝缀连，致使幼芽、嫩叶不能伸展，叶片常缀连成团或两叶迭置，幼虫潜伏其中蚕食。坐果后常将叶片用丝网粘贴在果面上，啃食果皮、果肉，形成不规则的小坑洼，被害严重时坑洼连片，降雨后会长出黑霉。

（2）芽白小卷蛾　又名顶梢卷叶蛾。幼虫主要为害新梢的顶芽，下部的芽很少受害。幼虫吐丝将几片嫩叶缠缀在一起呈拳头状虫苞，并吐丝将叶背绒毛结成小茧，潜伏其中。1个茧苞内有虫3～5头，虫苞冬季不脱落。

2. 发生规律

（1）棉褐带卷蛾　1年发生3～4代。以低龄幼虫在果树的剪锯口、翘皮下、粗皮裂缝等处结小白茧越冬。翌春苹果花芽萌动后开始出蛰，出蛰盛期正值金冠等中熟苹果盛花期。山东果区成虫羽化盛期分别在6月上中旬（越冬代）、7月下旬至8月上旬（第一代）和9月上中旬（第二代）。10月份以第三代低龄幼虫越冬。成虫一般在下午5时左右羽化，白天潜藏在树冠内膛隐蔽的叶片上，夜晚活动，趋化性强，尤其对糖醋液趋性更强，有微弱的趋光性。成虫喜在叶片背面产卵，经4～8天孵化为幼虫后，多在卵块附近重叠叶片间和果实贴接处为害。幼虫很活泼，稍受振动虫体就会剧烈扭动从卷叶中脱出，吐丝下垂。

（2）芽白小卷蛾　1年发生2～3代，以2～3龄幼虫在枝梢顶端的卷叶虫苞内结灰白色丝茧越冬。幼虫出蛰后为害苹果侧芽，老熟后在卷叶团中结茧化蛹。6月上旬至7月下旬和7月中下旬至 8 月中下旬分别为越冬代和第一代成虫发生期。成虫对糖、蜜有趋性,略有趋光性,夜间活动,交尾产卵,卵多产在当年生枝条中部叶背面多绒毛处。幼虫孵化后爬行至梢顶,吐丝卷叶为害,并将叶背的绒毛啃下与丝结成茧,潜藏其中,取食时爬出,食后缩回。第一代幼虫主要为害春梢,第二至三代幼虫主要为害秋梢,10 月上旬以后幼虫越冬。

3. 防治技术

(1) 人工防治　早春刮除树干主侧枝的老翘皮和剪锯口周缘的裂皮,摘除枝干上的干叶集中处理,可消灭棉褐带卷蛾越冬幼虫。芽白小卷蛾的越冬虫苞冬季不落,应结合果树冬剪将虫苞剪掉,集中烧毁或深埋。果树生长期发现上述两种害虫的虫苞,及时用手将潜藏其中的幼虫捏死。

(2) 药剂防治　在越冬代幼虫出蛰期和第一代幼虫孵化盛期是药剂防治重点,以后各代结合防治其他害虫时兼治。主要药剂有:25％灭幼脲 3 号胶悬剂或 50％敌百虫乳油 1 000 倍液,48％乐斯本乳油 2 000 倍液,1.8％阿维菌素乳油 5 000 倍液,2.5％功夫或杀灭菊酯乳油 3 000 倍液,喷雾。

(3) 生物防治　用松毛虫赤眼蜂防治棉褐带卷蛾具有较高的寄生效果,掌握在越冬代成虫产卵盛期开始放蜂,连放 3～4 次,每 667 米^{2}释放 8 万～10 万头,卵寄生率可达 90％以上。

(六) 潜叶蛾类

1. 危害特点　为害苹果树的潜叶蛾主要有金纹细蛾、旋纹潜叶蛾和银纹潜叶蛾 3 种,其被害状有明显区别。

(1) 金纹细蛾　幼虫在叶背面潜食叶肉,被害叶仅剩下表皮,外观呈泡囊状,透过下表皮可见幼虫及黑色虫粪。叶片正面出现网眼状虫疤,1 个虫疤内只有 1 头幼虫,发生严重时,1 张叶片上有多个虫疤,使叶片扭曲皱缩,影响光合作用,并促使早期落叶。

（2）**旋纹潜叶蛾** 幼虫在叶内呈螺旋状潜食叶肉，排出的虫粪也呈螺旋状，形成同心轮纹状或椭圆形黑褐色虫疤。严重时，1张叶片有10余个虫疤，造成果树早期落叶。

（3）**银纹潜叶蛾** 幼虫在新梢叶片上表皮下潜食成线形虫道，由细变粗，最后在叶缘部分形成大块枯黄的虫斑，虫斑背面有黑褐色细粒状虫粪，被害叶仅剩下表皮。

2. 发生规律 金纹细蛾、银纹潜叶蛾1年发生5代，旋纹潜叶蛾为3~4代。金纹细蛾以蛹在落叶中越冬；旋纹潜叶蛾以蛹于白色丝茧内在主枝、主干缝隙处越冬，也有少数在落叶、土块、果萼处越冬；银纹潜叶蛾以冬型成虫在杂草、落叶及石缝处越冬。金纹细蛾卵多在嫩叶背面侧脉旁，单粒散产，越冬代成虫喜在发芽早的树种和品种上产卵；旋纹潜叶蛾卵多产在光滑老叶背面，散产；银纹潜叶蛾卵多产在新梢嫩叶背面。金纹细蛾成虫多在早晨和傍晚前后活动，幼虫老熟后在被害叶片中化蛹。旋纹潜叶蛾成虫喜在晴朗的白天活动，有趋光性；幼虫老熟后从虫疤内爬出，吐丝下垂，随风漂移至另一张叶片或枝条上结白色梭形茧化蛹，茧呈"H"状。银纹潜叶蛾成虫活动能力不强，多白天活动，无趋光性；幼虫老熟后脱叶爬出，吐丝下垂，到受害叶片下方附近叶片背面结白色茧化蛹。

3. 防治技术

（1）**人工防治** 秋季落叶后，要彻底清扫果园落叶，刮除枝干上的越冬蛹和冬型成虫。冬季修剪，疏除树体内过密枝，保持园内，树体内良好的通风透光条件。

（2）**药剂防治** 幼虫一旦潜入叶片，药剂防治效果很差，因此必须掌握在成虫发生盛期或幼虫始期进行喷药防治。常用药剂有：25%灭幼脲3号悬浮剂1 500~2 000倍液，1.8%阿维菌素乳油4 000~5 000倍液，2.5%功夫乳油或20%杀灭菊酯乳油3 000倍液。

（3）**诱杀成虫** 从越冬成虫出现开始，在果园内挂置性信息

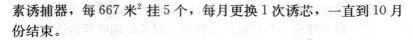

素诱捕器,每 667 米² 挂 5 个,每月更换 1 次诱芯,一直到 10 月份结束。

(七)刺蛾类

1. 危害特点 为害果树的刺蛾主要有黄刺蛾、青刺蛾、扁刺蛾等。这些害蛾均以幼虫为害叶片,将叶片吃成残缺不全状,虫口密度大时可将叶片吃光,只留叶柄,影响树体生长和开花结果。

2. 发生规律

(1)黄刺蛾 1 年发生 1～2 代。以老熟幼虫在小枝杈处、主侧枝以及树干的粗皮上结茧越冬。翌年 5 月在茧内化蛹,越冬代成虫于 5 月下旬羽化,成虫产卵于叶片背面。第一代成虫于 6 月中旬羽化,7 月上旬是幼虫为害盛期。第二代成虫于 7 月底发生,幼虫为害盛期在 8 月上中旬。9 月份幼虫老熟后结茧越冬。低龄幼虫喜群集为害,长大后逐渐分散。

(2)青刺蛾 在苹果产区 1 年发生 1 代。以老熟幼虫结茧在浅土层或树干上越冬。翌年 5 月中下旬开始化蛹,成虫于 6 月上中旬开始羽化,幼虫于 6 月上旬至 9 月发生,8 月份是危害盛期。8 月下旬至 9 月下旬幼虫陆续老熟下树结茧越冬。成虫趋光性较强,夜间活动,产卵于叶背。初孵幼虫有群集性,常 7～8 头密集在一张叶片上取食,2～3 龄后逐渐分散为害。

(3)扁刺蛾 在苹果产区 1 年发生 1 代。以老熟幼虫在寄主树干四周土中结茧越冬,越冬幼虫于 5 月中旬化蛹,6 月上旬开始羽化为成虫。成虫有趋光性,产卵于叶片正面。6 月中旬出现幼虫,直至 8 月上旬;幼虫为害盛期在 8 月中下旬,8 月下旬开始入土结茧越冬。

3. 防治技术

(1)人工防治 结合树盘翻土,挖除在树干基部周围表土内结茧越冬的青刺蛾、扁刺蛾。剪除果树上的黄刺蛾越冬茧。利用刺蛾的群集性，人工摘除带虫枝叶；蛹期采用刮除方法除治。

（2）药剂防治　在幼虫发生初期（以 2 龄期喷药为适宜）及时喷洒 90％晶体敌百虫或 25％灭幼脲 3 号胶悬剂 1 500 倍液，48％乐斯本乳油 2 000 倍液，25％功夫乳油 3 000 倍液。

（八）金龟甲类

1. 危害特点　常见有害金龟甲有苹毛金龟甲、黑绒金龟甲、铜绿金龟甲、白星金龟甲和小青花金龟甲。苹毛金龟甲、小青花金龟甲和黑绒金龟甲均为成虫咬食苹果的芽、花蕾、花瓣及嫩叶。发生严重时常将花器或嫩叶吃光，影响果树的产量和树势。铜绿金龟甲以成虫咬食果树叶片，严重时可将叶片吃光，仅剩叶脉和叶柄，尤其对苗圃和幼龄果树造成的危害更大。白星金龟甲以成虫啃食果肉，形成虫疤，以后即腐烂，脱落，白星金龟甲也为害嫩叶、幼芽，被害处呈缺刻或残缺。

2. 发生规律

（1）苹毛金龟甲　1 年发生 1 代。以成虫在土中做蛹室越冬。越冬成虫于翌年 4 月上中旬果树萌芽时开始出蛰。先在果园周围的榆、柳等树木上为害，待果树开花时，按开花先后顺序，陆续迁移至果树上为害。啃食花蕾和花，将花瓣咬成缺刻，取食花丝和柱头，严重时将花和嫩叶全部吃光。成虫白天活动，中午前后取食最盛。有假死性，无趋光性。成虫为害从果树花蕾开始，桃花开放是第一个为害期，梨花开放和苹果花期是第二个为害期。苹果落花后，成虫开始入土产卵，幼虫孵化后取食植物根茎，秋季化蛹。成虫羽化后，当年不出土，在蛹室内越冬。

（2）黑绒金龟甲　1 年发生 1 代。以成虫在土壤内越冬。成虫于 3 月下旬至 4 月上旬开始出土，4 月中下旬为成虫出土高峰，6 月结束。成虫先在发芽较早的杂草上或杨、柳、榆树上取食幼芽、嫩叶，待果树发芽后，即大量转移到果树上咬食幼芽、嫩叶和花蕾，为害盛期在 5 月初至 6 月中旬。成虫于傍晚和夜间

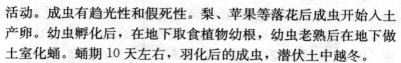

活动。成虫有趋光性和假死性。梨、苹果等落花后成虫开始入土产卵。幼虫孵化后,在地下取食植物幼根,幼虫老熟后在地下做土室化蛹。蛹期 10 天左右,羽化后的成虫,潜伏土中越冬。

（3）小青花金龟甲 1 年发生 1 代。以成虫在土内越冬。梨、苹果树开花时,成虫大量出现,出蛰晚于苹毛金龟甲。成虫喜白天活动,群集食害花序。对葱花和糖、蜜等有趋性。成虫喜产卵在荒草地土中。6 月上旬以后果园内成虫数量逐渐减少。

（4）铜绿金龟甲 1 年发生 1 代。以 3 龄幼虫在土中越冬。翌年春季土壤解冻后,越冬幼虫开始上升移动,为害农作物及杂草的根。6 月初成虫开始出土,夜间活动。6 月上旬至 7 月中旬是成虫为害盛期。成虫食量很大,几天时间可将叶片吃光。成虫有假死性和较强的趋光性。6 月中旬成虫即可开始产卵,多产在豆科植物地里。幼虫孵化后取食根部,3 龄以后在土中下移越冬。

（5）白星金龟甲 1 年发生 1 代。以幼虫在土内越冬。5 月上旬以后果园内出现成虫,6～7 月为发生盛期,一般于 6 月中旬后苹果膨大期受害最重。成虫多在白天活动,稍受惊扰即迅速飞走。成虫喜食成熟的果实,常数头或 10 余头群集在果实上取食,将果面咬成深洞。对糖、醋或果醋有趋性。卵产在土中或粪土堆里。幼虫（即蛴螬）专食腐殖质,秋后陆续越冬。

3. 防治技术

（1）人工捕杀 金龟甲有假死性,可在果树开花期敲击果树枝干振落后,放入装有杀虫剂的水桶内捕杀。

（2）诱杀 铜绿金龟甲、黑绒金龟甲有趋光性,可在果园设置佳多杀虫灯、黑光灯诱杀。白星金龟甲和小青花金龟甲有趋化性,可用糖、醋液诱杀。

（3）药剂防治 可用 80%敌敌畏乳油、50%马拉硫磷乳油、50%辛硫磷乳油 1 000～1 500 倍液,喷洒树冠下土壤表面,然后浅锄松土。对金龟子为害严重的果园,可进行树上喷雾防治,如用 2.5％功夫乳油 50 毫升加 50％敌敌畏乳油 250 毫升，兑水 250 千克，全树喷洒。还可以在花蕾期喷布 20％氰戊菊酯 3 000 倍液。铜绿金龟甲在成虫为害前，喷施石灰三倍式波尔多液或 50 倍石灰乳，对其成虫有拒食作用。防治苹毛金龟甲一定要在花前 2～3 天喷药，以免花期喷药伤害蜜蜂等授粉昆虫和花。

（九）天牛类

1. 危害特点　为害苹果树的天牛主要有桑天牛、苹果枝天牛和星天牛，均以幼虫蛀食枝干、树干为害。为害症状有所不同，桑天牛主要为害枝干，蛀食孔洞，枝天牛在枝条内蛀食，星天牛主要蛀食树干，尤以树干基部受害较重。

2. 发生规律

（1）桑天牛　每 2～3 年发生 1 代，以幼虫在树干内越冬。老熟幼虫先在隧道最下部 1～3 个排粪孔的上方外侧咬 1 个羽化孔，在羽化孔下做蛹室化蛹。成虫 7 月上中旬羽化后从羽化孔内钻出，咬食枝条表皮、叶片和嫩芽，不轻易飞动，受惊动后会跌落地面，极易捕捉。成虫产卵期在 7～8 月份，产卵时先将枝条表面咬成"川"字形伤口，然后在伤口内产卵；卵产后 10～14 天孵化为幼虫，幼虫先向枝条上方蛀食 10 毫米，然后调头向下蛀食，并逐渐深入心材，每蛀食 5～6 厘米时，向外蛀 1 个排粪孔，排粪孔均在同一方位顺序向下排列。随着幼虫长大，排粪孔的距离亦越来越远。幼虫一生所蛀孔道可达 1.7～2 米长，有的直达根的基部。幼虫一般位于最下一个排粪孔的下方。

（2）星天牛　1 年发生 1 代。以幼虫在树干基部蛀道内越冬。春季 4 月份做蛹室化蛹，6～8 月份为成虫发生盛期。成虫啃食叶片和嫩枝皮，白天活动，触动后坠落地面。产卵前成虫先将树皮咬成"八"字形或"T"字形伤口，然后将卵产在伤口内。初孵幼虫先在皮层下盘旋串蛀为害，1～2 个月后，开始蛀入木质部，以后渐向根部蛀食，蛀道内充满蛀屑。深秋停止取食

转入越冬。

（3）苹果枝天牛 1年发生1代。以老熟幼虫在被害枝条内越冬。翌年4～5月间化蛹，5～6月间为成虫发生期。成虫取食嫩梢、嫩叶，多在当年生的枝条上产卵。幼虫孵化后即蛀入髓部，由上往下蛀食，受害的枝条成空筒状，上部叶片枯黄。幼虫老熟后在枝条内越冬。

3. 防治技术

（1）**人工防治** 利用天牛成虫的假死性，可在成虫从羽化孔内钻出的早晨或雨后摇动枝干，将成虫振落地面捕杀，或在成虫产卵期用小尖刀将产卵槽内的卵杀死。7～8月份是成虫产卵时间，成虫产卵时在树干上做"川"字或"U"字型刻槽，产卵于其中，可用石块砸或用尖刀将卵挑出刺破即可。在幼虫期经常检查，在枝干上发现虫粪或有黄色胶质物流出时，用小刀挑开皮层，刺杀幼虫，或用尖细铁丝从新鲜虫孔处插入，反复在洞道内扎刺；也可用钢丝做一先端带尖钩的弹簧式刺探器，缓缓旋入洞道内，直至底部以刺杀幼虫。

（2）**药剂防治** 初龄幼虫，刚入木质部时，可取80％敌敌畏乳油、50％辛硫磷乳油、40％高效氟氰菊酯乳油等杀虫剂30～50倍液，用注射器将3～5毫升药液注入有新虫粪的孔口内；若幼虫已深入枝干内并钻有排粪孔时，查找出最下部排粪孔，将药液自此孔注入虫道，然后削一小木桩将孔口堵严，即可将幼虫杀死。生产中也用药泥或药棉球、樟脑丸等塞入虫洞，毒杀幼虫。也可在新排粪孔内放入蘸有50％敌敌畏乳油30～50倍液的棉花团，或放入1/4片磷化铝，然后用泥封住虫孔，进行药杀。

（3）**树干涂白，砍除寄主植物** 星天牛卵多产在树干下部，可在树干上刷白涂剂（生石灰1份：硫黄粉1份：水40份），对成虫有驱避作用。枸树和桑树是桑天牛喜欢吃的主要寄主植物，应及时砍除，以减少对天牛的引诱。

（4）**生物防治** 天牛卵姬小蜂是寄生桑天牛卵的有效天敌，

管氏肿腿蜂和花绒坚甲可寄生天牛的幼虫和蛹，斑啄木鸟对桑天牛的越冬幼虫啄食率可达 24％。这些天敌对天牛都有好的控制作用，应加以保护和利用。

（十）苹果透翅蛾

1. 危害特点 苹果透翅蛾俗称串皮干。主要为害苹果、梨、桃、杏和樱桃等，幼虫在树干枝杈等处蛀入皮层下，食害韧皮部，有的可深达木质部，呈现不规则的虫道。被害处常有似烟油状的红色粪屑及树枝黏液流出，伤口处容易感染苹果树腐烂病菌，引起溃烂。

2. 发生规律 1 年发生 1 代，以 3～4 龄幼虫在树干皮层下的虫道内结茧越冬，翌年 4 月上旬越冬幼虫开始活动，继续蛀食为害。5 月下旬至 6 月上旬幼虫老熟化蛹，化蛹前幼虫先在被害部位咬一圆形羽化孔，但不咬破表皮，然后吐丝缀连虫粪和木屑，结长椭圆形茧化蛹。成虫羽化盛期为 6 月中旬至 7 月上旬。成虫白天活动，多在树干或大枝的粗皮裂缝、伤疤等处产卵。产卵前先排出黏液，以便幼虫孵化后蛀入皮层为害。11 月份幼虫结茧越冬。

3. 防治技术

（1）农业防治 加强栽培管理，保持树势健壮，可有效降低发生危害程度。秋季和早春结合刮治苹果树腐烂病刮除粗皮，细致检查主干和主枝，发现有红褐色虫粪和粘液时，用刀挖出幼虫杀死。在成虫发生期，于主干、主枝上涂抹白涂剂，可防治成虫产卵。

（2）药剂防治 8～9 月间幼虫龄期小，蛀入皮层浅，可用涂药法杀死蛀入幼虫，药剂用 80％敌敌畏乳油 100～150 倍液或 80％敌敌畏乳油 1 份加 19 份煤油配制成药液，用毛刷蘸药液涂刷被害处。也可在成虫发生期喷药防治，药剂可选用 40％毒死蜱乳油或 20％氰戊菊酯乳油 2 000 倍液，喷布树干和主枝枝权处。

(十一) 大青叶蝉

1. 危害特点 大青叶蝉又称大绿浮尘子、青叶跳蝉。成虫体长 9~10 毫米，头橙黄色，凸出呈三角形，顶部有 2 个黑点，其他部分多为深绿色，前胸为黄绿色；前翅表面灰黑色，腹背面黑色。该虫食性很杂，寄主植物有苹果、梨、李、樱桃、杏、桃等果树，还有多种农作物和蔬菜等。在果树上主要以成虫产卵为害，幼树被害较重。雌成虫产卵前先用产卵管割开枝干皮层，产卵于其中，伤口外观呈月牙形。春季若虫孵化后，由于虫口密度大，造成被害枝条遍体鳞伤，刮大风或遇干旱天气，幼树大量失水，导致枝干枯死。通常苗木、1~3 年生枝和幼树受害较重。

2. 发生规律 一年发生 3 代，以卵在果树枝条或苗木的表皮下越冬。翌年苹果树萌动时卵开始孵化，若虫到杂草及蔬菜等植物上为害。第一、二代成虫、若虫主要为害小麦、玉米、高粱、豆类、花生及杂草等，第三代主要在白菜、萝卜等秋菜上为害。10 月中下旬飞回果树上产卵越冬。成、若虫有较强的趋光性和趋化性，并喜栖息在潮湿背风处。

3. 防治技术

（1）农业防治 大青叶蝉产卵晚秋季节喜欢聚集在秋菜和杂草上为害，故要及时清除果园杂草和间作作物，切断其食物链，果园更不宜间作白菜、萝卜等十字花科蔬菜，但也可以根据其习性，有计划种植少量诱集植物，集中喷药诱杀。10 月上中旬成虫产卵前，在幼树枝干上涂刷白涂剂，重点涂刷当年生及 2 年生枝条基部，以阻止成虫产卵。对越冬卵量较大的果园，可人工按压幼嫩枝条上的月牙形的虫卵。在成虫期利用灯光诱杀，可以大量消灭成虫；成虫早晨很不活跃，可以在露水未干时，进行网捕。

（2）药剂防治 在果园虫量较大时，可适时喷药防治。大青叶蝉产卵时,对气温要求严格,不降霜绝不产卵,降霜后立即产卵,所以在降霜前2天或降霜当日,立即喷药,可杀死园内的大青叶蝉。大青叶蝉对拟除虫菊酯类农药特别敏感,如20％杀灭菊酯乳油2 000倍液、10％氯氰菊酯乳油2 000倍液;喷撒50％敌敌畏乳油、50％辛硫磷乳油1 000倍液,50％马拉硫磷乳油2 000倍液,亦有较好的防治效果。

(十二) 介壳虫

1. 危害特点　介壳虫有草蛎盾蚧、梨圆蚧、康氏粉蚧、球坚蚧、龟蜡蚧等。以若虫和成虫附着在枝干、果实和叶片上吸取汁液,造成枝干裂皮、干枯和落叶,严重时造成整株死亡,果实受害后呈畸形,失去商品价值。

2. 发生规律　介壳虫虫体上有蜡质层,常规药物难以穿透触及虫体,防治难度大,危害严重。各种介壳虫发生时期参差不齐,有的发生早,有的发生迟,一般的杀虫剂只对初孵若虫有效,而虫体背部长蜡质后,就无能为力。惊蛰后至芽萌动时、5月上旬至6月份为介壳虫卵孵化期和若虫期,这两个时期介壳虫的介壳和蜡质层均未形成,虫体对药剂极为敏感;在7月至9月介壳虫的蜡壳形成。

3. 防治技术

(1) **人工防治**　即用木棍等物轻轻地把介壳虫剥离植物体,也可用湿抹布把介壳虫和煤污病擦掉或用水进行擦洗,时间最好选在介壳虫的若虫和成虫期;如在雌成虫产卵期刮刷的话,必须注意把它产的卵一并刮刷干净,刮下来的虫体应集中消灭。冬季修剪时把有介壳虫的枝条尽量剪掉,剪下的枝叶应收集烧毁。

(2) **涂干防治**　即用18％杀虫双水剂在主干涂20～30厘米,用塑料布包好,20天后解开塑料布。老树皮可刮去老皮后再进行涂干。

(3) **药剂喷雾**　介壳虫的药剂防治重点在惊蛰后至芽萌动和

5月上旬至6月份卵孵化期和若虫期进行，7月至9月介壳虫的蜡壳形成后用药效果甚微。可用40.7%乐斯本1 500倍加吡虫啉3 000倍至4 000倍液均匀喷雾。

（4）火攻防治　用废布绑火把点燃，薰有介壳虫危害的枝干，动作要迅速，可起到很好的防治效果。

三、苹果常见病毒病害及其防治

苹果病毒病是严重危害苹果的一类特殊病害，其中最常见的有花叶病、锈果病、衰退病及病毒性缩果病。花叶病和锈果病属显性病毒病，在叶面或过面能观察到明显的症状。苹果退绿叶斑病毒、苹果茎痘病毒和苹果茎沟病毒属隐性病毒病，分布最广，危害性最大，几乎在所有栽培苹果的国家和地区都有存在。从生产实际来看，苹果病毒病通常不引起树体死亡，一旦果树侵染便终生带毒，生长不良，一般减产在20%以上。在目前科技水平下，还没有很有效的治疗方法。

病毒病害与真菌和细菌病害不同，目前还不能通过化学杀菌剂和杀菌素予以防治。病毒的复制增殖与植物正常代谢过程极为密切，病毒抑制剂对植物都有毒害作用，且并不能治愈果树病毒。防治果树病毒病害的最有效措施是选用无病毒苗木，栽培无病毒果树。在建园时尽量选用经过脱毒处理的苗木，尽量不要从病区病株选择苗木；在远距离调运苗木时，应把病毒病列为检疫对象，严防带病毒苗木植株调入。

加强果园管理，增施有机肥，配方施肥，根外喷肥，及时补充营养，调节园内小气候，增强树体抗病毒能力。及时浇水，严禁大水漫灌，减少根系病毒侵染传播机会；及时清除果园杂草，对叶蝉等会传播病毒的刺吸式害虫要及时防治。生长季节对病株做好标记，修剪时先修剪不带病毒株再修剪病毒株，以减少传播机会。梨树是苹果锈果病的潜隐性寄主，新建苹果园要远离梨园，两园相距应在 200 米以上，更不要苹果、梨混栽或在梨园内培育苹果苗木，尽量避免相互传染。生长季节要不定期检查是否有病毒病植株，新栽植或高接苹果树，如发现锈果病应及时挖除病株烧毁，种植禾本科或草本植物 1～2 年后确认无病毒再栽植果树；果园发现黄叶病株，要及时挖除带出果园烧毁。

（一）苹果花叶病

1. 危害特点　苹果花叶病主要危害叶片，病斑鲜黄色，因病情轻重不同，症状变化较大，主要有斑驳、花叶、条斑、环斑、镶边等 5 种类型。斑驳型较为常见，其病斑形状不规则，大小不一，边缘不清晰，有时几个病斑连在一起形成大病斑。花叶型病斑也不规则，有较大的深绿或浅绿相间的色变，边缘不清晰。条斑型病斑沿叶脉失绿黄化，并蔓延在附近的叶肉组织上，有时只有主脉和支脉黄化，变色部分较宽；有时小叶脉也变黄，呈网纹状。环斑型病叶上产生圆形或椭圆形病斑，或近似环状斑纹。镶边型在病叶边缘形成一条很窄的黄色条纹，其他部分正常。受害果园中各类型的症状多在同一株树上混合发生。

2. 发病与传播规律　花叶病的病原是一种球状植物病毒。苹果树感染病毒后，整个树体都带有病毒，并在体内不断增殖，终生危害。早春萌芽不久即出现病叶，4～5 月份发病最重。夏季高温病害基本停止发展。病毒主要通过嫁接传染，接穗或砧木带毒是病害的主要染病来源，种子一般不带毒。在气温 10～20℃、光照强、土壤干旱、树势衰弱的情况下，发病重。

3. 防治技术

（1）培育无病苗木　严格选用无病接穗和砧木进行苗木繁殖。在苗圃或果园内发现病苗或病幼树要及时铲除，改种健株。

（2）加强肥水管理　对感染花叶病毒的结果树，要加强肥水管理，还可在早春喷 50～100 单位增产灵，以促进果树生长，减少损失。

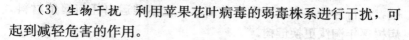

（3）生物干扰　利用苹果花叶病毒的弱毒株系进行干扰,可起到减轻危害的作用。

（二）苹果锈果病

1. 危害特点　苹果锈果病又名花脸病,是国内检疫对象,主要发生在果实上。被害果实主要有锈果型、花脸型、锈果花脸混合型等。锈果型病果从幼果期表现症状,先在果顶部出现淡绿色水渍状病斑,沿着果面向果梗发展,并逐渐形成比较规则的与果实心室相对称的 5 条纵纹状病斑,病斑逐渐变为铁锈色,并木栓化。重病果有时在锈斑处裂开,果实发育受阻,形成凹凸不平的畸形果。这种类型常见于'国光'、'富士'、'青香蕉'、'印度'等品种上。花脸型果实开始着色时表现症状,在果面出现近圆形的黄绿色斑块,到果实成熟时也不着色,果面出现红、黄相间的"花脸"状,着色部分稍隆起,不着色部分凹陷,病果小,品质差。这种类型常见于海棠、沙果、祝光苹果等品种。锈果花脸混合型病果着色前多早果顶部或果面出现锈斑,着色后在无锈斑处出现不着色的斑块,表现为锈斑和花脸的复合症状。这种类型常见于元帅系、'赤阳'等品种。

2. 发病与传播规律　锈果病的病原为类病毒,可通过嫁接传播,嫁接后的潜育期为 3~27 个月。梨树是苹果锈病的带毒寄主,其外表不表现症状,但可以传病,因此,靠近梨园或与梨树混栽的苹果园发病重。苹果品种间抗病性有差异,耐病品种有'黄魁'、'金冠'、'祝光'等,中感品种有'红玉'、'印度'、'大国光'等,高感品种有'国光'、'红星'、'青香蕉'等。

3. 防治技术

（1）选用无病接穗及砧木　用种子繁殖无病砧木,选用无病接穗,避免病害扩大传染。

（2）实行检疫制度　拔除烧毁检疫发现的病苗。新区发现病树,立即将病树连根刨掉。对发病树较多的苹果园,要划分疫区，进行封锁。疫区不准繁殖苗木，也不准运出任何繁殖材料，病树逐年淘汰更换健树。

新建苹果园要远离梨园，并避免与梨树混栽，以免病毒从梨树传到苹果树。

（三）苹果衰退病

1. 危害特点 苹果衰退病又名高接病。主要危害树根，从须根、侧根直至最后全部根系死亡，病程 3～4 年，导致全树死亡。被害树发病初期，在一部分细根上产生坏死斑块，病斑逐渐发展到侧根上，最后导致根系枯死。剖开病根检查，在木质部表面有凹陷斑或纵向条沟。根系死亡后，地上部陆续出现衰弱现象，最后枯死。苗木发病后会出现 3 种情况：一是嫁接后接芽不萌发枯死；二是接芽虽然萌发，但生长不良，叶片小，植株矮小，自上而下逐渐枯死；三是接芽萌发后不能正常抽生枝条。有些病株前一二年生长较正常，但在第三年以后逐渐枯死。

2. 发病与传播规律 苹果衰退病是由苹果潜隐病毒侵染所致，其毒原为苹果茎痘病毒、苹果褪绿叶斑病毒和苹果茎沟病毒，多为 3 种病毒复合侵染。潜伏病毒在抗病的寄主品种上以潜伏状态存在，不表现明显症状，遇到感病品种时，呈明显症状，并可造成严重损失。多为高接换种时引起发病。现有主栽品种普遍潜带这 3 种病毒，而且复合侵染率较高。从国外引进的 M 系矮化砧也潜带这 3 种病毒。

3. 防治技术

（1）严格检疫，防止新病毒侵入。

（2）建立无病毒母本树制度，采用无病毒的接穗和砧木繁殖苗木，可避免衰退病的发生。

（3）采用抗病砧木，避免用感病的海棠类做砧木，严禁在大树上高接繁殖或保存新品种。

（4）加强土肥水管理，对轻病树施行根部培土，促进接穗部

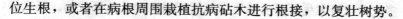

位生根，或者在病根周围栽植抗病砧木进行根接，以复壮树势。

（四）苹果绿皱缩病

1. 危害特点 苹果绿皱缩病毒主要危害果实。在落花后 20 天左右，幼果表面出现水渍状略凹陷病斑，病斑大小和形状不规则；随着果实生长发育，病果逐渐变为凹凸不平的畸形果。果实生长后期，病斑出现铁锈色、木栓化，并有裂纹；剖果检查，凹陷斑下的维管束呈绿色，弯曲变形。有的病果果形虽正常，但在着色前果面出现浓绿色斑痕，斑痕处木栓化。病果在树上分布不均匀，有的全树果实发病，有的个别果实发病。易感病品种有'金冠'、'元帅'、'红星'、'国光'、'赤阳'等。

2. 发病与传播规律 该病毒通过嫁接传染，一般潜育期为 2 年左右，最长可达 8 年之久。病健根接触亦可传染，未发现传媒昆虫。

3. 防治技术 参照苹果花叶病。

四、苹果生理病害及其防治

苹果生理性病害主要是由果园土壤或树体缺少某种所需元素所导致，而非病原生物。发生生理性病害的苹果常会出现生长发育受阻，枝、叶、果形态异常，进而影响产量、果实外观和内在品质。常见的有苹果水心病、苹果小叶病、苹果黄叶病、苹果缩果病和苹果苦痘病等。

（一）苹果水心病

苹果水心病又名蜜果病。西北黄土高原和秦岭高地果区的元帅系和秦冠苹果受害严重，果实品质变劣，不耐贮藏。

1. 发病症状 病果内部组织的细胞间隙充满细胞液而呈水渍状，病部果肉的质地较坚硬而呈半透明状。以果心及其附近较多，但也有发生于果实维管束四周和果肉的其他部位的。轻病果的外表不易识别，必须剖开后才见到病变，重病果的水渍状斑一直扩展到果面。病果由于细胞间隙充水而比重大，病组织含酸量特别是苹果酸的含量较低，并有醇的累积，味稍甜，同时略带酒味。贮藏期病组织腐败褐变。

2. 病因及发病规律 可能是由于山梨糖醇积累，钙氮不平衡而打乱了果实正常代谢所致。病果含钙量非常低，高氮低钙会加重发病。延迟采收的果实、初结果树上的果实、树冠外围直接暴晒在日光下出现日灼症状的果实、以及在近成熟期昼夜温差较大的地区，果实易发病。轻病果在贮藏期内（尤其是低温存放的），症状可能消失。单施氮肥，特别是单施铵态氮的病果率最高，在氮肥基础上，增施磷肥可显著地减轻发病。但在氮、磷肥的基础上，再施钾肥却不能进一步控制发病。施用复合肥的病情比施单一化肥者轻，主要在于复合肥料可改善果树对钙素的吸收、运转和分配。

3. 防治方法

（1）增施磷肥，避免单施铵态氮肥。

（2）增施有机肥，注意耕作保墒，对易发病品种适当提前采收。

（3）适当回缩结果枝，防病保叶，避免果实直晒而出现日灼。

（4）在盛花后 3～5 周、采收前 8～10 周各喷 1～2 次 0.5% 钙溶液。

（二）苹果痘斑病

苹果痘斑病是一种营养失调的生理病害，接近成熟期表现症状，贮藏期继续发展为害。重病果上痘斑累累，严重影响外观，贮运期病果易被腐生菌侵染而腐烂。

1. 发病症状 以果点为中心，果面出现疏密不等的小斑点，直径约为 1 毫米以内的果皮变为褐色至暗褐色,其周围出现紫红色晕,晕圈直径约半厘米左右。其后果点附近组织凹陷,形成直径为 1～2 毫米的暗褐色症斑。切开果皮,可见痘斑下深达 1 毫米左右的果肉变褐,呈海绵状,每个病果上的症斑数因病势轻重而异,从数个到一、二百个,以阳面和果顶部较多,重病果病斑众多而互相愈合,有损外观。重病果甚至在果肉深处出现病变组织,变色组织上的果皮色泽加深至暗红或暗绿色。其后表皮坏死,变褐并凹陷,轮廓不整,范围也较大。国光苹果上此病常与苦症病混合发生。

2. 病因及发病规律 由果实缺钙及氮/钙比例失调导致。管理粗放的果园重于精细管理的果园;偏施氮肥的果园重于合理施肥的果园;落叶早的果园重于保叶好的果园;树冠外围果实重于内膛果实;修剪过重、枝条旺长的树重于长势中庸的树;国光、金冠等品种发病较重。

3. 防治方法

(1) 科学施肥,推广果树营养诊断技术,根据土壤和叶片中各元素余缺情况进行配方施肥。

(2) 采用根外喷钙的方法,适当提高果实中钙含量,进而减小氮/钙比值。喷钙应在 8～9 月份进行,常用 0.3% 硝酸钙液。

(3) 加强后期早期落叶病的防治,7 月下旬开始喷布 1∶2∶160 倍式波尔多液 1～2 次。

(三) 苹果小叶病

苹果小叶病在沙质薄地、碱性土壤的果园中发生严重。主要危害新梢和叶片,重病植株树势衰弱,树冠不扩展,产量降低。

1. 发病症状 小叶病主要在春季显现症状,发病于新梢和叶片,往往部分枝梢发病,病梢发芽较晚,发叶后生长停滞,呈叶簇状,不能正常伸长成枝。叶片狭小细长,叶缘略向上卷,叶色淡黄绿色或浓淡不匀。病枝节间明显缩短,其上小叶簇丛状。

有时病枝下部另发新枝，但仍然表现相同的症状。病株的花芽分化减少，花朵小而色淡，不易坐果，即使坐果果实小而畸形。幼树发病根系发育不良，老病树的根系腐烂，树冠稀疏不整，不扩展，产量显著降低。

2. 病因及发病规律　小叶病是因土壤中缺少锌元素引起的营养失调。锌是植物生长发育所需要的微量元素之一，锌的不足会阻碍植物对其他营养元素的吸收，造成病变。

河滩地果园的砂质土壤含锌盐少且易流失，碱性土壤中锌盐常转化为难溶于水的状态而不能被果树吸收。瘠薄山地、土壤冲刷较严重的果园以及土壤水分过少的果园都会发生缺锌症。含磷量高的土壤、有机质含量和水分过少的土壤、以及钾、铜、镍与其他元素不平衡的土壤上栽植的苹果树也可引起小叶病。酸性土壤和有机质丰富的果园较少发生小叶病。果树叶片中含锌量为 10～15 毫克/千克时，即可表现小叶症状。连续回缩重剪可促进出现小叶症状。

3. 防治方法　防治小叶病的根本措施是增施有机肥料，改良土壤，加强水土保持，在砂滩地和盐碱地及瘠薄的山地果园尤为重要。果园中种植绿肥及时翻压以改良土壤也是有效的防治措施。苹果萌芽前 10～15 天喷布一次 5% 硫酸锌溶液，当年有效，需要每年按期喷洒。苹果盛花期后 3 周用 0.2% 硫酸锌或其他锌肥与 0.3%～0.5% 尿素进行树上喷洒，效果显著。秋季施基肥时，每株成年树掺施，0.5～1 千克硫酸锌，翌年即可见效，持续期较长。果实采后间隔 10～15 天喷布两次 3%～5% 高浓度硫酸锌溶液，防治小叶病的效果也非常显著。

（四）苹果黄叶病

苹果黄叶病又称黄化病，是由于土壤中铁素供应不足而引起的一种生理病害。栽植在盐碱土或石灰质过多的土壤上的苹果树容易发病。

1. 发病症状　枝梢上部新叶除叶脉外全部变为黄绿色甚至

黄白色,病叶较正常叶片薄,严重时从叶缘开始向内焦枯,叶片早落,严重影响树势和产量。

2. 病因及发病规律 主要有缺铁引起。在盐碱性土壤或石灰质过多的土壤里,大量可溶性二价铁盐转化为不溶性三价铁盐而沉淀,不能为果树根系吸收利用。

铁是植物体形成叶绿素所必不可少的微量元素之一,由于铁素供应不足,会导致叶片中叶绿素含量减少,光合作用能力降低,直接影响果树正常生长和发育。在旱季和果树旺盛生长阶段,由于土壤水分蒸发和被大量吸收,土壤中盐份浓度加大,黄叶现象更趋严重;相反,进入雨季后,由于盐份被稀释,黄叶现象有所减轻。土壤中水分过多的滩地果园,可溶性铁进一步被固定,黄叶现象表现严重。高温天气会加剧病情。砧木种类与发病关系密切,山定子作砧木发病重,楸子、新疆野苹果、海棠等作砧木发病轻。

3. 防治方法

(1) 选用抗病砧木,进行园地的土壤改良,注意低洼果园的排水工作。

(2) 增施有机肥,种植绿肥,改良土壤。

(3) 冬季结合深翻改土,每株结果树施入硫酸亚铁0.5千克同时掺牛粪或马粪50千克,施入后在沟内灌水。也可将硫酸亚铁和有机肥按1:5的比例混合施入土中,每株树施2.5~5千克,药效可维持2年。

(4) 苹果树萌芽初期喷布0.3%～0.5%硫酸亚铁液,在溶液中少量蔗糖等碳水化合物,效果更好。还可在叶面喷施0.1%～0.2%螯合铁溶液(乙二胺四乙酸合铁),有显著疗效。

(5) 苹果树接近发芽前,用手动式强力树干注射机向树体注射1%硫酸亚铁酸化水溶液(可在溶液中少量蔗糖等碳水化合物),pH值调到3.8～4.4。干周40厘米以上的失绿树每株注硫酸亚铁20克以上,失绿严重的注30~50克。当年新叶可恢复绿色,有效期可维持5年以上。

（五）苹果缩果病

苹果缩果病是由于缺硼引进的一种生理病害。各苹果产区均有分布。山地、河沙土、沙砾土和粘重土壤的果园发生较多，干旱地区或干旱年份发病重。

1. 发病症状　苹果缩果病主要表现于果实，严重时枝梢和叶片也表现异常。病果的部分组织木栓化，表面凹凸不平。症状表现为以下类型：

（1）干斑型　落花后半月左右，幼果发育时开始发生。病果先产生褐圆斑并在表面分泌黄色黏液，皮下果肉组织变褐色坏死，病部干缩下陷，使果实畸形，重病果常提前脱落，轻者可继续生长。

（2）木栓型　落花后到采收期均可发生，但以生长后期较多。病果果肉组织出现水渍状病变，褐色，海绵状。幼果小而畸形，易早落，后期发病者变形不明显仅果面微现凹凸不平，果实松软呈海绵状。

（3）锈斑型　感病品种多表现此症状，元帅的病果变为扁圆形或长筒形，沿果柄周围的果面上产生褐色细密的横条斑，常开裂，果肉松软。枝梢上的症状是：夏季表现枯梢，新梢顶端的韧皮部和形成层组织内产生坏死斑，逐渐扩展，造成新梢自顶部逐渐向下干枯。有时病枝在春季不萌芽或展叶后迅速枯死，枯枝下方长出许多细丛枝。

2. 病因及发病规律　硼是植物细胞分裂和组织分化所必不可少的微量元素，对果树生殖过程有促进作用，苹果树生长发育过程中要不断地吸收硼，当土壤中硼含量低于 10 毫克/千克时，即表现缺硼症状。在瘠薄山地果园、河滩砂地果园中，土壤中的硼和盐基易被淋溶流失。土壤中石灰质较多时硼易被钙所固定，钾素过多以及早春遇干旱时均可引起缺硼。

3. 防治方法

（1）种植绿肥，改良土壤，增施有机肥料，注意果园排灌和保墒。

（2）秋季或开花前结合施基肥，将硼砂或硼酸混入有机肥料中，开挖环状或放射状沟施入，每株结果树 150～200 克，若用硼酸，用量应减少 1/3。施硼后立即覆土，有效期可维持 2～3 年或以上。

（3）在花前、花期和花后各喷 1 次 0.2%～0.4% 硼砂水溶液。

第四节　果园杂草的综合防治技术

除病虫害外，果园也会遭受杂草的为害，对于没有进行生草栽培的果园，更要重视杂草的防控。

一、果园杂草种类及特点

1. 果园杂草的主要种类

（1）一年生杂草　这类杂草一般春季或夏季种子萌发，秋季开花结实后死亡；也有秋季出苗，翌年夏季开花结实的，称为越冬性一年生杂草。一年生杂草数量巨大，是防除的重点，如异型莎草、野燕麦、藜等。

（2）两年生杂草　需要两年时间才能完成其生活史，如荠菜、益母草、独行菜、夏至草、香蒿等。

（3）多年生杂草　即能生活三年及以上的杂草，大部分为宿根（茎）型杂草。主要特点是结实后仅地上部死亡，翌年春季地下器官或越冬芽重新萌发成新植株，如苦荬菜、苣荬菜、旋花、田蓟、狗牙草、问荆、两栖蓼、车前、羊蹄、蒲公英等。多年生杂草是防除的主要对象，也是较难根除的杂草。

果园杂草以禾本科占优势，尤其马唐属较为普遍；狗尾巴草、画眉草、白茅等较多见；菊科、藜科、旋花科和车前科的杂草也广泛分布；廖科的萹蓄、桑科的葎草、茄科的龙葵以及马齿苋、铁苋菜、鸭跖草、苋属和莎草科杂草均为常见草。此外，在较干旱地有较多的独行菜，并与播娘蒿、猪殃殃等混生，蒺藜也常与刺儿草、虎尾草和大画眉草混生；较湿润土壤上还有簇生卷儿、小飞蓬等生长。

2. 果园杂草特点　　杂草种子因产量高及休眠期长的特性，而具有很强的繁殖能力，且容易随着灌溉水、种苗、介质、农机具、动物携带等因素而快速散到其它地区。杂草具有结籽量大、种子生命力强、植株再生能力强及成熟期参差不齐等特性，如一株马齿苋可产生 20 万粒种子；大车前、马齿苋等在深层土壤中可存活 40 年，但大部分杂草种子在 $40\sim50℃$ 经过 $1\sim2$ 天即丧失发芽能力，因此，高温堆肥值得重视。加上果树株行距较大，杂草有较多的生存空间，果园杂草基数大；多数果园在丘陵山地；还受当地种植习惯的影响，导致果园杂草多样化和复杂性。再是土壤管理方式的差异，导致果园杂草防除困难。

果树产区的早春型草，如地丁、荠菜、地肤、夏至草、葎草等数量少、生长小，不会造成危害。晚春型和夏型杂草数量多、生长快，危害大，是防除的重点。北方果园，一般禾本科与阔叶草混生，春季到初夏以阔叶草占优势，逐渐禾本科草成为优势种群，到 7 月上旬以马唐为主的禾本科草占杂草总株数的 70%，但阔叶草种类较多。6~8 月是防除的关键，蓼属、苍耳、苋菜、马唐、飞蓬等 30 多种杂草已经进入开花结实阶段，此时杀灭杂草，可大量减少以种子繁殖的杂草基数，也可大量杀死多年生宿根杂草。一般前期用残效期长的土壤处理除草剂 1 次，施药前清除已经出土的杂草，后期用高效茎叶除草剂 1 次，可基本控制全年杂草。

新建果园主要有非耕地建园、农田改建园和老果园更新 3 大类。山林荒地、沙荒和低洼地栽植苹果树，由于新栽果园立地条件的差异，植被和杂草生长不同，应因地选择除草剂。沙荒地主要生长沙

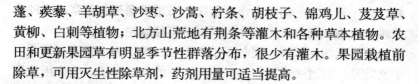

蓬、蒺藜、羊胡草、沙枣、沙蒿、柠条、胡枝子、锦鸡儿、芨芨草、黄柳、白刺等植物;北方山荒地有荆条等灌木和各种草本植物。农田和更新果园草有明显季节性群落分布,很少有灌木。果园栽植前除草,可用灭生性除草剂,药剂用量可适当提高。

二、杂草的农业防治

1. 严格杂草检疫制度,精选种子 对外地引进的种子必须严格经过杂草检疫,凡掺有属当地没有或尚未广为传播的杂草的种子,必须严格禁止输入,或有限制地在指定地点种植,并及时对杂草加以彻底消灭。通过对种子的检疫,可以查出种子中是否夹杂杂草子实,经过检疫处理,并进行播种前的种子筛选或水选等措施,剔除菜种中的杂草子实,可有效控制杂草的远距离传播危害。

2. 清除地边、路旁的杂草 这些杂草能以每年1～3米的速度向耕地内扩散,如不及时防除,杂草会很快增多。最好在路边地头种上草皮,多年生牧草及灌木等覆盖植物,既可减少杂草的来源,也有益于保持水土、改善生态环境。

3. 腐熟有机肥料 有机肥经过50～70℃高温堆沤处理2～3周,可以杀死杂草种子。坚持堆沤有机肥,杀灭杂草繁殖体后还田,是减轻草害的重要途径。

4. 清洁灌溉水 清洁和过滤灌溉水源,可阻止田外杂草种子的输入。

5. 合理耕作 土壤耕作是人类与杂草长期斗争中运用最多,目前仍是生产上广泛应用的基本方法。就是用各种耕翻、耙、中耕等措施,在不同时期进行耕作,消灭不同时期出苗的杂草。如播种前浅耕耙地,能消灭秋天或早春发芽的杂草,秋天深翻能将当年结的杂草种子深埋到底层,使表层土中草籽减少,同时把多年生的杂草如刺儿菜、香附子、三棱草、眼子菜的地下根茎翻到表层,经冬季冰冻及干燥也能消灭一部分。在单作蔬菜或菜一粮、菜—果、菜—棉间套作蔬菜区，采用耕翻灭茬盖草，或种植前耕耙诱杀，配合人工拔除，可将草害控制住。

深耕灭茬，深埋表层杂草子实，可以减少土壤耕层有效杂草子实数量。对过去或当年结籽掉入土中的杂草种子，应该用深翻法将杂草种子深埋，以减少其出苗，或用播前灌水、耙地等办法，将杂草诱发消灭。

6. 合理轮作 合理轮作，阻滞杂草发芽或促进其发芽，如水田杂草眼子菜、牛毛草，在旱田中就大受抑制。大量的研究表明，水旱轮作能有效抑制杂草的发生和简化杂草群落的结构，减少杂草的为害。冬麦田中的越冬性杂草看麦娘、芥菜主要在秋天发芽，次春开花结子，若轮种春作物，则播前耕作可将其消灭。

7. 合理密植 密植是一种有效的杂草防治措施之一。密植在一定程度上能降低杂草发生量，抑制杂草的生长。果树行间种植健壮的间作物，促进早封行，可提高植株的竞争性，抑制杂草的生长。施足基肥，早施氮肥，合理密植，早建群体优势，可以以苗抑草。行间密植间作后，封行早，可造成一定的郁闭度，地上截留阳光，地下截获水分和矿物质，缩小了杂草的环境容量，对杂草营养生长和繁殖均有显著影响。

8. 地面覆盖 利用作物秸秆、杂草、锯末、农家肥、碳渣、泥炭、沥青纸、塑料薄膜等材料覆盖土壤，达到除草的目的。地膜（深色膜）覆盖抑草效果也很明显，行间覆盖织物、薄膜同样可有效控制杂草的发生。地面覆盖对防除1年生杂草及狗牙草等效果明显，但不能防除田旋花等类杂草。

9. 人工和机械除草 人工除草能有效地清除不需要的杂草，既安全又保护环境，但是费工、劳动强度大、工效低等。机械除草比人工除草功效明显提高，对1年生杂草防除效果好，但除草不彻底，不能消灭多年生杂草，中耕还会促使土层中杂草种子的萌发，1年内需要重复多次，生产成本增高，且会破坏土壤结构。此外，杂草防除还可用火焰灭草、激光除草以及电磁波杀草

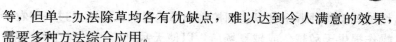

等，但单一办法除草均各有优缺点，难以达到令人满意的效果，需要多种方法综合应用。

三、杂草的生物防治

杂草生物防治是依据生态学中生物与生物之间的相互依存、相互制约的基本原理，利用寄主范围较为专一的植食性动物或病原微生物，将影响果树生产的杂草种群控制在经济上和生态上可以容许的水平。

杂草生物防治具有对环境安全、控制效果持久和防治成本低廉等特点，其目的就是重新引入或增加天敌的种类或数量，恢复和保持杂草原有的与其天敌之间的动态平衡，控制杂草过度生长、限制其扩散蔓延。因此杂草生物防治并不要求"斩草除根"，而是恢复其原有的自然生存状态，促进自然界的和谐统一。

1. 利用微生物和昆虫天敌　根据目标杂草及其生防作用物的产地和种类，利用微生物和昆虫天敌的杂草防治一般分为下面三种不同的方法。

（1）传统生物防治方法　指从杂草的原产地引进能持久建立种群的专一性天敌或病原微生物防治杂草。这种方法旨在防治外来杂草，优点是防治成本低，生防作用物释放后，靠自己繁殖、扩散和寻找目标杂草，可以达到长期控制杂草的目的，并且防治成本不依赖杂草发生面积及防治时间的长短。缺点是从释放天敌到发挥控制作用需要的时间较长，而且天敌一旦建立种群，人们将难以控制其扩散，由此可能会产生一些利益冲突，因为在一些地方，也许这种杂草不造成危害，甚至具有一定的经济、生态或观赏价值。因此，在进行传统杂草生物防治以前，必须谨慎地综合考虑、比较目标杂草现有的以及未来潜在的经济、生态或美学价值。

（2）助增式释放方法　指通过人为辅助大量饲养释放天敌，

增加其田间种群密度以达到控制杂草的目的，还可通过一些农事操作提供天敌越冬或越夏场所，以使天敌种群得以保存和恢复。这种方法通常是在本地已存在杂草天敌、而其自然种群密度难以达到控制水平时进行的。该方法的优点是可以控制释放天敌的时间和范围，不会引起利益冲突。缺点是某些情况下不易得到足够的天敌，不适于大面积应用。

（3）淹没式释放　是指在实验室条件下大量饲养天敌进行释放或工厂化生产微生物除草剂大面积喷洒，从而在田间大面积控制杂草。这种方法安全可靠，可以控制释放微生物的时间和范围，易于大面积推广应用，可适应于任何种类的杂草，但防治成本较高，随着防治面积和时间的增加，成本也随之增加。

2. 利用植物异株克生作用，以草抑草　异株克生作用是指某些植物体内特有的天然化学物质能够产生抑制或促进其他植物、昆虫和微生物等的生长及发育作用的现象。像烟草、咖啡和茶叶中含有的尼古丁，草药中含有的生物碱和皂角甙等化学物质。据研究，豆科植物毛苕子，当年秋播翌年春夏便可覆盖果园裸地，杂草几乎不长。开花后，一齐枯萎，在地表形成干草植被。石蒜（龙爪花）鳞茎中含有毒性的生物碱，在大田周围种植后，可以抑制其他杂草的生长。

在果树株行间种植草本地被植物，如草莓、大蒜、洋葱、番瓜、三叶草、鸭茅等，任其占领多余空间，抑制其他草本植物（杂草）的生长，待其生长一定量后，割草铺地，培肥地力；或种植豆科绿肥，或豇豆、蚕豆、光叶苕子、紫穗槐等，占领果园行间或园边零星隙地，能固土、压草、肥地，一举多得。在果园中套种其他经济作物如大葱、大蒜、南瓜和冬瓜等，可以抑制杂草的生长。

3. 利用动物防治杂草　成年果园杂草的生物防治，除了采用杂草的自然微生物和昆虫天敌外，因地制宜地放养家兔、家禽，或放养生猪等，也可有效地控制杂草的生长。据研究，稻田混养草鱼、鲤鱼、鲢鱼对稻田中的 15 科 22 种杂草都有抑制作

用,控制草害的效果可达 90% 以上。

四、果园杂草的化学防治

杂草的化学防治即利用化学除草剂防治杂草。

1. 除草剂种类与特性

(1) 苯氧羧酸类 主要有稳杀得、禾草克等,是选择性强的内吸传导型茎叶处理除草剂。

(2) 醚类 主要有除草醚、虎威、乙氧氟草醚等。除草醚为触杀型除草剂,但因有致畸致癌作用,已禁止生产和使用;虎威是高度选择性茎叶处理除草剂;乙氧氟草醚,为触杀型选择性除草剂,在光照下发挥杀草作用。

(3) 均三氮苯类 主要有西玛津、莠去津、扑草净等。西玛津是选择性内吸传导型土壤处理除草剂,此药残效期长,易被土壤吸附。只能杀死 1 年生浅根杂草,对多年生深根性杂草效果差;莠去津是选择性内吸传导型除草剂,此药残效期半年左右,土壤中易被淋洗。扑草净是选择性内吸传导型除草剂,易被土壤吸附。

(4) 取代脲类 主要有敌草隆、利谷隆等。敌草隆是传导型除草剂,有一定的触杀作用,残效期长,一般用作土壤处理;利谷隆为选择性芽前土壤处理除草剂,具有内吸、触杀作用,温度高、土壤湿度大时药效快。

(5) 酰胺类 主要有甲草胺、大惠利等。甲草胺为选择性芽前除草剂,主要杀死出苗前土壤中萌发的杂草。大惠利是高度选择性和内吸型芽前土壤除草剂,此药对萌动而未出土的草幼芽有效。

(6) 苯胺类 主要有氟乐灵、双苯酰草胺、地乐胺等。氟乐灵是芽前土壤除草剂,此药对已出土的杂草无效,持效期一般 3 个月以上。双苯酰草胺为选择性芽前土壤除草剂,此药只能杀死刚萌发的杂草,对已经成苗的草效果差;地乐胺也为选择性芽前土壤除草剂。

（7）卤代脂肪酸类　主要有茅草枯等。茅草枯是选择性内吸传导型茎叶除草剂，对幼龄苹果树不宜采用此药，不然会产生药害。

（8）杂环类　主要有百草枯、盖草能等。百草枯为触杀型灭生性除草剂。盖草能为选择性苗后除草剂。

（9）有机磷类　主要是草甘膦等，是内吸传导型广谱灭生性茎叶除草剂，对未出土的杂草无效，喷药后 7～10 天见效。草甘膦对金属有腐蚀性，要用塑料容器贮存。

（10）其他　除上述类型外，果园可用除草剂还有拿捕净、敌草腈、黄草灵、绿草定、恶草灵、达克尔、治莠灵、杀草强、黄草消等，其中拿捕净为内吸传导型选择性苗后除草剂，对 1 年生及多年生禾本科杂草有较好防效。

2. 除草剂的配制与施用

（1）除草剂药液的配制　配制药液前一般准备 2 个药桶，如用可湿性粉剂或乳剂，可先在桶中加少量水配制成母液，配制时边搅拌，边加药，切不可一次加药过多，否则不易搅拌均匀。然后在喷药箱（桶）中加入 1/3 或一半清水，将配制好的母液倒入，再加足清水，搅拌均匀即可。药液一般用清水配制，有时为提高药效，可加入 10% 的柴油，或加入适量粘着剂等。配制的药液不可久置，不要过夜，最好随配随用。药剂的稀释浓度可根据生产厂家推荐的使用量和对水量，或根据喷雾类型决定加水量，使用浓度根据杂草的密度和长势来确定。尽量选用江、湖、水库中的水，或甜井水、自来水等配药，而不能用含钙、镁盐多的水配药，也不能用污水和泥水配药。

（2）除草剂的施用　果园除草主要防除当地优势杂草种群及危害大的恶性杂草，选用除草剂要根据这些杂草的分布、密度及生长状况等来选择适宜的除草剂。成年大树对除草剂一般不敏感，除草剂选择范围比较宽，但幼树、幼苗、当年萌生的新生芽、嫩梢、新叶、花、新生根等器官对除草剂的种类和浓度比较敏感，选择和喷洒除草剂时要注意，比如，西玛津在 2 年生以下果树上要慎用。

除草剂可在果树栽植前或苗木移栽前,也在可果树生长期施用。一般在生长前期(5月中旬到6月份)晚春型和夏型杂草陆续出苗时施用;在干旱年份、杂草生长密度不大,可以推迟施用,但一定要赶在雨季来临前,把已经生长的杂草铲除干净。除草剂施用方法主要有喷雾、混土施药和涂抹施药等。

①喷雾法 喷雾施药一般选在杂草抗药性最差的时期,如禾本科杂草应在3叶期内,阔叶杂草在4~5叶期内;也可选在杂草大量发生及果树抗药性最强的时期进行。内吸传导性除草剂只要接触到杂草的局部器官就能起作用,每667米^{2}的用量一般为5~7千克;触杀性除草剂需要均匀周到地喷洒杂草的整个植株,喷液量应多些,一般每667米^{2}用量为10~20千克。杂草出苗前向土壤喷洒除草剂的量一般每667米^{2}为15~35千克,土壤湿度大、风小、整地质量好的情况下,可适当减少用量。

②混土施药法 是将除草剂施于土壤表面,随即用农具进行耙地混土。适合于混土施药的除草剂有氟乐灵、地乐胺、灭草猛、环草特、莠丹、燕麦畏等,还有茅毒、赛克津、莠去津、西玛津、甲草胺、豆科威、乙草胺、利谷隆等。除草剂混入土中,通过杂草根、胚芽鞘和下胚轴等部位的吸收而发挥作用,能提高药效,增加安全性,更适用于易挥发、易光解的除草剂。混土深度与混土时间根据除草剂种类的确定,如灭草猛、茵达灭、禾大壮等要求施药后15~20分钟内将药剂混入土中,深度为5~7厘米;氟乐灵等要求施药后1~2小时内完成混土工作,深度也为5~7厘米;燕麦畏等要求施药后混土时间不能超过3小时,深度3~4厘米。施药前要认真整地,达到土地平整细碎无土块,施药后要及时镇压,以利于提高除草效果。

③涂抹施药法 是将内吸传导性强的除草剂药液,涂抹在杂

草植株上，通过杂草茎叶吸收和传导，使药液进入植物体内，起到杀死杂草的作用。只要杂草局部器官接触到药剂，就能起到杀草的作用。此法省药、经济、安全。施药器械简单，可用吸水强的绳子或海绵、塑料、木棍等自制。

（3）除草剂的混合和交替施用　在自然环境下，杂草种类和群落也不断发生变化，而每种除草剂都有自己独特杀草范围、作用部位、传导方式、有效时间等。单靠一种除草剂很难防除所有杂草，而且在同一地块长期施用一种除草剂不仅诱导杂草产生抗性，降低药效，还会引起杂草群落的更替。因此，为更好地防除杂草需要两种或两种以上除草剂混用和交替施用。

除草剂混用后要有增效作用，混合后不能引起化学变化，不能发生沉淀、分层或拮抗等。混用前最好作简单的亲和性鉴定，即取 2 个合适的容器如小塑料桶等，分别装入 1/3 清水，把准备混合的 2 种除草剂按预混合的比例量分别倒入 2 个容器中，搅拌均匀，然后倒入一个容器中混合，搅拌均匀后放置半小时，观察到无沉淀现象的，说明 2 种药剂可混合。一般选择残效期长短不同、在土壤中扩散能力不同以及杀草谱不同的除草剂种类相混用。几种除草剂混合情况见表 10.4。

表 10.4　几种除草剂混合使用表

除草剂种类	2-甲-4氯	五氯酚钠	甲草胺	敌稗	杀草丹	敌草隆	利谷隆	除草剂1号	西玛津	莠去津	扑草津	茅草枯	氟乐灵
2-甲-4氯		+		+	+	+	+	+		+	+		
五氯酚钠	+			+	+	+	+	+	+	+			+
甲草胺								+					+
敌稗	+	+			+						+		
杀草丹	+	+				+		+	+	+			
敌草隆	+	+					+	+			+	+	

除草剂种类	2-甲-4氯	五氯酚钠	甲草胺	敌稗	杀草丹	敌草隆	利谷隆	除草剂1号	西玛津	莠去津	扑草津	茅草枯	氟乐灵
利谷隆	＋		＋			＋			＋		＋		＋
除草剂1号	＋	＋				＋				＋			
西玛津	＋		＋			＋	＋	＋			＋	＋	＋
莠去津	＋		＋			＋		＋			＋		
扑草津	＋	＋		＋	＋	＋	＋						
茅草枯						＋				＋	＋		
氟乐灵			＋				＋				＋	＋	

注:"＋"可以混用

　　除草剂还可以与杀虫剂、杀菌剂、化肥或激素等混合施用。一般中性除草剂（如莠去津等）可与多种农药及化肥混用；盐类和酸类除草剂（如五氯酚钠等）不能与含金属离子（锌、铜、汞）和碱性金属离子（钙、镁）的农药混用。除草剂与化肥混用可节省成本、提高功效、增加药效和肥效。混合时要先把除草剂乳化配制好，再加肥料。

　　除草剂交替使用可防止杂草群落演变。一般选择具有不同杀草谱的非同一类的除草剂，或者土壤处理剂与茎叶处理剂交替施用。

　　（4）果园除草剂混施配方及其作用特点　①48％氟乐灵100毫升＋40％莠去津胶悬剂200毫克，喷后混土，残效期3个月；②40％莠去津胶悬剂250毫升＋25％敌草隆250克，兑水75千克，经过2个月防效为87.5％～94.6％；③48％氟乐灵110毫升＋80％茅毒150克，可防除对氟乐灵耐药性强的苍耳、苘麻、鸭跖草等；④48％氟乐灵100毫升＋25％敌草隆200克，兑水

50 千克，对单双子叶杂草均有较高防效；⑤48％甲草胺 100 毫升＋50％扑草净 100 克，兑水 40 千克，有增效作用；⑥48％甲草胺 100 毫升＋80％茅毒 150 克，适于用阔叶和单子叶杂草混生的果园；⑦12.5％盖草能 50 毫升＋48％苯达松 130 毫升，每 667 米² 用加水 30～50 千克稀释后，在杂草 3～5 叶期施用，可同时防除禾本科、阔叶及莎草科杂草。

3. 使用除草剂应注意的问题　除草剂的除草效果一般随温度升高而提高，但在 25℃时最好，当温度高于 30℃，则易引起药害。雨水或灌溉会使除草剂垂直渗漏损失，降低除草效果，造成敏感果树根系的伤害，还会引起土壤或地下水污染。有机质含量高和黏粒多的土壤吸附能力强，会使除草剂在土壤的残效期延长；黏性土壤吸附性强，除草剂不易淋失，而沙土吸附性弱，易于淋失；降水多及时间长，除草剂淋失量增大；土壤中的真菌、细菌和放线菌能改变和破坏除草剂的分子结构，使其丧失活性。百草枯和除草醚等在阳光下杀草效果好，阴雨天效果差。茅草枯等除草剂遇水会迅速分解而失去活性，五氯酚钠、氟乐灵、均三氮苯类等，在光下易被分解而失活。施用除草剂时要注意上述因素的影响。

氨基甲酸酯类及氟乐灵等除草剂有挥发性，挥发的除草剂一方面易对周围敏感的植物产生伤害，另一方面还可在多孔的土壤中移动，从而杀死萌芽的杂草种子。对挥发性强的除草剂，在土壤喷药后立即耙地混土，使药剂与土壤混合，以增加土壤吸附量。

除草剂毒性比杀虫剂、杀菌剂等农药低，但在施用、贮运过程中不采取防护措施，也可能引起中毒，特别对除草剂有过敏性反应的人更应注意。五氯酚钠、草净津、百草枯、敌草快、哌草磷、野燕枯等有中等毒性，施用时要遵循农药安全使用原则，以确保人身安全（见第十三章"安全用药，重视劳保"）。

适期采收，规范处理

果实生长到成熟期，经过采收及采后商品化处理后即可作为商品上市。为提高果实的商品价值，延长上市时间，保证和提高果实质量，需要对果实进行科学的采收、保鲜、贮藏和运输。

第一节　苹果适期采收

适期采收是保障苹果产量、果实品质、贮藏性及经济效益的重要条件之一，也是苹果安全生产的重要环节。如果采收过早，果实发育不完全，果个小，产量低，果实色泽差，含糖量低，果肉硬，香味淡，风味差；如果采收过晚，果实发生呼吸跃变，硬度下降快，果肉发绵，抗病能力下降，易腐烂，不耐贮藏。只有适期采收，才能达到果实的食用品质最佳，贮藏寿命最长，从而获得较高的收益。

一、采收前的准备

果实采收前拟定好采收计划，做好各项准备工作。采收计划要在果实采收前 30 天制定好，计划内容包括苹果产量、成熟期、成熟度、采果工具、运输工具和劳力需要量等的准确预测，劳动力的合理调配等。采收计划应与收购运输部门衔接配合，外销果还应与外贸检验部门协调。采果前还要组织采果、运果人员学习，熟练掌握采收技术。同时，采果工具、包装材料、库房、处理药剂等要在采收前做好充分准备。此外，果实采收前还要选好堆果场地及临时周转库。

采收工具主要包括采果篮、周转箱、梯凳等；采果篮一般用竹篾或荆条编制，篮内应衬垫厚塑料薄膜或其他防止刺伤或擦伤果实的材料；采果篮柄上有挂钩，便于在树上或果梯上移动悬挂；采果篮大小以装果 10～15 千克左右为宜。周转箱以塑料周转箱最佳，这样的周转箱轻便、牢固、耐用、内壁光滑，每箱可装果 40～50 千克，运输量大，又不易伤及果实。如用竹篾或荆条编的箩筐时，筐内须衬垫厚塑料薄膜等防擦伤果实的材料；如用木箱，其内壁一定要光滑干净，以免刺、碰伤果实。采果梯宜选用双面梯，并可根据树体高大程度调节高度；对结果部位较低的可使用高凳。

包装材料主要有纸箱、钙塑箱、网套、托盘和保鲜袋等。

二、采收时期的确定

1. 根据成熟度确定采收期　苹果的成熟度一般分为可采成熟度、食用成熟度和生理成熟度。可采成熟度是指果实达到初熟阶段，果实大小趋于固定，初步转色、上色，但果肉还硬，风味差，此时采收，适于远距离运输和贮藏。食用成熟度是指果实已经达到固有色泽标准，适于鲜食和加工，但不耐长途运输和贮藏。生理成熟度是指果实已经完熟，果肉变软，种子变色老熟，适于采种。

适宜采收期主要根据果实成熟度确定，苹果成熟度的确定主要根据有以下几个方面：

（1）**果实外观性状**　根据苹果的外观（如，果实大小、形状、色泽等）特征是否都达到该品种固有的性状确定采收期。一般认为成熟的果实果个充分长成，果皮底色由绿色逐渐转变为黄绿色，面色呈现本品种特有色泽，果粉形成等。另外，成熟的果实果柄与果台相连处产生离层,把果实轻轻一抬一转,果柄与果台就自然分离,这是短期贮藏与立即上市销售的果实的采收适宜期。

(2)果实生理指标　果实在发育过程中果肉硬度逐渐降低,未成熟的果实坚硬,而成熟的果实比较松软。元帅系苹果的果肉硬度在 6.8~7.6 千克/厘米²、富士系苹果在 7.2~8.2 千克/厘米²时为适宜采收期;其他品种,如嘎啦果肉硬度在 6.5~7.0 千克/厘米²、澳洲青萍在 7.0~8.0 千克/厘米²、国光在 7.0~7.5 千克/厘米²、乔纳金在 6.5~7.0 千克/厘米²、王林在 6.5~7.0 千克/厘米²时适宜采收。果实硬度用硬度计测定,方便易行(图 11.1)。供贮藏的鲜果,果品硬度要比鲜食硬度稍大。

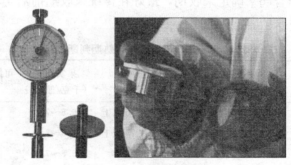

图 11.1　果实硬度计及硬度测定

果实可溶性固形物含量一般为 12%~15%,通常嘎拉≥12、金冠≥13.5、津轻≥13.5、乔纳金≥13.5、新红星≥11.0、华冠≥12.5、元帅≥11.0 红玉≥12.0、澳洲青苹≥12.5、粉红女士≥13、国光≥13.5、普通富士≥13、寒富≥14.0、红将军≥14.0、王林≥13.5 时可以采收。随着品种成熟期的推迟,可溶性固形物含量逐渐增高。成熟果实的淀粉已转化为糖,淀粉含量下降,可将碘液涂于果实横截面上估测淀粉含量,若 70%~90%没有染上色,说明已成熟好。与成熟相关的理化指标还包括风味、香气与果实呼吸强度和乙烯含量，也可依据这些指标确定采收期。

（3）果实发育时期　从盛花期到果实成熟期，每个品种都有一个相对稳定的天数，一般早熟品种 90～120 天，中熟品种130～160 天，晚熟品种为 170～190 天，比如，藤牧 1 号 90～95天、美国 8 号 95～110 天、珊夏 90～110 天、嘎拉 110～120 天、津轻 120～130 天、金冠 140～160 天、乔纳金 140～160 天、王林 150～170 天、新红星 135～155 天、王林 150～170 天、国光160～175 天、富士 170～185 天、澳洲青苹 165～180 天、粉红女士 180～195 天。在不同地区和不同年份，因气候条件和栽培技术的不同，果实成熟期会有所差异，各地应将多种因素（表11.1）结合起来确定采收期，最好在传统采收期前后 10 天内分期采收。

表 11.1　主要苹果品种成熟期判断指标

品　　种	生长天数（天）	果实色泽（%）	果实硬度（千克/厘米²）	可溶性固形物（%）
嘎拉系	110～120	红或条红 75 以上	6.5～7.0	≥12.0
津轻系	120～130	红或条红 75 以上	6.5～7.0	≥13.0
元帅系	140～160	浓红 75 以上	6.8～7.6	≥11.5
富士系	170～185	红或条红 75 以上	7.0～8.2	≥13.0

2. 根据市场需求及销售价格确定采收期　有时在果实成熟前，大量客商为抢占市场提前到产地收购果品。在这种情况下，根据上年市场分析和当年行情预测，觉的合算，就应抢时采收销售。有时客商要求果实完全成熟时收购，这就须根据签订的合同要求，适当晚采。

3. 根据果实用途确定采收期　若直接用于鲜食，仅提供当地市场，不作长途运输和长期贮藏，或用作果汁、果酱、果酒的加工原料，宜在食用成熟期采收，此期果实已经完全成熟，品种应

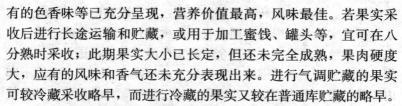

有的色香味等已充分呈现,营养价值最高,风味最佳。若果实采收后进行长途运输和贮藏,或用于加工蜜饯、罐头等,宜可在八分熟时采收;此期果实大小已长定,但还未完全成熟,果肉硬度大,应有的风味和香气还未充分表现出来。进行气调贮藏的果实可较冷藏采收略早,而进行冷藏的果实又较在普通库贮藏的略早。

4. 根据天气状况确定采收期 若气象部门预报近期有大风、暴雨、冰雹等灾害性天气,应提前采收,以减轻经济损失。

三、苹果采收方法

苹果采收时要遵循"完好无损"的原则。采收人员要剪短指甲或戴手套,以防刺伤果实。采果时用手掌轻托果实,食指抵住果柄基部,轻轻用力向食指按压的方向斜歪一下,即可使果柄与果枝自然分离,切忌硬拉硬拽。采果时要多用梯子少上树,避免踩伤树体和枝芽;采果顺序为先下层后上层,先外围后内膛。采果应轻拿轻放,避免人为损伤,果实须保持果柄完整。采果要用内衬垫软质材料的小篮,以防擦伤或刺伤果实;尽量使用商品采果袋。

随采果随选果,及时将病虫、畸形、过小、残损或受伤的果实拣出。采后将果实直接放入采果筐或周转箱等容器内,不要直接放在地面,避免与土壤直接接触,造成果皮的再次污染。果实放入果篮或从果篮转入周转箱时必须轻拿轻放,不得抛掷和倾倒。为避免压伤果实或运输过程中滚落碰伤,采果篮和周转箱留有足够的空间,不要装得太满,以装至八九成满为宜。采收后的果实应立即运往阴凉处预冷,切忌日晒、雨淋,应在散除果实的"田间热"后再进行分级包装。

四、采收应注意的问题

1. 分期分批采收 在适宜采收期内,同株树上的果实,因着生部位、果枝类型和粗细等的不同，果实成熟度不尽一致。为了保证果实质量，提倡分期采收，至少做到分两次来收，第一次先采收着色好的果实，待剩余的果实全面着色后再进行第二次采收。应先采冠上和外围着色好的果实，相隔 8～10 天再采冠下和内膛果，最后采收病虫及残次果。通过分期、分批采收，不但使采下的果实都处于相近的成熟度，还能提高产量和品质以及商品的均一性。

有些早熟品种果实成熟不一致，采前有不同程度地落果，如早捷、特早红苹果果实成熟期长达 20 多天，夏绿、发现、伏帅、派拉红等苹果品种果实成熟期也有 10 多天，而且采前有落果，适当提前采收、分期分批采收，可克服早熟品种的这些缺点。晚熟苹果品种，在 9 月中旬至 10 月初，果实内部糖分仍处于积累过程中，果实平均日增重 1 克左右，果皮中花青苷含量的增加速度开始加快，延后采可增产 5%～10%，而且着色好。

此外，应当边采收边分级，最大限度地提高果实商品价值和经济效益。

2. 选择适宜采收时间 苹果采收季节中午气温仍可高达 20℃以上，中午采收的果实温度高，携带的热量大。在没有机械制冷的预冷设施的情况下，果实入库后，果实温度要从田间温度下降到贮藏环境温度需要时间长，果实呼吸消耗多。我国苹果产区户均果园面积小，劳动力充裕，普遍没有预冷设施，因此，采摘应尽量安排在早晨和下午 4 点以后。

应选择好天气采果，不宜在下雨、起雾等天气以及露水未干和刮大风时采果；采前不要进行果园灌水，采果应在雨后 2～3 天土壤干时进行。因为树体上水分未干或土壤过湿时，采收的果实容易感染病菌；刮大风时采收易使果实受机械损伤。

3. 果实采收后及时入库 采收的果实应堆放在果园路边阴凉遮阴处，避免阳光晾晒引起果温升高，水分蒸发增加；在田间停留一般不要超过 12 小时。用于贮存或外运的苹果，采后要及

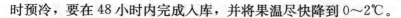

时预冷,要在 48 小时内完成入库,并将果温尽快降到 0~2℃。

第二节　果实商品化处理

苹果采收后进行商品化处理是为了提高苹果的商品性。因为经过处理后,果实果面光洁、均一、商品性状明显提高,可满足市场对高档苹果的要求,能够增强果品的市场竞争力,给生产经营者带来更高的经济效益。苹果商品化处理包括采后增色、果实精选、清洗、打蜡、分级和包装等内容。

一、采后增色

着色不良的苹果品种,通过人工增色处理,可使果面色泽更加艳丽美观;在特殊情况下,对早熟苹果品种增色处理后,可使采收期提前 20~30 天,显著提高经济效益。

1. 人工着色前的准备　在苹果自然成熟前 1 个月左右,就开始进行人工着色的准备,准备工作包括:①选择一块地势高燥、排水良好、向阳无遮挡、离水源较近或有自来水的地方,整理备用;②根据苹果采收量准备苇箔(1.5 米×1.7 米)、木杆(或其他支撑物)、细绳等;③在选好的场地搭着色架,架高 60 厘米左右,宽 1.4~1.5 米,长度不限,用绳将木杆接处绑牢;④准备喷水用具,一般喷水龙头或喷水管均可。喷水头多用喷灌龙头代替,喷水管多用直径 1.7 厘米左右的塑料管或胶管(其上钻有密集的小孔),长度与着色台等长。另外,准备一台喷水马达;⑤准备与蚊帐网眼大小的黑色和白色的覆盖网,网的宽度与苇箔相等,长度与着色台等长,白网用量为黑网的 1/2。

2. 着色方法　先将苇箔平铺于着色架上,然后将苹果果柄朝上,逐个排放于着色台上,范围以不超出网的覆盖面为度。摆好后,将白网盖在苹果上,在白网上面再盖两层黑网。人工着色一般选用早熟的、着色系的套袋品种。为了避免除袋后的苹果在着色时日灼和失水，并且创造苹果着色时的适温，要在连续喷水条件下进行人工着色。3 层网覆盖好后，将喷水龙头放在场地四周，或以水管悬吊于着色台之上，进行喷水。24 小时以后，先揭最上层黑网，48 小时后，揭去第二层黑网，72 小时之后揭去白网。然后再继续喷水两天，即可停水，装筐上市。全部着色过程为 5 天。经过人工着色的苹果，从胴部到果肩部，色泽鲜艳，但萼洼部位因未受光，一般不着色。

进行人工着色也可选择房后、墙后背阴通风又高燥平坦之处或树下，在地面铺 10 厘米左右厚细砂，将果子果柄朝下，单层整齐排列（留有空隙）于砂上，为果实造成 10% 左右的光照、10～20℃的温度、90% 以上空气湿度的条件。每天傍晚喷凉水，降低温度，增大温差，防止果实失水。4～5 天后翻动果实，使果柄朝上，再经 4～5 天，即可使果实全面着色。

二、合理分级

苹果生长受诸多因素影响，其色泽、大小、形状、成熟度等商品属性差异较大，所以采后要对果实按一定标准分级。分级就是将收获的果品，按照相关标准分成若干整齐的类别，使同一类别的果品规格和品质一致，符合销售标准化的要求。我国苹果鲜果一般按果形、大小、色泽、鲜度、果面缺陷等几方面进行分级；出口鲜苹果主要按果形、色泽、果实横径、成熟度、缺陷和损伤等方面分为 AAA、AA、A 三个等级。

1. 人工分级 我国大部分苹果产区还沿用传统的人工分级方法。GB 10651 鲜苹果标准将苹果质量等级分为优等品、一等品和二等品三级，这三种等级根据果形、色泽、果梗、果径、果锈和果面缺陷等确定（详见第二章）。

果实大小分级一般使用分级板。分级板上有直径分别为 85、

80、75、70、65毫米等规格的圆孔。分级时,将果实按横径大小(能否通过某个等级圆孔),分成几个等级。而果形、色泽、果面光洁度等指标完全凭分级人员目测和经验判断确定。因此,要求每个选果分级人员必须熟练掌握分级标准,精力集中,高度负责,严格分级,规范操作,使同级果具有较高的均一性。但是手工分级,容易掺入主观因素,准确度低,果实损伤多,劳动成本高,经济效益低,已难以适应当前国内外市场的需要。

2. 机械分级 即用果品分级机进行分级。其机型有果品尺寸分级机、重量分级机(机械式及电子式)、光电分级机(按果品尺寸、外观和色泽分级)。一些自动化程度高的机器,可以将洗果、吹干、打蜡、分级、称重和包装一次完成,分级准确,效率高。有的分级机器还可以鉴别出产品的颜色、成熟度、剔除伤果和病虫果。从目前国内市场对果品分级要求和现有果品加工车间的设计水平来看,机械重量分级机较为适用,它分级准确、快速、成本低。随着苹果市场竞争的日趋激烈,国内高档果品市场对果品的均一性和色泽要求越来越严,机械分级机正逐渐得到普及和推广。

三、洗果与打蜡

1. 洗果 洗果就是为了清除果面污物、污染、病菌,使果面美观和卫生而采用的浸泡、冲洗、喷淋等措施。通常用清水洗果,而为提高果实硬度及降低果实病害发生率,可用3%～6%氯化钙或5%碳酸钙或0.1克/千克的乙酰水杨酸溶液浸果后再用清水洗果。

机械化的洗果在涂蜡分级机中进行。洗果操作开始后,先将循环水箱中注满水,然后倒入苹果,水流将苹果推向果实提升机,接着将果品提升出水面,并输送到清洗抛光机。清洗抛光机通过清洗毛刷及其上部喷嘴形成的雾化水流洗去果面上的附着物

（泥土、污物、药物等残留物），然后通过毛刷辊擦干果品的同时对果品进行预抛光。

对于清水洗不掉的污物、农药等，可以先用 0.1% 盐酸洗过再用 0.1% 磷酸钠中和，最后再用清水漂洗。洗果过程必须保证洗果用水洁净和洗果器械的定期消毒。应用套袋方法生产的苹果，由于果面洁净，可以省去洗果这一步骤。

2. 打蜡 打蜡就是在果面涂上一层被膜剂（如果蜡）用以果实保鲜和提高果面的光洁度。被膜剂是一种可食性液体保鲜剂，经热风吹干，在果实表面形成一层极薄的蜡膜或胶膜，用以保护果面，抑制呼吸作用，减少营养消耗和水分蒸发，延迟和防止皱皮、萎蔫，抵御病菌侵染，防止腐败变质，从而改善果实商品性状。

打蜡的方法大体分为浸涂法、刷涂法和喷涂法三种。浸涂法最简便，即将涂料配制成适当浓度的溶液，将果实整体浸入，蘸上一层薄薄的涂料液，取出放到一个垫有泡沫塑料的倾斜处徐徐滚下，装入箱内晾干即成。刷涂法即用细软毛刷蘸上配好的涂料液，然后使果实在刷子间辗转擦刷，使表皮上涂上一层薄薄的涂料液；刷涂法的标准流程是：果实搬入—收货—输送机—洗净—干燥—涂蜡—刷果—干燥—选果—装箱。喷涂法的整个工序是在一台机械内完成，一般是由洗果、干燥、喷蜡、低温干燥、分级和包装等部分联合组成，果实由洗果机送出干燥后，喷布一层均匀而极薄的涂料，干燥后及时包装。

打蜡可采用人工也可采用机械进行。在果实数量不大时，可用人工涂蜡，即将果实浸蘸到配好的涂料中，取出后即可；或用软刷、棉布等蘸取涂料，均匀抹于果面上，涂后，揩去多余蜡液。处理苹果数量大时，最好采用机械涂蜡，以提高涂蜡质量和工作效率。在涂蜡机上，机器顶部的蜡液注施机将一定流量的雾化蜡液喷射果面，涂蜡毛刷辊则将蜡液在果面均匀涂布。

打蜡所用蜡液（被膜剂）应为天然动植物蜡（如棕榈蜡、蜂蜡)或天然动植物胶(如虫胶、明胶、蜂胶)以及它们的合成物(如吗啉脂肪酸盐)或组合物,必须符合国家食品添加剂安全标准。目前我国允许使用的被膜剂有:紫胶(虫胶)、吗啉脂肪酸盐(果蜡)、巴西棕榈蜡、硬脂酸(十八烷酸)、松香甘油脂、松香己戊四醇酯、硬脂酸镁(脱乙酰甲壳素)、石蜡、白色油(液体石蜡)、辛基苯氧聚(乙烯氧基)、二甲基聚硅氧烷、聚乙烯醇、普鲁兰多糖等。此外,注意涂料厚薄要均匀,以防止果实呼吸异常,引起风味劣化,加速果实腐烂。

四、鲜果包装

苹果含水量高,易受机械损伤和微生物侵染,采后容易腐烂。为了减少果实在销售前的损伤及便于贮藏和运输,同时使产品具有较准确的重量、数量和容积以及进一步提高苹果的商品性,需要对产品进行包装。所谓"包装"是指将产品以一定的排列方式,装在特定的包装容器中。一般而言,经过包装,产品外形更加美观,可以吸引消费者的注意力,提高市场竞争力和商品价值。

1. 包装时应考虑的问题

(1) 避免机械性伤害　产品在运销过程可能遭受到切割、挤压、冲击、碰撞、震动、摩擦等机械性伤害,为避免包装内产品受到机械性伤害,可在容器的底部垫一层衬垫,以减少由倾倒造成的冲撞,同时容器中产品的数量应恰好装满,不要过多,大小适中,可以避免挤压伤害。还要使用衬盘、衬垫,以尽量使每个产品在容器内不会移动,也不互相碰撞,以防止震动和摩擦造成伤害。

(2) 包装容器的机械性强度　包装容器本身必需有适当的机械性强度,以承受堆码时所产生的压力,防止发生挤压受伤;需在冷藏库中长期贮藏的容器,应具有耐高湿的特性,以免因吸水而失去原有的机械强度。

（3）产品冷却降温　包装容器的大小、果实装填的数量，应考虑果实的呼吸及放热，以避免影响冷却效果。包装容器应有适当的开孔，通过空气流通使产品得以充分地冷却；一般开孔面积占容器表面积的 5% 左右。

（4）产品失水　干燥的木箱或纸箱可能会吸去一部份水分。

（5）容器大小　要配合市场的需要，在处理、搬运、堆高等操作上要方便，要配合产品本身的特性、分级规格和运输工具的空间；苹果最大装箱深度一般为 60 厘米。

（6）成本　包装材料的成本应能由售价反映，但不应占太大的比例。包装不应矫枉过正，以能达到所预期的目的为原则，过度的强调外观上的华丽是一种浪费。

（7）环境污染　包装材料不能对环境造成污染，应注重使用可以分解的、可以被回收再利用的材料来做包装。要求包装环境条件良好，卫生安全；包装设备性能安全良好，不会对产品质量有影响；包装过程不对人员身体健康有害，不对环境造成污染。

（8）包装应在冷凉的环境下进行，避免风吹、日晒、雨淋。

2. 包装容器与包装材料　常规的包装容器是由木板、瓦楞纸板、塑料板、纤维板或几种材料综合制成的包装箱。包装容器必须保证能够承受一定的重压，不易变形，并有良好的通风效果，无不良的气味，内部平整光滑，容易码垛和进行人工或机械搬运。另外，包装箱必须能适应潮湿的环境，因为吸潮现象会使某些材料的抗压能力减弱。包装箱规格必须统一，大小以 10～15 千克为宜。部分欧洲国家标准化的包装箱底部尺寸为 60 厘米×40 厘米、50 厘米×30 厘米、40 厘米×30 厘米；包装箱装货后的总重量一般为 20 千克。

纸制包装箱两端应各有一个手抓孔，便于人工搬运和迎风散热；如无手抓孔，应有 4 个以上足够大小的通风散热孔。采用硬质透明塑料制成的包装箱，里面的苹果清楚可见；有的包装容器留有透明孔，便于购买者观察。

苹果在贮藏、运输前，一般先进行小包装，再装入包装箱中。小包装或称内包装，通常是满足产品的某一特殊要求而进行的包装，如防止水分的过度蒸发或霉菌的传播等。内包装材料主要采用为塑料薄膜，如聚乙烯、无毒聚氯乙烯、聚丙烯、聚苯乙烯等。这些材料对产品要有良好的可见度；对水蒸气、CO_2 气体有一定限度的渗透性，使袋内产品不至水分损失过多，也不至因水蒸气过多而损坏产品，或是高浓度的 CO_2 而伤害产品；有一定的抗拉强度；还要无毒、无副作用。由于小包装所能承受的重量及抵抗外界破坏强度的限度，带来管理不便，因此需用包装箱来存放小包装的产品，以便搬运和贮藏。有时不必经过小包装就可以直接存放在包装箱中贮运。

为了增强保护功能，减少磨擦损伤，可给每个果实套上泡沫网套，或者在容器内加用衬垫物、填充物、包裹物之类的包装材料。常用衬垫物可避免果实直接与容器接触摩擦造成伤害，同时还有防寒、保湿和保持清洁的作用，主要有蒲包、茅草、纸张和塑料薄膜等。填充物可避免果品容器内的振动摩擦和出现下沉现象的，常用的有稻壳、锯屑、刨花、干草、纸条等。包纸可以抑制果品内水分的蒸腾损失，减少失重和萎蔫程度，还可通过隔离作用，减少霉烂和水果感染，延长贮藏运输期，以及减少果品在器内的振动和相互挤压碰撞；干燥的纸张具有一定的绝缘作用，能使果品保持较为稳定的温度。包果纸要求质地柔软、干净、光滑、无异味和有韧性，常用的有皮纸、毛边纸、油光纸等。用经过矿物油或二苯胺等药剂浸渍处理的纸包果，有预防病害的作用，但需要注意包装用纸及浸渍药剂必须符合国家安全卫生要求。废旧书报易带来油墨污染，不能用于苹果的内包装；包装用纸中严禁使用荧光增白剂，外包装印刷油墨不要与内包装接触，以免造成二次污染。

3. 包装形式与包装方法 包装形式可分为田间包装、运输包装、贮藏包装、销售包装和内包装。田间包装一方面是把采下的果实送往贮藏库，只需将采收的鲜果装入条筐、木箱和钙塑周转箱即可；另一方面将采下的鲜果运往市场，只需生产者用一些内包装柔软的容器包装即可。运输包装用于将果品完好无损地运往市场或周转库，要求材料或容器经得起在长途运输环境中的重量负荷、机械振动与冲击；现代运输包装以各种集装箱为主，但目前国内苹果大都是贮藏包装即为运输包装。贮藏包装要求包装容器抗压、便于运输和堆码，并抗湿耐潮，在贮藏环境中不变形，还要求能够提高库房的有效容积，利于果品迅速降温；在我国多使用容量为 25～30 千克的条筐、木箱，或 10～20 千克的纸箱进行贮藏包装。销售包装指果品上市时的包装，一般由维护结构和装潢两部分组成，维护结构起保护和便于携带的作用，装潢则是通过包装造型和商标设计，吸引顾客；销售包装要大小合适，美观大方。内包装主要是为了避免或减轻果品散放，在外包装内相互碰压磨伤，常采用单果包纸、托盘或分层隔板、分果定位装果法；内包装的种类有质地松软的专用包装纸、泡沫塑料网袋、纸浆托盘和格子板等。

理想的包装应该是容器装满但不隆起，承受堆垛负荷的是包装容器而不是产品本身。苹果包装可采用定位放置法或制模放置法，即将果实按横径大小分几个等级，逐个放在固定的位置上，使每个包装能有最紧的排列和最大的净重量，包装的容量是按果实个数计量。或者使用一种带有凹坑的特殊压垫，凹坑大小根据果实的大小设计，这样使一个果实占据一个凹坑，一层放满后，在上层再放一个带凹坑的抗压垫，使果实逐个分层隔开，这种做法完全类似目前鸡蛋的包装，可有效减少果实损伤，但包装速度慢，费用高。目前采用比较多的方法是散装法，将果品轻轻放入容器中，然后轻轻地摇动，使产品相互靠拢，使容器中尽可能有最小的孔隙度。容器装满后上盖衬垫物，加盖封严，用胶带封牢或用封箱器捆牢。在每个包装容器外面上，填明产地、品种、果

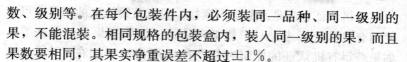

数、级别等。在每个包装件内,必须装同一品种、同一级别的果,不能混装。相同规格的包装盒内,装入同一级别的果,而且果数要相同,其果实净重误差不超过±1%。

　　按实施场所包装作业可分为田间包装和包装场包装。田间包装是在田间采收后,略加整修就直接在田间进行的包装作业。田间包装可以减少运输及搬运时的重量及体积,减少处理步骤,对产品的伤害最少,品质较佳,无需设立包装场,所需资本低;其缺点主要是产品的品质较不易控制,作业受气候的影响大,需要熟练的工人,产品在包装之后不易冷却。包装场:包装场是指专门进行采后处理包装的场所,包装场的规模可以很大,也可能很小,视所需处理的产品数量而定;此外,包装场的设计与流程也必需依处理的产品而设计。自动化的包装场是以输送带将各个作业点串连成为一个完整的系统,产品由包装线的一端进入,经过各项处理步骤,由包装线另一端出来时已经完成包装,可送入冷藏库中贮藏或直接送上货车运往目的地。

　　4. 绿色无公害苹果的包装要求　　绿色无公害苹果也属于食品,食品包装的基本要求主要包括:①较长的食品保质期或货架寿命;②不带来二次污染;③减少原有营养及风味损失;④低包装成本;⑤贮藏、运输方便、安全;⑥增加美感,引起消费欲望。

　　无公害食品的包装要求在包装材料的选择上要根据可持续发展的思想,包装材料应具备安全性、可降解性和可重复利用性;包装环境条件须良好,卫生安全;包装设备性能安全良好,不会对产品质量有影响;包装过程不对人员身体健康有害,不对环境造成污染。

　　5. 有机苹果包装和标识要求　　有机苹果也属于有机食品,有机食品包装提倡使用由木、竹、植物茎叶和纸制成的包装材料,允许使用符合卫生要求的其他包装材料。包装应简单、实用,避免过度包装,并应考虑包装材料的回收利用。

有机认证标志是注册证明商标，只有获得认证的产品才可以使用有机认证标志。对于加工产品（比如苹果果汁、果酱等），如果获得有机认证的原料在终产品中所占的比例在 95％以上，并且是由专门有机认证机构认可的设施加工和包装的，可以使用有机认证标志；如果获得有机认证的原料在终产品中所占的比例不足 95％，但超过 70％，可以用文字描述认证的原料及所占的比例，但不能使用有机认证标志。由多种原料加工成的产品，必须在产品的外包装上按照由多到少的顺序逐一列出各种原料的名称及所占的重量百分比，并注明哪些是通过有机认证的。获得有机转换认证的苹果可以使用有机转换标志，但必须在包装上明确注明为有机转换产品。

在有机苹果的外包装上必须标明生产或加工单位的名称、地址、认证证书号、生产日期及批号。完全由符合要求的野生材料制成的产品应清楚地标明"野生"或"天然"字样。动物配合饲料的标签上应清楚地标明适用的畜禽种类和用途，及是否已证明营养充足。产品标识不能错误诱导消费者。在产品的外包装上印刷标志或说明的油墨必须无毒、无刺激性气味。有机食品标志在使用时仅可等比例放大或缩小，不可变形或变色。

第三节　果实预冷、保鲜和贮运

为了能够周年满足广大消费者对优质苹果的需求，做到均衡上市，苹果生产经营者需要通过采用安全和适宜的贮藏保鲜技术，延长苹果果实的供应期和货架期，减少损耗，最大限度地保持苹果的新鲜度和营养价值。

一、果实预冷

苹果采收季节正值高温，尤其是中早熟品种，采收时日均温

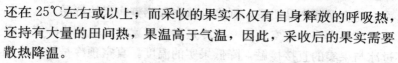

还在 25℃ 左右或以上；而采收的果实不仅有自身释放的呼吸热，还持有大量的田间热，果温高于气温，因此，采收后的果实需要散热降温。

预冷是指将采后的产品尽快冷却到适宜贮运的低温的措施。预冷降温速度愈快效果愈好，一般要求采后 24 小时之内达到降温要求。预冷可以降低产品的生理活性，减少营养损失和水分损失，保持其硬度，并延长产品贮藏寿命、改善贮后品质、减少贮藏病害和提高经济效益。

预冷的方法有多种，一般分为自然预冷和人工预冷。人工预冷中有接触冰预冷、风冷、水冷和真空预冷等方式。

（1）自然预冷　自然预冷就是将产品放在阴凉、通风的地方使其自然冷却。可选背阴干燥通风处露天置放，白天盖草帘，夜晚揭开，1～2 天内完成预冷，也可用地沟、窑洞、棚窖和通风库预冷。在此过程中，注意防止雨淋。这种方法简单，成本低，但降温慢，效果差。

（2）风冷或强制通风冷却　是通过强制空气高速循环，使空气迅速流经产品周围使之冷却。强制通风冷却多采用隧道式预冷即将果品包装箱放在冷却隧道的传送带上，高速冷风在隧道内循环而使产品冷却。风冷可以在低温贮藏库风中进行，预冷后可以不搬运，原库贮藏。但该方式冷却较慢，短时间内不易达到冷却均匀。

（3）水冷　水冷是将产品接触流动的冷水使之冷却。水冷却装置有喷淋式、浸渍式等几种，以喷淋式比较多用。水冷却法较空气冷却速度快、产品失水少。最大缺点是会传染某些病菌，易引起果品的腐烂，特别是受到各种伤害的产品，发病更为严重。为了解决这个问题，应对预冷的产品进行充分沥水，使所装容器中无水滴滴出。最好经过吹风处理，使产品表面干燥；其次，注意保持冷却水的清洁，定期换水，或在冷却水中加入杀菌剂，但加入杀菌剂必须按照《食品卫生法》及有关规定执行。另外，预冷之前应保证产品质量，剔除机械伤和感染病害的产品。

（4）冰冷和真空预冷　　冰冷是以天然冰或人造冰为冷媒，通过冰与果实的直接接触，降低果实的温度。真空预冷是将产品放在真空预冷机的气密真空罐内降压，使产品表层水分在低压下汽化，由于水在汽化蒸发中吸热而使产品冷却。

二、贮藏保鲜的安全要求

1. 绿色与无公害苹果贮藏保鲜要求　　果品贮藏保鲜是市场经济的客观需要，也是流通的重要环节。绿色和无公害苹果不许使用有毒有害化学药品保鲜，不能引入污染，贮藏环境必须洁净卫生，选择的贮藏方法不能使苹果的品质发生变化；绿色无公害苹果不能与非无公害苹果混堆贮存，要充分保证贮运过程中果品的安全、无污染和无损害。贮藏时应将苹果放在专用的气调库、恒温库内，库内要通风，保持清洁卫生、无异味；箱装苹果不要直接着地和靠墙，并注意防鼠、防潮；码堆不得堆放过高，垛间要留有通道。

2. 有机苹果贮藏保鲜要求　　获得有机认证的苹果在贮存过程中不得受到其他物质的污染，要确保有机认证产品的完整性。贮藏有机苹果的仓库必须干净、无虫害，无有害物质残留，在最近一周内库房未用任何禁用物质处理过。有机产品应单独存放。在不得不与常规产品共同存放时，必须在仓库内划出特定区域，采取必要的包装、标签等措施确保有机产品不与非认证产品混淆。产品出入库和库存量必须有完整的档案记录，并保留相应的单据。

三、常用贮藏保鲜技术

1. 地沟贮藏　　苹果地沟贮藏是一种应用较广泛的产地贮藏

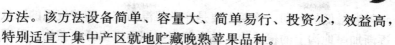

方法。该方法设备简单、容量大、简单易行、投资少,效益高,特别适宜于集中产区就地贮藏晚熟苹果品种。

采用地沟贮藏,贮藏场地要选在果园或果园附近地下水位较低、背阴平坦的地段。在贮果前 7～10 天,挖一道宽 1 米、深 1～1.2 米地沟。地沟长度和地沟数量根据贮藏的果量确定,一般每平方米地沟可贮藏 250～300 千克苹果。在沟底应铺厚约 2 厘米的湿细砂,在沟底部中央,沿沟的走向做一条深、宽各 20 厘米的沟槽,以利于通风透气。沿沟四周用土培成高 30 厘米左右的土埂,南边土埂高于北边,沟上每隔 1.5 米左右放置一根木棍,以便白天用草苫等覆盖物挡住阳光或雨天防雨;沟上覆盖物要有一定的斜度,以利雨水流下。为了防御风寒、低温的袭击,要在贮藏地周围及沟的北沿距沟 1 米处设置风障。如果沟内干燥可喷洒清水。贮果前应通过白天用草帘遮盖地沟、夜间打开的方式使地沟充分预冷。

进行地沟贮藏的苹果应选择晚熟品种并适当晚采,采后进行挑选,挑出机械伤、病虫的果实,选择好果装筐、塑料袋或散堆于阴凉处 2～3 个晚上,让其充分预冷。入沟果实的放置可以采用散堆法、装筐法或塑料袋装法,以塑料袋装为佳。塑料袋一般采用 0.07 毫米厚的聚乙烯或聚氨乙烯,袋装 15～25 千克,这种方法可以有效地控制果实的失重和保持果实的硬度。入贮后至封冻前继续利用夜间低温使地沟和苹果降温,当地沟内的温度接近 3℃时,就可以将地沟完全盖严,直到翌年升温后再利用夜间降温,直至沟内的最高温度升至 15℃时结束贮藏。

整个贮藏期间要根据天气状况,搞好各期管理。入贮初期即果实入沟 1 个月左右,要注意尽力降低贮藏环境的温度;隔 2～5 天检查 1 次,注意查看果皮是否变暗、沟内(箱筐内)是否有酒味,如出现上述情况,要及时通风,开启果箱(筐),使果实与空气充分接触,情况严重的果实要及时取出销售;天气干旱或沟内湿度不足时要注意喷水,防止果实失水皱缩。贮藏中期是全年气温最低的时期，该期主要是注意保温防冻。随着气温的降低逐渐加厚地沟上的覆盖物，整个贮藏中期不再揭开覆盖物。贮藏后期是指次年早春天气开始转暖到贮藏结束前的一段时间，这一时期一方面要注意通风，防止沟内温度升温过快，另一方面注意天气变化，避免天气骤寒冻伤果实。

2. 通风库贮藏　通风库贮藏也被称为普通贮藏或空气贮藏，它是利用自然的低温来进行贮藏的一种方法，因此最适于低温的冬季，或是夜晚气温较低的高海拔山区。通风库贮藏所需设备简单，成本也低，是苹果产地和销地贮藏应用比较广泛的贮藏方法。

通风库要建在地势较高、地下水位低、通风良好的地方。一般通风库长 30～50 米、宽 9～12 米、高 4 米以上。库房的走向因各地的气候条件而有所不同，苹果产区建库多是南北走向，以减少冬季迎风面的面积，防止库温过低。建库时墙壁和库顶充填隔热材料。一般容量低于 500 吨的库房，每 50 吨果品需要不小于 0.5 米^2 的通风面积。通风口安装控温式通风装置。通风口通常在秋季夜开昼闭。进气设施一般在库房基部，排气口多设在库顶中央，高出库顶 1 米以上，口径约 25～35 厘米×25～35 厘米，每隔 5～6 米设一个排气筒。

苹果入库前，库房要清扫、晾晒和消毒。消毒常用硫磺熏蒸，即把硫磺与锯末混合后点燃，使其产生二氧化硫，密闭 2 天后打开通风；每 100 米^2 库容的硫黄用量约 3 千克。也可用 5% 菌毒清水剂或高锰酸钾 500～600 倍液，喷布地面及墙壁，密闭 24 小时后通风。苹果入库前需要预冷，待库温降至 10℃ 左右入库。果筐（箱）在库内的堆码方式以花垛形式为好，垛下垫砖或枕木，垛与墙壁间留有空隙，垛间留通道，以利通风换气。

苹果入库前几天，要进行夜间通风以降低库温。苹果入库后，库温在 10 月下旬要下降到 5℃ 左右，11 月中旬降到 0℃ 左右，并长期稳定。通风库控温操作原则是当外界空气温度较低时

（例如夜晚），打开通风口，让冷空气进入库内沿着通气管道流经果品，带走呼吸热；当白天气温高时就将通风口关闭，将库内的温度维持在一定的低温下。风机只在库温达 0℃以上时才开。库内相对湿度控制在 85％～90％之间。

3. 土窑洞贮藏 土窑洞结构简单，建筑费用低，建筑速度快。由于窑洞深入地下，受外界气温影响较小，温度较低而平稳，相对湿度高，有利于保持苹果品质。不足之处是受春季气温回升的影响较大。

土窑洞一般建在地势高、背阴、土层深厚土质好的地方，考虑到窑洞内降温的问题，可选在北向的阴坡建窑洞，洞门向北。同时还要考虑交通和电力来源。家庭式的小窑洞宜建在地头或院落内，以便管理，缓坡向下，深入地下，窑身长 30～50 米，高 3～3.5 米，窑身后部设有通气孔，窑门设有缓冲带，形成一个自然通风贮藏库。现在大多数已发展成砖窑洞，窑门向北，不受阳光直接照射，温度变化幅度小，冷空气易进入窑门，降温快。窑门宽 1～1.5 米，高 3.2 米，深 4～6 米，门道内设二道门，二道门内挂棉门帘，两道门上均设通风孔。窑身长 30～50 米、高 3～3.2 米，顶部呈拱形。通风孔在土窑洞底后壁上，内径下口 1～1.2 米，靠窑身一侧，安装可启闭的窗户。内径上口 0.8～1 米。通气孔（也称通气烟囱）外形似烟囱，一般通气烟囱的高度（从窑身顶部算起）为窑身的 1/3～1/2。如果通气烟囱不便加高，则要考虑安装机械排气。土层越深，窑内温度越稳定，一般要求窑顶部土层厚度在 5 米以上。

果实入贮前，应将库内打扫干净，然后用硫磺或用 5％菌毒清消毒。贮藏用的果箱、垫木等清洗干净后喷洒 0.5％的漂白粉溶液消毒，并在太阳下晒干再用。果实入库前应放在库外过夜，降低果实温度；入库安排在早晨进行。库内宜选用 20 千克装的果箱堆垛；堆垛时，垛底用枕木垫起，留 10 厘米的空隙，垛顶距窑顶 1 米左右，垛与窑壁之间留 20 厘米的空隙。窑洞中间留一条人行道，以便管理人员检查窖内温、湿度和苹果贮藏质量。如选用纸箱装果，垛底层纸箱极易吸潮受压变形，这种情况下堆垛一般不能超过5层，堆放时间亦不能太久。库内也可用塑料袋装果堆放，塑料袋装果可减少苹果蒸发失水，袋内还可形成限气气调环境，有利于果实保鲜，但易形成碰压伤和发生气体伤害。为防止气体伤害，可在袋上打孔或袋口扎细竹管等；为控制压伤，可在库内设立支架，使每层间距不超过1.2米。还可将苹果散放在库内，散放时在地面及果实接触的窖洞壁铺放一层塑料薄膜，防止灰尘弄脏苹果表面；散放果堆高不能超过60厘米，窖洞中间留人行通道。

贮藏期间调节窖洞内的温湿度是贮藏成功的关键。窖洞内的温度一般是上部高下部低，靠门的地方受外界温度影响大，后部比较稳定。要在窖洞的不同位置放置温度计，以方便观察温度变化情况。管理过程中主要依靠及时开、关通气孔和窖门，调节气流，使窖内温度尽可能接近0℃。在秋天和初冬气温比窖温低，要把所有通风孔和门窗打开，以降低窖温；此期必须注意窖内温湿度，定期洒水加湿。整个冬季以防寒为主，关闭通风孔和门窗，根据情况打开门窗调整温度，使库温稳定在0℃左右；有条件的地方可制做冰块或雪球适量移入窖内，稳定温度，增加湿度。春季气温逐渐回升，并逐渐高于库温，白天气温高于库温时要关闭所有门窗，降低库温的回升速度；夜间气温低于库温时，通风换气，降低库温。苹果出库后外界气温越来越高，在库内清扫消毒完毕之后，在库内堆冰，封死所有的通风孔和门窗，把外界高温对库温的影响降到最低。

4. 室内贮藏 包括室内缸（瓮）贮藏和塑料袋贮藏。室内缸（瓮）贮藏时先选大缸（瓮），洗净晾干，放于贮果室内，将缸（瓮）底部铺上10厘米左右的湿沙，湿沙上放一木架，木架上摆放已处理好的苹果，多层摆放，接近缸（瓮）满为止，然后用塑料膜封好缸（瓮）口，每隔10～15天检查1次，及时取出失去贮藏能力的苹果。贮藏期内应保持缸（瓮）内相对湿度的90％左右，如湿度不足，应沿缸（瓮）内壁注入适量凉水，以防果皮皱缩。室内塑料袋贮藏需在袋上刺些小孔，孔径1～2毫米，装入适量已处理好的苹果，然后扎口放于室内适宜的位置，也需每隔10～15天检查1次。塑料袋装果后亦可放在箱（筐）内，袋（箱、筐）应分散放置。室内贮藏应避免阳光照射入室内。封冻前和春季室温往往较高，应注意门窗要昼闭夜开；封冻期室温较低，应封闭好门窗或采取增温措施。室内贮果也不宜1次大量入贮，入贮前门窗应昼闭夜开，以降低室温。

5. 冷库贮藏　冷库贮藏也叫做机械冷藏，用良好的隔热材料与坚固的建筑材料建成库房，通过机械制冷设备相控制贮藏环境的温度。冷库一般由冷冻机房、贮藏库、缓冲间和包装场4部分组成，主要建在苹果产区有高压电源、交通便利、取水方便、地形平坦、地势较高、地下水位低的地带。在大中城市可建一些销售周转库。

采用冷库贮藏，入库前要对库体、包装物、工具进行清洗消毒并通风换气，同时要检修设备，保障其正常运转，在入库前2～3天使库温降到-2～0℃。应挑选成熟度适宜、包装完整、没有可见的病斑和无明显机械伤的优质苹果入库，入库苹果果实应具有本品种的果型、大小、色泽（含果肉、种子的颜色）、质地和风味，果面应当洁净新鲜，果实硬度和可溶性固形物含量符合GB/T 8559—2008要求（表11.2）。

表 11.2　入库前苹果的基础理化指标（GB/T 8559—2008）

品　种	硬度（千克/厘米^2）≥	可溶性固形物（％）≥
富士系	7.0	13
嘎拉系	6.5	12
藤牧1号	5.5	11
元帅系	6.8	11.5

（续）

品　种	硬度（千克/厘米^2）≥	可溶性固形物（%）≥
华　夏	6.0	11.5
粉红佳人	7.5	13
澳洲青苹	7.0	12
乔纳金	6.5	13
秦　冠	7	13
国　光	7	13
华　冠	6.5	13
红将军	6.5	13
珊　夏	6.0	12
金冠系	7.0	13
王　林	6.5	13

　　为确保降温速度，每天的入库量一般控制在库容的 10% 左右。在冷库内通常用长 1.2 米、宽 1.2 米、高 0.6 米的大木箱装果，用叉车堆垛；在堆垛之间、堆垛与风机之间都应留出一定空间，以利空气流通，加快换热速度。一般每立方米的库容堆码 150～180 千克果品，货位堆码距墙 0.2～0.3 米、距顶 0.5～0.6 米、距冷风机不少于 1.5 米、垛间距离 0.3～0.5 米、库内通道宽 1.2～1.8 米、垛底垫木（石）高度 0.1～0.2 米。

　　准备冷藏果品应在采后 24 小时之内入库，并在入库后 3～5 天将果温（果心温度）降至该品种的最适贮温，多数苹果品种适宜贮藏温度在 -1～0℃，相对湿度 90%。在温度达到最适贮温之后，还要及时消除呼吸热，使库内温度波动控制在 0.5℃ 范围内，并保证库内温度均匀一致。

　　由于苹果放出较多的二氧化碳、乙烯、芳香气体等，会促进果实衰老，以致腐败，必须进行通风换气。通风换气时间应在气温较低、库内外温差较小的早晨进行；雨天、雾天外界湿度过大，不宜通风换气。贮藏环境的乙烯浓度应控制在 10 微升/升以下，可采用活性炭吸附和空气净化器等装置除去有害气体。另外，要定期检查苹果质量，发现冷害、冻害或其他品质劣变应及时采取对策。

6. 苹果气调库贮藏 气调库贮藏是在低温冷藏的基础上，通过调节和控制贮藏环境中的氧气和二氧化碳浓度，达到抑制苹果的衰老代谢，改进贮藏质量，延长贮藏期的现代化贮藏技术。另外，还有一种叫做限气贮藏（或自发气调贮藏）的方法，国内通常是把果实放在塑料薄膜袋（帐）内，通过果实自身呼吸或人为的办法改变袋（帐）内的气体成分的一种贮果方法，一般称为"简易气调"。

气调库制冷系统与冷库相同，但增加了库体建设的气密性、库体安全设施、气调设备、气体分析及自动控制系统。采用气调库贮藏，在入库前要做好各种设备的检查维修，测试气调间的气密性，对库体及包装物进行清洗消毒。苹果入库期间不密封气调门，入库结束后，等温度稳定在 0℃时再封闭气调门，开始气调。在库温降至 0℃的 24～48 小时内将氧气浓度降至 6％左右，剩余氧气通过呼吸消耗，并逐渐增加二氧化碳浓度，贮藏期间出现低氧时用空气补氧，高二氧化碳时开启二氧化碳脱除机洗涤二氧化碳，使氧气和二氧化碳浓度稳定在设定范围内。温、湿度管理和冷库相同。应坚持每天测定 1～2 次，掌握变化规律，并加以严格控制。苹果出库时要停止一切气调设备，小开库门缓慢升氧，在库内气体成分逐渐恢复到大气状态后，工作人员才可以入库操作。

7. 1-MCP 保鲜贮藏技术 果实在进入成熟期后会产生大量的乙烯，乙烯与其受体结合后，会激活一系列与成熟衰老有关的生理反应，加快器官的衰老和死亡。1-MCP（1-甲基环丙烯）是乙烯受体的竞争性抑制剂，在果实内源乙烯大量合成之前施用 1-MCP，1-MCP 会抢先与乙烯受体结合，从而阻断乙烯与其受体的结合，使得乙烯生理效应无法完成，从而延迟了成熟过程，达到保鲜的效果。

在果实采后、装箱运输前或出售前，在室温条件下，冷库、集装箱和包装箱中均可处理。使用时把药品分别放入可以密封的小瓶中，再分别按 1∶16 的比例加入约 40℃ 的温水，然后立即拧紧瓶盖，充分摇匀。把配好的 1-MCP 液放入贮藏库或可密封的包装容器内，打开瓶盖，然后尽快将贮藏库或包装容器封闭，在 20℃ 的室温环境条件下处理 12 小时，然后打开通风。如贮藏温度较低，其使用浓度及处理时间应酌情增加。使用 1-MCP 处理的红星、嘎拉苹果，在常温下可存放 45 天仍然保持硬脆，虎皮病也得到了明显控制。

四、苹果安全运输

苹果生产有区域性，必须通过长途运输将果实运往全国各地。运输过程中的环境条件对果实质量安全和商品性都有显著影响，需要按照苹果安全运输要求，选择适宜运输方式和工具。

1. 苹果运输要求　苹果运输要遵循果品运输的基本原则，必须根据产品的类别、特点、包装要求、储藏要求、运输距离及季节等采用不同的运输方式；在装运过程中，所用工具必须洗净卫生，不能对果品造成污染；禁止和农药、化肥及其他化学制品等一起运输；在运输过程中，安全质量不同的果品不能混堆。

绿色与无公害苹果要求运输工具清洁卫生，无异味；不得与有毒、有害物品混装混运；装卸时轻拿轻放，文明操作；待运时，应批次分明、堆码整齐、环境清洁、通风良好；严禁烈日曝晒、雨淋，注意防冻、防热、缩短待运时间。

有机食品苹果要求运输工具在装载有机产品前应清洗干净；在运输过程中应避免有机产品受到污染；在运输和装卸过程中，外包装上的有机认证标志及有关说明不得被玷污或损毁；运输和装卸过程必须有完整的档案记录，并保留相应的单据。

个头过大、成熟过度、雨天（季）采收及采后在常温下放置时间过长的果实不适合长途运输和长期贮藏，来自幼树、负载量过低和氮肥施用过多以及采前 10～15 天进行浇水或施肥的树上的果实也不适合长途运输和长期贮藏。

2. 运输工具　目前我国各苹果产区长途运输主要靠铁路与公路，而且多以常温下运输为主。对一些早中熟品种，由于采收期气温较高，在常温下运输货架期与适口期很短。因此，改变运输方式，提高运输质量显得非常重要。

（1）卡车运输　卡车是我国目前苹果运输过程中最重要的工具。卡车的优点是投资少，机动灵活，可以将苹果从果园、贮藏库不经任何中途转车直接运到各个销售地点。缺点是运量小，成本高，路途颠簸厉害，运输费用高。因此，卡车更适宜于中短途运输。

（2）火车运输　火车的普通棚车是我国目前苹果长途运输的另一种重要工具。优点是运输量大，运行相对平稳，运费低，受季节变化影响小、连续性强，最适于大宗货物中长距离运输。缺点是在产地和销售地都需要卡车运输配合，装卸次数多。近年火车集装箱运输发展较快，其优点是在途中转运时，不动容器内的货物，可以直接换装，即从一种运输工具直接换装到另一种运输工具上，以达到快速装卸的目的。

（3）冷藏车运输　对新鲜苹果采用冷藏车运输，长途运输中的果实保鲜效果很好。冷藏车具有机械制冷设备，最大的优点是苹果在运输途中仍可处于适宜的贮藏温度下，因此，是苹果最理想的运输工具。我国目前应用的冷藏车容量 4～8 吨不等，这种拖车由车头和一节单独的隔热拖车车厢组成，车轮在车厢底部后端，车厢前端挂在卡车头上牵引行进。

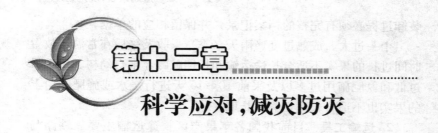

第十二章
科学应对，减灾防灾

灾害是给动植物带来危害的各类事件的通称，包括自然灾害和人为灾害。主要由自然变异而引起的灾害称为自然灾害，如地震、风暴、海啸等；主要由人类活动引起的灾害称为人为灾害，如人为引起的火灾、交通事故和酸雨等。灾害不仅影响人们的正常生活，也会给苹果生产造成损害。

由于气候变化和生态环境的恶化，近年来，气象灾害在突发性、不确定性以及灾害的强度等表现出很多异常现象。在这种情况下，果树生产者更需要正确认识和理解自然灾害，要能够根据当地灾害发生历史及灾害的预测预报，尽可能早准备，提前预防；在灾害发生后，还要能够及时采取措施，尽量减轻或减小灾害造成的损失。

第一节　自然灾害的特征及其应对策略

我国苹果生产大多数是一家一户地进行，而且多数果园建在山地丘陵，往往难以及时准确获得灾害的预警预报信息，在经济和技术能力上也难以采取有效的应对措施。加上栽培管理粗放，习惯清耕、漫灌等，导致果园生物多样性降低，果树抗逆性下降，病虫害流行，果树抵抗各类灾害的能力明显下降。此外，在目前市场经济背景下，种植者受眼前经济利益的驱动，盲目跟风，防灾减灾意识相对单薄，对突发型

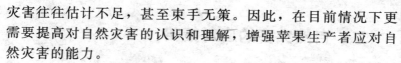

灾害往往估计不足，甚至束手无策。因此，在目前情况下更需要提高对自然灾害的认识和理解，增强苹果生产者应对自然灾害的能力。

一、自然灾害的特征和类型

自然灾害是自然界发生的，对自然生态环境、人居环境和人类及其生命财产造成破坏和危害的自然现象。自然灾害通常突然、剧烈、有力，破坏力极大，会引起受伤、死亡、巨大财产损失以及严重混乱等。

各类自然灾害在各地时常发生，但它们发生过程的长短、缓急各不相同。有些灾害发生在几天、几小时甚至几分、几秒钟内，像火山爆发，地震、洪水、飓风、风暴潮、冰雹等，这类灾害称为突发性自然灾害；有些要在几个月内成灾，但灾害的形成和结束仍然比较快速、明显，如旱灾、病虫草害等，它们也算突发性自然灾害。突发性自然灾害无法控制，但通常很短暂，有最低点，有时可以预报。另外，有一些灾害是在几年或更长时间内发展形成的，如土地沙漠化、水土流失、环境恶化等，这类灾害被称为缓发性自然灾害。

自然灾害通常分为七大类，即气象灾害、地质灾害、海洋灾害、洪水灾害、地震灾害、农作物生物灾害、森林生物灾害和森林火灾。这七大类灾害在我国全国或局部地区每年都有发生，常造成大范围的损害或给局部地区带来毁灭性打击。气象灾害引起的损失占到各种自然灾害所造成的总损失中的 85% 左右，在苹果生产中，需要经常面对和直接防范的自然灾害主要是气象灾害。气象灾害有 20 余种，主要有暴雨引起的山洪暴发、雨水引起的内涝，干旱、高温、热浪，热带气旋引起的狂风、暴雨、洪水，由于强降温和气温低造成的果树冻害，以及积雪、雹害、风害、连阴雨及酸雨等引起的灾害等。

二、自然灾害的应对策略

苹果生产有一定的地域性、季节性和持续性，受自然环境影响很大。需要根据实际地形、地势和历史气象灾害发生情况，搞好水利建设，制定防灾、抗灾及避灾策略，采取切实可行的措施，以应对各类恶劣或突发性自然灾害。气象灾害是苹果生产最常遭遇的自然灾害，这里主要介绍应对气象灾害的策略。

1. 提高监测预警水平，增强应急处置能力 各级政府进一步完善国家与地方综合气象监测网络，气象部门做好农村洪涝、干旱、高温、低温等气象灾害监测工作，提高气象灾害预报的准确率和时效性。通过现有的通信手段，及时发布台风、暴雨（雪）、干旱、冰雹等预警信息。制订和完善气象灾害应急预案，针对气象灾害积极开展人工影响天气作业，如在干旱缺水地区积极开展人工增雨（雪）作业，加强人工防雹，以减轻雹灾对果树及其设施的损害。定期对果农进行气象灾害培训，提高果农抗灾救灾的技术水平，对常发性自然灾害如洪涝灾、旱灾、连阴雨、低温冷害、风雹灾等灾害，能及时运用科学手段进行抗灾补救。对发生较为频繁的灾害（如洪涝、干旱等）要制定抗灾救灾预案，及时传递预警信息，做好防灾避灾工作。最好根据历史灾害发生情况，预先每年投保果树保险，以补偿灾害发生后的损失，利于灾后管理和来年生产。

2. 适地建园，增强苹果树的避灾能力 新建苹果园，首先要考察当地气候气象状况，避免在灾害多发区建园，同时要选栽抗旱、抗寒、抗涝、或抗（耐）病虫的苹果砧木和品种等。对于已建成的苹果园，要根据当地气候及土壤环境条件，采取适当的避灾减灾措施，修建和完善果园水利配套设施，比如，在平原地整修排灌沟渠，在山丘坡地修建和维护泄洪和灌溉设施，提高泄洪、蓄水和调水能力。对山坡梯田，需要定时整修，特别在暴雨

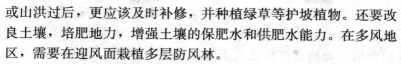

或山洪过后，更应该及时补修，并种植绿草等护坡植物。还要改良土壤，培肥地力，增强土壤的保肥水和供肥水能力。在多风地区，需要在迎风面栽植多层防风林。

3. 根据灾害预警信息，及时采取预防措施　预防自然灾害的发生，必须常年储备足量的修剪授粉用具、农药、植物生长调节剂等救灾减灾物品，保证一旦发生灾害，能及时补救。根据气象部门的灾害预测预警信息，及时确定灾害发生的时间和区域，并采取相应的预防措施。比如，根据春季冻害预报，及早给果树喷施防寒防冻剂等；根据旱灾预报，提前采取蓄水、保水措施，或提前寻找水源，以及推广节水栽培技术措施等；根据苹果花期低温阴雨预报，进行人工辅助授粉，提高苹果的坐果率；根据夏季洪涝灾害预报，提取采取措施，保证洪涝来临时能够及时把水从果园中排出。在降雨集中的夏季，还要积极利用合适的地形（如地下防空洞、天然或人工洞穴等）储蓄夏季雨水，以供秋季或春季天气干旱时应用。

4. 灾后采取有效措施，积极补救　灾害发生后，根据灾情确定恢复对策，积极采取补救措施，尽最大努力保树成活，尽量保住一定的经济收入。对于受害苹果树，应及时重修剪并增施营养肥料，精管细管，尽快恢复树势和生产能力；对于因灾死亡的苹果树，应及时拔除并尽快补种苹果苗木或改栽其他经济树种或作物，力争减产不减收，头年损失来年补。受害苹果树因存在伤口和树势衰弱等，很容易受到病虫害的侵染，所以，灾害发生后要加强病虫害防治。

第二节　低温灾害的防控

由于全球气候变暖趋势明显，使暖冬现象连续出现，而暖冬常常导致发芽、开花期提前等，从而降低苹果树对春季突然降温的抵御能力；同时暖冬因促进土壤水分蒸发而加重果园春季干旱；暖冬还使一些越冬害虫和病菌的存活率提高，进而使果树病虫害发病率升高。此外，气候变暖往往导致管理部门或种植者对低温灾害意识淡薄和麻痹，忽视对果园低温灾害的防控等。在这种情况下，更需要清醒认识，加强对低温灾害的防控。

一、低温灾害的特征

影响果树生产的气象因子有很多，温度是最重要的因子之一，它会直接影响果树营养生长、开花结果和病虫害的发生，决定苹果栽培的地域界限等。

苹果树在各生长发育阶段对温度环境的要求和适应范围有一定差异。在开花期和幼果期，苹果树对低温敏感；当温度下降到生长适宜温度下限时，会出现生长延迟或停止、花芽败育等；如果温度持续下降并维持一定时间，就会对苹果树造成物理和形态上的损伤。因温度下降而对作物造成胁迫及一定经济损失的现象统称为"低温灾害"，如春季的"倒春寒"、夏季的"低温冷害"、春秋季的"霜冻害"等等，均是我国典型的低温灾害。

生物学零度和最低受害（与致死）温度是衡量果树低温敏感程度的两个指标。生物学最低温度，即果树开始生长发育的下限温度，当温度降低到该温度时，果树停止生长，但仍能维持生命，该温度也称为生物学零度。在温度低于生物学零度时，果树光合作用停止、干物质积累下降、长势变弱，容易感染病虫害等。最低受害（与致死）温度，即导致植物导致生物体冻伤（或冻死）的最高温度，当温度降低到该温度时，果树会受伤害（甚至死亡）。在生长季，果树对低温非常敏感，发芽后如遇持续8～10小时的≤0℃的低温。与苹果生长发育有关的温度指标见表12.1。

表 12.1　适宜苹果生长与苹果能够忍受的温度

温度类型	温度℃
苹果适栽地区的年平均温度	7～15
根系开始生长的温度（生物学零度）	3～4
地上部开始生长的温度（生物学零度）	8～12
根系生长的最适温度	18～21
地上部生长的最适温度	13～25
生长期能够忍受的最高温度	37～40
休眠期能够忍受的最低温度	−25～−30
萌芽期能够忍受的最低温度（持续 1 小时）	−5
现蕾期能够忍受的最低温度（持续 1 小时）	−2
开花期能够忍受的最低温度（持续 1 小时）	−1.5
幼果期能够忍受的最低温度（持续 1 小时）	−1

　　有损果树的各种低温现象，可以发生在不同的季节，但低温灾害主要发生在冷暖交替季节，或冷空气活动剧烈的时期。我国大面积低温灾害通常由寒潮引发，寒潮通常指由于冷空气迅速南下，所经过的地区均造成大幅度降温，并伴有大风、雨雪、冻害等现象。

二、低温灾害的类型

　　低温灾害可分为零上低温型和零下低温型灾害，零上低温型包括冷害与寒害，零下低温型包括霜冻和冻害。低温灾害类型不同，果树受害的程度也就不同；同是由低温现象引发的各种胁迫或灾害，在致灾机理、防御技术、采用对策等方面也不尽相同。

　　1. 冻害　冻害主要指多年生果树在越冬期间，较长时间处于 0℃ 以下强烈低温或剧烈变温状态下所受到的伤害或死亡现象。

冻害会造成受冻苹果树体内结冰或枝干冻伤，细胞死亡，严重时植株死亡。冻害的发生与低温强度、降温速率、变温的幅度、回温速率、冻后脱水程度及植株个体抗寒能力等有关。但冻害的发生程度常由多个因素决定，比如，越冬苹果树冻害的发生程度就并不单纯与低温强度有关，也与其越冬前自身状况和抗寒性锻炼有关。如果越冬前气温较高，苹果树适期未正常停长，或由于管理不当（如秋季施用过多的速效氮肥等）引起枝条贪长，枝条成熟度不够，突然遇到气温骤降，则受冻害更严重；如果冬季干旱积雪少，土壤干燥、冷空气活动频繁，就容易形成干冻抽条，即苹果树枝条抽干死亡现象。

冻害可分为霜冻、雪冻、冰冻等，其中霜冻发生范围最广。霜冻是指苹果树枝干表皮组织的细胞在夜间由于强烈降温导致水分凝结，细胞破裂，白天升温后枝干表皮水分蒸发，致使组织失水干枯、死亡。霜冻多发生在 12 月到次年 1 月份间，此期间正常休眠的苹果大树，一般受害影响较小，但未正常停长或秋季徒长的枝干及幼树受害严重；冰冻持续时间短、强度偏轻，对苹果树的影响也较小。高海拔山区少数年份会出现雪冻等现象，虽然果树处在休眠期，低温不会造成其生理上受害，但由于积雪粘附在枝条上，积雪严重时，枝条会被积雪压折等，所以在高海拔山区一般要种植耐寒耐压的品种。

我国受冻害影响最大的地区主要在华北地区（冻害主要发生在北京、天津、河北、山东北部、山西北部、燕山山区和辽宁南部一带）、黄土高原（冻害主要发生在甘肃东部、陕西北部和山西中部）和准噶尔盆地南缘的北疆地区。

2. 霜冻　霜冻是指春秋换季时，土壤和植株表面以及近地层的环境温度，在短时间内骤降到 0℃以下，致使果树细胞间水分结冰，原生质受到破坏而致植株遭受伤害现象。

按发生季节，霜冻可分为春霜冻和秋霜冻。春季果树花期发生的霜冻为春霜冻；秋季晚熟苹果采收前，或新梢正常落叶前发生的霜冻为秋霜冻。按形成的天气条件，霜冻分为平流霜冻、辐射霜冻和混合霜冻。平流霜冻是由于北方冷空气入侵引起剧烈降温而发生的霜冻；辐射霜冻为晴朗无风的夜晚，植物表面强烈辐射降温而发生的霜冻；混合霜冻是前两者共同作用形成的霜冻，危害较重。

根据白色凝结物出现与否，霜冻可分为"白霜"和"黑霜"。白霜指地表或物体表面有水汽凝结成的可见白色凝结物时出现的霜冻现象；黑霜是指在空气干燥，水汽含量少时，气温降到0℃以下也没有出现白色凝结物，但果树体内发生结冰，嫩叶或花瓣先呈水浸状，后变成褐色等的霜冻现象。白霜形成时，由于水汽凝结放热，可减缓果树周围温度的进一步降低，比黑霜的危害要小；而黑霜不易被直观迅速察觉，有可能导致防灾减灾措施采取不当、或错过补救时机。

霜冻的发生、持续时间、强度及危害程度除了与气温有关外，还与地势高低、坡向、下垫面等自然环境有很大的关系。一般情况下，晴朗无风、空气湿度低的夜间容易形成辐射霜冻；冷空气伴随大风使迎风面的霜冻更为严重；相同气候带内，平坦、低洼地、山谷及坡地下部比山坡地中上部更容易出现霜冻，北坡、东坡和东南坡比南坡、西坡和西南坡受害要重；石山比土坡更容易出现霜冻，潮湿紧密的土壤比干燥疏松的土壤表面降温平缓，可减缓霜冻危害程度；江河湖泊、水库、池塘附近的苹果树不容易受到霜冻危害，是由于大量水汽凝结释放热量而减缓了降温幅度。

3. 冷害 冷害也称寒害，指果树在正常生长季节，遭遇0℃以上的异常低温，导致其生长迟缓或使幼果受害的一种气象灾害。冷害是因为温度降到苹果树正常生长发育所能忍受的低限以下而受害，发生时的温度都在0℃以上，有时可达20℃左右。

冷害可分为延迟型、障碍型和混合型。延迟型冷害指果树生长生育期内遇到较长时间的低温，使果实和新梢不能在初霜到来之前正常成熟，导致产量降低；障碍型冷害指果树开花期间，遭受短时间低温，使花朵败育，坐果率降低等；混合型冷害指前两种冷害在同一生长季节中相继再现或同时发生给果树生长发育造成的危害。

冷害的发生有明显地域性，多出现在我国东北地区，如东北地区夏季 6～8 月份出现连续的低温天气，而导致果树受害等。冷害发生时的温度都在 0℃ 以上，对果树的危害是潜在和缓慢的，不易察觉，比较隐蔽，也比较严重。冷害主要由春季的低温阴雨和秋季"寒露风"引起，少数年份冬季长期低温阴雪天气亦会造成冷害。冷害对果树的生理影响主要是降低光合强度，减少根系养分吸收以及妨碍养分运转等。正常年份一般不会有太大的影响，但如果低温出现的时间过早、温度过低、低温时间较长，就会影响苹果秋梢的成熟及花芽的分化和形成，以致影响次年的开花结果等。

春季 3 月至 4 月份是苹果育苗、苹果树开花、授粉坐果的重要时期，而幼苗、花、幼果对湿度和温度特别敏感。正常温度在 18℃ 以上、空气相对湿度 50％～70％ 时有利于花粉萌发、授粉，当温度过低，特别是长时间的低温阴雨天气时，会影响苹果花粉的萌发、授粉和幼果发育，同时媒介昆虫的活动大为降低，不利授粉。湿度过大还易诱发炭疽病、白粉病等，造成落花落果。因此，春季长时间低温阴雨天气会对果树产生不利影响。

4. 寒潮 寒潮指大规模冷空气向南侵袭，造成大范围急剧降温和偏北大风的气象现象，中央气象台规定凡在 24 小时内气温下降 10℃ 以上，或长江中下游及以北地区 48 小时内降温 10℃ 以上，最低气温降至 5℃ 以下并伴有 6 级左右的偏北风的现象称为寒潮。寒潮一般多发生在秋末、冬季、初春时节，影响长江以北地区的寒潮每年平均有 5～6 次，一般从每年的 9 月份开始到第二年的 5 月份结束。每年春季换季的 3～4 月是寒潮的高峰活动期，其次为秋季换季的 11 月份。

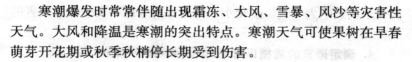

寒潮爆发时常常伴随出现霜冻、大风、雪暴、风沙等灾害性天气。大风和降温是寒潮的突出特点。寒潮天气可使果树在早春萌芽开花期或秋季秋梢停长期受到伤害。

三、低温灾害的防控措施

低温异常现象是不可抗拒的自然规律，尽管目前还不能在大范围内防灾减灾，但可以通过提高果树对低温的适应能力而减轻低温造成的损害。

1. 正确对待低温灾害 农业、气象及相关部门要高度认识低温灾害的严重性，要多宣传，及时预报各种天气灾害并向果民介绍应对措施，发动、组织农户对低温灾害的预防。农技人员要及时指导、培训、推广先进的果实生产和抗灾技术。果农要更多关注天气变化，加强果树管理，及早采取措施；同时要谨慎对待低温灾害，对未枯死的植株，多注意观察一段时间，不能过早下定论，以免造成不必要的损失。果树对低温具有一定的抗性，气温恢复后，多数果实乃能恢复生长结果。

2. 优化苹果树种植布局 根据地区热量资源特点、低温灾害分布规律、苹果生物学特性等，并结合本地小气候特点等实际情况，确定适宜的栽培区和苹果品种。根据多年气候资料，进行相关分析，确定当地终初霜日的多年平均值、无霜期长短，霜冻发生频率、生长季节温度时空变化与分布等；同时，明确冷害年间发生频率、发生时段和发生强度等。此外，还要分析苹果树抵抗低温的特点、受低温影响的敏感期、受害指标，调查地形、下垫面、海拔高度、平原和山区性质等。然后根据这些资料，优化苹果树的种植布局。

3. 充分利用地形和水域气候 利用山体直接遮挡冷空气侵入，利用东西南三面开阔地形，选择山坡中部和背风向阳建园，避免冷空气在果园沉积。海岸、岛屿、湖泊、水库、河流周边地区受水面影响大，气温变化小，在这样的地区，发生低温灾害的几率低。

4. 确定适宜的栽植区和栽培品种　不同品种（如喜温品种和耐寒品种）的苹果抗寒性有很大的差异，在不同生长发育阶段，树体对低温的敏感度相差也较大，要摸清苹果品种的抗寒性和不同熟性，确定适宜的栽培品种，采用适当调控措施，尽量错过低温发生时段。在冬季容易发生冻害的地区，需栽培抗寒的苹果品种，如寒富、秋露、红凤、沈红、新苹3号、新冬、新红、秋富1、宁丰、新冠等，并加强越冬前的管理，如浇足越冬水、早施腐熟的有机基肥、让果树枝干适时停长、促进枝条发育充实等措施，提前预防冬春抽条，同时利用山体或水体的小气候条件（如，三面环山、南面开口又有水体调节的马蹄形地形）防御冻害。

5. 加强基础设施建设　加强果园基础设施建设是提高果树灾害综合防御能力的重要举措，例如，通过水利设施建设，在霜冻前及时进行灌溉或喷灌，可有效抵御霜冻；营造防风林，减轻冷空气危害；通过工程配套技术，迅速大面积喷施叶面肥、植物生长调节剂、防冻减灾制剂等，可有效地促进果树的光合作用和生长发育，不仅提高了果树的抗低温能力，也可有效减缓其他灾害等。

6. 加强果园果树综合管理

（1）保护树体，提高树体营养和抗性　结合冬季清园，对苹果树采取护干保温措施，如培土、树盘覆盖、树干涂白以及用草绳（或薄膜）包扎树干等，并对当年生苹果幼树进行苗木套袋等。利用秸秆、树枝、杂草等有机物料覆盖树盘（或整个果园），以及果园覆膜，减少地面有效辐射。

在萌芽至开花前，喷施0.3%～0.4%磷酸二氢钾溶液＋0.3%～0.5%的尿素溶液1～2次，增强果树花期抗寒能力。在生长中后期，叶面喷施磷酸二氢钾、植保素丰产素等微肥，促使

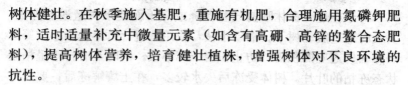

树体健壮。在秋季施入基肥，重施有机肥，合理施用氮磷钾肥料，适时适量补充中微量元素（如含有高硼、高锌的螯合态肥料），提高树体营养，培育健壮植株，增强树体对不良环境的抗性。

（2）延迟发芽，避开霜冻　在果树萌芽到开花前灌水2～3次，可延迟开花2～3天；早春树干、主枝涂白或全树喷白，以反射阳光，减缓树体温度上升，推迟花芽萌动和开花时间。强冷空气来临前或当夜，向果园进行连续喷水，缓和果园温度骤降，能较好地预防霜冻。

（3）果园薰烟加温　根据天气预报和当地气温实测，在霜冻来临前，利用锯末、麦糠、碎秸秆或是将冬季清出的杂草等交互堆积作燃料，堆放后上压薄土层；或使用发烟剂（2份硝铵，7份锯末，1份柴油充分混合，用纸筒包装，外加防潮膜）点燃发烟。烟堆置于果园上风口处，一般每667米^{2}果园4～6堆（烟堆的大小和多少随霜冻强度和持续时间而定）；薰烟时间大体在夜间10时至次日凌晨3时开始（当温度接近花器官或幼果所能忍耐的低温临界值时，应及时点燃烟堆），以暗火浓烟为宜，使烟雾弥漫整个果园，至早晨日出时才可以停止薰烟。山地果园薰烟法预防霜冻效果不好，谷地、盆地、洼地常常出现辐射霜冻，在这样的地形复杂果园宜用覆盖法防止低温伤害。

7. 灾后及时补救　花期受冻后，在花托未受害的情况下，喷布营养调节剂（如芸薹素481、天达2116、康复宝等）、等恢复树势，同时实行人工辅助授粉及喷施0.3%硼砂＋1%蔗糖液以促进坐果，保证当年有一定的产量。低温过后，要加强土肥水综合管理，养根壮树，促进果实发育，增加单果重，同时立即进行果园护理，剪除或摘除枯死病枝叶，加强病虫害综合防控，喷洒防病药物，保护好果树枝干剪锯口，防止伤口失水或感染病菌而枯死等。遇到长期低温阴雨天气，要注意排水，避免造成烂根、死亡。

对于在进入深休眠前气温骤降或降雪而使果树遭遇的冻灾，要及时通过震动树干、摇动小枝，或用木棍、竹竿轻敲小枝等方法除去树冠上的积雪，防止积雪压坏小枝；同时及时打落呈枯萎状态冻枯的叶片。树体受冻后失水较多，在土壤解冻后，要及时一次性给果树灌足水、灌透水，以使根系和树体保持充足的水分；还要适当重剪或缓剪，以减少树体水分蒸发。冻灾后要加强病虫害防治，对受害树及时涂抹或喷洒石硫合剂等杀菌剂以保护树体，但禁止环剥和刮树皮，以防腐烂病等枝干病害发生和传播，同时在根部培土至主枝基部，以保湿防菌。树体受冻后应在加强正常土肥水管理的基础上，展叶后每隔 10～15d 多次喷施叶面肥，同时重疏花果，减少负载量，增加营养物质积累。树干基部冻伤后，利用根部萌蘖或另外采枝条跨过病部进行桥接（图 12.1），桥接后对冻害部位敷泥、包塑料布。

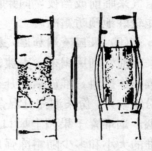

图 12.1　跨过病部桥接

第三节　风雪灾害的防控

一、大风灾害

风力达到足以危害人们的生产活动的风，称为大风。中央气象台规定，大风特指风速大于等于每秒 17 米，即 8 级以上，但一般情况下将 6 级以上的风统称为大风。

1. 大风的类型　危害性大风主要指台风、寒潮大风、雷暴大风、龙卷风及沙尘暴等，其中台风的危害性和破坏力最为突出。

（1）台风　或叫飓风、热带风暴，是一种伴随狂风暴雨、破坏性很大的强烈热带气旋。台风的水平范围一般为 600～1 000 千米。带来的主要是暴雨、大风、风暴潮以及各种强对流天气,具有很大的破坏力。台风的季节性明显,主要集中在 6～9 月份,平均每年影响我国的台风有 8 个以上。

(2)龙卷风 龙卷风是大气中出现的一种最强烈的涡旋现象,其外形为一个漏斗状云柱,上大下小。其寿命短促,范围很小,但风力极强,破坏力最大。主要发生在夏季的中午至傍晚,下半夜至上午很少出现龙卷风。现代技术把卫星和雷达结合在一起,能够在龙卷风发生前半小时发布预警。

(3)沙尘暴 沙尘暴是风与沙相互作用的一种高强度灾害性天气,大风将地面的尘沙吹起,水平能见度小于 1 千米。沙尘暴损伤果树枝条叶片,影响光合及果实的外观品质等。

2. 大风的危害 大风危害取决于风力和持续时间,对果树生产的影响主要包括断干、倒伏、大树连根拔起等机械损伤;造成土壤风蚀、沙化严重;加速果树蒸腾,促使气孔关闭,降低光合强度等生理危害;传播病虫害和扩散污染物;影响果树生产活动等方面。

3. 大风的防御 大风的防御措施主要是营造防风林带,降低风速、拦截风沙,同时还调节和改善温度和湿度环境条件等;加强对大风的监测预报,提前采取预防措施等。

二、冰雹灾害

冰雹,别称雹子,指降落冰块或冰球的对流性灾害现象,常伴随有狂风。春夏和早秋时节是冰雹发生的集中时期。

1. 冰雹的类型 根据冰雹大小及其破坏程度,可将雹害分为轻雹害、中雹害和重雹害三级。冰雹对果树的危害相当大,我国是世界上雹灾多发地之一。冰雹灾害一般多发生在山地、内陆、中纬度及植被少的地区,相对平原、沿海、低纬度及植被多的地区冰雹灾害较轻。

2. 冰雹的危害　冰雹对果树的危害程度与冰雹的大小重量、降雹范围、强度、持续时间等有关。冰雹发生一般正值苹果树幼果发育期，对当年的产量和品质危害极大；如果树体枝干损伤严重，几年以后果树生产也会受很大影响。

3. 冰雹防控措施　冰雹灾害是一种比较难预测预报的灾害性天气。气象部门利用现代气象卫星和雷达等手段加强冰雹灾害的预测预报，及时发布预警信息；再是用火箭和高射炮等撒播催化剂阻止形成大冰雹，或破坏云体结构驱散冰雹等措施。果农得到有关降雹信息时，尽量不外出，或在坚固建筑物中躲避等。给果实套袋、在果园上部架设尼龙网（防雹网）可减轻冰雹对果实的打击。

雹灾发生后及时采取补救措施，受灾轻时，扶苗培土，检查套袋的苹果损坏情况，对损坏的袋子及时重新套袋。对受灾严重的，重剪受损枝干，清理残枝落果，喷药预防病虫害的发生，施肥等，让其尽快恢复树体长势。对新发的新梢采取拉枝、扭梢等措施促进花芽分化，为来年开花坐果打下基础。

三、暴雪灾害

暴雪灾害指长时间大量降雪而造成积雪所导致果树受害的一种自然现象。主要出现在冬季、冬春和秋冬转换季节，一般降雪量大，并伴随较强的降温和大风天气。一般12小时内降雪量达4毫米以上时，气象部门就开始发布暴雪预警信号。

1. 暴雪的危害　暴雪的危害主要包括机械损伤及大风降温引起的冻死、冻坏果树的情况等。苹果属于落叶果树，11月中下旬后进入休眠期，树液完全回流至根系，树枝含水量下降，抵御寒冷能力大为增强，因此，冬季降雪一般对树体伤害较轻。但降雪量过大、时间过长时也会造成枝干压弯、压劈等现象，要特别注意暴雪对果树枝干的冻害。

冬春晚些或秋冬早些时节发生的暴雪对苹果树的损害最严重，因为此时苹果树已经开始萌动发芽，或还没有结束生长进入休眠状态。已经萌芽的苹果树最容易受到冻害，受冻后会影响当年的开花结果和新梢的生长发育，严重的导致冻死冻伤、树体死亡等。秋季冬初苹果树还没有进入休眠期或没有完全进入休眠期，植株未经抗寒锻炼，细胞含水量多，容易引起细胞内结冰和胞外结冰，造成严重冻伤；而且此时有些苹果树还带有叶片，长时间降雪会使积雪成倍增加，当超过枝干的承受力后，导致苹果树枝干折断、主干折断或全树压倒等现象。再加上急剧降温，使苹果树受到严重冻害，枝干韧皮部活细胞受冻，形成层变褐黑，失去生命活性等。

一般苹果树幼苗、树龄短的幼树、或新移植大树受冻害程度较重，严重的全株死亡。栽植南坡背风向阳处的果树受害轻，而背阴坡处果树受害重；管理好、土层厚的果园，树体生长健壮，营养状况好，在同等条件下受冻害轻。

2. 防控暴雪灾害的措施

（1）及早预警，尽早防范　气象部门根据降雪情况及早预测预报，并采用各种信息传播途径和通信手段发布预警信息。果农关注气象部门关于暴雪的最新预报、预警信息，尽快尽早清除树冠上的积雪，防止积雪压弯、压断、或撕裂树干树枝；入冬前，浇透越冬水，对树干、主枝全部涂白，或主干包草、包膜等。

（2）加强果园管理，增强果树抗寒性　生长季节加强土肥水管理，合理运用排灌和施肥技术，促进新梢生长和提高叶片光合效能，增加苹果树营养物质的积累，保证树体健壮。秋季多施磷、钾肥，少施氮肥，及时排涝、控制灌水，促使苹果枝条充分成熟以及养分的积累和回流，从而增加苹果树的抗风雪能力。

（3）雪灾后及时处理　尽早修剪、锯除受到伤害的枝干，或采用绑缚技术适当处理好受损枝干；并对伤口涂抹愈合剂，或石硫合剂等伤口保护剂，减少对树体的伤害。受害严重的果树，生长季在合适部位重新选留和培养主干、主枝及枝组，除去不必要的新梢等，最大可能降低暴雪带来的损害。

第四节　旱涝灾害的防控

我国大部分苹果产区具有"春旱夏涝、晚秋又旱"气象特点，在初春、晚秋和冬季，果树容易受到干旱的危害；在 5～8 月份，易于发生不同程度的洪涝灾害，此间苹果树正处于幼果发育期，加上伴随的冰雹、大风等恶劣天气，会对苹果产量和品质造成伤害，或毁灭性的打击。

一、干旱灾害

干旱灾害指一定区域内降水异常偏少、空气干燥、土壤缺水，水分不能满足果树生长发育的需求，而导致生长受抑、死亡和减产的一种气象灾害。干旱灾害一般发生频率高、影响范围大、危害最严重。

1. 干旱的类型　按照干旱的形成原因分为大气干旱、土壤干旱及生理干旱。大气干旱主要指干热风造成的空气湿度极低，大气蒸发强度大，蒸腾失水过快，植株因水分收支失衡而受到的危害；土壤干旱是最常见的干旱类型，指耕层土壤水分含量少，果树根系难以吸收到足够的水分补偿蒸腾消耗，而使体内水分失衡而造成的危害；生理干旱指由于土壤环境不良致使果树根系吸水障碍，体内水分失衡而发生的危害，比如，在果树被淹根系缺氧以及早春气温高，土壤温度低而根系还没有完全恢复时，果树因不能正常吸水而发生的生理伤害。旱害的发生程度与大气环流异常、降水偏少、土壤特性、耕作方式及土壤肥力等因素有关。

2. 干旱的危害　苹果树多数种植在山地丘陵地带，加上生

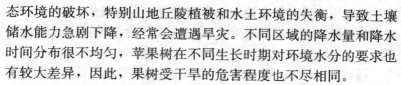

态环境的破坏，特别山地丘陵植被和水土环境的失衡，导致土壤储水能力急剧下降，经常会遭遇旱灾。不同区域的降水量和降水时间分布很不均匀，苹果树在不同生长时期对环境水分的要求也有较大差异，因此，果树受干旱的危害程度也不尽相同。

在春季，北方降水量相对少且不稳定，而温度回升快、空气湿度迅速下降，加上春季多风，风速大，土壤失水快；此时，果树处于萌芽开花期，严重干旱时，容易造成苹果树枝条失水抽干，萌芽不整齐、花期延迟，落花落果严重等。夏季日晒强烈、高温少雨、蒸腾量大，夏季干旱容易造成果树产量下降，果实品质变差等。秋季干旱会使晚熟苹果难以着色，降低苹果品质，同时土壤贮水不足，会加重春旱的灾情。

3. 干旱灾害的防控

（1）提前预警，加强水利建设　利用气象卫星、雷达等现代化技术手段，提高旱涝的监测、预测预警水平，并在干旱少雨季节，进行适当人工降雨作业。要根据当地水源的实际情况，制定发展水利的科学规划。在平原和沿江、沿湖地区，可修建引水灌溉工程，也可建机电排灌站网。在山地丘陵等水资源缺乏的果园，修筑梯田、拦截水坝，水窖、集雨窖等，还可利用天然或人工洞穴等有利地形蓄积雨水。广开水源，健全排灌水系统，扩大果园灌溉面积。

（2）改变耕作制度，建立生态果园　改变不良耕作制度（如传统的清耕等），发展生草、覆盖等，逐步建立生态果园，增强果树对旱涝的自我调节能力。营造果园防风林，治理水土流失。平整土地，改良土壤结构，提高土壤蓄水、保肥、保水能力，减小地表径流。

（3）加强果园栽培管理　积极选育和推广各种抗旱、耐旱、耐瘠薄的苹果品种；发展覆膜、覆草、生草栽培等，也可利用某些化学物质，铺洒于果园土壤表面，形成一层薄膜、泡末或粉末覆盖层，抑制土壤蒸发，改善果园小气候；培肥沃土，改良土壤，增强土壤蓄水保水能力；合理修剪，平衡树势；适当重剪，减少枝叶量，减弱蒸腾作用，保持地上部分和地下部分的生理平衡。

（4）节水灌溉，提高水的利用率　根据苹果树各生长发育阶段的耗水规律和本地的降水、蒸发等气候特点，以及土壤水分状况，制定一套合理的灌溉制度，做到既满足果树需水，又不浪费水资源。积极采用微喷、滴灌和地下水灌溉等节水灌溉技术，在果树生长发育的需水临界期或关键时期集中灌水，使少量的水用在刀刃上，提高水分利用率（具体技术详见第七章）。

二、雨涝灾害

雨涝灾害，也叫洪涝灾害、水灾，是指某区域内持续强降水造成山洪暴发，以及洼地积水、长期土壤含水量过大致使果树生长异常而产生的灾害。

1. 雨涝的类型　雨涝灾害分为洪灾、涝灾和渍害。洪灾一般由突发暴雨或长时期的降雨引起，西部也可能由大量融雪引起，沿海可能由风暴潮或海啸引起。涝灾指降雨过多，不能及时排水使果园内出现积水，果树受害。渍害又叫湿害，指土壤长期处于水分饱和状态，果树根系缺氧，导致果树发育不良的现象；渍害会引发多种苹果病害。

受季风气候的影响，我国雨季集中，因此雨涝灾害多发生在夏季，但部分区域如陕南、关中地区、华北等也会出现秋涝灾害。

2. 雨涝的危害　发生雨涝灾害时，果园长期积水使土壤中的空气相继排出，造成果树根部氧气不足。在这种情况下，根系及微生物的代谢活动会产生更多的有害中间产物，比如，乙醇、乙酸和一些还原性物质（甲烷、硫化氢等），经过一段时间之后，这些中间产物会导致果树光合作用不断降低，能量大大消耗，进

而使果树生长发育受阻甚至死亡。

3. 雨涝的防控　干旱和雨涝是发生面积最大、危害严重的气象灾害，避免和减轻干旱和雨涝灾害是保障苹果安全生产的重要措施之一。防控雨涝灾害的措施主要有：

（1）提前预警，加强水利设施建设　具体内容同干旱防控。

（2）及时排除积水，降低地下水位　灾后抓紧疏导沟渠，引水出园，降低土壤和园内的空气湿度。对水淹较轻的果园，雨后通过疏通渠道排出积水，并将树盘周围的淤泥清理出园，以保持树体正常的呼吸代谢；对水淹严重的果园，要及时进行修剪，去叶去果，减少蒸腾量，并清除果园内的落叶落果；对水淹较重，且短时间内不能及时清理淤泥的果园，要在果树行间挖排水沟，以降低地下水位，使果园土壤保持最大程度的通气状态。受淹严重时需配备必要的抽水设备。

（3）排水后清除泥沙、及时浅翻松土　清除树盘的压沙及淤泥，将根颈的土壤扒开晾根，并在距树干 1.5～2 米的地方，用锄头将土壤浅翻、晾晒，加速土壤水分蒸发，提高土壤通气性，促进土壤有益微生物活动，促使根系尽快恢复吸收机能。果园受淹后，易造成土壤板结，导致根系缺氧。为此，灾后应及时中耕松土，提高土壤通透性，中耕时要适当增加深度，将土壤混匀、土块捣碎。

（4）施肥养树，加强栽培管理　涝害发生后根系受损，吸肥、吸水能力下降，所以，施肥应以根外追施叶面肥（如 0.2% 磷酸二氢钾加 0.2% 尿素）为主，促进恢复树势。灾后根外追肥，要求以每隔 5～7 天，连续 2～3 次为标准。待树势恢复后，再按树体结果量和生长势，再正常转入常规施肥。涝害常发生在盛夏，气温、土温高，蒸发大，施肥要在早、晚进行，同时注意避免在高温下施肥伤根。对土层瘠薄果园和随坡栽植果树，应及时培土并支撑加固；水灾过后，一旦发现有歪倒树体，则立即加固扶正，再培土保墒；对露出的根系及时培土掩埋。

（5）合理修剪、涂白　对受害较轻的果树，应合理剪除过密枝、交叉枝及病虫枝，促进通风透光。对浸水时间较长的果树进行涂白，预防病虫害发生。

（6）防病治虫，护叶保叶　果园发生涝害后，由于土壤和空气的温度和湿度都偏高，常诱发各种病害（如苹果轮纹病、炭疽病、早期落叶病）的发生和蔓延，也适于多种害虫的滋生；尤其是随着果园湿度的提高和树体免疫力的下降，病害更易流行，也适于多种害虫的滋生，因此，灾后需要及时喷药防治，比如，喷1～2次杀虫、杀菌药剂（如70％的甲托、大生 M‐45 等），以防止病虫害的流行发生。

第十三章

安全用药，重视劳保

由于果树生产主要在露天环境中进行，农民在生产中时常遭受各种物理（风吹、日晒、潮湿、寒冷、炎热等）、化学（如化肥、农药、除草剂等有害化学物质）和生物因子（如蜂虫叮咬等）的伤害。此外，目前我国农业生产方式还相对比较落后，生产中的手工作业较多，缺少必要的劳动保护装备，高风险、高强度、超负荷劳作较为普遍等，这些现象对农民的身心健康都有严重危害。

为防控病虫草危害，苹果生产需要使用众多农药，但由于不少果农对农药危害认识不足、自我保护意识淡漠、农药选用不当、施药技术和器械落后、技术操作错误等等，经常出现农药中毒现象。而苹果安全生产不仅要提供数量充足的优质苹果，保证苹果质量和果园环境安全，还要保障劳动者的人身安全等。因此，在进行苹果安全生产时，要认清生产活动中的危害因素，重视果农自身的健康和安全，加强果园生产中的劳动保护。

第一节　农药的鉴别与安全使用

农药是苹果生产中使用非常多的生产资料，为降低病虫草等给苹果生产造成的损失提供了有利保障，但农药的毒性也使其成为了引起农业职业危害的最普遍、最重要的因素。因此，在农药使用过程中，需要强化和提高果农的自我保护意识，正确认识和合理施用农药，规范技术操作规程。

一、农药鉴别、选购与保管

按照作用方式，农药可分为胃毒、触杀和熏蒸类等。根据毒性大小，农药分为高毒、中等毒、低毒三类。高毒农药，如久效磷、甲胺磷、呋喃丹、杀虫脒等，只要接触极少量就会引起中毒或死亡，这些农药在无公害生产中已禁止使用；中、低毒农药虽较高毒农药的毒性为低，但接触多，抢救不及时也会造成死亡。安全农药使用首先要正确辨识农药，并根据防治对象正确选购农药。

1. 农药剂型 农药名称一般分为三部分，第一部分为有效成分含量，第二部分为农药品种名称，第三部分为剂型名称，如5％辛硫磷颗粒剂，80％敌敌畏乳油等。剂型是工厂将农药原药加工成的实用化商品形式。剂型有粉剂、可湿性粉剂、浮油、水剂、悬浮剂、颗粒剂、烟剂、微量剂、缓释剂等，目前生产经常使用的有：

（1）粉剂及可湿性粉剂 是由农药与性质稳定的细粉载体混合制成的粉状物。不加助剂的为粉剂，可用于喷粉、拌种、配制毒谷、毒饵、处理土壤等。加湿润、分散剂的为可湿性粉剂，可加水配制成悬浮液，用于喷雾、灌根等，药效期较长。

（2）乳油 是将农药原药溶解在一定量的有机溶剂或乳化剂中制成的分布均匀、透明状液体农药。在水中可迅速乳化，形成均匀的药液，可渗透进入害虫的表皮。乳油农药比较稳定，黏附性和渗透性强，残效期较长。可供喷雾、拌种、涂抹、处理土壤等。

（3）水剂 是不溶于水的农药原药与可溶于水的填料混合粉碎后直接溶于水而加工成的农药。水剂农药有机溶剂少、使用较安全，但稳定性较差，长期贮存易水解失效。主要用于喷雾。

（4）悬浮剂 又叫胶悬剂。是由农药原药、载体和分散剂混

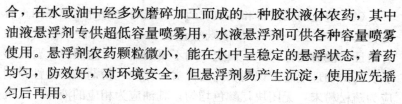

合，在水或油中经多次磨碎加工而成的一种胶状液体农药，其中油液悬浮剂专供超低容量喷雾用，水液悬浮剂可供各种容量喷雾使用。悬浮剂农药颗粒微小，能在水中呈稳定的悬浮状态，着药均匀，防效好，对环境安全，但悬浮剂易产生沉淀，使用应先摇匀后再用。

2. 农药的选购与鉴别　安全使用农药首先需要正确选择和鉴别农药。

（1）选择农药时首先要按照国家政策和有关法规规定选择，并依照农药产品登记的防治对象和安全使用间隔期（安全使用间隔期是指最后一次施药至作物收获时安全允许间隔的天数）选择农药；严禁选用国家禁止生产、使用的农药，如需选择限用的农药应按照有关规定；不得选择剧毒、高毒农药用于防治果园害虫。

（2）要选购适用对口农药　选药前应调查病、虫、草和其他有害生物发生情况，明确防治对象，了解防治对象的危害特征，然后根据防治对象选购不同类型的农药，比如，防治咬食叶片的害虫，就要选用胃毒作用强的药剂，如果防治吮吸植物汁液的害虫，则宜选用内吸性药剂，如防治蚜虫、飞虱、叶蝉等，可选用吡虫啉等内吸性药剂。确定了农药类型，要优先选择用量少、毒性低，及在产品和环境中残留量低的高效农药品种，避免选择高效广谱、残留量大的农药，另外，要考虑农药的价格，注意农药的包装、质量等，防止药品包装物破漏；注意农药的品名、有效成分及其含量、出厂日期和使用说明等，注意鉴别是否是过期农药及使用说明不清楚的农药。如果病、虫、草和其他有害生物单一发生，应选择对防治对象专一性强的农药品种。在一个防治季节应选择不同作用机理的农药品种交替使用，以防止病、虫、草和其他有害生物产生抗药性。

（3）应选择对周边作物安全的农药品种，同时应考虑选择对天敌和其他有益生物安全的农药品种及对生态环境安全的农药品种。

（4）避免购买假冒和劣质农药　在选购农药时，应仔细查看是否具有"三证一标"，即农药登记证、生产许可证、质量检验合格证与注册商标，如不俱全，则不要购买，以防假冒。要能够从农药的物理形态上识别农药的优劣，比如，粉剂和可湿性粉剂应为疏松粉末，无团块，颜色均匀；乳油应为相应的液体，无沉淀或悬浮物，没有分层和混浊现象；悬浮剂、悬乳液应为可流动的悬浮液，长时存放可能存在少量分层现象，但轻摇后能恢复原状；水剂应为均相液体，无沉淀或悬浮物，加水稀释后一般也不出现混浊沉淀。

3. 农药的运输和保存　农药在运输过程中要先检查包装是否完整，如发现渗漏、破裂的情况，应该使用规定材料重新包装后运输，及时妥善处理渗漏出的农药，清理被污染的地面、运输工具及包装材料，用于包装和运输的工具要专物专用，并在醒目位置做上标记。搬运时要轻拿轻放。

农药不得与粮食、蔬菜、瓜果、日用品等混载、混放；农药要有专人看护，存放农药的地方门窗要牢固，通风条件要好，储存用的门柜要加锁，防止儿童接触。

二、农药合理使用原则

农药合理使用是指农药在使用时要注意提高农药防治的效果、避免盲目增加用药量、降低成本、减少农药对人、畜和环境的危害。使用时应注意以下几点：

1. 对症选药　各种农药都有自己的特性及其防治对象，必须根据果园病虫种类及其发生特点选用农药，做到有的放矢。对一些刺吸式口器取食汁液的害虫（如蚜虫、叶蝉、粉虱）应选择具有触杀及内吸作用的农药；对体表有保护物的刺吸式口器害虫（如蚧类）应选择对蜡质有较强渗透作用及触杀作用农药；对以咀嚼式口器取食的害虫（多种蝶、蛾类幼虫），应选择以胃毒作

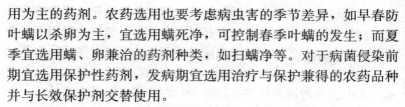

用为主的药剂。农药选用也要考虑病虫害的季节差异，如早春防叶螨以杀卵为主，宜选用螨死净，可控制春季叶螨的发生；而夏季宜选用螨、卵兼治的药剂种类，如扫螨净等。对于病菌侵染前期宜选用保护性药剂，发病期宜选用治疗与保护兼得的农药品种并与长效保护剂交替使用。

2. 适时用药 每一种病虫都有其一定的发生发展和消长规律，随着气温的变化，季节的延伸，与果树的生长发育同步发生。因此，病虫害的发生有极强的季节性和时间性，用药时期选择的好，防治效果理想，否则达不到预期效果。当果园的有害生物达到防治指标时，应在始见病虫害时就适时施药，避免见虫就打药的盲目施药方法，尽量减少用药次数，降低成本，减少环境污染。

施药时应考虑有害生物的生长规律和农药的性能，过迟或过早施药均可能影响防治效果，起不到应有的防治病虫害的作用。一般杀虫剂施药适期应选择在害虫三龄以前的幼虫期；钻蛀性害虫要在卵孵化高峰期施药。比如，苹果全爪螨早春卵孵化率达到$70\%\sim80\%$，幼螨孵化后尚未分散活动时喷药最好；卷叶虫防治则要在卷叶之前用药；食心虫要在幼虫蛀果之前杀灭等。预防病害用药则要施用在病菌侵染之前或发病初期，起到良好的预防或早期治疗作用。

适时用药还要根据气候条件选择最佳施药时期。有些农药的防治效果随着温度的增高而提高，如啶虫脒、敌百虫等，此类农药应在温度较高时施用；而有些农药，如拟除虫菊酯类杀虫剂，在温度较低时反而防效较好，此类农药应在早晨或傍晚施用；微生物杀虫剂（如 BT、白僵菌等）对光照、温度较敏感，应选择在生长后期，尤其雾天露水较多时施用较好。

3. 适量用药 农药在推广应用之前都已经过了严格的室内检测和田间应用试验，确定了有效浓度范围，不可以随意加大浓度，以免造成浪费和加重残留污染。生产过程中的用药量应根据药剂性能、不同品种、不同生育期，确定不同的施药方法。施药次数要根据病虫害发生时间的长短、药剂的持效期及上次施药后的防治效果来确定。在使用农药过程中不可以随便改变用药量和用药次数，在有效浓度范围内应尽量用低浓度进行防治。施药时还应考虑所要防治果园的面积，根据面积确定用药量；在收获前施用农药的要考虑农药安全间隔期，农药安全间隔期为最后一次施药至作物收获期时允许的间隔天数，即收获前禁止使用农药的日期，注意保证最后一次施药至收获期之间要大于安全间隔期，以免残留的农药对人体产生伤害。

4. 合理混用农药　合理的农药混用，可提高功效，兼治几种病虫害。但在混用时要了解混用农药的性质，性质相同或相近时方可混用，并随配随用。同时注意：①混用的农药彼此不能产生化学反应，不能产生有害物质而降低药效或造成药害。例如，有机磷农药和氨基甲酸酯类不能与碱性物质混用；②混用后的农药物理性状应保持不变，混用后不能产生分层、絮结、乳剂破坏、悬浮率降低甚至有结晶析出等；③混用要求具有不同的防治对象或不同作用方式，混用后可达到一次施药兼治多种病虫害的目的，有增效作用而不能有抵消作用，农产品中的农药残留量应低于单用药剂，能够使防治成本降低；④混用后的药液不应增加对人、畜的毒性。

5. 交替使用农药　一种药剂连年使用或一年多次使用后，害虫代代吸收代谢适应，逐渐形成稳定的抗性并可以遗传，病菌也可以产生耐药性，从而使药效不断下降，使农药使用年限缩短。因此，农药不宜长期单一使用，以免使病虫产生耐药、抗药性。避免害虫形成抗药性的重要方法是交替用药，一种农药一年只使用一次或最多 2 次，几种同类药剂交替轮换使用。如有机磷、拟除虫菊酯类、氨基甲酸酯类等杀虫剂之间的交替使用；将保护性杀菌剂和内吸性杀菌剂交替使用，或者将不同杀菌机制的内吸杀菌剂交替使用。不同种类农药交替使用的间隔期限应越长越好。

6. 机械化喷药　近年来，果园喷药的机械化程度有较大提

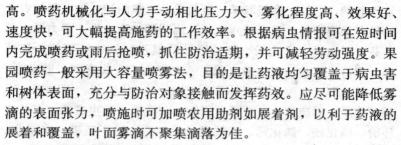

高。喷药机械化与人力手动相比压力大、雾化程度高、效果好、速度快,可大幅提高施药的工作效率。根据病虫情报可在短时间内完成喷药或雨后抢喷,抓住防治适期,并可减轻劳动强度。果园喷药一般采用大容量喷雾法,目的是让药液均匀覆盖于病虫害和树体表面,充分与防治对象接触而发挥药效。应尽可能降低雾滴的表面张力,喷施时可加喷农用助剂如展着剂,以利于药液的展着和覆盖,叶面雾滴不聚集滴落为佳。

7. 注意农药安全使用(见下文)。

三、苹果生产中禁止使用的农药

按照 NY/T 5012—2002 标准,苹果生产中禁止使用六六六、滴滴涕、毒杀芬、二溴氯丙烷、杀虫脒、甲拌磷、甲胺磷、甲基对硫磷、对硫磷、久效磷、磷胺、甲基异柳磷、特丁硫磷、甲基硫环磷、治螟磷、内吸磷、克百威、涕灭威、灭线磷、硫环磷、蝇毒磷、地虫硫磷、氯唑磷、苯线磷、水胺硫磷、氧化乐果、灭多威、福美肿等砷制剂。在苹果安全生产中禁止使用比九(B9)、萘乙酸(NAA)、2,4-二氯苯氧乙酸(2,4-D)、氟乙酰胺等。呋喃丹颗粒只准用于拌种、用工具沟施或戴手套撒施,不准浸水后喷雾;氯丹也只准用于拌种。任何农药产品的使用都不得超出农药登记批准的适用范围。禁止用农药毒杀鱼、虾、青蛙及有益的鸟兽。

按照联合国环境规划署制定 POPS 公约(对某些持续性有机污染物进行限制的具有法律约束性的国际文书),2000 年以后要在全球范围内全面销毁、禁止和限制 DDT、六六六、灭蚊灵、氯丹、毒杀酚、六氯苯、七氯、艾氏剂、狄氏剂及多氯联苯、多氯代呋喃、二恶英等 12 种有机污染物。我们国家禁止对乐果、甲胺磷、六六六、滴滴涕、久效磷、甲拌磷、三氯杀螨醇、苏化203、溴甲烷、林丹、二溴氯丙烷、杀虫脒、毒鼠强、氟乙酰胺、氟乙酸钠、七氯、多氯联苯、五氯酚、五氯酚钠、除草醚等农药的投资和生产，并且严禁六六六、滴滴涕、西力生、赛力散、毒杀芬、甲六粉、乙六粉、氟乙酰胺、氟乙酸钠、培福明、三环锡、普特丹、敌枯双、杀虫脒、二溴氯丙烷、蝇毒磷、除草醚、三氟杀螨醇、二溴乙烷（EDB）、艾氏剂、狄氏剂、甲胺磷、甲基对硫磷、对硫磷、久效磷、磷胺、苯线磷、地虫硫磷、甲基硫环磷、磷化镁、磷化钙、硫线磷、治螟磷、特丁硫磷、毒鼠强、毒鼠硅、甘氟、砷类、铅类、汞制剂在农业上的施用。

四、农药的配制与安全施用

1. 农药的配制　配置农药的场所应选择在远离水源、居所、畜牧栏等的地方。应现用现配，不要长时间保存已配好的农药，如需短时存放时，应密封并安排专人保管。配药前要准确核定施药面积，根据农药标签或植保技术人员推荐的农药使用剂量，结合不同的施药方法、防治对象和生长时期确定施药液量。量取和称量农药应在避风处操作，应选择没有杂质的清水配制，不能用配制农药的器具直接取水，药液不应超过额定容量。配药所用所有称量器具在使用后都要清洗，冲洗后的废液应在远离居所、水源和作物的地点妥善处理，而用于量取农药的器皿不得作其他用途。在量取农药后，封闭原农药包装并将其安全贮存。农药在配制过程中应采用"二次法"进行操作：

（1）用水稀释的农药　先用少量水将农药制剂稀释成浓度较高的"母液"，然后再将"母液"进一步稀释至所需要的浓度。

（2）用固体载体稀释的农药　应先用少量稀释载体（细土、细沙、固体肥料等）将农药制剂均匀稀释成"母粉"，然后再进一步稀释至所需要的用量。

2. 农药的施用

（1）施药时间　施药时间要根据果园病、虫、草和其他有害生

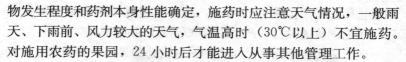

物发生程度和药剂本身性能确定,施药时应注意天气情况,一般雨天、下雨前、风力较大的天气,气温高时(30℃以上)不宜施药。对施用农药的果园,24小时后才能进入从事其他管理工作。

(2)**施药器械**　施药器械应选择正规厂家生产、经国家质检部门检测合格的药械。施药前应综合考虑防治对象、防治场所、作物种类和生长情况、农药剂型、防治方法、防治规模等情况选择施药器械。小面积喷洒农药宜选择手动喷雾器。较大面积喷洒农药宜选用背负机动气力喷雾机,果园宜采用风送弥雾机。大面积喷洒农药宜选用喷杆喷雾机或飞机。应根据病、虫、草和其他有害生物防治需要和施药器械类型选择合适的喷头,喷洒除草剂和生长调节剂应采用扇形雾喷头或激射式喷头,喷洒杀虫剂和杀菌剂宜采用空心圆锥雾喷头或扇形雾喷头,禁止在喷杆上混用不同类型的喷头。

施药作业前,应检查施药器械的压力部件、控制部件。喷雾器(机)截止阀应能够自如扳动,药液箱盖上的进气孔应畅通,各接口部分没有滴漏情况。施药作业结束后,应仔细清洗机具,并进行保养。存放前应对可能锈蚀的部件涂防锈黄油。喷雾器(机)喷洒除草剂后,必须用加有清洗剂的清水彻底清洗干净(至少清洗三遍)。保养后的施药器械应放在干燥通风的库房内,注意不要靠近火源,避免露天存放或与农药、酸、碱等腐蚀性物质存放在一起。

(3)**施药方法**　苹果园施药主要为露天作业,应根据施药机械喷幅和风向确定田间作业行走路线。使用喷雾机具施药时,作业人员应站在上风向,顺风隔行前进或逆风退行两边喷洒,严禁逆风前行喷洒农药和在施药区穿行。背负机动气力喷雾机宜采用降低容量喷雾方法,不应将喷头直接对着作物喷雾,应沿前进方向摇摆喷洒。使用手动喷雾器喷洒除草剂时,喷头一定要加装防护罩,对准有害杂草喷施。喷洒除草剂的药械宜专用,喷雾压力应在0.3MPa以下。施药过程中遇喷头堵塞等情况时,应立即关闭截止阀，先用清水冲洗喷头，然后戴着乳胶手套进行故障排除，用毛刷疏通喷孔，严禁用嘴吹吸喷头和滤网。

（4）施药后的处置　对于刚施过农药的果园，要树立警示标志，在农药的持效期内禁止放牧和采摘，施药后 24 小时内禁止进入。施药作业结束后，施药人员应及时用肥皂和清水清洗身体，并更换干净衣服。

未用完的农药制剂应保存在其原包装中，并密封贮存于上锁的地方，不得用其他容器盛装或分装。未喷完药液（粉）在该农药标签许可的情况下，可再将剩余药液用完；对于少量的剩余药液，应妥善处理。

农药施用后剩余的废容器及包装应及时妥善处理，玻璃瓶应冲洗 3 次，砸碎后掩埋；金属罐和金属桶应冲洗 3 次，砸扁后掩埋；塑料容器应冲洗 3 次，砸碎后掩埋或烧毁；纸包装应烧毁或掩埋，注意这些容器和包装物在清洗之后也不得用于其他用途。焚烧农药废容器和废包装应远离居所和果园，操作人员不得站在烟雾中，应阻止儿童接近。掩埋废容器和废包装应远离水源和居所。不能及时处理的废农药容器和废包装应妥善保管，防止儿童和牲畜接触。不应用废农药容器盛装其他农药，严禁用作人、畜饮食用具。

施药结束后要及时清洗施药工具，清洗时不应在小溪、河流或池塘等水源中冲洗或洗涮施药器械，洗涮过施药器械的水应倒在远离居民点、水源和果园的地方。施药作业结束后，应立即脱下防护服及其他防护用具，装入事先准备好的塑料袋中带回处理。带回的各种防护服、用具、手套等物品，应立即清洗 2～3 遍，晾干存放。

五、农药安全使用注意事项

农药可杀灭病虫草害，也会危害生态环境，甚至威胁人类生命

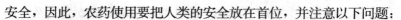

安全,因此,农药使用要把人类的安全放在首位,并注意以下问题:

第一,使用前,要认真阅读农药标签或请教有关技术人员,认清农药的毒性和使用范围。使用时要严格遵守《农药安全使用标准》和《农药安全使用规定》,明确使用方法和使用范围。

第二,农药应放置在安全、儿童不易接触到的地方,不要与其他物品混合存放,更不能存放在靠近食物地方。配药时要远离儿童和家禽、水源,用过的农药包装物要深埋或烧毁。使用和存放农药要避免污染环境和危害人、畜、家禽。切不可用农药瓶、农药袋来装食品或饮用水。

第三,不要使用损坏或跑冒滴漏严重的施药器具。使用施药器具前,应先检查有无漏水,喷口是否畅通,接口是否坚牢,以免使用中发生故障。使用过程中如发生堵塞,应先用清水冲洗后再排故障,切不可用嘴吹、吸喷头和滤网。

第四,田间撒布农药时要穿戴防护衣具,调配农药时千万不可触及原液。有些农药挥发性甚大,很容易由气管吸入其蒸气,故在调配农药时应戴手套及口罩,并用搅拌棒搅拌,千万不可用手代替。大部分的农药与皮肤接触后能经皮肤渗透到人体内,对高浓度的原液,只要少量触及皮肤,就被吸收引起中毒。

第五,在施药过程中,不要吃、喝东西和抽烟,不能擦嘴、擦脸、擦眼睛;施药结束后要及时更换衣服,用肥皂水冲洗皮肤。施用高毒农药必须有2名以上操作人员。

第六,喷药后的果园应立警戒标识。施药后一般至少24小时以后才能进入喷药的果园,施用高毒农药的地方要竖立警戒标志,防止人、畜、家禽进入。

第七,喷药时应注意风向,不要逆风喷药,大风和中午高温时应停止施药。在喷药中若不慎触及药液应迅速用肥皂洗净,若进入眼部应立刻用食盐水(食盐9份,水1 000份)冲洗干净。

第八,身体不适时不要喷药,施药期间应有适当休息,每人每天喷药时间最好不超过四小时,并且不要连续多日喷药,不要让儿童、病人、"三期"（孕妇、哺乳期、经期）妇女老人及身体较弱的人施药。

第九，施药人员如有头痛、头昏、恶心、呕吐等中毒症状，应立刻停止工作，立即求医诊治，并出示曾使用过的农药标签，以便医生确诊，对症下药。

第十，施药作业后的身体及用具应洗净。凡沾有药液的防护衣具如衣服、口罩、手套、雨鞋等应用肥皂液洗净收存并全身洗净、漱，休息后再吸烟、饮水、吃饭，但不宜饮酒。

第十一，剩余药液应加妥善处理，如深埋，不可沾污道路或水源。盛装农药的容器不可乱弃，应埋入土中或放置安全地方，包装纸器或塑料瓶、袋应烧毁。

第十二，不乱用农药，严格掌握安全间隔期。使用农药不要任意提高浓度或一次混合多种农药。某种农药防治某种病虫害，使用的浓度都经过田间试验所得的结果，如果调配药液时任意提高浓度，减低加水倍数，会使果实在安全收获期仍含有毒性，影响消费者的健康，甚至发生药害。喷药后的果实应到安全收获期始可采收，部分的农药具有剧毒性或残留性，施用农药如未达安全采收期即行采收，食后会严重影响人体的健康。

第二节　果园常用农药品种及其使用技术

苹果安全生产中，常用药剂主要有生物（植物、动物、微生物）源农药、矿物源农药、化学诱抗剂以及低毒高效低残合成农药等。

一、植物源农药

植物源农药是利用具有生物活性植物的特定部位，经加工后，用于防治病虫害，或提取其有效成分而做成制剂应用被成为植物源农药。与化学合成成药相比，植物源农药对环境安全，无残留；对高等动物及害虫天敌比较安全；生物活性多样性，害虫不易产生抗药性；较易获得，价格比较便宜。

1. 鱼藤　鱼藤属豆科多年生藤本植物，其杀虫有效成分是鱼藤酮，主要存在于根部。鱼藤酮纯品为无色无臭六板状结晶，不溶于水，稍溶于甲醇、乙醇、乙醚、易溶于氯仿、丙酮、苯等有机溶剂。在干燥情况下比较稳定，易受阳光、空气、高温影响而分解，遇碱性物质很快失效。鱼藤酮对人、畜毒性中等，对鱼、猪高毒。

鱼藤对害虫有胃毒和触杀作用，剂型有 4‰鱼藤粉剂 5‰和 7.5‰鱼藤乳油（鱼藤精）。用 4‰粉剂 1 千克加中性胭皂 0.5 千克，兑水 200～300 千克喷雾，或用 5‰鱼藤乳油 2 000 倍液喷雾，可防治梨二叉蚜、桃蚜等多种蚜虫。用 5‰鱼藤乳油 1 000 倍液喷雾，可防治叶甲、卷叶虫、各种毛虫等咀嚼式口器害虫。鱼藤对人、畜有一定毒性，应严格保管，谨防误食；制剂应贮存在阴暗、黑暗处，以免分解；鱼藤不能与石硫合剂或波尔多液等碱性农药混用。不可用热水浸泡鱼藤粉，药液要随配随用，防止久放失效。

2. 除虫菊　除虫菊是一种多年生宿根性草本菊科植物，其杀虫有效成分是除虫菊素（主要存在于花中）。对害虫具有触杀作用，击倒力强，残效期短，对人、畜毒性低，对植物无药害。多用于防治表皮柔嫩的害虫，对蛹和蜡质较厚的害虫几乎无效。

剂型有除虫菊粉或 3‰除虫菊乳油。按照除虫菊粉 1 千克、中性肥皂 0.6～0.8 千克和水 400～600 升的比例，用少量热水把肥皂溶化后，加入除虫菊粉，然后加足水量，搅拌均匀后喷雾，可防治多种蚜虫、叶甲、蜡象等害虫。用 3‰除虫菊乳油 50～80 倍液喷雾，多用于防治蚜虫、叶蝉等害虫。

注意除虫菊不能与石硫合剂、波尔多液、松脂合剂等碱性农药混用；商品制剂需在密闭容器中保存，避免高温、潮湿和阳光直射；是强力触杀性药剂，无胃毒作用，因而施药时药剂一定要接触虫体才有效，否则效果不好。

3. 苦参碱 苦参碱是从苦参的根、茎叶、果实提取而来包含苦参碱、氧化苦参碱等多种成分生物碱，纯品为白色粉末。苦参碱对人畜低毒，具有触杀和胃毒作用，具有广谱性杀虫，苦参碱可使害虫神经麻痹，蛋白质凝固堵塞气孔窒息而死。

剂型有 0.2% 和 0.3% 水剂以及 1% 的粉剂。用 0.2% 或 0.3% 水剂 200～300 倍液防治山楂叶螨、绣线菊蚜等。苦参碱无内吸性，喷药时注意喷洒均匀周到，不能与碱性农药混用。

4. 烟碱（硫酸烟碱） 烟碱（尼古丁）的由烟草提取得到的生物碱，其溶液或蒸气可渗入害虫体内，使其迅速麻痹，造成神经中毒而死亡。烟碱对害虫主要是触杀作用，也有一定的熏蒸和胃毒作用，对将要孵化的卵有较强的杀伤力，杀虫范围广，药效快，对植物安全，残效期短。

剂型有 40% 硫酸烟碱水剂，稀释 800～1 000 倍液，可防治果树蚜虫、叶螨、卷叶虫、食心虫、潜叶蛾等。在药液中加入 0.2%～0.3% 的中性皂，可提高药效。烟碱除不能与石硫合剂、波尔多液等碱性农药混用外，可与多种农药混用；烟碱对人畜毒性高，配制和使用时要注意防护。

5. 茶籽饼 油茶和茶的种子榨油后的饼，含皂素和生物碱 13%～14%，其浸出液有很强的展着力和乳化性能，微碱性，对害虫具有触杀作用和胃毒作用。

将碾成粉末的茶籽饼 4～5 千克加适量细土搅匀，撒在有露水的幼树和苗木上，可加水 40～80 升喷雾，可防治蚜虫和蜗牛；每 667 米² 用茶籽饼 15～20 千克磨粉与基肥混合用，兼治地下害虫，如防治小象甲、蛴螬、蝼蛄等。每 50 千克药液中加入 0.250～0.3 千克茶籽饼的浸出滤液，能增强农药在果树及害虫虫体上的附着力，从而提高防治效果。

6. 茴蒿素　茴蒿素是是从植物茴蒿中提取的一种广谱性低毒杀虫剂,主要成分为山道年及百部碱,对害虫具有触杀和胃毒作用,具有速效性和持效性。对人、畜无毒对植物和天敌均安全。可防治各种蚜虫、食心虫、黄粉蚜、梨木虱、尺蠖、菜青虫、天牛幼虫和侧多食跗线螨等。

剂型有 0.65% 茴蒿素水剂和 3% 茴蒿素乳油两种。用 0.65% 茴蒿素水剂 400～800 倍液喷布可防治各种果树蚜虫,300～400 倍液可防治桃小食心虫、梨小食心虫、梨木虱和苹果尺蠖等,并可兼治红蜘蛛,还可防治蚊、蝇和棉铃虫等。茴蒿素遇热、光和碱易分解,不能和碱性农药混用,药液应现配现用,当天用完;药剂应贮存在干燥、避光、通风的库房内,一般有效期 1.5 年。

7. 苦楝油乳剂　从楝科植物提取的带苦味的三萜类衍生物。目前应用最广、研究最多的是印楝素、苦楝素、川楝素、苦楝油和苦楝油苦味质。楝素、楝油、苦味质等对害虫有忌避、拒食和抑制生长与触杀以及胃毒作用。楝油等物质对人、畜安全,在果品中无残留,不污染环境,再生资源丰富。

剂型有 100% 苦楝油原油（淡棕褐色）和 37% 苦楝油。37% 苦楝油乳剂 75 倍液,于落叶果树生长期喷布,可有效地防治苹果全爪螨和山楂叶螨。用苦楝树叶 1 千克,加水 3 升浸泡 6 小时后去渣,加水 30 升稀释喷雾,可防治蚜虫等。

8. 藜芦碱　从藜科的多年生灌木植物芦藜中提取的活性物质,又名虫敌和西伐丁。藜芦碱的作用对象与烟碱相似,是一种速效杀虫剂,对人畜低毒,对植物安全。具有触杀、胃毒和熏蒸作用,其有效成分硫酸盐——硫酸毒藜碱的挥发性较低,贮存方便。可防治苹果蚜虫、粉虱、木虱和潜叶蛾等。

剂型有 40% 和 30% 硫酸毒藜碱及 0.5% 藜芦醇溶液。用 40% 硫酸毒藜碱 800～1 000 倍液可防治苹果蚜虫、木虱、潜叶蛾等,还可防治菜青虫和棉铃虫等。对家蚕有毒,勿与碱性农药混用。

9. 腐必清（松焦油原液） 腐必清是以松树根为原料，经干馏精制提炼加工而成，主要成分是萜烯类、酚类、中性物、松香酸、树脂酸等多酚杂环类化合物，可抑制菌丝扩展和产生孢子，属低毒农药。腐必清渗透性强、耐雨水冲刷、药效长，对果树上的真菌病害有较好的预防和铲除作用。

腐必清有涂剂和乳剂。主要用于果树枝干腐烂病的防治，在早春萌芽前和晚秋落叶后刮治腐烂病病斑以后，用腐必清涂抹剂或乳油 2～3 倍液在病斑上各涂抹一次，夏季发病期还应在病斑上涂抹一次，重病果园可用 50 倍液进行全树喷雾防治。

腐必清易燃，应放在远离火源处贮存，使用前应充分搅拌均匀。避免药剂直接接触皮肤，若不慎触及皮肤，可用去污粉搓洗，再用肥皂水清洗。

10. 松脂合剂 松脂合剂也叫松碱合剂，是由松脂和烧碱（氢氧化钠）或纯碱（碳酸钠）熬制而成。主要成分是松脂皂，呈强碱性，对害虫的作用方式主要是触杀，具有很强但是黏着性和渗透性，能侵害害虫体壁，尤其对介壳虫的蜡质有强烈的腐蚀破坏作用。

使用松脂合剂首先把松脂和烧碱加热熬制成原液，可按照生松脂 1 份、烧碱 0.6～0.8 份、水 5～6 份（若是纯碱，则为生松脂 1 份，纯碱 0.8 份，水 4～5 份）比例，先把水放在铁锅中烧开后防入碱，至碱全部溶化时，把事先粉碎好的松脂慢慢倒入锅内，边搅边搅拌，并随时用热水补充已蒸发多么水量，煮沸约半小时后，即成黄棕色黏稠状液体。用竹叶或藤条做一个 3～5 厘米大小的圆圈，在锅内捞取少量的药液，取出后圈内出现透明的薄膜，即可出锅。用竹制的簸箕或棕片过滤，簸去或滤去木屑泥沙等杂质，即为松脂合剂原液。

松脂合剂可用于防治害螨、介壳虫、蚜虫、粉虱等害虫和地衣、苔鲜、石花等生物。冬季果树休眠期和早春发芽前，向苹果树上喷布 20～25 倍液,可防治叶螨、锈螨的成虫和卵,蚧虫、粉虱的低龄幼虫,蚜虫以及煤烟病。

松脂合剂对果树芽和花有害,发芽、开花和坐果、幼果期不宜施用;夏季气在 30℃以上或雨后空气潮湿时不宜施用;不能与其他有机农药混用,亦不能与波尔多液混用,在喷施波尔多液后 15～20 天才能喷松脂合剂,或在施用松脂合剂后 20 天才能喷波尔多液,以免产生药害;松脂合剂在同果园不宜多次喷布,在生长衰弱的老年更新园更不宜施用,否则易引起落叶枯枝,削弱树势,影响花芽分化和产量。对禾本科作物和姜苗药害严重,应予注意;本剂对皮肤和衣服腐蚀性强,要注意保护。

11. 棉油皂和棉油泥皂 棉油皂是用粗棉籽油加烧碱(氢氧化钠)熬制的肥皂状物。棉油泥皂是用精制棉籽油的沉淀物加烧碱熬制成的皂状物。棉油皂和棉油泥皂呈黑褐色,在水中溶化成乳状液,呈强碱性,长期存放,颜色变淡,对药效无影响。对害虫有触杀作用。

制作棉油皂时,按照粗棉籽油 100 千克、33 波美度的烧碱水 50 千克、水 30 升的比例,先将棉籽油和水放在锅里加热至 70℃左右,慢慢加入碱水,边加边搅拌,温度仍保持在 70℃左右,不得超过 80℃。加完碱水后继续搅拌 1 小时左右,直熬到粘稠时停止加热,再继续搅拌半小时左右,冷却后即成棉油皂固体,切成块备用。制作棉油泥皂时,按照棉籽油沉淀物 100 千克、33 波美度烧碱水 23 千克、水 5～8 升比例熬制,熬制方法与熬制棉油皂相同。

应用时将棉油皂或棉油泥皂切成薄片,用少量热水溶化后,再加水定量水稀释喷雾。棉油皂用 80 倍液,棉油泥皂用 50 倍液,在果树休眠期发芽前施药,可防治各种蚜虫、介壳虫和害螨。

由于该药剂是触杀剂,喷雾时务必喷到虫体上,否则无效;稀释药液时不能用硬水,宜用河水或田水。如稀释表面有浮油或下面有残渣，应除去，以免产生药害；在花期和幼果期不能喷布，在同一果园不宜多次施用，以免出现药害。

12. 银杏树叶及外种皮提取液 银杏外种皮液含有多种活性物质，可用其提取液防治蚜虫、红蜘蛛、介壳虫、金龟子、白粉虱及地下害虫，如蝼蛄、蛴螬、地老虎等。

取鲜银杏叶 1 千克捣烂加水 1 千克，浸泡 2 小时，提取原液；取原液 1 千克加水 4 千克，可防治绵蚜和白粉虱。将鲜银杏外种皮捣烂，每千克加水 3 千克，浸泡 24 小时，过滤后再加水 2 千克，浸泡 4 小时，两次共得原液 4 千克，每千克原液加水 5 千克，可有效防治介壳虫和蚜虫。将晒干的银杏叶外种皮，加 8 倍水文火煮 2 小时，取滤液可有效防治蚜虫、斜纹夜蛾。将没有商品价植的劣质银杏种子捣烂，加等量的水，浸泡 2 小时，过滤得原液，每千克原液加水 2 千克，防治绵蚜效果显著。

二、动物源农药

动物源农药一类是人工繁殖培养的活动物体，如寄生蜂、草岭、食虫食菌瓢虫及某些专食害草的昆虫，另一类是用动物代谢物或其体内所含生物活性物质制成的药剂，这里主要指后一类。

1. 灭幼脲（灭幼脲 3 号） 灭幼脲是一种昆虫生长调节剂，属特异性杀虫剂。害虫取食或接触药剂后，抑制表皮几丁质的合成，使幼虫不能正常蜕皮而死亡。主要是胃毒作用，也有一定的触杀作用，但无内吸性。对鳞翅目和双翅目幼虫有特效，不杀成虫，但能使成虫不育，卵不能正常孵化。毒性低，对人、畜和植物安全，对天敌杀伤小，药效较慢，2～3 天后才能显示杀虫作用。

剂型有 25% 和 50% 胶悬剂，常用的为 25% 胶悬剂。灭幼脲对鳞翅目害虫有特效，在低龄幼虫期，用 25% 灭幼脲 3 号胶悬剂 1 500～2 000 倍液防治金纹细蛾、刺蛾、天幕毛虫、舞毒蛾

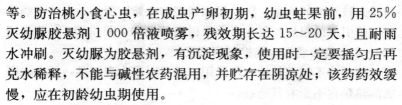

等。防治桃小食心虫,在成虫产卵初期,幼虫蛀果前,用25%灭幼脲胶悬剂1 000倍液喷雾,残效期长达15～20天,且耐雨水冲刷。灭幼脲为胶悬剂,有沉淀现象,使用时一定要摇匀后再兑水稀释,不能与碱性农药混用,并贮存在阴凉处;该药药效缓慢,应在初龄幼虫期使用。

2. 氟铃脲（杀铃脲、农梦特）　是一种昆虫几丁质合成抑制剂,能抑制昆虫表皮几丁质的生物合成,使害虫在蜕皮或变态过程中死亡,能导致成虫不育,并有较强的杀卵作用,具有高效、广谱、低毒,对天敌安全等特点,但对蚜虫、螨等刺吸式口器昆虫无效。

剂型有5%乳油（氟铃脲、农梦特）和20%悬浮剂（杀铃脲）。在卵孵化盛期或低龄幼虫期,喷5%氟铃脲或农梦特乳油1 000～2 000倍液,或20%杀铃脲悬浮剂8 000～10 000倍液,可防治金纹细蛾、桃蛀果蛾以及卷叶蛾、刺蛾、桃蛀螟等多种鳞翅目害虫,药效可维持20天左右。对食叶害虫应在低龄期使用,钻蛀性害虫应在产卵末期至卵孵化盛期使用。该药剂无内吸性和渗透性,喷药时要均匀周到;不能与碱性农药混用。

3. 菌毒清（安索菌毒清）　菌毒清是一种氨基酸类内吸性杀菌剂,有效成分为甘氨酸取代衍生物,杀菌机理是凝固病菌蛋白质,破坏病菌细胞膜,抑制病菌呼吸,使病菌酶系统变性,从而杀死病菌。具有高效、低毒、无残留等特点,并有较好的渗透性,对侵入树皮内的潜伏病菌有一定的铲除作用,可用来防治多种真菌、细菌和病毒引起的病害。

剂型为5%水剂。防治苹果树腐烂病等枝干病害,用5%菌毒清水剂30～50倍液。在刮治后的病斑上涂抹2次（间隔7～10天）,效果较好,并有强烈的刺激生长作用,能促进伤口愈合,其愈合效果优于福美胂,病疤复发率较低。亦可在早春果树发芽前用5%菌毒清水剂100～200倍液,喷洒树体枝干,药液用量控制在滴水程度,可铲除苹果树腐烂病、苹果干腐病、轮纹病侵入枝干内的病菌。防治根部病害如由紫纹羽病、白纹羽病及镰刀菌引起的根病，可在春季果树萌芽期和 7 月份用 5％菌毒清 200～300 倍液灌根，能控制病害发展。

菌毒清不能与其他农药混用，低温时易出现结晶，用温水隔瓶加热融化不影响其药效。

4. 卡死克 卡死克是一种酰基脲类昆虫生长调节剂的杀螨、杀虫剂，属高效、低毒药剂。对害虫和螨类具触杀和胃毒作用，主要抑制害虫和螨类表皮几丁质的合成，使其不能正常蜕皮和变态而死亡。该药剂不杀卵，对成螨亦无直接杀伤作用，但可使其寿命缩短，产卵量减少或卵不孵化，孵化出的幼螨亦会很快死亡。药效缓慢，施药后 2～3 小时害虫、害螨可停止取食，3～5 天达高峰，对多种果树害虫亦有较好的防治效果。

剂型为 5％乳油。可用来防治多种害螨和害虫，特别对抗性害螨（虫）有较好的防效。苹果开花前后是苹果树山楂叶螨和苹果全爪螨幼、若螨集中发生期，用 5％卡死克乳油 1 000～1 500 倍液喷雾，效果较好，药效期较长，并能兼治越冬的棉褐带卷蛾和金纹细蛾。但在夏季害螨各种虫态混合发生，卡死克不杀卵，亦不能直接杀死成螨，往往当代效果不好，使用浓度应提高到 500 倍。防治桃小食心虫，可在卵果率达 0.5％～1％时喷洒 1 000～2 000 倍液。

卡死克不能与碱性农药混用，和波尔多液的间隔喷药时间为 10 天左右。对无脊椎水生生物高毒，不可污染水域。

5. 扑虱灵（优乐得、噻嗪酮、环烷脲） 扑虱灵是一种选择性的昆虫生长调节剂，属高效、低毒杀虫剂，对人、畜、植物和天敌安全，主要是触杀和胃毒作用，可抑制昆虫几丁质的合成，干扰新陈代谢，使幼虫、若虫不能形成新皮而死亡。药效缓慢，药后 1～3 天才死亡，但持效期长（30～40 天），不杀成虫，但能抑制成虫产卵和卵的孵化。对介壳虫、粉虱、飞虱、叶蝉等害虫有特效，与常规农药无交互抗性。

剂型有 10%、25%、50% 可湿性粉剂,1%、1.5% 粉剂,2% 颗粒剂,10% 乳剂和 40% 胶悬剂。防治介壳虫在幼、若蚧虫发生盛期,喷 25% 可湿性粉剂 1 500～2 000 倍液。扑虱灵药效缓慢,应稍提前使用。

6. 吡虫啉　吡虫啉(也叫海正吡虫啉、一遍净、蚜虱净、大功臣、康复多等)是新一代氯代尼古丁杀虫剂,具有光谱、高效、低毒、低残留,害虫不易产生抗性,对人、畜、植物和天敌安全等特点,并有触杀、胃毒和内吸多重药效。害虫接触药剂后,中枢神经正常传导受阻,使其麻痹死亡。速效性好,药后 1 天即有较高的防效,残留期长达 25 天左右。药效和温度呈正相关,温度高,杀虫效果好。主要用于防治刺吸式口器害虫。

剂型有 2.5% 和 10% 可湿性粉剂、5% 乳油和 20% 可溶性粉剂。防治时绣线菊蚜、瘤蚜、桃蚜、梨木虱、卷叶蛾等害虫,可用 10% 吡虫啉 4 000～6 000 倍液喷雾,或用 5% 吡虫啉乳油 2 000～3 000 倍液喷雾。吡虫啉不能与碱性农药混用,药品应放于阴凉干燥处存放,果品采收前 15 天停用。

三、微生物源农药

1. BT 乳剂(苏云金杆菌)　BT 是一种细菌性杀虫剂,它能产生内、外两种毒素,主要是胃毒作用,害虫吞食后进入消化道产生败血症而死亡,具有安全无毒、对作物无药害、不杀伤天敌等优点。我国生产的 BT 乳剂中大多加入 0.1%～0.2% 的拟除虫菊酯类杀虫剂,可加快害虫死亡速度,并能增强防效。

剂型有乳剂(含活芽孢 100 亿个/毫升)和可湿性粉剂(含活芽孢 100 亿个/克)。使用浓度为 500～1 000 倍的 BT 乳剂,在低龄幼虫期均匀喷雾,可防治果树上的刺蛾、尺蠖、毒蛾、天幕毛虫等多种鳞翅目害虫。

注意 BT 乳剂或可湿性粉剂杀虫速度较慢,用药时间应比化学农药提前 2~3 天，不能和内吸性杀虫剂或杀菌剂混用，但可和低浓度菊酯类农药混用，可提高防效。在菌液中加入 0.1% 洗衣粉，能增强其粘着力。BT 对蚜虫、螨类等刺吸式口器害虫无效。药液要现配现用，以免失效。对蚕的毒力较强，周围有桑园、柞树的果园药慎用。

2. 白僵菌剂　白僵菌是一种真菌性杀虫剂，其孢子接触害虫后产生芽管，通过皮肤侵入其体内长成菌丝，并不断繁殖，使害虫新陈代谢紊乱而死亡。白僵菌需要有适宜的温湿度（24~28℃，相对湿度 90% 左右，土壤含水量 5% 以上）才能使害虫致病。白僵菌剂对人畜无毒，对果树安全，但对蚕有害。害虫感染白僵菌死亡的速度缓慢，经 4~6 天后才死亡。白僵菌与低剂量化学农药（如 48% 乐斯本等）混用有明显的增效作用。

剂型有粉剂（普通粉剂含 100 亿个孢子/克、高孢粉含 1 000 亿个孢子/克）。主要防治桃小食心虫、刺蛾、卷叶蛾、天牛等害虫。例如防治桃小食心虫，可于越冬代幼虫出土始盛期和盛期，每 667 平方米用白僵菌菌剂（每克含 100 亿个孢子）2 千克加 48% 乐斯本乳油 0.15 千克，对水 75 千克，在树盘周围地面喷洒，喷后覆草，其幼虫僵死率达 85.6%，并能有效低压低下代虫源。

白僵菌剂应在阴凉干燥处贮存，以免受潮失效。使用时现配现用，可加入少量洗衣粉或杀虫剂，以提高药效，但不能和杀菌剂混用。在养蚕区周围的果园不宜使用。

3. 青虫菌剂　青虫菌剂是一种细菌杀虫剂，是苏云金杆菌群的一种。目前生产的青虫菌 6 号悬浮剂，多混入 0.1% 的氯青菊酯，外观色泽为棕褐色。青虫菌剂对人、畜毒性很低，对昆虫天敌基本上是安全的，对作物无药害，对蚕有毒害。

剂型有青虫菌 6 号悬浮剂。主要用于防治凤蝶、尺蠖、卷叶蛾、潜叶蛾、袋蛾等鳞翅目害虫和叶螨、瘿螨，可在幼虫期喷布青虫菌 6 号悬浮剂 1 000 倍液。

青虫菌剂久贮后有沉积现象，使用时要充分摇匀药液。喷洒

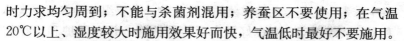

时力求均匀周到;不能与杀菌剂混用;养蚕区不要使用;在气温20℃以上、湿度较大时施用效果好而快,气温低时最好不要施用。

4. 杀螟杆菌 杀螟杆菌是一种细菌杀菌剂。产品因采用原料和生产方法的不同,呈灰白色或浅黄色粉末,有雨腥气味。对人、畜无毒,对作物无药害,对害虫天敌也安全,对蚕有毒害。杀螟杆菌对鳞翅目多种害虫有较强的致病力。在干燥条件下保存菌粉。数年后其芽孢和伴孢晶体不丧失毒力。对害虫的作用方式与 BT 乳剂、青虫菌 6 号的作用方式相同。

剂型为杀螟杆菌粉剂(含活孢子 100 亿个/克以上,外观灰白色或浅黄色)。可防治鳞翅目多种害虫,如尺蠖类、刺蛾类、卷叶蛾类、蓑蛾类、天社蛾类等,可在幼虫期喷布杀螟杆菌(含芽孢 100 亿个/克)1 000 倍液。菌粉加水稀释时,加入 0.1% 湿润剂如洗衣粉等,可增加菌粉的湿润性,使稀释液中孢子分布均匀。与杀菌剂如 90% 敌百虫 5 000 倍液、50% 敌敌畏乳油 4 000 倍液混用,有明显的增效作用和加速杀虫的作用。

菌粉容易吸湿结块,应贮放在阴凉、干燥处,避免受潮;不能与杀菌剂混用;养蚕场附近果园,不要使用该杀菌剂,避免对蚕的毒害;应在气温 20℃以上时施用,低于 20℃时施用效果较差。

5. EB‑82 灭芽菌 EB‑82 灭芽菌系蚜虫病原真菌毒力虫霉的发酵制剂,组分是一种甾醇类化合物,具有广谱性杀蚜虫能力。产品为棕褐色、有腥味的水剂,常温下可以保持 2 年。该制剂对蚜虫击倒快,且兼治叶螨,不伤害草蛉、瓢虫、芽茧蜂等天敌,同时,在温湿度适宜时,也可导致蚜虫染病流行。在 5 月中下旬或 9 月中下旬,向果树喷布 EB‑82 200 倍液可防治苹果绣线菊蚜。

四、农用抗生素制剂

1. 多氧霉素 多氧霉素又名宝丽安、多效霉素、保利霉素、科生霉素。它是金色链霉菌的代谢产物，主要组分为多氧霉素 A 和 B。杀菌谱广，有良好的内吸传导性能，并有保护和治疗作用，主要干扰病菌的细胞内壁几丁质的合成，抑制病菌产生孢子和病斑扩大，菌丝体不能正常生长发育而死亡。低毒，无残留，对环境不污染，对天敌和植物安全。

剂型有 1.5%，2%，3% 和 10% 可湿性粉剂。在病害发生初期和盛期，用 10% 多氧霉素可湿性粉剂 1 000～1 500 倍液喷雾，可防治苹果的斑点落叶病、霉心病，苹果和梨的灰斑病、轮纹病，梨的黑星病，葡萄和草霉的灰霉病等。喷药次数应根据病情而定，每次喷药间隔期为 10 天左右，连喷 2～3 次，最好和波尔多液交替使用。多氧霉素不能与酸、碱农药混用，全年用药次数不要超过 3 次，以免病菌产生抗性。

2. 农抗 120（抗霉菌素） 为吸水刺孢链霉菌北京变种的代谢产物。主要组分为核苷，它可直接阻碍病原菌蛋白质合成，导致病原菌死亡。对人、畜低毒，无残留，不污染环境，对作物和天敌安全，并有刺激植物生长的作用。

剂型有 1%，2%，4% 水剂。在病害发生初期，用 2% 农抗 120 水剂 200 倍液喷雾，可防治苹果白粉病、炭疽病。早春或晚秋，刮除病斑后上用 2% 农抗 120 水剂 30 倍液涂抹两次，可防治苹果树腐烂病。除碱性农药以外，农抗 120 可与其他杀虫剂、杀菌剂混用。

3. 井冈霉素（有效霉素） 井冈霉素是由吸水链霉菌井冈变种产生的水溶性抗生素（葡萄糖苷类化合物），由 A，B，C，D，E，F 等 6 个组分组成，其主要组分为 A 和 B。属高效、低毒杀菌剂，持效期长，耐雨水冲刷，使用安全，无残留，对人、畜低毒，对鱼类、蜜蜂和天敌安全，不污染环境。该药剂内吸性很强，它虽不能直接杀死病菌，但可干扰和抑制菌体细胞的正常生长发育，从而起到治疗作用。

剂型有 0.33% 粉剂；3%，5%，10% 水剂；2%，3%，

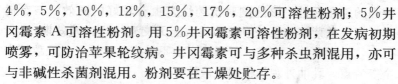

4%，5%，10%，12%，15%，17%，20%可溶性粉剂；5%井冈霉素A可溶性粉剂。用5%井冈霉素可溶性粉剂，在发病初期喷雾，可防治苹果轮纹病。井冈霉素可与多种杀虫剂混用，亦可与非碱性杀菌剂混用。粉剂要在干燥处贮存。

4. 农用链霉素 农用链霉素为放线菌所产生的代谢产物，杀菌谱广，特别是对细菌性病害效果较好，具有内吸作用，能渗透到植物体内，并传导到其他部位。对人、畜低毒，对鱼类及水生生物毒性亦很小。

剂型有10%可湿性粉剂。防治苹果疫病可用10%链霉素可湿性粉剂500~1 000倍液，于病害发病初期喷雾或灌根。农用链霉素不能与碱性农药混用，药剂应存于阴凉干燥处。

5. 中生菌素（农用抗生素-751） 中生菌素是一种淡紫灰链霉素变种产生的碱性、水溶性N-糖苷类农用杀菌剂。它可抑制病原菌体蛋白质的合成，并能使丝状真菌畸形，抑制孢子萌发和杀死孢子。该药具有广谱、高效、低毒、无污染等特点，对多种细菌及真菌病害具有较好的防治效果。

剂型为1%中生菌素水剂，稀释200~300倍液喷雾，可防治苹果斑点落叶病、轮纹病、炭疽病等。稀释400~500倍液与80%喷克或80%大生M-45可湿性粉剂1 000倍液或40%福星乳油10 000倍液混用，对防治上述病害有明显增效作用。中生菌素不能与碱性农药混用，防治苹果叶部和果实病害要和波尔多液等药剂交替使用。药剂要现配现用，不要久存。

6. 阿维菌素 阿维菌素（又称齐螨素、海正灭虫灵、7051杀虫素、爱福丁、阿巴丁、农哈哈、虫螨克、阿维虫清等）是一种杀虫、杀螨剂，属昆虫神经毒剂，主要干扰害虫神经生理活动，使其麻痹中毒而死亡。具触杀和胃毒作用，无内吸性，但有较强的渗透作用，并能在植物体内横向传导，杀虫（螨）活性高，比常用农药高5~50倍，用药量仅为常用农药的1%~2%。对胚胎未发育的初产卵无毒杀作用，但对胚胎已发育的后期卵有较强的杀卵活性。该药剂对抗药性害虫有较好的防效，与有机磷、拟除虫菊酯和氨基甲酸酯类农药无交互抗性，残效期 10 天以上，具有高效、广谱、低毒、害虫不易产生抗性，对天敌较安全等特点。乳油外观为棕褐色液体。

剂型有 1.8% 乳油、1% 乳油、0.6% 乳油。可用来防治果树上的蚜虫、叶螨、潜叶蛾、食心虫、梨木虱等多种害虫。在害（螨）虫发生初期施药喷雾，用 1.8% 乳油防治山楂叶螨、绣线菊蚜用 5 000~8 000 倍液。防治二斑叶螨用 4 000~6 000 倍液，防治金纹细蛾用 3 000~4 000 倍液，防治梨木虱用 4 000~5 000 倍液，防治桃小食心虫用 2 000~4 000 倍液，防治棉铃虫用 1 000~2 000 倍液。

阿维菌素无内吸性，喷药时应注意喷洒均匀，不能与碱性农药混用，夏季中午时间不要喷药，以避免强光、高温对药剂的不利影响。

7. 浏阳霉素 浏阳霉素为杀螨剂，属高效低毒农药，对天敌较安全，不杀伤捕食螨，害螨不易产生抗性，杀螨谱较广，对叶螨、瘿螨都有效。具触杀作用，无内吸性，药液直接喷至螨体上药效较高，但害螨在干药膜上爬行几乎无效。对成、若螨及幼螨有高效，但不能杀死螨卵。

剂型有 5% 乳油、10% 乳油。在各种叶螨的成螨、幼若螨集中发生期，用 10% 浏阳霉素乳油 1 000 倍液，可防治苹果全爪螨、山楂叶螨。浏阳霉素主要是触杀，喷药时要均匀周到，使枝叶全面着药，效果才好；浏阳霉素可与多种杀虫剂、杀菌剂混用，但与波尔多液等碱性农药混用时，要现配现用。

8. 华光霉素（日光霉素、尼柯霉素） 华光霉素是一种兼有杀螨和杀真菌活性的农药抗生素，属高效、低毒、低残留农药，对植物无药害，对天敌安全。

剂型为 2.5% 可湿性粉剂。在叶螨发生初期，用 2.5% 华光霉素 400~600 倍液喷雾，可用来防治山楂叶螨、苹果全爪螨。

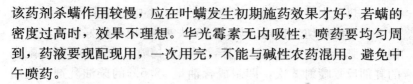

该药剂杀螨作用较慢,应在叶螨发生初期施药效果才好,若螨的密度过高时,效果不理想。华光霉素无内吸性,喷药要均匀周到,药液要现配现用,一次用完,不能与碱性农药混用。避免中午喷药。

五、矿物源农药

1. 机油乳剂 机油乳剂是由95％机油和5％乳化油加工制成的。机油不溶于水,加入乳化剂后,使油全部分散在乳化剂中,成为棕黄色乳油,可直接加水使用。对害虫主要是触杀作用,机油乳剂喷至虫体或卵壳表面后,形成一层油膜。封闭气孔,是害虫窒息死亡。同时机油中还含有部分不饱和烃类化合物,极易在害虫体内生成酸类物质,使虫体中毒死亡。

剂型有95％机油乳剂和95％蚧螨灵乳油。在苹果萌芽期,用95％机油乳剂100倍液喷雾,防治苹果瘤蚜、苹果黄蚜、梨圆蚧、山楂叶螨和苹果全爪螨的越冬虫态和活动虫态;在苹果落花后、第一代苹果全爪螨卵孵化期,用95％机油乳剂200～300倍液喷雾,对全爪螨有效控制期达40天以上。

由于机油的型号和产地不一,质量不同,其所含的蜡质量不一样,加上乳油剂质量上的差异,不同厂家生产的机油乳剂质量差异较大,有的产品施用后会出现落叶,影响花芽分化,导致畸形花等药害,污染皮肤产生不适感,因而在施用时选用无浮油、沉淀、浑浊的产品;机油乳剂可以和有机磷、拟除虫菊酯和草甘膦等杀虫、除草剂混用,效果更佳;夏季使用,在不同树种或品种上的药害反应不同,使用前应做小范围试验。

2. 柴油乳剂 柴油乳剂是由柴油和其他乳化剂配制而成。对害虫的作用方式和杀虫机理与机油乳剂相同。根据柴油乳剂的粘稠度不同,将其分为重柴油乳剂和轻柴油乳剂。

轻柴油乳剂:柴油和水各1千克,肥皂60克。先将肥皂切碎加入热水中溶化，同时将柴油在热水浴中加热到 70℃ （热至烫手的程度，切勿直接加热，以免失火）。把已热好的柴油慢慢倒入热肥皂水中，边倒过搅拌，再用去掉喷水片的喷雾器将配成的乳剂反复喷射 2 次，即制成含油量 48.5％的柴油乳剂。使用时将原液稀释 10 倍，于发芽前喷雾可防治各种蚜虫、介壳虫和害螨；生长期施用，可将原液稀释 100 倍喷雾。

重柴油乳剂：重柴油 0.5 千克，亚硫酸纸浆废液 0.25 千克，水 9.25 升将柴油和亚硫酸纸浆废液分别放在容器中加热，待其溶化后把油慢慢倒入亚硫酸纸浆废液中，边倒边搅拌，加完后继续搅拌，直至成稀糊状即成原液。使用时先用少量温水慢慢倒入原液中边倒边搅，使之均匀稀释，最后将定量水加入，稍加搅拌即成 5％重柴油乳剂，一般在落叶果树发芽前 20 天左右直接喷雾，可防治各种蚜虫、梨木虱、介壳虫、害螨等。若在药液中加入 0.1％洗衣粉，可延长油水分离的时间，提高柴油乳化的性能，提高防治效果，并可增加药效的稳定性和减少药害的发生。

柴油乳剂和部分有机杀虫剂混用，可提高防治效果，如出现乳化不良时，应适当加些乳化剂，如仍有不溶现象，则不可混用；柴油乳剂对果村易产生药害，尤其在生长期使用，除适当降低浓度外，还须对不同树种或品种进行小范围试验后，方能大面积应用。

3. 蒽油乳剂 蒽油乳剂是用蒽油和乳化剂配制而成、杀虫机理和作用方式同机油乳剂。剂型有 50％蒽油乳剂和 9％蒽油乳剂。

常用肥皂作乳化剂，制作时按照肥皂 50 克、蒽油 500 克、水 5 升比例，将肥皂切成片，水加热，然后将肥皂片放入热水中搅拌成乳状液，慢慢把蒽油加入肥皂液中，搅拌后即成 9％的蒽油乳剂。

将蒽油乳剂稀释成含油量 3％～5％的药液，于萌芽前喷雾，可防治梨圆蚧、球坚蚧等介壳虫和各种蚜虫与螨类。蒽油乳剂易产生药害，仅限于发芽前使用；蒽油对人皮肤有刺激作用，使用时应注意防护。

4. 煤油乳剂　煤油乳剂是用煤油和分散剂经过强力搅拌，使煤油分散成细小的油粒，用时加水即成。煤油易挥发，残效期短，但对植物安全、对害虫的作用方式和杀虫机理与机油乳剂相同。

可参考蒽油乳剂的制作方法配制。一般在早春果树发芽前，用50％煤油乳剂10～15倍液喷雾，可防治各种蚜虫和害螨。喷后数日挥发掉80％以上，因此，对介壳虫或越冬卵的防治效果较差。注意事项同参考柴油乳剂。

5. 加德士敌死虫　加德士敌死虫是用高烷类、低芳香族基础油加工而成的一种矿物油乳剂，内含芳香族和不饱和烃类杂质极少，不易发生药害，一年四季皆可使用。本品系矿物油油乳剂，喷洒后可在虫体上形成一层油膜，封闭气孔，使害虫窒息死亡。它还能封闭害虫的触角、口器等感触器，使其难以寻找寄主植物和产卵场所，并可在寄主植物表面形成一层油膜，使害虫无法识别寄主植物，从而减少其为害和产卵。该药剂对果树病害的病原菌亦有窒息作用，可抑制病菌孢子萌发，减轻病害发生。本品属低毒类农药，对人、畜、蜜蜂、鸟类和植物都较安全，对天敌杀伤力小，害虫不易产生抗性。

该药剂型为99.1％乳油可用来防治苹果山楂叶螨、苹果全爪螨、二斑叶螨、瘤螨、红叶螨、苹果绵蚜、绣线菊蚜、梨圆蚧、日本龟蜡蚧、球坚蚧、吹绵蚧、红圆蚧、金纹细蛾、梨木虱、粉虱等。施用浓度一般用200倍液，若苹果绵蚜、绣线菊蚜等蚜虫虫口密度较大时，可用100～150倍液。喷药时间应在害虫发生初期开始喷药，隔7～10天再喷1次，随后可间隔25～30天喷1次药。亦可在早春苹果等果树花芽萌动前喷洒200倍液，用来防治绣线菊蚜、苹果瘤蚜的越冬卵和初孵若虫，苹果全爪螨的越冬卵，山楂叶螨的越冬雌成螨和介壳虫等害虫。另外，该药剂200倍液可用来防治白粉病、叶斑病、煤污病、灰霉病等果树病害。

加德士敌死虫与大多数杀虫剂、杀菌剂（阿维菌素、BT、砒虫啉、敌灭灵、万灵、可杀得、琥珀酸铜等）混用能减少药液蒸发，提高农药的附着能力和保护易受紫外线影响的杀虫剂品种，因而有一定的增效作用，但不可与含硫药剂、波尔多液、乐果、克螨特、西维因、灭螨猛、灭菌丹、百菌清、敌菌灵等农药混用；还应注意，果树上喷过以上药剂后14天内不能再喷敌死虫，否则会发生药害。

该药使用前应在容器内加入一定量的水，再往水中加入规定用量的加德士敌死虫，再加足水量稀释。如与其他农药混用，应先将其他农药和水混匀后再倒入敌死虫，不可颠倒。为防止出现药水分离现象，应不断搅拌。

加德士敌死虫无内吸性，喷药应均匀周到，叶片、枝条上部要喷湿，不可漏喷。当气温超过35℃、刮大风、土壤干旱或树木上有露水时均不要喷洒。药品要存放在阴凉、干燥、避光处，瓶盖要密封，防止水分进入。若贮存时间较长，使用前要充分摇匀。

6. 石硫合剂和晶体石硫合剂　石硫合剂和晶体石硫合剂是由石灰和硫黄构成的一种无机硫制剂，既能杀菌，又能杀虫杀螨，还对树体有保护作用，对人、畜毒性中等，对植物安全，无残留，不污染环境，病虫不易产生抗性。剂型有45%晶体石硫合剂和石硫合剂原液。

石硫合剂由石灰和硫黄粉加水煎制而成。有效成分是多硫化钙，它有较强的渗透和侵蚀病菌细胞壁和害虫体壁的能力，可直接杀死病菌和害虫，尤其对越冬的螨类、蚧类、粉虱类等害虫的防治效果非常明显，且成本低，制作方便。晶体石硫合剂是用硫黄、石灰和水在金属触媒的作用下，经高温、高压加工合成的固体化新剂型，使用和运输都比较方便，其性能和石硫合剂相同。

（1）**45％晶体石硫合剂**　在苹果开花和落花后 10 天，用晶体石硫合剂 200～300 倍液喷雾，可防治苹果白粉病；发芽后用晶体石硫合剂 150～200 倍液可防治苹果花腐病；用晶体石硫合剂 30 倍液，在苹果休眠期喷雾，可防治苹果树腐烂病。

（2）**石硫合剂原液**　商品石硫合剂的原液浓度一般 32 波美度以上，在农村自行熬制的石硫合剂浓度多在 22～28 波美度。使用前应先用波美度表测定原液的浓度，然后根据需要的使用浓度加水稀释。稀释倍数的计算公式：加水稀释倍数＝原波美度—需稀释的波美度/需要稀释的波美度

在休眠期和发芽期，用 3～5 波美度石硫合剂，可防治苹果腐烂病、白粉病、炭疽病、锈病，并可防治苹果全爪螨的越冬卵及山楂叶螨的出蛰成螨、梨圆蚧、球坚蚧、梨盾蚧和草履虫等害虫。生长季节，用 0.3～0.5 波美度晶体石硫合剂，可防治苹果轮纹病、锈病以及细菌性穿孔病、白粉病等，并可兼治山楂叶螨、苹果全爪螨等害螨。

（3）**石硫合剂的熬制**　取石灰 1 份、硫黄粉 2 份、水 10 份，先将生石灰块在容器（铁锅）中用少量温水化成石灰乳，再慢慢加入硫磺粉，经充分拌和后再加入足量的水，然后用急火煮沸 40～60 分钟，并不断搅拌，在水分减少时及时补足原量，当药液由淡黄色变成深褐色，而渣滓变成黄绿色时即熬制完成。熬制的好原液用纱布过滤出红褐色的澄清液体，即可稀释应用。

（4）**注意事项**　石硫合剂熬制和贮存时，不能用铜、铝容器，可用铁、瓷器。晶体石硫合剂开袋后要尽快使用，以免潮解。贮存或运输时要防止受潮，并要防止阳光直晒。稀释用水温度不得超过 30 度。晶体石硫合剂和石硫合剂不能与酸性、碱性农药混用。树上喷过晶体石硫合剂和石硫合剂后，间隔 10～15 天才能喷波尔多液；喷过波尔多液和机油乳剂后，15～20 天才能喷晶体石硫合剂和石硫合剂，以免发生药害。气温高于 32 度或低于 4 度均不能使用本制剂。该药剂有腐蚀作用，应避免接触

皮肤和衣服，药械用完后要及时清洗。

7. 硫悬浮剂　硫悬浮剂是由硫磺粉经特殊加工制成的一种胶悬剂，其黏着性好，药效长，耐雨水冲刷，使用方便，长期使用不易产生抗性，对人、畜低毒，不污染作物。除对捕食螨有一定影响外，不伤害其他天敌。

剂型有 45％ 和 50％ 悬浮剂。于开花前（芽长到 1 厘米左右）、嫩叶尚未展开时，用 50％硫悬浮剂 200 倍液喷雾 1 次，落花 70％～80％时用 300 倍液喷雾 1 次，重病园在落花后再喷 1 次 300～400 倍液，可防治苹果白粉病，可兼治山楂叶螨、苹果全爪螨、苹果锈病、苹果花腐病。

气温高于 32℃、低于 4℃时不易使用。硫悬浮剂不能与波尔多液、机油乳剂混用，喷过上述药剂后 15 天方可喷硫悬浮剂。长期贮存会出现分层现象，使用时要注意摇匀，再加水稀释。要在阴凉干燥处贮存，并要远离火源。

8. 铜高尚　铜高尚是一种超微粒铜剂的广谱性低毒杀菌剂。杀菌力强、悬浮性好、耐雨水冲刷；不含有机溶剂，对作物安全，对人、畜和环境毒性低；连续使用不产生抗性，无残留，不易发生药害，使用方便。

剂型为 27.12％悬浮剂。在落花后 10 天，每隔 10～15 天均匀喷洒 1 次 500～800 倍液，连喷 3～5 次，可有效防治苹果斑点落叶病、轮纹病、炭疽病、白粉病等。在干旱少雨地区以及多雨、多雾区宜在 7 月上旬开始喷药。

铜高尚为中性，可与大部分农药混配，尤其是内吸杀菌剂（如多菌灵、甲基托布津等）混配，防效更佳，但不能与强酸、强碱性肥料和农药混配。

9. 波尔多液　波尔多液是一种保护性杀菌剂，其有效成分是碱式硫酸铜，喷洒药液后在植物体和病菌表面形成一层很薄的药膜，该膜不溶于水，但在二氧化碳、氨、树体及病菌分泌物的作用下，使可溶性铜离子逐渐增加而起到杀菌作用，能够有效阻止病菌孢子发芽，防治病菌侵染，并能促使叶色浓绿、生长健壮，提高树体抗病能力。波尔多液具有杀菌谱广、持效期长、病菌不会产生抗性、对人、畜低毒等特点，是应用历史最长的一种杀菌剂。

波尔多液一般自行配制，根据品种对硫酸铜和石灰的敏感程度（对铜敏感的少用硫酸铜，对石灰敏感的少用石灰）以及防治对象、用药季节和气温等因素确定硫酸铜、生石灰的比例及加水多少。生产上常用比例有：生石灰等量式（硫酸铜∶生石灰＝1∶1）、倍量式（1∶2）、半量式（1∶0.5）和多量式（1∶3～5）波尔多液，用水量一般为硫酸铜和生石灰的160～240倍。具体配制时按用水量一半溶化生石灰，待完全溶化后，再将硫酸铜和溶化的生石灰同时缓慢倒入备用容器中，并不断搅拌。也可用10%～20%的水溶化生石灰，80%～90%的水溶化硫酸铜，待其完全溶化后，将硫酸铜溶液缓慢倒入石灰乳中，边倒边搅拌即成。注意不可将石灰乳倒入硫酸铜溶液中，否则降低成波尔多液的质量和防效。为防止腐蚀，配制波尔多液的容器不能用金属器皿。

在苹果落花后开始喷石灰倍量式波尔多液200～400倍液，每半月喷1次，并和其他杀菌剂交替使用，共喷3～4次，可有效防治苹果早期落叶病、炭疽病、轮纹病。在往年出现病果前10～15天喷石灰倍量式或多量式波尔多液200倍液，每15～20天喷一次，连喷3～4次，可有效防治苹果烂果病（轮纹病、炭疽病），但采果前25天应停用。防治苹果霉心病，应在苹果显蕾期开始喷石灰倍量式波尔多液200倍液。

喷过波尔多液的药械要及时洗净，以防止腐蚀。阴雨天、雾天、早晨露水未干时均不能喷布波尔多液，以免发生药害。波尔多液不能与石硫合剂混用，喷过石硫合剂后7～10天才能喷波尔多液，喷过波尔多液后20～30天内应避免石硫合剂。波尔多液也不能退菌特、福美双等混合，两者用药间隔期要在15～20天以上；与有机磷农药混合应随混随用。果实采收前 20 天停用。金冠等苹果品种在幼果期喷过波尔多液，易生果锈，此期应改用其他农药。

六、低毒高效低残留化学农药

1. 多虫清　多虫清是由拟除虫菊酯（4％氯氰菊酯）和有机磷（40％克虫磷）农药复配的杀虫剂，对人畜低毒，对蚕、鱼类、蜜蜂高毒；杀虫谱广，渗透性较强，击倒力强，特别对鳞翅目幼虫、成虫和卵具有较好的杀灭效果，还有杀红蜘蛛作用。

剂型为 44％乳油，稀释 1 500～2 000 倍液喷雾可防治多种蚜虫；稀释 1 000～1 500 倍液喷雾可防治食心虫、卷叶蛾、毒蛾等，残效期 15 天左右。多虫清在碱性条件下不稳定，不能与碱性农药混用；喷药时要远离桑园、鱼塘及蜜蜂养殖场；采收前15 天停用。

2. 农螨丹　农螨丹是尼索朗和灭扫利混配的低毒杀虫杀螨剂，杀虫谱广，可兼治害螨和害虫，具触杀和胃毒作用，对各虫态的害螨都有效，且速效性强，持效期长（50～60 天）。

剂型为 7.5％乳油。在开花前后，害螨发生初盛期，平均单叶有螨 3～4 头时防治，用 7.5％农螨丹乳油 1 000～1 500 倍液均匀喷雾，可防治苹果山楂叶螨、苹果全爪螨，持效期 50 天左右。防治桃小食心虫，可于卵盛期、卵果率达 1％时，喷洒农螨丹 7.5％乳油 500～750 倍液，10～15 天喷 1 次，连喷 2～3 次。

农螨丹不能与碱性农药混用，配药和喷药要远离桑园、蜂场和鱼池等水源。为避免害螨产生抗性，不宜连续使用，而应与其他杀螨剂交替使用。

3. 科博　科博是喷克和碱式硫酸铜复配的一种低毒、高效、保护性杀菌剂。喷施后在植物上形成一层黏着性很强的保护膜，耐雨水冲刷，抑菌杀菌效果持久。科博还含有多种营养元素，可

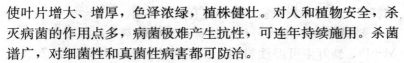

使叶片增大、增厚,色泽浓绿,植株健壮。对人和植物安全,杀灭病菌的作用点多,病菌极难产生抗性,可连年持续施用。杀菌谱广,对细菌性和真菌性病害都可防治。

剂型为78%可湿性粉剂。在病害发生初期,喷洒78%可湿性粉剂400～600倍液,可用来防治苹果苹果轮纹病、炭疽病、斑点落叶病、褐斑病、霜霉病、白腐病等多种病害。

科博属于保护性杀菌剂,应在发病前或发病初期喷药,并要喷洒均匀周到。在苹果上应在幼果脱毛后使用;金冠等品种对该药比较敏感,不宜喷用。科博对鱼有毒,药液不能污染水源。

4. 易保 易保是由恶唑烷二酮和代森锰锌复配而成的一种保护性杀菌剂,作用点多,能够杀死病原菌,并能抑制病原菌体内丙酮酸氧化的功能。易保具有极强的耐雨水冲刷和雨后再分布能力,用药后4小时,有80%～90%的有效成分迅速渗入植物体内,并能和叶表皮蜡质层紧密结合形成一层保护膜,还可及时修补破损的保护膜,因而药后遇雨无需再喷药。该药剂药效发挥快,喷药后15秒就能杀死病菌;具有高效、低毒、残效期长、杀菌谱广、病菌不易产生抗性、对植物安全等优点,对蜜蜂、天敌昆虫、鸟类等毒性低,对果树生长有一定刺激作用。

剂型为68.75%水分散粒剂,稀释1 500倍后,于苹果春梢和秋梢生长期,间隔15天左右各喷2次,可有效防苹果斑点落叶病、治苹果轮纹病和炭疽病。

易保为保护性杀菌剂,喷药时间应在发病前或发病始期开始喷药,效果较好。该药剂不要连续使用,全年用药次数一般不要超过4次,应与其他杀菌剂交替使用,以防止病菌产生抗药性。不能与波尔多液等碱性农药混用。

5. 代森锰锌（喷克、大生 M‑45、新万生） 代森锰锌、喷克、大生 M‑45、新万生均为代森锰和锌离子的络合物,属于有机硫类保护性杀菌剂。它可抑制病菌体内丙酮酸的氧化,从而起到杀菌作用。具有高效、低毒、杀菌谱广、病菌不易产生抗性的特点，且对果树缺锰、缺锌症有治疗作用。

剂型有 70%和 80%代森锰锌可湿性粉剂，80%喷克、大生 M-45、新万生可湿性粉剂。在发病前和发病初期，用 70%或 80%代森锰锌（喷克、大生 M-45、新万生）600～800 倍液，防治苹果斑点落叶病、轮纹病、炭疽病、锈病、霉心病，每 15 天喷一次，可与其他杀菌剂交替使用，共喷 3～5 次。

代森锰锌可与多种农药、化肥混合使用，但不能与碱性农药、化肥和含铜的溶液混用。对鱼有毒，不可污染水源。

6. 多菌灵硫磺胶悬剂（灭菌威、多硫悬浮剂、多硫胶悬剂）

为多菌灵和硫磺的复配剂，集内吸和保护性杀菌剂于一体，提高了药效，扩大了杀菌谱和应用范围。本剂对人、畜基本无毒，对环境比较安全。该药内吸作用和粘着力特强，耐雨水冲刷，施药后 4～6 小时下小到中雨，仍能保持药效，且药效比较持久。

剂型为 40%多菌灵胶悬剂，稀释 500～600 倍后在发病初期喷布，每 10～15 天喷一次，并和其他杀菌剂轮换施用，可防治苹果炭疽病、轮纹病、黑星病等。

7. 杀毒矾（恶霜锰锌） 该药为无色无臭的固体，属低毒杀菌剂，对人、畜低毒，无致畸、致突变、致癌作用，对鸟类、鱼类、蜜蜂低毒，其原药被植株吸收后很快转移到未施药部位，有保护、治疗、铲除的活性，有效期 13～15 天。

恶霜灵可防治由卵菌纲真菌引起的病害，如霜霉、腐霉病，多种继发性病害，如褐斑病等，也有防效，与代森锰锌混配之后有明显的增效作用，并扩大抗菌谱。剂型为 64%杀毒矾可湿性粉剂（含恶霜灵 8%，代森锰锌 56%），稀释 400 倍后在发病前期喷布，可防治苹果炭疽病。

该药不易燃，无腐蚀性，微溶于水，可溶于有机溶剂，化学性质稳定，但在高温及碱性会逐渐分解，不能与碱性农药混用，应密封贮存于阴凉干燥处，温度不得高于 30℃。

8. 络氨铜（琥胶肥酸铜、二元酸铜） 络氨铜为广谱性杀菌剂,外观为深蓝色,内吸性较强,以保护作用为主并有一定的铲除作用。对真菌和细菌所引起的多种果树病害均有效,防治的范围、效果与波尔多液基本相同,并因内含多种微量元素而对果树生长有一定刺激作用。属低毒杀菌剂,对人畜低毒,对皮肤无刺激性,无致畸和致无突变作用,在酸性条件下不稳定,具有低残留、低毒和成本低等特点。

剂型有 14%络氨铜水剂和 30%琥胶肥酸铜悬浮剂。用 30%琥胶肥酸铜悬浮剂 20～30 倍液涂抹刮后病疤可防治苹果腐烂病,间隔一周,涂抹两次,能够防止病疤复发。用 30%琥胶肥酸铜悬浮剂 200 倍液喷雾可防治苹果黑星病。

不能与酸性农药混用;施用前必须把药液充分摇匀,每年在果树生长期使用不能超过四次,安全间隔期 5～7 天。

9. 双效灵 本品是一种广谱、高效、低毒杀菌剂,外观为深蓝色水溶剂,呈碱性,有强烈氨味,对皮肤和眼结膜有一定的刺激性;对人、畜低毒,无致畸、无突变作用,内吸性强,蓄积量很小,不易产生抗性,被植物吸收后易分解,在果品和土壤中不残留,不污染环境。对多种真菌性和细菌性传染性病害都有明显的防治效果,可用于浸种、灌根、叶面喷雾和涂抹病斑等。其所含氨基酸和微量元素对果树有营养保健作用,可增强植株对病害的预防能力。

剂型有 10%双效灵水剂、10%增效双效灵水剂和 20%双效灵水剂。在刮去病斑的部位,用 10%双效灵水剂 10 倍液涂抹,隔 5～7 天再涂抹一次,可防治果树腐烂病。春季每株大树挖放射状沟 5～6 条,浇灌 10%双效灵 200 倍液 90 千克,防治苹果根腐病效果也很明显。

双效灵不能与碱性农药混用,对铜离子敏感的品种,使用时要注意浓度。本剂对皮肤有刺激性,应用时要注意防护,药剂应贮存在阴凉通风的地方。

10. 炭疽福美 本品系福美双和福美锌的混合制剂,为保护性杀菌剂，具有抑菌和杀菌双重作用，主要用于防治炭疽病、花腐病、黑星病、白粉病等病害，用于处理种子和土壤，其抗菌谱广，兼有治疗作用。

剂型为 80％炭疽福美可湿性粉剂（含福美双 30％、福美锌50％及其他填料），稀释 500～600 倍液，从幼果期开始喷药，每隔 10～20 天喷 1 次，至 8 月上旬结束，共喷药 4 次左右，可防治苹果炭疽病、斑点落叶病、苹果轮纹病等病害。

该药剂不能与铜、汞及碱性药剂混用或前后紧接施用；使用时，应作好防护措施，以免引起对皮肤和粘膜的刺激作用。

11. 复方多菌灵 本品为 24％多菌灵和 4％井冈霉素的混合剂，对人、畜低毒，具有保护和治疗作用，剂型为 28％复方多菌灵。对刮过的苹果树腐烂病病疤，每年春、夏季涂 28％复方多菌灵悬浮剂 10～20 倍液，可防治病疤复发。于病菌侵染期喷洒 28％复方多菌灵 400～500 倍液 3～5 次，可防治苹果轮纹病。

本品可与一般杀菌剂混用，但与杀虫剂、杀螨剂混用时应随配随用；不能与铜制剂混用，稀释药液暂时不用静止后会出现分层现象，可摇匀后施药。

七、其他可选用农药

1. 抗蚜威（辟蚜雾） 抗蚜威是一种专性杀蚜剂，对人、畜毒性中等，对鱼类、水生生物、鸟类和蜜蜂低毒，不伤害蚜虫天敌，对作物安全。该药对各类蚜虫具有触杀和熏蒸作用，并能渗透到叶片组织内，杀死叶片背面的害虫。该药具有较高的抑制害虫体内胆碱酯酶的活性，对蚜虫有特效，击倒力强，施药后蚜虫数分钟后即中毒死亡，并能有效防治对有机磷农药产生抗性的各类蚜虫。

剂型有 25％辟蚜雾水分散粒剂和 50％抗蚜威可湿性粉剂。可在盛发期用 25％辟蚜雾水分散粒剂 1 000 倍液喷雾，或用

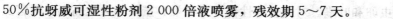

50%抗蚜威可湿性粉剂 2 000 倍液喷雾,残效期 5～7 天。

抗蚜威可与多种杀虫剂、杀菌剂混用。喷药时气温在 20℃以上时杀虫效果较好,其药液不要在阳光下直晒,应现配现用。采果前 7～10 停用。

2. 莫比朗(啶虫脒、海正农不老) 莫比朗属吡啶类化合物,为中等毒杀虫剂。可用来防治同翅目、半翅目、鞘翅目及部分鳞翅目害虫,对那些对有机磷、氨基甲酸酯类和拟除虫菊酯类具有抗药性的害虫有特效。该药具有触杀和胃毒作用,渗透作用较强,效具有速效的杀虫力,持效期 20 天左右,对人畜安全,耐雨水冲刷。

在苹果树新梢生长期,蚜虫发生初盛期施药,用 3‰莫比朗乳油 2 000～2 500 倍液或每 100 升水加 3‰莫比朗 40～50 毫升(有效浓度 12～15 毫克/升)喷雾,可有效防治蚜虫,还可杀灭叶蝉、粉虱、木虱、潜叶蛾等。

莫比朗对桑蚕有毒性,喷药时应远离桑园。不能与碱性农药混用,不能污染水田、河流等。

3. 乐斯本(毒死蜱) 乐斯本是一种广谱性有机磷杀虫剂,对害虫有触杀、胃毒和熏蒸作用,无内吸性能,对人畜毒性中等,对鱼类等水生生物和蜜蜂毒性较大。

在害虫卵孵化盛期或低龄幼虫期用 48%乐斯本乳油 1 000～2 000 倍液喷雾,可防治桃小食心虫、苹小食心虫、棉褐带卷蛾、梨网蝽、苹果绵蚜、梨圆蚧、球坚蚧等害虫;亦可在桃小食心虫越冬幼虫出土期,用 48%乐斯本乳油 500 倍液,在树盘地表喷洒,杀灭出土幼虫。

乐斯本不能与碱性农药混用,采收前 30 天停用;该药对鱼类及蜜蜂高毒,使用时应注意。

4. 辛硫磷(倍腈松、肟硫磷) 辛硫磷是一种广谱、低毒、低残留有机磷杀虫剂。杀虫谱广,速效性好,残效期短,遇光易分解。对鳞翅目害虫的大龄幼虫和土壤害虫效果较好,并能杀死虫卵和叶螨。对人畜毒性低，对鱼类、蜜蜂和天敌高毒。对害虫以触杀和胃毒作用为主，无内吸性，但有一定的熏蒸作用和渗透性。它能抑制害虫胆碱酯酶的活性，使其中毒死亡。在叶面喷雾残效期仅有 3～5 天，但在土壤中可达 30 天以上，以后被土壤微生物分解，无残留。

剂型有 50％乳油、25％微胶囊水悬剂以及 3％和 5％颗粒剂。用 50％辛硫磷乳油 1 000～1 500 倍液喷雾，可用来防治食心虫、卷叶蛾、毛虫、刺蛾、叶蝉、飞虱、蚜虫等害虫；用 25％辛硫磷微胶囊 200～300 倍液，于越冬幼虫出土始盛期和盛期，在树盘下地面均匀喷洒，随后浅锄，可有效毒杀出蛰害虫；用 50％乳油 1 000 倍液浇灌防治地老虎，15 分钟后即有中毒草幼虫爬出地面。

辛硫磷遇光极易分解失效，应避免在中午强光下喷药，在傍晚或阴天喷药较好。药剂应贮存于阴凉避光处，不能与碱性农药混用。大豆、玉米、高粱、瓜类以及十字花科蔬菜对辛硫磷敏感，如果园内及其周围有这些作物要慎用。

5. 马拉硫磷（马拉松、马拉赛昂）　马拉硫磷是一种高效、低毒、广谱有机磷类杀虫剂，对人、畜低毒，对作物安全，对鱼类有中毒，对天敌和蜜蜂高毒，残效期短。马拉硫磷具有触杀和胃毒作用，也有一定的熏蒸和渗透作用，对害虫击倒力强，但其药效受温度影响较大，高温时效果好。

用 50％马拉硫磷乳油 1 000 倍液喷雾，可防治蚜虫、叶螨、叶蝉、木虱、刺蛾、卷叶蛾、食心虫、介壳虫、毛虫等害虫，对叶蝉有特效。

马拉硫磷易燃，在贮存过程中严禁烟火；不能与碱性农药混用；采果前 10 天要停用。

6. 歼灭（贝塔氯氰菊酯）　歼灭是一种菊酯类广谱、高效、中等毒性的杀虫剂，残留量低，对植物安全。该药具触杀和胃毒作用，对害虫击倒力强，持效期长，既能杀死幼虫、成虫，又能杀卵,可与有机磷、氨基甲酸酯类农药混用,增效作用明显,并能延缓抗性。

剂型有 2.5%、5% 和 10% 乳油。用 10% 乳油 3 000～4 000 倍液喷雾,可防治桃小食心虫、梨木虱等;用 4 000～6 000 倍液喷雾,可防治绣线菊蚜、卷叶蛾、金纹细蛾、桃蛀螟等。

本剂无内吸性,喷药时要均匀周到;该药不能与碱性农药混用,也不能在鱼塘、蜂场和桑园周围喷洒。

7. 氟硅唑(新星、福星) 氟硅唑属于高效、低毒、广谱、内吸性三唑类杀菌剂,喷施于植物叶面之后,能迅速被叶面吸收,传导于植物体内,抑制病菌菌丝生长和孢子形成,并有内吸治疗和保护性功能。该药对高等动物低毒,对皮肤和眼睛有轻微刺激,无过敏性,无致突变性,不危害有益昆虫。毒杀作用迅速,耐雨水冲刷。

于发病初期用 40% 新星乳油 8 000～10 000 倍液,每 10 天左右喷一次药,共喷 2～4 次,可防治苹果黑星病、锈病、斑点落叶病、轮纹病、炭疽病等。

为避免病菌产生抗性,要与其他杀菌剂交替使用。施药时,加强安全防护,如眼睛、皮肤被污染,应及时用清水冲洗。

8. 甲基托布津(甲基硫菌灵) 甲基托布津是有机杂环类内吸性杀菌剂,对人、畜、鸟类低毒,对作物和蜜蜂、天敌安全。该药被植物吸收后可向顶部传导,并很快转化成多菌灵,但其内吸作用好于多菌灵;主要通过干扰病菌菌丝形成而杀死病菌,兼有保护和治疗作用。

用 70% 甲基托布津可湿性粉剂 800～1 500 倍液喷雾,可防治苹果轮纹病、炭疽病、霉心病、白粉病等。

甲基托布津不能与碱性农药和含铜制剂混用,避免单一使用,要与其他杀菌剂交替使用,但不可和多菌灵、苯菌灵交替使用。

9. 多菌灵(苯并咪唑 44 号、棉萎灵) 多菌灵是一种高效、低毒、广谱、内吸性杀菌剂，其性能和特点同甲基托布津。剂型有 25％和 50％可湿性粉剂以及 40％胶悬剂。防治对象同甲基托布津，使用浓度为 50％多菌灵可湿性粉剂 600～800 倍液喷雾。

目前苹果斑点落叶病等病害已经对多菌灵产生抗性，对这类病害不宜继续使用，可改用代森锰锌；其他注意事项同甲基托布津。

10. 扑海因（异菌脲）　扑海因是一种有机杂环类广谱性杀菌剂，它可抑制真菌菌丝体生长和孢子产生，对病害植株有保护和一定的治疗作用。对人、畜低毒，对蜜蜂、鸟类和天敌安全。扑海因对真菌的作用点较为专化，病菌易产生抗药性，不宜用药次数过多，应及时更换用药品种。

剂型有 50％可湿性粉剂和 25％悬浮剂。防治苹果斑点落叶病，可在春梢生长期病害发生之初开始喷药，10～15 天后喷第二次，秋梢生长期再喷 1～2 次，可兼治轮纹病、炭疽病等。喷浓度为 50％可湿性粉剂 1 000～1 500 倍液可防治苹果灰霉病等。在采果前喷 50％可湿性粉剂 1 000 倍液，或采果后用其 500 倍液浸果 1 分钟后捞出晾干，可预防苹果贮藏期病害。

该药不能与碱性农药混用。该药无内吸性，喷药要均匀周到；要注意与其他杀菌剂交替使用，但不能与速克灵、农利灵等性能相似的药剂混用或交替使用。

11. 粉锈宁（三唑酮、百理通）　粉锈宁是一种高效、内吸性的三唑类杀菌剂，药液被植物吸收后，能迅速在体内传导，具有保护和治疗作用，并有一定的熏蒸和铲除作用。它能抑制和干扰菌体附着孢及吸器的发育，阻止菌丝生长和孢子形成，从而起到杀菌作用。对人、畜低毒，对鱼类低毒，对天敌安全。

剂型有 15％、25％可湿性粉剂以及 20％乳油。主要防治白粉病、锈病等病害。防治苹果白粉病、锈病、黑星病、花腐病时，用 15％粉锈宁可湿性粉剂 1 000～1 500 倍液，于花前喷 1～

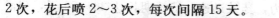

2 次，花后喷 2～3 次，每次间隔 15 天。

粉锈宁应与其他杀菌剂交替使用，不能与碱性农药混用，采果前 20 天要停用。

12. 甲霜灵（瑞毒霉、雷多米尔）　甲霜灵属于苯基酰胺类高效内吸性杀菌剂，对人、畜低毒，对鱼类、蜜蜂和天敌安全。甲霜灵内吸和渗透力强，耐雨水冲刷，持效期长，施药后 30 分钟即可在植物体内上、下双向传导，对病害植株有保护和治疗作用。它主要抑制病菌菌丝体内蛋白质的合成，使其营养缺乏，不能正常生长而死亡。

剂型有 25％和 50％可湿性粉剂。可用来防治霜霉病、疫病、立枯病、根腐病、茎腐病和果腐病等多种病害。在病害发生初期，将根茎发病部位的树皮刮除，然后涂抹 50％甲霜灵可湿性粉剂 50～100 倍液可防治苹果疫腐病。

甲霜灵可与多种杀虫剂混用，应与其他杀菌剂交替使用。该药对人的皮肤有刺激性，要注意保护。

13. 百菌清　百菌清属于取代苯类的非内吸性广谱杀菌剂，兼有保护和治疗作用，具有一定的熏蒸作用。它主要是破坏真菌细胞中酶的活力，干扰新陈代谢，从而使病菌丧失生命力。对人、畜低毒，对鱼类毒性大，对家蚕安全，耐雨水冲刷，持效期长。

用 75％可湿性粉剂 600～800 倍液，每间隔 10～15 天喷撒一次，可防治苹果炭疽病、轮纹病、早期落叶病、白粉病，葡萄白粉病、黑痘病等。百菌清不能与石硫合剂、波尔多液等碱性农药混用。应注意苹果落花后 20 天喷药，易使幼果生果锈。

该药无内吸作用，喷药要均匀周到。药剂不得污染水塘、鱼池、河流等水面。

14. 速螨酮（哒螨灵、扫螨净、杀螨灵）　速螨酮是一种高效、广谱有机磷类杀螨、杀虫剂，毒性中等，对作物安全，对天敌毒性低，但对鱼类高毒。速螨酮对害螨的卵、若螨、幼螨及成螨均有较强的杀伤力，药效迅速，持效期长达 30～50 天，耐雨水冲刷，杀螨效果不受温度影响，还并可兼治粉虱、叶蝉、蚜虫、介壳虫、蓟马等多种果树害虫。

剂型有 10％和 15％乳油以及 20％可湿性粉剂。用 20％速螨酮可湿性粉剂 3 000～4 000 倍液喷雾，可防治苹果树上的山楂叶螨、苹果全爪螨等害螨；20％速螨酮 1 000～2 000 倍液可防治叶蝉、蚜虫、蓟马等。

速螨酮无内吸性，喷药时一定要均匀周到，正反叶面都要接触药剂。该药不能与波尔多液等碱性农药混用或接近使用，避免污染水源和在蜜蜂采蜜期使用，采果前 30 天停用。

15. 螨死净（阿波罗、四螨嗪） 螨死净是一种具有高度活性的专用杀螨剂，对害螨的卵和幼、若螨均有较高的杀伤能力，虽不杀成螨，但可显著降低雌成螨的产卵量，产下的卵大部分不能孵化，孵化的幼螨也会很快死亡。药效缓慢，药后 7 天才能明显看出防效，对人、畜低毒，对天敌和植物安全，持效期达 50 天左右。对温度不敏感，四季皆可使用。

剂型有 20％和 50％悬浮剂。在苹果树开花前后，山楂叶螨、苹果全爪螨集中发生期，喷洒 20％螨死净悬浮剂 2 000～3 000 倍液，或 50％悬浮剂 5 000～6 000 倍液，施药 1 次即可有效控制螨量。夏季成螨数量大时，应在螨死净中混加对成螨有速效的杀螨剂（如速螨酮），这样既能杀成螨，又能杀灭处于其他虫态的螨类。

该药不能与波尔多液、石硫合剂等碱性农药混用，但可与其他杀虫、杀菌剂混用。螨死净和尼索朗有交互抗性，在长期使用过尼索朗的果园不要使用。本剂为悬浮剂，有分层现象，喷前要摇匀。

16. 尼索朗（噻螨酮） 尼索朗是一种专用杀螨剂，对叶螨、全爪螨等具有高的杀螨活性，低浓度使用效果良好，并具有很好的持效性，与有机磷杀虫剂、三氯杀螨醇等无交互抗性，对人、畜低毒,对蜜蜂、捕食螨和益虫安全,可与多种杀虫、杀螨剂混用,亦可与波尔多液、石灰、石硫合剂等碱性农药混用。尼索朗主要是触杀和胃毒作用,无内吸性,但有较强的渗透能力,耐雨水冲刷。杀螨效果对温度不敏感,在不同温度下使用效果无差异,但起效慢,施药 7 天后才有明显效果。

剂型有 5% 乳油和 5% 可湿性粉剂。在害螨产卵盛期和幼若螨集中发生期,用 5% 尼索朗乳油或可湿性粉剂 1 000～2 000 倍液均匀喷雾,残效期可维持 60 天左右,一般在早春使用 1 次即可控制全年螨害。对螨卵和幼若螨杀伤力极强,不杀成螨,但能显著抑制雌成螨所产卵的孵化率,使用时要掌握好时期。如成螨较多,可混加杀成螨效果较好的杀螨剂。

该药无内吸性,喷药要均匀周到。尼索朗对鱼类有毒,梨和枣树对其敏感,使用时需注意。

17. 霸螨灵(杀螨王)　霸螨灵是一种苯氧基吡唑类杀螨剂,对害螨可防治多种害螨,对幼螨、若螨及成螨都有较好的防治效果,具有强烈的速效性和持效性,并能有效地防治已产生抗性的害螨。对鱼类有毒,对蜜蜂、蜘蛛及寄生蜂等无不良影响,对植物安全。可与多种杀虫、杀菌剂混用,但不能与石硫合剂等强碱性农药混用,与其他药剂无交互抗性。

剂型为 5% 悬浮剂,在螨类发生初期喷雾用 5% 悬浮剂 2 000～3 000 倍液,可防治苹果全爪螨、山楂叶螨,持效期可达 30 天以上。

霸螨灵药效不受温度影响,春夏秋季都可使用,但霸螨灵无内吸性,喷药时要均匀周到,不可漏喷。为避免害螨产生抗性,不要连续使用,可与其他作用机理不同的杀螨剂交替使用。悬浮剂使用前要先摇晃均匀后再用。药液不得污染桑园及水面,以免引起家蚕及鱼类中毒。安全间隔期 14 天。

18. 倍乐霸(三唑锡、三唑环锡)　倍乐霸属广谱有机锡类杀螨剂,对人、畜、蜜蜂低毒,对鱼类高毒,对天敌及植物安全。该药属感温性农药，低温时药效缓慢，高温时效果好。对害螨主要是触杀作用，无内吸传导作用。对幼、若螨及成螨杀伤力强，对夏卵有毒杀作用，但对越冬卵无效。对抗性螨类有较好的效果。

剂型有25％可湿性粉剂和20％悬浮剂。在开花前后和麦收前后进行喷雾，施用浓度为1 000～2 000倍液可防治苹果树山楂叶螨、苹果全爪螨，有效期可达1个月左右。

该药剂使用应和波尔多液有一定的间隔期，夏季首先喷倍乐霸，隔7～10天后才可喷波尔多液，若先喷波尔多液，需隔20天才能喷倍乐霸，否则会降低药效。该药剂不能与波尔多液、石硫合剂混用，药液不得污染水面，收获前21天停用。

19. 灭扫利（甲氰菊酯） 灭扫利是一种虫、螨兼治的拟除虫菊酯类杀虫、杀螨剂。具有高效、广谱、低残留，毒性中等，对人、畜和植物安全等特点，但对鱼类和家蚕高毒，对鸟类低毒，对天敌杀伤严重，对人的皮肤和眼睛有刺激性。对害虫有较强的触杀和胃毒作用，无内吸和熏蒸作用，但渗透性强，耐雨水冲刷，残效期10～15天，杀虫效果好，杀卵差。药效不受温度影响。除不能与波尔多液等碱性农药混用外，可与大多数杀虫、杀菌剂混用。

用20％灭扫利乳油2 500～3 000倍液喷雾，可防治桃小食心虫、梨小食心虫、潜叶蛾、绣线菊蚜、苹果瘤蚜、桃蚜、梨二叉蚜、梨木虱、梨叶斑蛾等害虫，并可兼治各种叶螨。

该药无内吸性，喷药时要均匀周到。不要当作专用杀螨剂使用，采果前14天停用，避免在鱼塘、蜂场和桑园施药。

20. 功夫（三氯氟氰菊酯） 功夫是一种拟除虫菊酯类的广谱性杀虫、杀螨剂，毒性中等，对鱼、蜜蜂、蚕高毒，对鸟低毒，杀伤天敌严重。该药剂杀虫活性高，药效迅速，耐雨水冲刷，速效并有较长的持效期，既能杀灭鳞翅目幼虫，对蚜虫、叶螨亦有较好的防效。杀灭害虫主要是触杀和胃毒作用，但无内吸性,对部分害虫具杀卵和驱避作用。

用2.5%功夫乳油2 500~3 000倍液喷雾,可防治桃小食心虫、苹果蠹蛾、梨小食心虫、金纹细蛾、梨叶斑蛾以及多种蚜虫等果树害虫,并可兼治叶螨。注意事项同灭扫利。

21. 杀灭菊酯(氰戊菊酯、速灭杀丁) 杀灭菊酯属拟除虫菊酯类杀虫剂,对害虫主要有触杀和胃毒作用,无内吸和熏蒸作用,但有一定的驱避作用。毒性中等,对蚕、蜜蜂、鱼类和天敌毒性大,对害虫击倒力强,使其运动神经失调,痉挛,麻痹而死亡。该药的药效有负温度效应,即低温下使用比高温效果好,可与多种有机磷和氨基甲酸酯类农药混用,并有增效作用。

剂型为20%乳油,可防治鳞翅目害虫、对双翅目、半翅目、直翅目害虫,但不杀螨,对部分介壳虫的效果亦不好。用20%杀灭菊酯2 500~3 000倍液喷雾,可防治桃小食心虫、梨小食心虫、蚜虫、卷叶蛾、刺蛾、叶蝉、潜叶蛾、梨木虱、椿象等。

该药主要是触杀作用,喷药要均匀周到。果园内的害虫和害螨同时发生时,应配合杀螨剂使用,避免连续使用,防止害虫产生抗性,避免药剂对鱼塘、桑园和养蜂场所的污染。该药与碱性农药混用会降低药效。

第三节 农业生产中的职业危害

职业危害是指在生产劳动过程及其环境中产生或存在的,对职业人群的健康、安全和作业能力可能造成不良影响的一切要素或条件的总称。果树生产受到季节、地区和气候的影响,使果园生产中的职业危害具有了多样性、地区性和季节性的特点。而随着农业生产的发展、新技术的应用以及生产过程中农业机械、农药和化肥的使用,进一步增加了果园生产中出现职业危害的几率,但我国的广大果农对生产中的职业危害还缺乏必要的了解和重视。

一、农业生产劳动的特点

1. 受环境影响大，手工作业多，劳动强度大　果园生产主要在露天环境中进行，从事果园生产要面对到诸如风吹、日晒、潮湿、寒冷、炎热等恶劣环境，劳动者的健康直接受地理、季节和气象条件影响。果园生产季节性强，且某些工作须在特定时期完成，从事劳动时间长，工作紧迫，劳动强度大。此外，由于我国生产方式比较落后，果园生产过程中的手工作业较多，缺少必要的劳动保护装备。高强度、超负荷劳作对果农健康有严重危害。

2. 生产单位基本是家庭，劳动和生活条件互相交织，工种繁多　家庭是我国果园生产的基本组织单位，在生产中发生伤害或事故时，农民只能自己承担责任，造成的损失也只能由家庭自身承担。果园劳动工种繁多，同一个人从事多种工作；随着农用机械的广泛使用，农民在除从事手工劳动外，还要掌握一些机械的使用方法，这就要求农民必须学会多种作业类型和作业方式，在果园生产中从事多种不同的劳动，不断转换作业类型、作业方式和劳动条件，这就使他们接触的职业危害的种类和几率也随之转换并增加。

3. 劳动者分散　由于以家庭为基本单位的生产缺乏统一的组织，在生产中，农民分散劳动，劳动场所、劳动时间、作息时间间隔不相同，不利于劳动保护措施的统一实施和作业场所的卫生与安全管理，职业危害的几率增大。

4. 经常使用化学产品和生物产品，缺乏必要的劳动卫生服务　化肥农药是果园最常用的生产资料，生产中经常使用化学产品和接触各类动植物，过敏、中毒、感染寄生虫病以及发生其他健康问题的机会比较多。随着我国经济和农业生产的快速发展，农村职业危害日益严重。但农村不同于城镇，劳动卫生管理机构和劳动卫

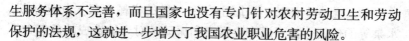

生服务体系不完善,而且国家也没有专门针对农村劳动卫生和劳动保护的法规,这就进一步增大了我国农业职业危害的风险。

二、农业生产中的危害因素

1. 化学性有害因素

（1）农药　果园生产中使用的农药种类多,数量大,危害重,这就要求广大果农在施用时需要具备足够的安全知识和必要的防护装备,但是由于生产技能的不足和农药知识的缺乏,果农个人防护不当并经常违规施药,容易造成衣物、皮肤及呼吸道的污染从而发生中毒事故。

（2）化肥　果园生产中化肥的大量使用也会对农民的身体健康产生影响。由于化肥种类、施用环境及施用季节的不同,其对人体产生的危害也存在差异,如夏季容易引起皮炎或湿疹状皮炎,冬季可使皮肤角质化、破裂。

（3）有害气体　拖拉机等农机具的大量使用而产生的一氧化碳,以及果品贮藏中放出的有害气体,沼气池、粪池、污水井等放出的甲烷、硫化氢等窒息性气体,浓度高时,可引起人体中毒,严重者可致死。

2. 物理性有害因素

（1）严寒酷暑　农业生产由于需要在整个周年周期中进行,就使得农业生产容易受季节变化的影响,不同的季节对农民产生的影响也不相同。如夏季露天劳动易受到高温和太阳辐射的影响,当田间气温高出 35℃时,人体会因为出现积热而发生热射病,而且高温引起的大汗,能够造成体内钠离子大量流失,从而发生热痉挛,太阳辐射过多则会造成日射病等。冬季如果长期在 -5℃以下环境劳动,则会降低机体的免疫能力,易患感冒、肺炎等疾病,还可以引起神经炎、腰腿痛和风湿性疾病等。暴露的手、足、面、耳易患冻疮及冻伤,严重时还会发生肢体坏疽。

（2）**噪声和振动**　果园生产中大量的机械工具，如拖拉机、水泵等的使用，都可以产生噪声和振动，对人体造成的危害，不仅是听力下降，还会引起其他生理和心理上的损害，如神经衰弱、血压高、振动病等。

（3）**粉尘**　果园生产接触的粉尘主要有泥土、植物粉尘和霉变物的粉尘。如，霉变的植物秸秆等在搬运、切割时产生的粉尘，可使人骤然发病，发烧、气促、干咳等，反复发作会使肺功能受损，甚至丧失劳动能力。

3. 生物因素　生产中会遭遇人畜共患的疾病、蜂虫叮咬等，也会接触到许多过敏原（如植物花粉、真菌孢子、动物皮毛等）。已证实的人畜共患病约有 200 种，其病原包括病毒、细菌、螺旋体、立克次氏体、衣原体、真菌、原生动物和内外寄生虫等。通过人与患病动物接触或经由动物媒介（如蚊虫叮咬）及污染病原的空气、水和食品传播。

4. 其他因素　农业劳动中常遇到抬举重物、超重负荷和不良体位的劳动。据研究，背部损伤和下背痛主要与重体力劳动和长期的投举运动有关，长期负重可导致如慢性腰背痛、胸痛和流产等严重后果，长期站立缺少必要的休息可导致下脚肢静脉曲张，严重时还能形成化脓性血栓静脉炎。重体力劳动的女性常有月经异常和子宫下垂，严重者可造成子宫脱垂及阴道壁脱出。此外，外伤也是农业生产中发生率较高的一种伤害。

三、预防农业职业危害的基本对策

1. 提高预防职业病的意识　由于我国大多数农民不了解职业病的危害，甚至在受到伤害时都没有意识到是受到职业病的伤害。因此，广大农民要积极学习职业病的相关知识，通过多种途径了解各种农业职业病的症状、危害和防治要点，及时获得劳动保护和职业病防治知识，在生产中积极使用劳动保护和职业危害

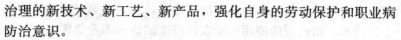

治理的新技术、新工艺、新产品,强化自身的劳动保护和职业病防治意识。

2. 积极参与农村新型合作医疗 由于很多农民长期在恶劣的环境中从事繁重的体力劳动,并且缺少必要的劳动保护和保健,使得他们遭受到了严重的职业病伤害过早地衰老;农村医疗卫生条件的相对落后的现状,使得农民在遭受职业病伤害时得不到及时治疗。近年来国家大力发展农村新型合作医疗事业,让得了病的农民能够早发现、早诊治,看得起病,为预防和减少农业职业病的出现提供了必要的保证。因此,广大农民要积极参与农村新型合作医疗,使自己在身体健康受到危害时及时治疗,以解除自己的后顾之忧,同时还能减轻自己的经济负担。

3. 学习和执行行业规范和操作规程 近年来,政府相关部门为了提高农产品品质和农民生产技术,减少农业职业病危害,制订了不少种植行业规范和操作规程。广大果农在开展生产前,要积极参加相关培训,了解生产过程中可能存在的危害、后果,加强防护措施,努力将危害减到最低。

4. 加快农业机械化进程 要使农民劳动保护状况根本好转,最有效、快捷的方法就是加快农业机械化进程,使农民从繁重的体力劳动中解放出来。大力提倡农民多种经营,鼓励农用机械的广泛使用,提高其利用率和效率。农用机械的大量出现可能会带来新的劳动保护问题,但是随着机械化的普及,农民操作技能的提高会大幅度减少农民的劳动强度,降低广大农民在生产中遭受危害的几率。

5. 紧跟技术进步,及时应对新的职业危害 我国农民在生产中的劳动保护仍然是以经验为主,现阶段农业生产高速发展,新技术、新机械广泛应用,使得广大农民要不断掌握新的技术,使用新的机械,但是同时也出现了新的职业危害及劳动保护要求,以往旧的经验就不能满足生产的需要了,这就可能增大了农民在生产中遭受职业危害的几率。这就要求广大农民及农业科技工作者，及时总结经验并及时加以推广，从而在第一时间减少由于新技术、新机械的使用而给农民带来的新的职业危害。

第四节　果园生产中的劳动保护

农业生产活动中存在大量的危害因素，但由于劳动保护意识、技术及装备上的不足，广大农民在农业生产中时常遭遇一些意外伤害。即使知道进行劳动保护，但因自身的经济状况和劳保技术等问题，劳动保护的随意性较大，农业职业危害时常发生，相关部门也缺乏对果农劳动保护的组织和强制性。为保障农民的身体健康水平，减少农业职业危害，十分需要增强农民的劳动保护意识，提高农民的劳动保护技能。

劳动保护就是依靠技术进步和科学管理，采取相应技术和措施，消除劳动过程中危及人身安全和健康的不良条件与行为，防止伤亡事故和职业病，保障劳动者在劳动过程中的安全和健康。劳动保护的目的是为劳动者创造安全、卫生、舒适的劳动工作条件，消除和预防劳动生产过程中可能发生的伤亡、职业病和急性职业中毒，保障劳动者以健康的劳动力参加社会生产，促进劳动生产率的提高，保证农业生产的顺利进行。在苹果生产中也需要进行劳动保护。

一、劳动保护的基本内容

1. 劳动保护的立法和监察。主要包括生产行政管理制度和生产技术管理制度两大方面的内容，前者如安全生产责任制度、加班加点审批制度、卫生保健制度、劳保用品发放制度及特殊保护制度，后者如设备维修制度、安全操作规程等。

2. 劳动保护的管理与宣传。

3. 劳动安全技术。为了消除生产中引起伤亡事故的潜在因

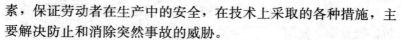

素，保证劳动者在生产中的安全，在技术上采取的各种措施，主要解决防止和消除突然事故的威胁。

4. 劳动卫生措施。指为了改善劳动条件，避免有毒有害物质的危害，防止职业中毒和职业病，在生产中所采取的技术组织措施的总和。它主要解决威胁劳动者健康的问题，实现文明生产。

5. 工作时间与适当休息制度。

6. 女性劳动者与未成年劳动者的保护，不包括劳动权利和劳动报酬等方面内容。目前农业生产者对自身的保护，视自身的经济状况及自我保护意识而定，随意性较大，缺乏强制性，缺乏组织，且具有较强的从众心理，缺乏主动性与自觉性，具有一定的盲目性。

二、农业劳动保护的基本装备

随着国家对农业生产的重视及科学生产技术的大力推广，农民的个体防护意识也在逐渐增强，不同种类的农业劳动防护用品也逐渐增多。除常见的草帽等传统用品外，还有：

（1）**手套**　主要包括用于防冻、防摩擦、防刺割的织物手套和用于施肥、配兑农药等的胶皮手套。

（2）**防尘口罩**　用于防农作物粉尘、扬尘、沙尘、花粉、过敏性粉尘等。

（3）**防毒口罩**　主要用于防化肥、农药毒害。但在实际生产过程中存在防尘防毒口罩混用现象。

（4）**普通防护服**　主要用于防农作物刺割伤害，防晒、防灼、防尘、防毒、保洁。

（5）**眼镜、面罩**　遮阳、防晒、防灼、防尘、防农作物刺割伤害。

（6）**防护鞋靴**　防农作物刺穿、刺割伤害，防水浸泡、昆虫叮咬等。

（7）**特殊防护服**　用于养殖行业防浸泡、昆虫叮咬等。常与防护鞋靴配套使用。

虽然农业生产过程中出现了这些形形色色的防护用品，但仍然存在品种较少，质量粗糙，安全性差，效果欠佳，应用滞后的特点。

三、果园生产中的劳动保护措施

果园管理要求果农掌握复杂的管理技术，并且面临着许多职业危害，使得广大果农在从事果树管理过程中也需要劳动保护，以减少农业职业病的出现。

1. 工具的准备　在我国，家庭是果园管理的基本单位，这就要求广大果农需要掌握全面的果园管理技术，并掌握与果园管理相配套的生产工具的使用技术。

果园管理需要用到大量的工具和防护装备，因此，在从事果园管理工作前要先仔细检查所需工具和防护装备的可靠性，并且在工作过程中要严格按照使用方法进行操作，以减少劳动过程中出现危险的几率。劳动结束后，要将劳动工具和防护装备统一管理，及时维护，保证劳动工具的可靠性和安全性。

2. 生产过程中的保护措施　建园要选择远离污染源的地点，建园过程中要注意佩戴必要的防护装备，如手套、防护帽等，并准备部分处理外伤的药品。

在土肥水管理和病虫害防治过程中除注意佩戴必要的防护装备外，要佩戴防毒口罩以防止农药和化肥毒害，最好穿防护服以防农药和化肥沾染到皮肤上，特别是夏季气温较高时，化肥沾染到皮肤上会引起皮炎或湿疹状皮炎，农药则会造成中毒；浇水过程中要注意穿着防护鞋靴，以防止脚部被水浸泡及昆虫叮咬。

整形修剪和花果管理过程中都要穿着防护服和防护帽以防昆虫叮咬及果树枝条的刺割伤害，有条件的要配戴护目镜以防止果树枝条对眼睛造成刺割伤。整形修剪过程中佩戴手套可减轻修剪过程中对手部的摩擦。冬季修剪时，如果外界温度较低，须注意保暖，因为长时间在低温环境中工作会影响机体免疫力，引起肺炎、神经炎及风湿疾病。花期放蜂授粉时要注意自身的防护，以防止蜜蜂叮咬。套袋作业时，由于温度较高、果园湿度较大，且通风性较差，应注意及时补充水分，并适时休息。

利用光、电、机械装置杀虫时，操作人员要经过必要的培训，对可能出现的危险有足够的准备后才能从事工作。采用化学药剂杀虫时要戴好口罩、眼镜和手套，不要用手直接接触农药，喷农药时要穿防护服以减少皮肤与农药的接触。不要逆风喷洒，浓度要掌握好，不宜过高，喷洒农药结束后要立即用水冲洗全身，并更换衣服。

夏季在果园中劳动时因气温高、烈日晒，应注意遮阴防中暑等；夏季劳动时会大量出汗，失去大量的水及盐离子，应注意饮水以防虚脱和感冒。劳动过程中要适时休息。

苹果采收后有一部分会置于地窖中贮存，长时间密封贮存后窖内会产生二氧化碳、硫化氢和一氧化碳等窒息气体，因此，在进入地窖前，应该适当的放气以防窒息。

3. 女性劳动者的劳动保护　女性劳动者由于其生理上的特点，使其不适宜在一些特定环境下工作，因此对于女性劳动者的劳动保护要更为重视。女性劳动者经期不要坐在土地上，以防止痛经的发生，经期妇女也不能参与浇水工作。在怀孕和哺乳期间不得从事重体力劳动，不得从事喷药及施肥工作。

4. 未成年人劳动保护　未成年人由于身体还没有完全发育成熟，如果让其从事某些劳动会危害其生长发育和身体健康。因此在农业生产中不得安排未成年人从事重体力劳动；不得安排未成年人从事会影响其生长发育的工作，如喷洒农药。在劳动前应对未成年人进行必要的培训，使其对从事的劳动有一定的了解，并须告知注意事项及劳动中可能出现的危险。

5. 预防农民职业病　不仅工人会得职业病，农民也有职业病。如果不予重视，将会给农民的身体健康带来极大危害。

（1）钩虫病　钩虫病是因泥土中钩虫的幼虫钻入人的皮肤而引发的。钩虫幼虫生活在人粪和畜禽粪中，人粪和畜禽粪是果园常用的有机肥，如果耕作施肥时赤足劳作、手抓粪肥，很容易被钩虫的幼虫所侵染，出现足底及足趾间局部皮肤灼热、红肿及奇痒，呈丘疹或疙疹样。时间长了，患者则出现腹痛、头晕、面色苍白或贫血等症状，化验大便可查出钩虫卵。预防钩虫病应加强粪便管理及无害化处理，建立无害化厕所，对粪便池密封加盖和热化处理，控制传染源和切断其传播途径，生产中要使用经过高温腐熟的无害化粪便，劳作时带上塑料手套及穿好胶鞋，避免赤足和手与泥土接触。要注意饮食卫生，劳动后、进食前，一定要认真洗手、洗脸，睡前要洗脚。此外，手、足皮肤涂沫15％的左旋咪唑硼酸酒精液或15％的噻苯咪唑软膏，对预防感染有一定作用，而用机械劳动代替手工操作，可极大地减少感染机会。

（2）农民肺　在晾晒、运输、切割、翻动发霉的作物秸秆或柴草时，反复吸入散发出的霉菌孢子或嗜热放线菌或其他有机粉尘，会使支气管和肺泡发生过敏反应，与之接触数小时后出现发热、干咳、头痛、乏力、胸闷等症状。该病若不及时治疗则会反复发作，患者会出现经久不愈的咳嗽、痰多、胸闷、气短等慢性感染症状表现。预防农民肺，要减少接触发霉的柴草机会，在从事上述工作时，须戴口罩或用清洁毛巾包住口和鼻，并站在上风向，定期到医院拍片检查肺部，发现问题及时治疗。

（3）螨虫病及皮肤感染　螨是一种节肢动物，虫体微小，肉眼不易看见。某些螨虫寄生或叮咬人体可造成皮肤损害，称螨皮炎。我国常见蒲螨、禽螨等，蒲螨多栖居于谷类、稻草、棉花及蒲草的叶面，禽螨主要寄生于鸟类及啮齿类动物身上。农民在接触谷类作物和从事家禽养殖时易被螨虫叮咬患病。螨皮炎好发于夏秋季，表现为皮疹、瘙痒等皮肤过敏症状。患者常觉奇痒难忍,晚间尤重;常因搔抓而继发感染,出现脓疱、糜烂及结痂等。严重感染者可导致速发性变态反应而出现哮喘,进而导致肺功能损害,甚至丧失劳动能力。本病预防以灭螨为主,在螨虫栖居环境喷洒农药,农作物适时晾晒,污染衣物曝晒或开水烫;工作时,须戴口罩和手套等防护,对暴露处皮肤涂抹硫磺软膏防虫,皮疹剧痒的患者可服用组胺类药物等。

皮肤感染是农业职业感染的常见类型,其中最常见的是接触溶剂、农药和某些植物中的特殊产物引起接触性皮肤病。另外,接触某些花草、农药二硫代氨基甲酸盐类以及消毒剂等可以引起过敏性皮肤病。工作时,须戴口罩和手套等防护。

(4) 农业职业性肿瘤 杀虫杀菌农药、农机排气、溶剂燃料、潮湿谷类上的霉菌等都是有害的致癌物,由于农民经常、反复接触、使用,极易中毒及细胞变异而致病致癌。预防职业性肿瘤要尽量采用非化学防治的手段防治病虫害,使用农药时不仅要选择低毒、高效、广谱、低残留的农药,还要掌握科学安全使用农药的技能,注意稀释配比、风向,操作时要戴口罩、穿工作服。

6. 严格按照安全规程操作农机具 农业机械驾驶、操作人员必须按规定经县(含县)以上农机安全监理部门考验合格,领取驾驶、操作证并经过安全教育学习,掌握相应农机的安全操作规程。未满 18 周岁以及有妨碍安全作业的病残缺陷人员不应参加农业机械作业。不准驾驶、操作安全设施不全或不可靠、非正规厂家生产以及未经检验或检验不合格的农业机械。驾驶、操作时必须穿好工作服,系好衣扣,不准穿肥大衣裤;女驾驶操作人员要戴工作帽,发辫不准外露。不应穿拖鞋驾驶、操作;驾驶、操作人员在连续工作 2 小时后应适当休息或换人,高温作业时要注意防暑降温,严禁疲劳作业。不准酒后驾驶、操作。驾驶和操作时不准饮食、吸烟、闲谈、打瞌睡,不准跳上跳下及做其他有碍安全驾驶、操作的动作,不准携带十四岁及十四岁以下儿童。夜间作业时,须有良好照明条件。

引用标准和主要参考文献

GB 9847—2003 苹果苗木

GB/T 10651—2008　鲜苹果

GB/T 18406.2—2001　农产品安全质量　无公害水果安全要求

GB/T 18407.2—2001　农产品安全质量　无公害水果产地环境要求

GB/T 19630—2011　有机产品

GB/T 8559—2008　苹果冷藏技术标准

NY 5011—2006　无公害食品　仁果类水果

NY 5013—2006　无公害食品　林果类产品产地环境条件

NY/T 1082—2006　黄土高原苹果生产技术规程

NY/T 1083—2006　渤海湾地区苹果生产技术规程

NY/T 1084—2006　红富士苹果生产技术规程

NY/T 1334—2007　畜禽粪便安全使用准则

NY/T 391—2000　绿色食品　产地环境技术条件

NY/T 393—2000　绿色食品　农药使用准则

NY/T 394—2000　绿色食品　肥料使用准则

NY/T 441—2001　苹果生产技术规程

NY/T 5012—2002　无公害食品　苹果生产技术规程

NY/T 844—2010　绿色食品　温带水果

《中华人民共和国农产品质量安全法》2006

范伟国，杨洪强．2009．细说苹果园土肥水管理［M］．北京：中国农业出版社．

冯建国，等．2000．无公害果品生产技术［M］．北京：金盾出版社．

冯明祥，等．2008．无公害果园农药使用指南［M］．北京：金盾出版社．

河北农业大学，等．1985．果树栽培学总论［M］．北京：农业出版社．

李文华，闵庆文，张壬午．2005．生态农业的技术与模式［M］．北京：化学工业出版社.

刘振岩，李震三，等.2000.山东果树［M］.上海：上海科学技术出版
社.

罗新书，周长荣，李颖俊.1987.幼龄果树栽培技术［M］.北京：农业出
版社.

陕西省果树研究所.1983.苹果基地技术手册［M］.西安：陕西科学技术
出版社.

沈隽，等.1993.中国农业百科全书：果树卷［M］.北京：农业出版社.

束怀瑞，等.1999.苹果学［M］.北京：中国农业出版社.

席运官.2002.有机农业生态工程［M］.北京：化学工业出版社.

杨洪强，等.2003.绿色无公害果品生产全编［M］.北京：中国农业出版
社.

杨洪强，接玉玲.2008.无公害苹果标准化生产手册［M］.北京：中国农
业出版社.

杨洪强.2005.有机园艺［M］.北京：中国农业出版社.

杨洪强.2010.生态果园必读［M］.北京：中国农业出版社.

张格成.2009.果园农药使用指南［M］.北京：金盾出版社.

张嵩午，刘淑明，等.2007.农林气象学［M］.西安：西北农林科技大学
出版社.

张志恒.2010.果园农药安全使用百问百答［M］.北京：中国农业出版
社.

赵芳，刘炳辉.1996.无公害苹果栽培［M］.西安：陕西科技出版社.

图书在版编目（CIP）数据

苹果安全生产技术指南/杨洪强主编 . —北京：
中国农业出版社，2012.4
（农产品安全生产技术丛书）
ISBN 978-7-109-16663-9

Ⅰ.①苹… Ⅱ.①杨… Ⅲ.①苹果－果树园艺－指南
Ⅳ.①S661.1-62

中国版本图书馆 CIP 数据核字（2012）第 062466 号

中国农业出版社出版
（北京市朝阳区农展馆北路 2 号）
（邮政编码 100125）
责任编辑　徐建华

中国农业出版社印刷厂印刷　　新华书店北京发行所发行
2012 年 8 月第 1 版　　2012 年 8 月北京第 1 次印刷

开本：850mm×1168mm 1/32　　印张：15.25
字数：388 千字
定价：30.00 元
（凡本版图书出现印刷、装订错误，请向出版社发行部调换）